2021 年度上海市教育科学研究项目
立项编号:C2021322

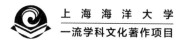

上海海洋大学
一流学科文化著作项目

新时代海洋强国论

江卫平　编著

STRATEGY OF BUILDING AN OCEAN POWER
IN THE NEW ERA

上海三联书店

编审委员会成员

总　序

　　浩瀚深邃的海洋，孕育了她海纳百川、勤朴忠实的品格；变化万千的风浪，塑造了她勇立潮头、搏浪天涯的情怀。作为多科性应用研究型高校，上海海洋大学前身是张謇、黄炎培1912年创建于上海吴淞的江苏省立水产学校，1952年升格为中国第一所本科水产高校——上海水产学院，1985年更名为上海水产大学，2008年更为现名。2017年9月，学校入选国家一流学科建设高校。在全国第四轮学科评估中，水产学科获A+评级。作为国内第一所水产本科院校，学校拥有一大批蜚声海内外的教授，培养出一大批国家建设和发展的杰出人才，在海洋、水产、食品等不同领域做出了卓越贡献。

　　百余年来，学校始终接续"渔界所至、海权所在"的创校使命，不忘初心，牢记使命，坚持立德树人，始终践行"勤朴忠实"的校训精神，始终坚持"把论文写在世界的大洋大海和祖国的江河湖泊上"的办学传统，围绕"水域生物资源可持续开发与利用和地球环境与生态保护"学科建设主线，积极践行服务国家战略和地方发展的双重使命，不断落实深化格局转型和质量提高的双重任务，不断增强高度诠释"生物资源、地球环境、人类社会"的能力，努力把学校建设成为世界一流特色大学，水产、海洋、食品三大主干学科整体进入世界一流，并形成一流师资队伍、一流科教平台、一流科技成果、一流教学体系,谱写中国梦海大梦新的篇章!

文化是国家和民族的灵魂，是推动社会发展进步的精神动力。党的十九大报告指出，文化兴国运兴，文化强民族强。没有高度的文化自信，没有文化的繁荣兴盛，就没有中华民族伟大复兴。习近平总书记在全国宣传思想工作会议上强调，做好新形势下的宣传思想工作，必须自觉承担起举旗帜、聚民心、育人、兴文化、展形象的使命任务。国务院印发的"双一流"建设方案明确提出要加强大学文化建设，增强文化自觉和制度自信，形成推动社会进步、引领文明进程、各具特色的一流大学精神和大学文化。无论是党的十九大报告、全国宣传思想工作会议，还是国家"双一流"建设方案，都对各高校如何有效传承与创新优秀文化提出了新要求、作了新部署。

大学文化是社会主义先进文化的重要组成部分。加强高校文化传承与创新建设，是推动大学内涵发展、提升文化软实力的必然要求。高校肩负着以丰富的人文知识教育学生、以优秀的传统文化熏陶学生、以崭新的现代文化理念塑造学生、以先进的文化思想引领学生的重要职责。加强大学文化建设，可以进一步明确办学理念、发展目标、办学层次和服务社会等深层次问题，内聚人心外塑形象，在不同层次、不同领域办出特色、争创一流，提升学校核心竞争力、社会知名度和国际影响力。

学校以水产学科成功入选国家"一流学科"建设高校为契机，将一流学科建设为引领的大学文化建设作为海大新百年思想政治工作以及凝聚人心提振精神的重要抓手，努力构建与世界一流特色大学相适应的文化传承与创新体系。以"凝聚海洋力量，塑造海洋形象"为宗旨，以繁荣校园文化、培育大学精神、建设和谐校园为主线，重点梳理一流学科发展历程，整理各历史阶段学科建设、文化建设等方面的优秀事例、文献史料，撰写学科史、专业史、课程史、人物史志、优秀校友成果展等，将出版《上海海洋大学水产学科史（养殖篇）》《上海海洋大学档案里的捕捞学》《水族科学与技术专业史》《中国鱿钓渔业发展史》《沧海钩沉：中国古代海洋文化研究》《盐与海洋文化》、等专著近20部，切实增强学科文化自信，讲好一流学科精彩故事，传播一流学科好声音，为学校改革发展和"双一流"建设提供强有力的思想保证、精神动力和舆论支持。

进入新时代踏上新征程，新征程呼唤新作为。面向新时代高水平特色大学建设目标要求，今后学校将继续深入学习贯彻落实习近平新时代中国特色社会主义思想和党的十九大精神，全面贯彻全国教育大会精神，坚持社会主义办学方向，坚持立德树人，主动对接国家"加快建设海洋强国""建设生态文明""实施粮食安全""实施乡村振兴"等战略需求，按照"一条主线、五大工程、六项措施"的工作思路，稳步推进世界一流学科建设，加快实现内涵发展，全面开启学校建设世界一流特色大学的新征程，在推动具有中国特色的高等教育事业发展特别是地方高水平特色大学建设方面作出应有的贡献！

上海海洋大学党委书记　**吴嘉敏**

序

地球有 70.8％是海洋，它蕴藏着丰富的资源，有生物、矿产、海洋化学、海洋空间资源等。21 世纪，人类进入了大规模开发利用海洋的时期。海洋在国家经济发展格局和对外开放中的作用更加重要，在维护国家主权、安全、发展利益中的地位更加突出，在国家生态文明建设中的角色更加显著，在国际政治、经济、军事、科技竞争中的战略地位也明显上升。我国是一个陆海兼备的发展中大国，建设海洋强国是全面建设社会主义现代化强国的重要组成部分。

我国也是传统的海洋大国，从汉唐开始，中国的航海技术、造船技术就领先世界，罗盘针、指南针等直到今天依然是航海的核心技术，显示出中国人很早就有与海洋共舞的能力。但明朝中后期开始闭关锁国，海洋发展传播滞后，长期形成"重陆轻海"的海洋观。当前，中国经济已发展成为高度依赖海洋的外向型经济，对海洋资源、空间的依赖程度大幅提高，在管辖海域外的海洋权益方面也需要不断加以维护和拓展，这些都需要通过建设海洋强国加以保障。

党的十八大明确提出，要提高海洋资源开发能力，发展海洋经济，保护海洋生态环境，坚决维护国家海洋权益，建设海洋强国。习近平同志在中央政治局学习会上号召全国人民关心海洋、认识海洋、经略海洋，提出了坚持走"陆海统筹、依海富国、以海强国、人海和谐、合作共赢"的发展道路的思想。十九大报告再次强调"坚持陆海统筹,加快建设海洋强国",并对青年一代提出要有理想、有本领、有担当,成为担当民族复兴大任时代新人的要求。

新时代推动实现国家海洋发展战略目标,客观上需要一批为之奋斗的新时代人才,要求海洋类高校积极承担使命,认真贯彻党中央和习近平总书记的海洋强国战略和人才培养理念,努力培养出一批能掌握海洋高新技术、能维护国家海洋权益、能担当民族复兴大任的新时代高层次海洋科技人才。

何为担当民族复兴大任的时代新人?"青年兴则国家兴,青年强则国家强",从党的十九大报告到全国宣传思想工作会议上的重要讲话,习近平总书记反复强调要培养担当民族复兴大任的时代新人,他们注重全面发展,是有理想、有本领、有担当、有道德的新时代人才。其一,有坚定的理想信念。其二,有过硬的本领能力。其三,有强烈的担当意识。其四,有高尚的道德品质。时代新人从高校的培育延伸至终身的学习,努力成为德智体美全方面发展的新人才。

实践调查中发现,当前大学生的海洋意识仍然相对薄弱;海洋类高校在大学生海洋文化教育和学校海洋文化建设方面做得不够;海洋课程建设不够完善;海洋就业取向不相匹配,学生普遍缺乏对现实困难的充分认识,缺乏吃苦耐劳、艰苦奋斗等意志品质的培养,无法主动将个人成长更好地与国家发展相结合。解决好上述问题,必须以培养担当民族复兴大任的时代新人为目标,强化以文化人,营造高校海洋意识教育文化氛围;完善课程体系,创新海洋意识教育融入高校教育教学;注重就业教育,鼓励勇于担当海洋事业发展时代使命。

培养担当民族复兴大任的时代新人,对于海洋类高校来讲,就必须引导学生进一步认识海洋、热爱海洋、奉献海洋。为此,本书编写组集合学院优势力量,从历史实践、远洋渔业、矿产资源、物理海洋、生物制药、国际海洋法等多个角度进行了大量的资料搜集与编

写工作,形成了《新时代海洋强国论》这本书。全书图文并茂、内容
丰富、可读性强,相信此书的出版将使广大读者受到熏陶和感染,渐
渐地知海、懂海、爱海、用海、养海、护海,逐渐成长为担当民族复兴
大任的时代新人。

目　录

第四单元 海洋生物基因与药物资源

第五单元　海洋矿产资源

第六单元　物理海洋

第一单元
世界海洋强国和中国进军海洋的历史

从 15、16 世纪的葡萄牙、西班牙发迹，到 17 世纪的荷兰、英国取而代之，到今天美国对全球海洋的控制力，兴国之路均与海洋息息相关。我们应该透过历史追寻规律，把握本质认识规律。明清两代，中国逐渐淡出世界海洋大舞台，直至偃旗息鼓；而西方的海上战幕，却绵延五百余年，至今方兴未艾。

追溯世界大国的崛起之路，几乎都是从海洋开始。500 年来，在人类现代化大舞台上，相继出现了葡萄牙、西班牙、荷兰、英国、法国、德国、日本、俄罗斯和美国九个世界性大国，他们几乎都是从海洋发迹，用坚船利炮敲开国际市场，赢得生存空间，争得大国地位。

第一章 世界海洋强国的崛起之路

500多年前,为了探寻开辟新航路,开启了全球性的大航海时代。这个时期,国家走向海洋,主要目的是探索环球航线,发现新的陆地,占领海外殖民地,掠夺资源,完成资本的原始积累。

历史上,称霸世界的国家都是海洋强国。起始于15世纪的大航海时代造就了诸多海洋强国。第一代海洋强国:葡萄牙、西班牙;第二代海洋强国:英国、荷兰、法国、德国、俄国、日本;第三代海洋强国:美国。

这些国家发展成为世界强国或世界霸主的重要途径,昭示着一个亘古不变的历史经验:**海权握,国则兴;海权无,国则衰。**

第一节 第一代海洋强国:葡萄牙、西班牙

时间	人物	方向	航线	支持者
1487 年	迪亚士	向东	西欧—好望角	葡萄牙王室
1492 年	哥伦布	向西	西欧—美洲	西班牙王室
1497 年	达伽马	向东	西欧—好望角—印度	葡萄牙王室
1519 年	麦哲伦	向西	环球航行	西班牙王室

一、葡萄牙

葡萄牙原是欧洲的一个贫穷落后的小国。国家独立之后,朝廷把走向海洋作为基本国策,集中国家的各种资源和力量向海洋进军,建立探险船队、远征舰队、殖民地,称霸印度洋和西南太平洋,成为世界商业帝国和海洋强国。

葡萄牙于 15 世纪控制了地中海与大西洋的交通要道直布罗陀海峡。至 16 世纪初期,葡萄牙已经建立了一个从直布罗陀经好望角到印度洋、马六甲海峡至远东的庞大帝国,成为当时欧洲的海上强国。

(一) 代表人物:巴尔托洛梅乌·迪亚士

1487 年 8 月,葡萄牙航海家巴托洛梅乌·迪亚士(1450—1500 年)率领一只由 3 条船组成的探险队出发,沿着非洲西海岸南下,绕过非洲,打开了一条通往印度的航路。

13 世纪末,威尼斯商人马可·波罗的游记,把东方描绘成遍地黄金、富庶繁荣的乐土,引起了西方到东方寻找黄金的热潮。然而,奥斯曼土耳其帝国崛起,控制了东西方交通要道,对往来过境的商人肆意征税勒索,加上战争和海盗的掠夺,东西方的贸易受到严重阻碍。到 15世纪,葡萄牙和西班牙完成了政治统一和中央集权化的过程,他们把开辟到东方的新航路,寻找东方的黄金和香料作为重要的收入来源。这样,两国的商人和封建主就成为世界上第一批殖民航海者。

1487 年 8 月,葡萄牙航海家巴托洛梅乌·迪亚士率领一支由 3 条船组成的探险队出发,沿着非洲西海岸南下,绕过非洲,打开了一条通往印度的航路。

迪亚士率领船队离开里斯本后,沿着已被他的前几任船长探查过的路线南下。过了南纬 22 度后,他开始探索欧洲航海家还从未到过的海区。大约在 1488 年 1 月初,迪亚士航行到达南纬 33 度线。1488 年 2月 3 日,他到达了今天南非的伊丽莎白港。迪亚士明白自己真的找到了通往印度的航线。为了印证自己的想法,他让船队继续向东北方向航行。3 天后,他们来到一个伸入海洋很远的地角,迪亚士把它命名为

"风暴之角"。后来,葡萄牙国王将其改名为"好望角"。

(二)代表人物:瓦斯科·达·伽马

达·伽马(约1460—1524年)是开辟西欧直达印度海路的葡萄牙航海家,早期殖民主义者。1497年7月8日,达·伽马率领由4艘船、约170名水手组成的船队从里斯本出发,探索绕过好望角通往印度的航线。达·伽马是一个坚强有力的领导,但是人们对他人格的评价是"骄横跋扈,狂暴凶残"。1497年11月22日,在绕过好望角后,达·伽马的船队进入了一片新天地。此后,他向北沿非洲东海岸航行。1498年3月2日,进入莫桑比克。

1498年4月,达·达伽马得到了当地著名的阿拉伯领航员马德杰德的帮助。在他的指引下,达·伽马航行23天,穿过了阿拉伯海。1498年5月20日,在离开葡萄牙近10个月后,达·伽马到达印度南部最著名的商业中心卡利卡特。达·伽马不是一个称职的外交官,他带来的粗劣礼品和货物受到嘲笑。但依靠武力,他还是抢到了宝石和香料。返航时,船队就不太幸运了,许多水手在途中死于疾病,其中包括达·伽马的弟弟。最后,船队只剩下2条船。1499年7月10日,"贝里奥号"回到葡萄牙,达·伽马的旗舰则在1499年9月9日才抵达里斯本。生还的水手不到开航时水手总数的三分之一,但运回的香料等货物在欧洲的获利为这次远征费用的60倍!经过近百年的探险、屠杀、抢掠,葡萄牙横跨半个地球的东方殖民帝国终于建立起来。

经过数千年的地区隔绝之后,欧亚大陆的两种文化首次面对面地会合。欧洲人是好斗的侵入者,他们夺取并保持着主动权,直到渐渐地但不可抗拒地上升为世界各地的主人。这种对世界的前所未有的统治,乍看起来是难以理解的。为什么只有大约200万人口的葡萄牙能把自己的意志强加于拥有丰富得多的人力物力资源的、高度文明的亚洲诸国家呢?

一个原因是葡萄牙人具有很大的优势,大批大批的金银来自阿兹特克帝国和印加帝国的金库,也来自墨西哥和秘鲁的银矿。它们来的恰是时候,使葡萄牙有足够的资金与东方通商。

葡萄牙人之所以取得成功,还因为他们的海军力量占有优势。他们发展了新的、有效的海军火炮,这种火炮使他们能将舰船用作流动炮台,而不再是用作为部队提供膳宿的运输船。火炮而非步兵这时已成为海战的主要工具,它是用来攻击敌舰而不是舰上人员的。正是由于这些新的发展,葡萄牙人才能在印度洋上粉碎穆斯林的海军力量,从而赢得一个使他们大发横财的亚洲帝国。

亚洲的葡萄牙帝国就其实际范围而言是微不足道的,它仅包括少数岛屿和沿海据点。但是,这些属地具有重要的战略地位,使葡萄牙人控制了跨越半个地球的商船航线。每年,葡萄牙船队沿西非海岸向南航行,绕过好望角后,驶入葡萄牙的另一属地——东非的莫桑比克港。然后,船队乘季风到达科钦和锡兰,在那里将从周围地区收购来的香料装上船。再往东去是马六甲,马六甲使葡萄牙人得以进入东亚贸易。在东亚贸易中,他们充当了中间人和运输人的角色。因此,葡萄牙人不仅在欧洲和东方之间的贸易中获利,还从纯粹的亚洲贸易(如中国、日本和菲律宾之间的贸易)中牟利。

二、西班牙

西班牙在 15 世纪形成中央集权的民族国家。之后,西班牙集中国家的各种资源和力量向海洋进军,建立探险船队、无敌舰队,顽强地进行海外探险,发现了美洲大陆,建立了许多海外殖民地,称霸大西洋,成为世界商业帝国和海洋强国。

(一) 代表人物:哥伦布

哥伦布(1451—1506 年),探险家、殖民者、航海家,出生于中世纪的热那亚共和国(今意大利西北部)。在西班牙的天主教君主的赞助下,他于 1492 年到 1502 年间四次横渡大西洋,并且成功到达美洲。

1492 年 8 月 3 日,哥伦布带着 87 名水手,驾驶着"圣马利亚号"、"平特号"、"宁雅号"3 艘帆船,离开了西班牙的巴罗斯港,开始远航。

这是一次横渡大西洋的壮举。在这之前,谁都没有横渡过大西洋,不知道前面是什么地方。海上的生活非常单调,水天茫茫,无垠无际。过了一周又一周,水手们沉不住气了,吵着要返航。那时候,大多数人认为地球是一个扁圆的大盘子,再往前航行,就会到达地球的边缘,帆船就会掉进深渊。

哥伦布和水手们在茫茫大海之中度过了两个多月。1492 年 10 月 11 日,哥伦布看见海上漂来一根芦苇,高兴得跳了起来!——有芦苇,就说明附近有陆地!

果然,夜里 10 点多,哥伦布发现前面有隐隐的火光。翌日拂晓,水手们终于看到了一片黑压压的陆地,全船发出了欢呼声!

他们整整在海上航行了两个月零九天,终于到达了美洲巴哈马群岛的华特林岛。哥伦布把这个岛命名为"圣萨尔瓦多",意思是"救世主"。

哥伦布虽然踏上了新大陆——美洲,可是他却认为这是亚洲。因为,那时人们根本不知道在欧洲与亚洲之间,还存在着一个美洲——哥伦布压根儿连想都没想到过。

哥伦布在美洲游历了一番。很遗憾,那里并不像马可·波罗吹嘘的"黄金遍地,香料盈野"。哥伦布把 39 个愿意留在新大陆的人留在了那里,又把 10 名俘来的印第安人押上船。1493 年 3 月 15 日,哥伦布返回西班牙巴罗斯港。

返航途中,迎接哥伦布的却是其航海史上最猛烈的一次风暴。面对船毁人亡的遭遇,哥伦布迅速把探险发现的珍贵资料塞进一个玻璃瓶,密封好后抛进波涛汹涌的大海。"我们也许会消失,但资料一定会漂到西班牙的海滩上!"他坚定而自信地说。绝不可能!船长说,它只能葬身鱼腹,或者永远埋藏在海底。可哥伦布还是自信地说:"或许是一年两年,或许是几个世纪,但它一定会漂到西班牙去。上帝可以辜负生命,却绝不会辜负生命坚持的信念。"

哥伦布幸运地从这场空前的海难中逃生,他坚守着那个信念,不停地在海滩上寻找那个漂流瓶,直到他离开人世。

1856 年,奇迹终于发生了。大海把那个漂流瓶冲进了西班牙的比斯开湾,而此时,距哥伦布遭遇那场海难,已整整过去了三个多世纪。

西班牙君主坚定地支持哥伦布,投入大笔资金为他装备了另外三支远征队。但是,直到 1519 年,西班牙人才在墨西哥偶然地发现了富裕的阿兹特克帝国。从哥伦布首次探险至这次意外的发现,时近四分之一世纪。在这段时间里,随西班牙人勘探西印度群岛中看来似乎没有什么前途的无数岛屿而来的,是一次又一次的失望。数千名冒险家成群结队地前往西印度群岛,却只是令人扫兴地找到少量黄金。

第二节　第二代海洋强国:英国、荷兰、法国

一、英国

英国作为一个岛国,要继续发展,就必须走向海洋,不仅要防守海岸线,还要称霸海上。英国的海上霸主地位是经过长期战争取得的。1588年,英国战胜了西班牙的无敌舰队,取得海上争霸斗争的初步胜利。17世纪中期,英国战胜"海上马车夫"荷兰。至19世纪初,西班牙的海洋霸主地位彻底垮台,英国倚仗自己的资本和海上力量,推行"炮舰政策",发动了一系列殖民侵略战争,取得了完全制海权,成为新的海洋霸主,号称"日不落帝国"。

英国经济学家杰文斯在1865年曾这样描述:"北美和俄国的平原是我们的玉米地,加拿大和波罗地海是我们的林区,澳大利亚是我们的牧场,秘鲁是我们的银矿,南非和澳大利亚是我们的金矿,印度和中国是我们的茶叶种植园,东印度群岛是我们的甘蔗、咖啡、香料种植园,美国南部是我们的棉花种植园。"

(一)英西海上大战

为了争夺海上霸权,西班牙和英国于1588年8月在英吉利海峡进行了一场举世瞩目、激烈壮观的大海战。这次海战,西班牙实力强大,武器先进,战船威力巨大,且兵力达3万余人,号称"最幸运的无敌舰队"。而当时英国军队规模不大,整个舰队的作战人员也只有9000人。两军相比,众寡悬殊,西班牙明显占据绝对优势。然而,出人意料的是,这场海战以西班牙惨遭毁灭性的失败而告终,"无敌舰队"几乎全军覆没。从此以后,西班牙急剧衰落,"海上霸主"的地位被英国取而代之。

英国女王伊丽莎白一世为了迎战,已将皇家海军、各大船主、商人

乃至海盗们的舰船统统集中起来,共有舰船 197 艘,水兵 14500 人,步兵 1500 人,组成强大舰队,任命霍华德勋爵为舰队司令,由海盗出身并有丰富的航海经验和作战指挥能力的德雷克与霍金斯分任正副司令。英国的战舰性能虽不如西班牙,但由豪金斯做了改进,船体小、速度快、机动性强,而且火炮数量多、射程远。这种战舰既可以躲开西班牙射程不远的重型炮弹的轰击,又可以在远距离对敌舰开炮,以火炮优势制胜。

(二) 日不落帝国

保守地说,英帝国占据着地球陆地面积的四分之一（2500 万平方公里）,全球四分之三的港口和海洋,90％的航海线。

英国走向海洋,成为海洋强国,称霸世界,并没有理论的指导或思想家的深谋远虑,而是国内经济、社会发展到一定历史阶段的必然选择。18 世纪中期以后,英国已成为世界上最大的殖民国家,登上殖民霸主的宝座。一方面,英国资产阶级积极发展海外贸易,进行殖民掠夺,积聚了丰厚的资本,拓展了广阔的海外市场和廉价的原料产地;另一方面,英国进一步推行圈地运动,获得了大量雇佣劳动力。蓬勃发展的工场手工业积累了丰富的生产技术知识,增加了产量,但仍然无法满足不断扩大的市场需求。于是,一场生产技术的革命呼之欲出。18 世纪 60 年代,在英国的资本主义生产中,大机器生产开始取代工场手工业,生产力得到突飞猛进的发展。英国资产阶级表现出极强的进取精神,积极利用新技术、新发明。到 1840 年前后,英国的大机器生产已基本取代了工场手工业,工业革命基本完成,英国成为世界上第一个工业化国家,处于世界工厂的垄断地位。率先完成工业革命的英国,很快成为世界霸主。为了不断满足工业资产阶级的需要,英国凭借其雄厚的经济军事实力,在世界各地强占殖民地和半殖民地,抢夺原料产地,拓展商品市场,成为世界上的头号强国。

二、荷兰

17 世纪,欧洲的资本主义经济得到较大发展,各国之间的贸易往来日益增多。当时的世界贸易通道主要在海上,船在当时就像陆路运输的马车一样,船就是海上的马车。哪个国家掌握了海上的马车,就是海上的马车夫。

1581 年,荷兰摆脱了西班牙的统治,赢得国家独立,为资本主义工商业的迅速发展奠定了基础。

17 世纪,英国商船上的水手都带着武器,所以他们的船就需要更加坚硬的木头;而荷兰的船几乎没有装备武器,所以荷兰的船造价很便宜,用荷兰的船运送货物也很便宜。于是,荷兰就成为了欧洲的海上马车夫。

此前,典型的欧洲商船都建造有可以架设火炮的平台,这样做可以有效地防止海盗袭击。荷兰人第一个冒险建造出了一种仅能运送货物而不可装置火炮的商船。

这样做的代价是,每一次航行都变成了充满风险的命运赌博,但它的好处是造船的成本低,价格只有英国船只的一半,于是货物的运费也低。即使这样,荷兰人还不满足。为了能获得尽可能多的利润,他们又在船只上加上了一种特殊的设计。这种设计很独特,荷兰人将船肚子造得很大,所以船身很大很圆,而甲板很小。这是因为,在斯堪的纳维亚,船所缴纳的税取决于甲板的宽度,甲板越窄,付的钱越少,所以荷兰人造的船甲板很小,船肚子很大,利润也就越多。在很大程度上,就是靠着这种船,荷兰人赢得了享誉世界的“海上马车夫”的称号。

(一) 海上马车夫

荷兰位于波罗的海诸国、地中海沿岸各国,以及德国各大河口之间的居中点。荷兰在欧洲进入封建社会晚期时,率先走上资本主义道路,并利用其地理区位优势,成为欧洲的中转生意中心。为适应这种形势,荷兰大力发展造船和航海业,其船舶总吨位相当于英、法、葡、西四国的总和,被誉为“海上马车夫”。利用这种优势,荷兰在 17 世纪登上海上霸主的宝座。

300 年前,荷兰是个仅有 150 万人口的小国,但其却能利用海洋,将势力延伸到地球的每个角落,被马克思称为“海上第一强国”,是当时整个世界的经济中心和最富庶的地方。

1602 年,荷兰人将他们的各种私营贸易公司合并成一家国营公司,即荷兰东印度公司。虽然早两年,即 1600 年,英国人已组建了自己的东印度公司,但是他们敌不过荷兰人。英国公司的认购资本很少,而且在后来的数年中,荷兰公司还在东印度群岛建立了设防据点网。设立据点需要与当地统治者订立条约,条约塑造联盟,而联盟促成保护关系。到 17 世纪末,荷兰人实际管理的地区虽然仅一小块,但已成为荷兰的保护国的国家却很多,构成了一块大得多的地区。接着,18、19 世纪,荷兰并吞了这些保护国,建立起了一个拥有庞大地域的帝国。

(二) 英荷战争

17 世纪,英国为了打败日益发展的商业竞争对手荷兰,并力求保住开始建立的海上优势和争夺殖民地,曾三次挑起对荷兰的战争。战争互有胜负,双方实力均受到不同程度的伤害。第二、第三次英荷战争的结果,是法国在其中渔翁得利,获得了大片土地与商贸利益。此后,法国的国力直线上升,从而超越荷兰,成为欧洲最强的国家。

英国于 1640 年至 1649 年的内战后脱颖而出,克伦威尔上台后大肆扩军,原本在斯图亚特王朝时期衰落的英格兰军队再一次开始令人生畏。陆军的"铁军"超过了三万(作为岛国的英格兰原来基本没有陆军),克伦威尔是伟大的军队缔造者,他以古斯塔夫的瑞典军队为模板,并且更加强调高效与纪律性。海军更是扩大了三倍多,由 40 艘主力舰扩大到了 120 艘,拥有当时世界上最好的舰船与船员。资产阶级出身的克伦威尔是典型的重商主义者,他不能容忍荷兰人垄断全球贸易,颁布了针对荷兰的《航海条例》。自此,英格兰的利剑指向了同是海上强国的荷兰。

第一次英荷战争发生于 1652 年 5 月,两国舰队在多佛海峡发生冲突。这次战争的导火线是英国攻击荷兰商船,结果引发大规模的船舰行动。两国于 1652 年 7 月 8 日正式宣战。

第二次英荷战争发生于 1665 年至 1667 年,起因是英国订立了更严苛的航海法,并占领荷兰位于北美的殖民地新阿姆斯特丹(今纽约)。总体来说,第二次英荷战争是英国战败,由此酝酿出第三次英荷战争。

第三次英荷战争发生于 1672 年至 1674 年。法国于 1672 年入侵荷兰(法荷战争),造成荷兰的"灾难年"(Rampjaar)。荷兰通过决堤来防止法军占领阿姆斯特丹,并且与西班牙结盟,迫使法国撤兵。英国同一时间攻打荷兰,但是荷兰在四次海战中均获得胜利,英国遂被迫停战。

尽管在三次英荷战争之中,双方互有胜负,但就整体来看荷兰略胜一筹。1674 年,英国退出战争之后,法国人也不再于英吉利海峡攻击荷兰人了。相反,路易十四露出真面目,派遣舰队进攻西班牙。荷兰海军老将米歇尔·阿德里安松率领一支小规模舰队驰援西班牙人,但在奥古斯塔海战被击败,并在西西里附近的战斗中受伤而死。从此,荷兰的海上霸权一去不返了。

三、法国

(一)法兰西殖民帝国

法兰西殖民帝国为法国在 17 世纪至 20 世纪 60 年代控制的殖民帝国。在 19 世纪至 20 世纪初,它成为仅次于大英帝国的第二大殖民帝国。在 1919 年至 1939 年这个巅峰时期,法国的殖民地面积达 1234.7 万平方公里。若将法国本土也计算在内,则其殖民地面积达到 1289.8 万平方公里,占世界土地总面积的 8.6%。殖民地独立运动后,法国只保留了分布在北大西洋、加勒比海、印度洋、南太平洋及北太平洋中的一百多个岛屿,以及南美洲的法属圭亚那,总面积只有 12.315 万平方公里,仅为 1939 年所拥有殖民地的 1%。

16 世纪,随着航海家维拉萨诺及卡蒂亚开拓了航线后,法国渔民便开始在纽芬兰一带航行,揭开了法兰西殖民地扩张的序幕。但西班牙在北美一带的垄断,以及在 16 世纪晚期的宗教战争中失利所造成的内乱,都使得法国有必要建立殖民地帝国。法国在早期曾经企图以巴西作为殖民地,并在 1555 年与 1612 年入侵里约热内卢及圣路易两地。但由于葡萄牙和西班牙的戒备及阻止,法国在里约热内卢、圣路易及北美佛罗里达的侵略均以失败而告终。

（二）英法竞争

18世纪的标志之一，是英国和法国之间争夺殖民地霸权的斗争。这两个国家面对面地在北美洲、非洲和印度进行竞争。

北美因其战略地位而成为受到追捧的殖民地。1682年，法国将内陆水系向西推进到苏劳伦斯河流域，并将其作为开拓殖民地的主要根据地。法国声称整个密西西比河流域为其所有，贵族拉萨尔划船沿密西西比河顺游而下，并将其命名"大海到大海"。显然，每当英国殖民者到达时，法国人在土地占有方面的要求就会与之发生冲突。

印度也是英、法两国激烈冲突的地区。17世纪初，英国人被荷兰人逐出东印度群岛后，便退到印度次大陆。18世纪，由于莫卧儿帝国的崩溃，形势完全颠倒过来了。皇帝阿克巴的继承者们对印度教大众的迫害，导致了不满和混乱。地方统治者开始宣称独立，建立起世袭的地方王朝。中央政权的瓦解给了英国东印度公司和法国东印度公司以可乘之机，使二者得以从纯粹的商业组织转变为地区霸主和贡物收集者。英国和法国修筑要塞、供养士兵、铸造货币，并与周围的印度统治者缔结条约，因为印度已不存在能够阻止英法扩展影响的中央。

第三节　第三代海洋强国：美国

一、美国

海洋强国有衰有兴。历史上任何一个海洋强国，无论是地中海地区的海洋强国，还是从大西洋沿海、太平洋地区走向海洋的世界海洋强国，没有一个能够保持千年以上的。其中，有国家自己内在的原因，如西班牙社会制度落后，未能适应欧洲开始发展资本主义的时代潮流，严格控制航海和海外贸易；也有世界发展的外在原因，如荷兰在法国和英国兴起后，在与英法的争霸中丧失了海上贸易的垄断地位。

第二次世界大战后，以美国和苏联为首，形成了对立的两极，两个超级大国争夺海洋霸权，世界处于冷战时代。苏联解体和东欧剧变之后,世界进入冷战后时代,美国成为唯一的霸权国家和海洋霸主。

美国人的海洋意识很强,建国之初便将海洋作为"护城河",利用炮台与海军建立起海岸防卫体系。发展到帝国主义阶段之后,美国的经济实力超过老牌强国。这个时期出现的马汉海权论,无疑为美国走上称霸海洋的道路奠定了理论基础,并成为统治海洋的强国战略。为此,美国开始建设全球海军,并在经过两次世界大战后,成为第一海洋强国。

(一) 马汉

美国海军"瓦渚塞特号"巡洋舰舰长阿尔弗雷德·塞耶·马汉(1840—1914 年)到过加勒比海、南大西洋、太平洋以及远东的中国、日本,参加过南北战争,这种奇特的个人经历为他创建海权理论打下厚实基础。1890 年,他出版了《海权对历史的影响,1660—1783》;1892 年,他出版了《海权对法国革命与法兰西帝国的影响》;1905 年,他出版了《海权与 1812 年战争的关系》。以上三部著作构成了完整的海权理论体系。马汉的海权论传到了他的密友、美国总统西奥多·罗斯福那里,被确定为美国的全球海上战略。

第二次世界大战后,美国海军继承和发扬了马汉的海权思想,强调要控制世界海洋 16 个咽喉要道,即 16 个海峡(含天然海峡、人工海峡和海湾)。这些海峡包括经济发达地区的洲际海峡、沟通大洋的海峡、唯一通道的海峡和主要航线上的海峡,它们如海上交通"咽喉",可控制舰船航行和缩短海上航程。在 90% 的世界贸易运输都要通过海运实现的今天,扼守这 16 条海上咽喉,对于美国维持其全球霸主的战略意义,不言自明。

二、美国的海权战略实施

美国为争夺海洋控制权,各届政府都明确将海洋战略纳入国家整体战略之中,并使其在国家战略决策中处于优先地位。上世纪 60 年代以来,美国政府发表了一系列"海洋宣言",并制定了一系列海洋战略,详情见下表。

序号	出台时间	政策名称
1	1969 年	《我们的国家和海洋—国家行动计划》
2	1986 年	《全国海洋科学规划》
3	1995 年	《海洋行星意识计划》
4	1998 年	《美国海洋 21 世纪议程》
5	2000 年	《制定扩大海洋勘探的国家战略》
6	2004 年	《21 世纪的海洋蓝图》《美国海洋行动计划》
7	2001 年	成立了全国统一的海洋政策研究机构——美国海洋政策委员会
8	2007 年	《2006 年美国海洋政策报告》《21 世纪海上力量合作战略》

（一）建立一支能够控制世界水域的舰队

1890 年,美国国会通过《海军法》,同意建立一支深海海军,从此进入建设全球海军的时代。第一次世界大战期间,美国拥有 16 艘威力强大的无畏级战列舰。第二次世界大战期间,美国拥有各类航母 125 艘、战列舰 23 艘、巡洋舰 67 艘、驱逐舰和护卫舰 879 艘、猎潜舰 351 艘、潜艇 351 艘。美国海军拥有 10 个作战舰,成为当时世界上最强大的海上力量。按照美国海军的构想,21 世纪的美国海军将保持 300 艘高性能的战舰,其中包括 12 艘航母、10 个现役舰载机联队等。虽然数量减少,但美海军的作战能力明显增强。

序号	国家	级别	起飞方式	动力情况	服役情况	数量
1	美国	尼米兹级	蒸汽弹射	核动力	在役	10
		福特级	电磁弹射	核动力	建造中	1
2	俄罗斯	库兹涅佐夫级	滑跃式	常规动力	在役	1
3	中国	001 型	滑跃式	常规动力	在役	1
		002 型	蒸汽弹射	常规动力	建造中	1
4	法国	戴高乐级	滑跃式	核动力	在役	1
5	英国	伊丽莎白女王级	滑跃式	常规动力	在役	1
6	意大利	加里波第级	滑跃式	常规动力	在役	1
		加福尔级	滑跃式	常规动力	在役	1

序号	国家	级别	起飞方式	动力情况	服役情况	数量
7	印度	基辅级	滑跃式	常规动力	在役	1
		维克兰特级	滑跃式	常规动力	建造中	1
8	泰国	阿斯图里亚丝级	滑跃式	常规动力	在役	1

(二)通过军事基地建立据点和中转站

自二战以来,美国为推行其全球战略,逐步建成了以本土军事基地为依托,以海外军事基地为前沿阵地的全球军事基地网,扼守海上咽喉要道。"9·11"事件后,美军以反恐为旗号,加速海外扩张,进一步调整海外基地布局,军事基地遍布世界各地。

岛链战略——封锁中国海上运输线

早在1951年,当时的美国国务卿杜勒斯就首次提出利用地缘政治关系,用岛链围堵中国。该主张既有政治和军事上的内涵,也有封锁海上运输线,用以控制中国国际贸易的物资交流,特别是对石油命脉的控制,以达到制约中国经济发展和安全的目的。

第一岛链指北起日本群岛、琉球群岛、冲绳岛,触及我国台湾岛,南至菲律宾群岛、大巽他群岛形成的链形岛屿地带。其中,我国台湾岛居于核心战略地位。

第二岛链北起日本群岛,经小笠原诸岛、火山列岛、马里亚纳群岛、雅浦群岛、帛琉群岛,延至印尼的哈马里拉岛。防止中国和苏联联手反击,是第二岛链的防控作用。

太平洋岛链是以第一岛链为轴心,延至阿留申群岛、千岛群岛,把韩国也纳入岛链范围中,一直延伸至东南亚地带。太平洋岛链实际上是第一岛链的势力辐射和延伸,旨在更好地巩固岛链的地缘作用,以增强第一岛链线,防范其薄弱性.

美国认为,中国台湾是其岛链战略中最重要的一环,在整个岛链中具有中间枢纽作用。在美国人眼中,中国一日不统一,就难以谈得上真正的崛起。正是基于此,美国长期把中国台湾视为其"永不沉没的航空母舰"。

随着海外贸易和海外能源需求的增长，以及海洋权益的现状，中国逐渐感受到岛链对中国国家安全和海洋权益的潜在与现实影响。从地缘战略角度看，两条岛链带上的1.2万个岛屿，绝大多数由其他国家控制，只有中国台湾是本国领土。翻开地图我们就可以看到，在西太平洋上的一系列大大小小呈弧线型分布的岛屿却紧紧地封锁着我国进出太平洋的门户，使我国诸海实际上处于一种半封闭状态。美国在这一系列呈弧线型分布的岛屿上把守重兵，将其变成西方国家用来封锁亚洲大陆的所谓岛链。因此，中国海军要走向大洋，就必须首先冲破这一道道岛链，打碎套在我们身上的重重枷锁。

（三）在世界海洋交通线要道上建立据点

直布罗陀海峡是地中海进出大西洋的唯一通道。在苏伊士运河通航后，直布罗陀海峡成为连接大西洋与印度洋、太平洋的捷径。西班牙的罗塔海军基地是美国地中海舰队的根据地，美国可利用它来随时控制和封锁直布罗陀海峡。

美国在拉丁美洲的基地和设施主要集中在巴拿马、古巴和波多黎各三个地区，它们扼守着大西洋通往太平洋的要冲巴拿马运河，控制着整个加勒比海地区。

1. 苏伊士运河——通航安全牵动美国心

苏伊士运河位于亚洲和非洲的交界处，连接地中海和红海，是沟通亚、非、欧的咽喉要道，全长193.3公里。借道苏伊士运河从欧洲到亚洲各港口的航程比绕道非洲好望角要节省6000—10000公里。

苏伊士运河由其重要的战略地位，自诞生之日起就一直是西方大国争夺和控制的对象。苏伊士运河于1869年建成通航后，长期被英国和法国殖民者控制。直到1956年，埃及时任总统纳赛尔宣布将运河收归国有。2011年，为了应对中东局势动荡，美国军舰多次经过苏伊士运河，进入地中海。在埃及政局形势还未明朗之时，美国军舰群还驶入苏伊士运河北侧，其重要的目的便是保护苏伊士运河，确保通航。

2. 巴拿马运河——通往美国"后院"的"捷径"

巴拿马运河位于中美洲巴拿马共和国中部，连接太平洋和大西洋，是全球重要的航运要道。它承担着全世界5%的贸易货运，是巴拿马的四大经济支柱之一。巴拿马运河与埃及的苏伊士运河被公认为世界上最具军事战略意义的两条人工水道,被誉为"世界七大工程奇迹之一"和"世界桥梁"。

巴拿马运河由美国人修建,于1914年竣工。运河的启用大大缩减了跨洋航运距离。此前行驶于美国东西海岸之间的船只,必须绕道南美洲合恩角,而巴拿马运河通航后,航程缩短了约1.5万公里,由北美洲一侧海岸至南美洲另一侧港口的航程缩短了6500公里。航行于欧洲与东亚或澳大利亚之间的船只经巴拿马运河,也可减少航程3700公里。

自1914年通航至1979年,巴拿马运河由美巴共同组建巴拿马运河管理委员会管理,实质上一直由美国掌控。美国将运河沿岸1432平方公里的地区设为运河区,区内由美国任命总督管辖,悬挂美国国旗,实行美国法律。运河区成了美国在巴拿马的一个"国中之国"。如果说拉美是美国的后院,那么巴拿马就是大门。美国在运河区常驻重兵,先后建立了14座军事基地或要塞,并成立了加勒比海司令部,后又扩大为南方司令部,负责美国本土以外西半球的三军行动。

经过巴拿马人民半个多世纪的不懈斗争,1977年9月,巴拿马的奥马尔·托里霍斯将军和美国时任总统吉米·卡特签署条约,规定美国于1999年12月31日将运河全部控制权交还巴拿马,运河运营的全部收入上缴巴拿马政府。此后,美国从巴拿马撤军。

(四)拥有先进的海洋科技

当今世界,美国在海洋科技研究领域具有无可比拟的优势,其基础研究和技术开发都位于世界前沿,是世界海洋科技前沿领域的领跑者。美国创建了一系列的科学研究机构(见下表)、开展海洋补助金计划、建立了海洋观测网和预报服务系统等,在海洋科学、海洋技术等领域处于领先地位。

序号	名称	特色
1	太平洋海洋环境实验室	科学研究工作包括物理海洋学、化学海洋学、地址海洋学、海洋气象学,以及与保护人类健康和开发海洋资源等有关的其他学科。

续　表

序号	名称	特色
2	大西洋海洋学与气象学实验室	进行海洋学和热带气象学的基础和应用研究。
3	伍兹霍尔海洋研究所	私立研究机构，创立于1930年。该研究所设有五个研究室，即生物研究室、化学研究室、地质和地球物理研究室、物理海洋学研究室、海洋工程研究室。此外，其还设有教育学院、海岸研究中心、海洋勘探中心、海洋政策中心、海洋补助金计划办公室。该研究所拥有六艘调查船，其中三艘为政府所有，另外还有两架供调查用的飞机，一艘可载三人的"阿尔文号"潜水器。
4	斯克里普斯海洋研究所	建于1903年，是目前美国最大的海洋研究机构之一，设有海洋生物研究室、海洋生命研究室、海洋物理实验室、神经生物站、海洋研究室、生物学研究实验室、近海研究中心、地质研究室、气候研究组。另外，其研究生部设有应用海洋科学、生命海洋学、地球物理学、海洋生物、物理海洋学等专业。研究所拥有四艘调查船、一个浮动式海洋仪器平台(NIP)、一个海洋研究浮标(ORS)。

1. 大洋钻探计划(ODP)和国际综合大洋钻探计划(IODP)

大洋钻探计划(ODP)于1985年正式实施，是由美国国家科学基金会主持的、全球研究地球结构和深化过程的科学家和研究机构参与的一个国际研究计划。通过该计划，科学家揭示了海洋地壳结构和海底高原的形成规律，证实了气候演变的周期和地球环境的突变事件，分析了汇聚大陆边缘深部流体的作用，发现了海底深部生物圈和天然气水合物，使地球科学获得了多次重大突破。在此基础上，2003年10月，由美、日两国主导的人类认识地球史上最雄伟的计划——国际综合大洋钻探计划(IODP)拉开了帷幕。IODP计划打穿大洋壳，揭示了地震机理，查明了深部生物圈和天然气水合物，了解了极端气候和快速气候变化的过程，为国际学术界构筑起新世纪地球系统科学研究的平台，并为深海新资源勘探开发、环境预测和防震减灾等实际目标服务。

2. 海洋探测技术

发展陆海空全方位的立体化海洋探测系统，是当前许多国家的研究重点。目前,美国正在发展综合海洋观测系统(IOOS),并将其作为政府间全球地球观测系统(GEOSS)的组成部分。美国的综合海洋观测系统是由海洋水色卫星、海洋浮标、海洋调查船、潜水器和水声技术等先进手段和设施构成的。

3. 海洋资源开发技术

目前,美国海洋资源开发的重点领域是深海油气、深海矿产和海洋空间等,相关技术也得到长足发展。美国是世界上深海油气资源开发技术水平最先进的国家,目前已经得到广泛应用的技术有水下完井、连接和浮式生产系统等。

美国走上海洋强国的道路表明,一个国家要成为海洋强国,必须具备以下主要条件:一是综合国力强,这是成为海洋强国的基础,包括资源和经济活动能力、对外经济活动能力、科技能力、军事能力、外交能力等,这是国家支持海洋事业发展的总体能力;二是海洋软实力强,包括民族的海洋意识、政府的海洋政策和战略等;三是海洋开发利用能力强,包括海洋开发装备制造能力和海洋经济发展总体能力等;四是海洋研究和保障能力强,包括海洋调查研究能力、海洋环境监测预报和信息服务能力等;五是海洋管理能力强,包括管理法规、管理队伍等;六是海洋防卫能力强,包括海上军事力量等。

第二章 中国迈向海洋的辉煌
历史和曲折历程

第一节 拓展海疆与海上丝绸之路

中国既是一个地域辽阔的大陆国家,又拥有漫长的海岸线,是古代东方海洋文明的重要发祥地。据考古发现,早在先秦时代,我国华南地区就与东南亚等地有了海上贸易往来。所以,中国不仅是世界上重要的内陆大国,也是世界上重要的海洋大国;中华文明在历史传统上就不仅仅是内陆文明、农业文明,还是悠久、灿烂的海洋文明。

从秦始皇统一中国至今的两千多年里,中国历史的进程跌宕起伏、朝代更替。历史学家比较多的说法是唐朝是中华文明的鼎盛时期,所谓大唐盛世,而明朝则是中华文明的余晖。这种说法产生的原因一定是多方面和复杂的,与海洋也有一定的关系。明朝与海有关的重大事件是 1405 年开始的郑和七下西洋。郑和下西洋是助推了中华文明向世界的传播,还是减缓了古老中国进一步迈向海洋的步伐? 这是个历史研究的学术问题,但对这种学术问题的思考,有助于我们理解国家的海洋强国战略。

一、拓展海疆与海上丝绸之路

序号	时间	事　件
1	春秋战国	出现"海王之国"
2	秦国	秦始皇四次向东方巡海
3	西汉	汉武帝七次巡海
4	隋朝	隋炀帝曾三次发兵东征高丽,并多次派官员和军队到台湾,进行安抚
5	唐朝	沿海地区的行政包括河北道、河南道、淮南道、江南东道、岭南道。
6	明代	郑和七下西洋,比哥伦布发现美洲新大陆(1492—1504 年)还要早 80 多年。

春秋战国时期,中国沿海地区的齐国、吴国、越国不断进行海上交战和航行,初步形成了古代的海军。齐国控制了山东半岛沿海地区,被称为"海王之国"。秦始皇时期,为控制沿海地区,曾四次向东方巡海。西汉时期,汉武帝七次巡海,以求仙封禅为名,视察海疆。西汉也是南方海疆版图最大的时期。隋朝时期,隋炀帝曾三次发兵东征高丽,并多次派官员和军队到台湾,进行安抚。唐朝是一个拓疆列土的强盛时代,沿海地区的行政包括河北道、河南道、淮南道、江南东道、岭南道。这些道的范围包括了从日本海到南海(越南的一部分沿海地区)的广大地区,唐朝也是中国海疆最广大的时期。明代郑和于 1405—1433 年间率船队七次下西洋,最远曾到达非洲东部、波斯湾和红海地区,比哥伦布发现美洲新大陆(1492—1504 年)还要早 80 多年。

我们平时所谈的丝绸之路,主要是指陆上丝绸之路。除此之外,还有一条海上丝绸之路。它发自华南,经东南亚、斯里兰卡、印度而达波斯湾和非洲海岸。这既是连接古代东西世界的又一条贸易通道,也是古代东西人民交流的友谊纽带,它的意义绝不亚于陆上丝绸之路。

在张骞打通西域,开辟陆上丝绸之路的同时,雄才大略的汉武帝又决计开辟海上交通线。公元前 111 年,汉武帝发楼船兵 10 万攻下南越,开辟了从广州徐闻、合浦通向印度、斯里兰卡的海上丝绸之路。据《汉书·地理志》记载,当时,这条航路是沿越南沿岸航行,经南洋到达印度洋,再沿印度洋东岸向西南航行到黄支国(今印度南部)和已程不国(今斯里兰卡),然后由此回国。整个航程数万公里,往返一次需 28 个月。这一航路打通后,汉朝的船队纷纷开始出海远航,南洋诸国"从武帝以来,皆献见",出现了"外国使更来更去"的景象。

与此同时,随着美丽丝绸的西传,远在丝路尽头的罗马帝国也"常欲通使于汉",但却苦于安息居间阻挠,一直无法和汉帝国建立直接的联系。为了改变这一局面,公元 162 年,罗马皇帝率兵东进,击败波斯大军,占领了安息,将波斯湾纳入了罗马的势力范围。公元 166 年,罗马皇帝派遣使者,带着象牙、犀角、玳瑁等礼品,从埃及的亚历山大港出发,经海路到达中国,与中国建立了直接联系。从此,东西方的海上丝绸之路开始全线贯通。

魏晋南北朝时期,中国的经济中心南移,南方经济的兴起带动了海外贸易的发展。据史书记载,当时,南朝各政权通过海上丝绸之路,与越南中部的林邑国、暹罗湾的扶南国、马来半岛的斤陀利国、斯里兰卡的狮子国、南印度的婆皇国、中印度的迦毗黎国和波斯王朝都有使节往来,出现了"四海流通,万国交会""舟船继路,商使交属"的海上贸易繁荣景象。随着造船技术和航海技术的提高,中国海船逐渐脱离原来沿岸航行的传统航线,重新开辟了一条以广州为起点,横渡南海,穿越马六甲,经过塔库巴横越孟加拉湾,再西渡阿拉伯海的新航线。这条航线缩短了中国大陆通往南洋的航行距离,对促进古代中国与南亚和阿拉伯地区的海上经济文化交流起了较大的推动作用。王仲荦所著《魏晋南北朝史》一书所引用的阿拉伯人《古行记》的记载称:"中国的商船从公元 3 世纪中叶开始向西,从州到达槟榔屿,4 世纪北达锡兰,5 世纪到达亚丁,终于在波斯及美索不达米亚独占商权。"由此可见,魏晋南北朝时期,海上丝绸之路已是一条重要的贸易通道了。

隋朝统一中国后,加强了对南海贸易的经营,海上交通日益频繁起来。隋炀帝时,和中国进行海上通商往来的国家已遍及东南亚、南亚和波斯。当时,隋炀帝为了海上丝路的畅通,曾先后派遣使团访问东南亚、印度和波斯。例如,公元 607 年,他派屯田主事常骏率使团从广州启航,经暹罗湾向南,抵达赤土国访问。当时的赤土是一个地方数千里,东滨暹罗湾,西临马六甲,扼东西海上交通线咽喉的大国,属印度移民的国家。隋炀帝派常骏出使该国的目的,就是为了扬国威,通商路。常骏使团圆满地完成了使命,赤土、真腊、婆利、林邑等国纷纷遣使来朝,南洋地区出现了一派和平景象。随后,隋炀帝又派朝廷大员出使南亚,到达印度,与印度建立友好通商关系;派云骑尉李昱率使团乘船经马六甲海峡,过印度洋出使波斯,与波斯建立友好通商关系。频繁的使节访问,以及友好通商关系的建立,使 7 世纪前后的南中国海出现了大批印度和波斯的商船,交州、广州、扬州成了当时最繁荣的沿海港口。

唐朝以前,中国基本是内陆文化占主导。唐朝覆灭以后,古老的内陆(江河)文化逐步向沿海发展,渗入东南沿海的许多部落。在随后的900 多年中,宋、元、明、清四个王朝都在为是大陆的中国还是海洋的中国而左右摇摆、患得患失。其中,政治和经济因素是导致海洋的中国始终不能崛起的主要原因。

在中国的历史上,北方于大部分时间内是国家文明的中心。肥沃的地区分布在中国北方的平原和黄河流域,大部分的人口和经济活动都集中在这些地区。北方种植小麦,长江流域则种植水稻,物产丰富,自给自足。彼时对海洋的态度,既不是向海洋索取,也不是依赖于海洋进行运输交换,而是把海洋当作一道无控制的天然防御屏障。古代中国发达的水产养殖业和内河运输网络,也严重阻碍了走向海洋的步伐。

唐承隋制,继续执行海陆并举的中外贸易方针。在陆上丝绸之路发展的同时,海上丝绸之路日益繁盛。据唐代地理学家贾耽(730—805年)记载,当时的海上丝绸之路主要指的就是广州通海夷道,这条道共分二段:前段以广州为起点,沿七州列岛,抵越南东南海域,进入马六甲海峡,然后沿苏门答腊出十度海峡,抵达斯里兰卡北部的摩诃帝多港,再沿印度西海岸到达波斯湾头的巴士拉;后段以坦桑尼亚北部沿海的三兰港沿东非海岸北行,至阿曼后往西航行,再至巴士拉与东路汇合。这条漫长的海上丝绸之路始于广州,终于东非海岸,途经 90 余个国家和地区,航程 3 个月(不计沿途停留时间),全程共约 14000 公里,是八九世纪世界最长的远洋航线,也是东西方最重要的海上交通线。从同时期阿拉伯人所著的地理著作看,他们从波斯湾到广州的航线与贾耽所记基本相同,主要差别是他们在东行穿过马六甲海峡后,不是沿中南半岛北上广州,而是向东进入爪哇海,再直驶过菲律宾群岛,然后才向西折回中南半岛海域驶向广州。这说明八九世纪的东西方海上航路不仅在波斯湾、印度洋有较大进展,而且在南中国海也有新的开拓,南海诸岛基本上纳入了东西方海洋贸易圈内。

海上丝绸之路的兴盛,使丝路沿线出现了一大批国际贸易中心,其中尤以广州最为繁荣。当时的广州港已经发展到能够停泊千艘海船的规模,成为一个"多蕃汉大商""有蛮舶之利""外国之货日至,珠香象犀玳瑁,稀世之珍,溢于中国"的世界大港,前来广州经商的外国客商和商船之多,商货之丰富,为前代所未有。各国到广州的客商所带的货品,使广州港商货辐辏,海外珍宝香料尤为丰富。不少外国商人在广州经营宝货,使广州逐渐发展成了国际性的珍宝市场。为了加强管理,公元714年,唐朝政府在广州设立市舶司,统一管理南海贸易。

航海业的发展,刺激了中国东南沿海青瓷和白瓷的生产,促使最适合水路运输的瓷器从八世纪末开始列入外销的大宗货物,展开了长达一千年之久的外销瓷器的繁荣期。所以,有的学者亦将海上丝绸之路称作"陶瓷之路"。

唐末宋初,中国北方人口增长了两倍,气候的变化减少了可耕地的面积。这些客观因素导致了北方人口大量外迁,特别是沿长江而下,并沿海岸向南迁移,北方游牧部落的入侵造成了同汉人之间的战争,导致宋王朝被迫逃离开封,南迁至长江以南,建都临安(杭州),重新建立其统治(南宋)。由于北方沦陷,对外交往必须通过海道,因此泉州、广州、明州迅速发展,成为对外贸易三大港口。南宋开始控制海岸和长江,以作为抵御北方游牧部落入侵的经济和军事要地。于是,富有生机的发展海洋事业的思想出现了,海洋成了对付那些敢于征服它的国家的新疆界。

几乎与此同时,希腊、阿拉伯和波斯人同时开辟了中国至中东地区的海上航路,严重影响了传统的陆上丝绸之路的贸易。阿拉伯和波斯人开辟的海上航路,主要是香料的贸易。这些贸易的香料原本产于东印度群岛,亦称香料群岛(因盛产丁香、胡椒、豆蔻等香料而闻名),之前向西方国家的输出主要是经由中国,再通过陆上丝绸之路送往西方,成本高。精明的、善于经商的阿拉伯人直接从海上打通了横跨印度洋的海上香料之路,运输成本不到陆上运输的三分之一。这也是促成中国出现向海上发展的思想萌芽的动因之一。

宋元时期,海上丝绸之路的发展进入鼎盛阶段。在五代分裂废墟上建立起来的宋王朝由于始终未能摆脱来自北方马背上的民族的威胁与挤压,西北陆路的外交空间基本堵绝,因此面向东南海路发展与东南亚等国的关系,乃势所必然。与前代相比,宋朝与海外各国的贸易范围进一步扩大。例如,宋朝新开辟了泉州、广州至菲律宾的航线,西洋航线则一直延伸到非洲的摩洛哥、桑给巴尔和欧洲的西班牙,来华商船的始发港则扩及印度西海岸、波斯湾和红海沿岸及非洲东海岸。各国与宋朝海上贸易的次数也明显比唐代多。以与宋朝关系最密切的占城、三佛齐、大食三国为例,占城在唐代朝贡 27 次,宋代 40 次;三佛齐在唐代朝贡 2 次,宋代 30 次;大食在唐代朝贡 22 次,宋代 30 次。与其他各国的贸易次数,宋代也远比唐代多。海上丝绸之路的持续发展,大大增加了朝廷和港市的财政收入,一定程度上促进了经济发展,为中外文化交流提供了便利条件。

宋元时期是中国直面海洋、锐意进取的时期。宋元朝廷虽然也力图管制和主导海外贸易,但寓管制于开放,民间海外贸易飞速发展,政府也因民间商贸繁荣而广辟财源。宋元时期出现了中国海洋发展史上的第一次机遇。当时,中国拥有世界上最好的造船业和航海技术,对海外的认识空前丰富,大规模出口商品的生产基地已经形成,政府重视民间海外贸易。其结果是华商成为中国海外贸易的主角,海外华商网络初步形成,支撑海外华商网络的海外华人聚居地也逐渐出现,中国商人主导了印度洋和东亚的海上贸易,更造就了国人的重商和海洋意识以及海外进取精神。

13 世纪,北方蒙古骑兵的压力逐渐削弱了南宋的统治。到 1279 年,蒙古水军在广州附近的一次决定性海战中消灭了南宋王朝。同一时期,蒙古人首领忽必烈使用海上力量打到了东亚和东南亚地区。虽然 1274 年起的两次东渡远征讨伐日本均告失败,但忽必烈仍然坚信海上力量。从 1283 年到 1288 年,忽必烈亲自指挥了对安南(越南)的一系列海上进攻。1292年,他派遣了1000艘兵船去攻打爪哇(印尼)。

元代铁骑征服了亚欧大陆,视四海为宇内,对外交通毋需设防,在重新开通与欧洲和中东陆上丝绸之路的同时,海上丝绸之路也开始进入鼎盛期。据元代周致中的《南海志》记载,与元朝有贸易往来的国家达140余个,其中大多数是通过海上进行的。这里除了日本、朝鲜等东亚国家外,南洋诸岛国、印度半岛沿海国家、阿拉伯半岛国家,乃至非洲地区的忽斯离(埃及)、芦眉(马拉加什)、墨加鲁(北非)、弼琶罗(巴巴拉)、摩加里(基尔)及西非的荣弼沙(加纳)也都与元朝往来,欧洲许多国家也曾多次派使臣、商人前来。公元13—14世纪,中国帆船活跃在通往南海、印度洋及欧洲的海路上,甚至在一定程度上操纵了南印度和中国之间的海上交通。据14世纪的摩洛哥旅行家伊本·白图泰和威尼斯旅行家马可·波罗等人的描述,他们看到的中国帆船最大的有12张帆和4层甲板,可载1000余人。为了防备马六甲海峡的海盗,中国帆船还备有弓弩、火箭、盾牌等兵器。海上贸易的繁荣,又促进了港口发展。这时,泉州港一跃而成为对外贸易的中心。多次到过泉州的马可·波罗称泉州是世界最大良港。1345年,摩洛哥旅行家伊本·白图泰在泉州登岸,看到千帆竞发,外商云集,贸易兴盛,港口壮丽,他赞扬泉州"即使称作世界最大港,也不算过分"。海上丝绸之路由泉州伸向世界各地,东通日本、朝鲜,西接东南亚,通过印度洋直指地中海世界,将中国的丝绸、瓷器源源不断地输出。特别是瓷器的输出在元代已逐步超越丝绸,成为中华文明的象征。

我国境内的自然河流和人工开凿的运河网一直是重要的运输渠道。从公元6世纪到12世纪,中国皇帝征集大批工匠开凿了一个运河网,将中国北方的多数主要河流连接起来,最长的一条是大运河。隋朝大运河以洛阳为中心,南起杭州,北到涿郡(今北京),全长2700公里,跨越地球10多个纬度,纵贯中国最富饶的东南沿海和华北大平原上。后经元朝取直疏浚,大运河缩短了900多公里,全长1794公里,成为现今的京杭大运河。

大运河水运系统体现了中国封建皇朝的战略思想,促进了政治上的统一。皇帝和大臣们懂得,谁要控制了长江,谁就控制了中国。但可能谁都未曾想过,谁要是控制了海洋,谁就控制了世界,而这是当今各国所达成的共识。

明朝建立后，一方面，为打击方国珍余部势力和防范倭寇在沿海地区的劫掠，实施严厉的海禁政策，规定凡民众下海经商者，要比照谋叛重罪惩处；另一方面，为满足皇室对东南亚的香料等奢侈品的需求，推行由官方主导的与海外各国的朝贡贸易，凡是前来朝贡的，不仅不予禁止，而且可以得到官方保护。郑和七下西洋（1405—1433 年）就是在这样的背景下出现的。郑和远航的船队规模浩大，人数最多时达 2.7 万人，船只 200 多艘，航程远达东南亚、印度洋、波斯湾、东非海岸的 39 个国家和地区。

二、郑和在国外的历史遗韵

郑和下西洋为促进亚非国家间的团结和友谊，发展中国与亚非诸国在政治、经济和文化上的相互交流，都作出了重要的贡献。郑和使团在亚非各国播下了友谊的种子，友谊的花朵开放在亚非人民的心田，历久而不衰。

在郑和下西洋以后的岁月里，一些郑和使团访问过的国家，如浡泥国，"凡见唐人至其国，甚有爱敬"（费信《星槎胜览》后集《浡泥国》）。在真腊国，"其见唐人，亦颇加敬畏，呼之曰佛云"。"观《通典》、《通考》、各代史《异域志》诸书所载，未有如此之界者。"（罗日裹《咸宾录》卷六《真腊传》）

直至今天，在郑和使团到过的亚非国家，尤其是东南亚国家，还保留着纪念郑和的各种遗迹，流传着许多关于郑和的故事传说，并且还在进行着各种纪念郑和的活动。

在今天索马里的布拉瓦郊区，有一个很大的村子，因为当年郑和访问东非时到过这里，这村子就被命名为"中国村"或"郑和屯"。又如，在印度尼西亚的爪哇岛，有三宝垅、三宝港、三宝洞、三保井、三保墩、三宝公庙。在印度尼西亚的苏门答腊岛上，也建有三宝庙。

在马来西亚的马六甲，有三宝山、三宝城、三宝井。在泰国，有三宝港、三宝庙、三宝宫、三宝禅寺、三宝寺塔。在北婆罗洲，有中国河、中国寡妇峰等。郑和下西洋时所遗留的一些物品,在各国就成为当地百姓纪念郑和的信物。例如,泰国的锡门为"华人出入必经之处,郑和为建卓楔。扁日天竺国"(张堂《东西洋考》着兰《西洋列国考》)。

在满剌加(今马来西亚马六甲),"王居前屋用瓦,乃永乐中太监郑和所遗者"(黄衷《海语》卷上)。在印度尼西亚首都雅加达(古称顺塔),有"石碇,相传是郑和所遗者"。

三、宝船 28 年合绕地球三匝

从永乐三年(1405 年)到宣德八年(1433 年),二十八年之间,郑和统率大船队,七下西洋,航行所至,遍及东南亚许多重要的岛域,西越印度洋,远达波斯湾、阿拉伯半岛以至东非沿海之国家。宝船所及,行程总计逾 70000 海里,等于绕地球三圈还要多!

郑和受命组织并统率这样一支大船队,多次漂洋浮海,指挥航行,要观察天象、掌握罗针,与大风巨浪作斗争,并在所到各地周旋应付,乃至从事必要的武力绥靖,中途设立官厂,管理粮货。这一切都不是简单的事,表现出郑和富有高超的组织能力和航海能力。二十八年之间,郑和七下西洋,顺利完成朝廷交给他的艰巨使命,在海外产生巨大的影响,留下不朽的盛名,至今长存受尊敬的形象于海外华侨社会之中。因此,郑和真不愧是一位照耀史册的伟大航海家。

郑和下西洋是中华民族历史上的伟大创举,正如郑一钧教授所说,以郑和为代表的中国人的大航海,是尝试以中国传统的政治道德理念,建立和平与和谐的国际社会秩序。中国传统的政治哲学以"仁""恕"为核心价值理念,郑和使团在海外努力传播中华文化,与古代志士仁人所追求的大同理想,追求人类社会和自然界的和谐发展,是一脉相承的。这种"大同"与"和谐"的理想,也是各国人民向往"世界大同"理想的一种表现,反映了海外各国人民向往美好幸福生活的愿望。

梁启超曾经非常感慨地说过一句话:"郑和之后,竟无第二之郑和。"意思是说,在郑和身后的这数百年里,再没有能出现第二个像郑和那样的大航海家。

为使读者对郑和七下西洋有一个比较直观的了解,谨列表如下:

郑和七次出使西洋略表

次序	出使年月	所到国家（或地区）	重要事件
第一次	永乐三年至永乐五年（1405—1407年）	占城、爪哇、旧港（今苏门答腊岛东南部巨港）、南巫里（今苏门答腊班达亚齐）、锡兰（今斯里兰卡）、古里（今印度科泽科德）。	郑和在古里立碑纪念,碑文说:"其国去中国十万余里,民物咸若,熙皓同风,刻石于兹,永昭万世。"这是郑和在国外最早建立的一块碑。郑和从这里返航。在回航途中,郑和于旧港打击了海盗陈祖义的袭扰,首次用兵大获全胜,为东南亚海域铲除了祸患,维护了海上航行的安全,受到了各国人民的称赞。在古里交易时,郑和遵守当地贸易习惯,议价后在公人前拍掌为定,"或贵或贱,再不改悔"。
第二次	永乐五年至永乐七年（1407—1409年）	占城、爪哇、暹罗（今泰国）、满剌加、南巫里、加异勒（今印度南端）、锡兰、柯枝（今印度西南岸柯钦一带）、古里国。	对锡兰山佛寺进行布施,并立碑为文,以垂永久。碑文中记有"谨以金银织锦、纺丝宝幡香炉花瓶、灯烛等物,布施佛寺以充供养,惟世尊鉴之"。此碑现存于锡兰博物馆中,是用汉文、泰米尔文及波斯文所刻,今汉文尚存。永乐六年8月,浡泥国国王麻那惹加那乃及其王后、弟妹、子女、近臣等共150多人来中国进行友好访问,住南京"会同馆"内。不幸的是,一个月后,麻那惹加那乃国王生了病,到10月就病故了,年仅28岁。临终前,他立遗嘱"体魄托葬中华"。明成祖辍朝三日哀悼。
第三次	永乐七年至永乐九年（1409—1411年）	古里、满剌加、苏门答剌、阿鲁（今苏门答腊岛中西部）、加异勒、爪哇、暹罗、占城、柯枝、阿拨把丹（今印度的阿麦达巴丹）、小葛兰、南巫里（今印度西部坎贝一带）诸国。	宝船回国途中访锡兰,其王亚烈苦奈儿发兵劫郑和船只。郑和率兵抄其后路,生擒亚烈苦奈儿并家属头目。返京后,献俘于朝。群臣主张杀之,史书上载明成祖曾下诏曰"悯其愚无知",赦不诛,命释放,给以衣食。令再立其国中贤者为王。海外闻之,无不感服。而郑和威名内外俱传:有智略,知兵习战;遇大险,有速决克敌制胜之策,具大将风度。

续　表

次序	出使年月	所到国家（或地区）	重要事件
第四次	永乐十一年至永乐十三年（1413—1415年）	满刺加、爪哇、占城、苏门答剌、阿鲁、柯枝、古里、南渤利、彭亨（今马来西亚彭亨一带）、急兰丹（今马来西亚哥打巴鲁）、加异勒、忽鲁谟斯（今霍尔木兹海峡格什姆岛）、比剌（卜喇哇）、溜山（马尔代夫群岛）、孙剌（似今莫桑比克的索法拉）诸国。	尼八剌国王沙的新葛遣使随侯显入朝，表贡方物。诏封国王赐诰印。途经溜山国，该国为女王执政，被称为女人国。该国海域海水盐分较低，浮力较小，故称弱水，船到这里吃水变深，且风大礁多，航海者多不敢从此经过。郑和船队前往时，国王派有经验的老船长前来宝船导航，使船队平安到达。后来，郑和船队把溜山国作为横渡印度洋前往东非的中途停靠点。
第五次	永乐十五年至永乐十七年（1417—1419年）	占城、爪哇、满刺加、锡兰、柯枝、古里、阿丹（今亚丁湾西北岸一带）、剌撒（今也门民主共和国亚丁附近）、木骨都束（今摩加迪沙）、麻林（今肯尼亚的马林迪）、卜剌哇、忽鲁谟斯、苏禄、彭亨、沙里湾泥等地。	满刺加、古里、爪哇、占城、锡兰、溜山、麻林等19国都遣使朝贡，辞还，命郑和等与其偕往，赐各国国王锦绮纱罗彩绢等物。应柯枝国王可亦里之请，赐其印诰并封其国之山为镇国山，明成祖亲制碑文赐之，以志友好。
第六次	永乐十九年永乐二十年（1421—1422年）	占城、逼罗、满刺加、榜葛兰（孟加拉）、锡兰、古里、阿丹（阿拉伯半岛）、佐法儿、剌撒、溜山、柯枝、木骨都束、卜剌哇（今索马里）等地。	此次出使，主要任务是送忽鲁谟斯等16国使臣返国，故所到国家很多，且多是分队而行。在榜葛兰，其王"闻朝使者至，遣官具仪物，以千骑来迎"。王在佐法儿（今阿拉伯半岛东南部的阿曼），差头目谕国人皆将乳香、血竭、芦荟、没药、安息香、苏合油、木别子之类来换取伫丝、瓷器等物"。船队所到之处，受到各国人民的盛情接待。

续　表

次序	出使年月	所到国家 （或地区）	重要事件
第七次	宣德五年冬至宣德八年（1431—1433年）	忽鲁谟斯、锡兰山、古里、满剌加、柯枝、卜剌哇、木骨都束、哺勃利、苏门答剌、剌撒、溜山、阿鲁、甘把里、阿丹、祖法儿、竹步（索马里）、加异勒等国及旧港宣慰司。	时明成祖及明仁宗均去世，郑和年事已高，仍率 27550 人的船队远航。宣德八年 2 月 28 日开船回洋，行 23 日，于 3 月 31 日到古里。此次访问国家多，地域广，路程远，时间长，船队返航至古里（今印度南部西海岸之科泽科德）时，郑和终因积劳成疾，不幸辞世。（据郑一钧教授考证）

四、明清海禁

郑和七下西洋，扩大了明朝与西洋各国的政治、经济、文化交往，打通了中国通往东南亚、印度洋和阿拉伯的海上通道，大大提高了明朝在国际上的声威，把朝贡贸易推到最鼎盛时期。但是，这些航海活动从根本上没有与海洋经济的发展结合起来，耗费国库巨额经费。除去带回供皇帝贵族享用的奢侈品和奇珍异宝外，没多少正常的海外贸易和商品交流，最终使明朝库藏空虚，难以为继。所以，明成祖一死，大规模的海外航行便骤然停顿下来。郑和之后的明清两代，随着西方殖民者的东来和清朝统治者长期推行闭关锁国政策，我国的航海业逐渐衰落，这条曾为东西方交往作出过巨大贡献的丝绸之路也随着愈来愈严厉的海禁而逐渐消亡。

郑和七下西洋之后，明朝为什么就没有第八次、第九次的航行了呢？其实，究其原因，还得从明成祖朱棣的儿子朱高炽说起。

自从朱棣死后，新皇帝朱高炽执掌朝政，他一登位，便立即下诏"罢西洋取宝船"，命太监王贵统率所有下番官兵赴南京镇守。朱高炽还在他即位的诏书上明明白白地立下四条敕令：

"一、下西洋诸番国宝船悉皆停止，如已在福建、太仓等处安泊者，俱回南京，将带去货物，仍于内府库交收。诸番国有进贡使臣当回去者，只量拨人船护送前去。原差去内外官员，速皆回京。民梢人等，各发宁家。

"二、各处修造下番海船，悉皆停止。其采办铁黎木，只依洪武中例，余悉停罢。

"三、但凡买办下番一应物件，并铸造铜钱，买办麝香、生铜等物，除现买在官者，于所在官库交收，其未买者，悉皆停止。

"四、各处买办诸色纱罗、缎匹、宝石等项，及一应物料、颜料等，并苏杭等处续造缎匹，各处抄造纸札、磁器，采办黎木板造诸品而味来子弹观悉许体盟。其老去官员人等，即起程回京，不许指此为由，科敛害民。"

毋庸讳言，郑和下西洋，船队庞大，所费浩繁，历时又久，国力难支。其时，明廷内外多有言其不便者。至朱棣去世，停罢"取宝船"的呼声更高，朱高炽的诏书算是"顺应"时论，终于终止了下西洋的一切事务。

山东大学晃中辰教授分析说，经济上的"厚往薄来"是终止的直接原因。郑和航海的实质既然是"敦睦邦交"的友好外交活动，那么这就注定了不以经商谋利为意。郑和航海实际上就是朝贡贸易在海外的另一种形式。在国内进行的朝贡贸易是"先纳贡，后赏赐"，而郑和在海外是"先赏赐，所在国后纳贡"，区别仅此而已。

对外国贡使到中国进行的朝贡贸易尚且厚往薄来，郑和作为天朝使臣，在海外更应宽宏大度。如果作为天朝使臣的郑和只想着赚钱，那么将"亏辱大体多矣"。他每到一地，都对当地君长大量贯赐，使其宾服中国，向中国朝贡。对这种目的，清代史学家赵翼说的更明白："海外小国，贪利而来。是时内监郑和奉命出海，访建文踪迹，以重利诱诸番，故相率而来。"用"重利诱诸番"，即是指郑和对各国君长赏赐极丰，而对各国君长献纳的多少则毫不计较。

郑和航海虽不以谋利为意，但进行这种航海却要花费巨量的钱财。据记载，仅在前三次下西洋中，郑和船队就花费了600余万两白银。明初，白银紧缺，郑和下西洋很难不给明廷的财政造成很大的负担。另外，郑和船队庞大，在当时的历史条件下，造出那么大、那么多的船只极为不易，这需要动用大量的人力和物力。

正是因为郑和航海在经济上耗费巨大，所以遭到朝臣的激烈反对也就不足为怪了。

时间往后推移，郑和死后，朝廷再要组织这样庞大的船队出使西洋，已经非常困难，因为找不到像郑和那样有才干的人了。当然，其中最主要的原因还是在掌朝者的态度，这里不得不提到明英宗朱祁镇。

朱祁镇受遗诏做皇帝的时候才9岁，还很幼稚，不大懂事。朝廷内外的一切大事皆由他的祖母（即明仁宗诚孝皇后张氏）裁决。皇帝的衣食起居，出外游宴，甚至是四方朝贡之物，必须先向这个老太太呈报。有时，在朝廷议事遇到犹像不决的情况，老太太便会与三个老头去商量。这三个老头，就是杨士奇、杨荣、杨溥三个人。《明史》记载说，大学士杨士奇、杨荣、杨溥有一次请见，老太太很客气地慰劳他们，并且说："尔等先朝旧人，勉辅嗣君。"意思是说，你们都是前朝的旧臣了，勉力辅佐新皇帝，就靠你们了！这三个老头在朝廷里当了将近30年的机要秘书，皇宫中的一切要事大都由他们同皇太后议决，所以明朝的这段历史可以用"一个老太与三个老头唱台戏"来概括。这些人的眼光没有明成祖远大，他们执掌朝政，不赞成朝廷耗费如此庞大的开支，去赏赐给那些来华入贡的番使以及他们的国家，认为没有那个必要。因此，航海之举就此划上了休止符。

其实，从明太祖到明成祖，明代前期的海外政策一脉相承，其核心是朝贡制度和海禁政策。朝贡制度是明代前期对外政治、经济关系的框架，海禁政策是明朝内政的海外延伸。虽然隆庆年间（1567—1571年）曾一度解除海禁，允许民间私人"远贩东西二洋"，所谓"隆庆开关"或"隆庆新政"，但不能从根本上改变明朝对海洋的态度。

明朝的朝贡制度，本质上是一种炫耀，追求的是一种高高在上的感觉，缺乏忧患意识。据记载，永乐一朝，到海外宣谕的使者如过江之鲫，达21批之多，来中国朝贡的使团也有193批。有些朝贡使者贪得无厌，大量携带明朝早已库胀仓满的滞货，让好大喜功的明朝高价吃下。倾中华国力的郑和下西洋壮举虽把朝贡贸易推向顶峰，却也把朱元璋时期积下来的"百姓充实、府藏衍溢"的家底折腾得差不多了。

明成祖的海禁政策比其父朱元璋更严厉，不但禁止国人出海，而且毫不掩饰武力打击中国海商和海外游民的决心。郑和下西洋的部分所作所为，也迎合了朱棣的这个决心。

清朝初年,为了防患和隔绝东南沿海一带南明抗清势力的强烈反抗,清政府在收复台湾以前继续奉行海禁政策,严禁商民出海贸易,片板不许下海,犯禁者一律处死,货物没收入官。而到乾隆时期,针对英国等西方国家贪得无厌的要求,清政府又加强了对外贸易的限制,下令关闭除广州以外的其他通商口岸,并且颁行严格约束外国商人的条例和章程,形成所谓的闭关政策。闭关政策历经乾隆、嘉庆年间,一直延续到道光时的鸦片战争前夕。

五、中西方航海对比

郑和下西洋的目的、规模与影响,跟半个世纪以后西方殖民者的航海探险活动不同。郑和下西洋的主要动机是为了发展与海外各国的友好关系,而哥伦布、达伽马的航行则是为了开辟西欧商品经济市场,以及扩张殖民地。

中西方航海的不同之处

	船队性质	经费来源	航海目的	船队成员	扮演角色
中国	皇朝特遣船队	国库支付	宣言国威	官吏、士兵、水手、工匠	外交使者
西洋	私人航海探险队	股份公司和私人集资为主、王室赞助	探险、寻找新土地与黄金	冒险家、投机商、水手、工匠	殖民者、通商者、海盗

同一时期的郑和下西洋与哥伦布航行

	郑和下西洋	哥伦布航行
年份	1405—1433 年	1492—1505 年
最大船	1500 吨	200 吨
船数	200 艘	3—17 艘
人数	27000 人	90—1500 人
航程	15000 英里	4500 英里

事实证明,中国人曾创造过灿烂的海洋文化,明代的造船技术和航

海技术都堪称世界一流。可惜的是,这些没有能够保持下来并发扬光大。随着明清以后海禁政策的实施,中国一步步走向了闭关自守。而在中国放弃海洋之时,西方正式开启了"大航海时代"。所以,历史告诉我们,中国的海上探险并不比欧洲晚,航海造船技术也是欧洲人所不可比拟的,但由于封建政府的认识观狭隘,最终遗憾地与世界近代海洋兴国的历史机遇和潮流擦肩而过,不得不面对"落后就要挨打"的命运。

2007年,有渔民潜入南澳岛东南三点金海域的乌屿和半潮礁之间的海底作业时,无意发现了一艘载满瓷器的古沉船。古沉船长27米,宽7.8米,共有25个舱位,是迄今为止发现的明代沉船里舱位最多的,也是中国发现的第一艘满载"汕头器"的船。发掘出的船载货物中,瓷器最多,其次是陶器、铁器、铜器、锡器等,还有不少于4门火炮和疑似炮弹的圆型凝结物。

据专家研究发现,该船的航线去向,可能与那个历史时期的"马尼拉大帆船"贸易有关。晚明时期,由于地理大发现,葡萄牙、西班牙等成为海洋强国,开始参与和控制全球贸易。"马尼拉大帆船"就是被西班牙人控制的,航行于菲律宾的马尼拉与墨西哥之间的货运船只,其载重量较大。虽然"马尼拉大帆船"贸易的起点和终点都不在中国,但其货物却主要来源于中国,特别是漳州的月港。"南澳Ⅰ号"极有可能是从漳州出发驶往菲律宾的马尼拉,然后在此中转后,由"马尼拉大帆船"运往美洲。

中国是一个陆海兼备的国家,中华民族的兴衰和耻辱均与海洋紧密相连。近代中国因海而"伤",这曾是中华民族的难忘之痛。近代海防危机和被动挨打的屈辱局面,与明清政府在狭隘海洋认识观支配下的海禁政策具有重要的因果关系。

中国自明代开始走向衰落有多种原因。其一,未及时确立走向海洋的大战略。明代时,世界已开始进入大航海时代,而中国在郑和下西洋后,开始实行闭关锁国政策,不但不发展航海事业,而且严格限制与西方国家的贸易,限制下海经商、捕鱼,造船业萎缩了,海军落后了。其二,消极的海防战略。明朝建立后,一直奉行睦邻自固的战略,海防也是如此。很多人缺乏海洋观念,以海洋为防御天堑,以陆岸为疆界,反对海上防御。其三,社会制度落后是影响海防安全的根源。中国长期实行封建的社会制度,这种落后的社会制度制约经济发展、科技进步、国力增强,使当时的中国成为全面落后的国家。其四,武装力量落后是海防斗争失败的直接原因。中国当时在武装力量体制、军事体制、兵役制度、武器装备等方面均较为落后,这种体制根本不能适应对外反对西方列强侵略的需要。

六、鸦片战争和甲午战争

乾隆皇帝于 1792 年收到英国马嘎尔尼使团送上的军舰模型时,尽管他已经意识到英国海上军事力量的强大与威胁,但经过三思后,还是自我安慰地认为"该国夷人虽能谙悉海道,善于驾驭,然便于水而不便于陆,且海船在大洋亦不能进内洋也,果口岸防守严密,主客异势,亦断不能施其伎俩"。

1840 年,第一次鸦片战争(英国经常称第一次英中战争或通商战争)是中国近代史的开端,英国舰队从海上敲开了中国国门,中英双方签订了《南京条约》。

1894 年,甲午战争(日本称日清战争,西方国家称第一次中日战争)爆发,这场战争以中国战败、北洋水师全军覆没告终。清朝政府迫于日本军国主义的军事压力,签订了《马关条约》。

1900 年,中国爆发了反对帝国主义列强的义和团运动。为镇压义和团并进一步加强对中国的侵略和掠夺,英、美、日、俄、法、德、意、奥于同年 6 月组成八国联军发动侵华战争,8 月攻占北京。1900 年 12 月 22日,上述 11 国公使团提出所谓"议和大纲十二条",清政府被迫全部接受。1901 年 9 月,中国正式签订该条约。

两次战争,一次是从海上来的,一次就发生在海上。显然,没有强大的海权,光有 GDP 显然是靠不住的。日本人从中国鸦片战争的失败中领略的东西似乎比中国多。当时,中国虽有所醒悟,开始了洋务运动,但本质上并没有真正意识到海权对中国的意义,而日本却迅速意识到英国海外扩张的更深层次的原因和意义。

经过两次鸦片战争的失败,在清朝统治集团中,一些头脑比较清楚的当权者亲眼看到了外国侵略者坚船利炮的巨大威力,从而感受到一种潜在的长远威胁。面临中国"数千年未有之变局",他们继承了魏源等经事派提出的"师夷长技"的思想,徐图中兴。

回顾不幸的近代历史,我们不难看到,外敌的不断入侵,特别是来自海上的外敌入侵,成为中华民族历史灾难的直接根源。辛亥革命的导师和领袖孙中山先生亦有感中国孱弱的海权时局,发出了"伤心问东亚海权"的历史浩叹。对比唐宋海上丝绸之路时代的繁荣强盛和明清海禁政策下的落后挨打,我们再次明白了这个道理,即"海殇则国衰,海强则国兴"。

第二节　新中国的海洋政策和习近平海洋强国思想

一、新中国的海洋政策

(一)建设一支强大的海军

"国防是国家生存和发展的安全保障,而海防是我国主要的国防前线。"要想真正结束旧中国"有海无防,有海军也无防"的历史,就必须建设一支"使敌人怕"的足够强大的海军。对此,毛泽东强调了海军的性质,明确了海军的战略任务,朱德也在海军现代化技术、海军政治工作、海军的群众工作、海军的战略战术以及海军专门人才的培养等多方面提出了加强海军建设、海防建设的理论与政策。这些正确的思想对我国尽快建设起一支能"保卫国防的最前线,把敌人消灭在海上"的英勇善战的海军部队具有极其重要的指导作用。

(二)初步建立新中国的领海制度

1958 年,第一次联合国海洋会议的与会各国并未就领海宽度达成一致,而毛泽东从我国的安全利益、经济利益以及火炮射程等因素出发,确定我国用 12 海里的领海宽度,并及时公布了《中华人民共和国政府关于领海的声明》,宣布中华人民共和国的领海宽度为 12 海里,包括中国的各岛屿。一切外国军舰和飞机,未经我国政府许可,不得进入中国的领海和领海上空"。这表明了我国政府基本的海洋主张和立场,也"标志着我国领海制度的建立,中国领海制度的正常化"。领海制度的初步建立,有效阻止了其他国家恣意侵占我国领海海域、抢掠我国海洋资源的行为,也为我国维护自己的领海主权、海洋权益和国土安全不受侵犯提供了法律依据。

(三)对外开放,走向海洋

从 1979 年开始,中国先后开放了 4 个经济特区、14 个沿海开放城市、4 个沿海经济开放区,沿海的开放极大推进了沿海地区乃至全国经济的发展,中国逐渐融入全球化进程。同时,邓小平也十分重视对海洋资源的开发和利用,进军深海和两极地区,拓宽海洋事业的发展领域。显然,邓小平主张的是以海洋来联系世界,促进国家经济发展,并且国家综合实力不断强大的基础上来支撑海洋建设。

(四)和平解决海洋争端

随着第三次联合国海洋会议的进行以及我国近海油气资源的发现,此前并无争议的中国南海诸岛遭到了周边五个国家的侵占,它们不仅无理提出主权要求,还疯狂开采我国海域的石油。同时,东海还存在中日的钓鱼岛问题。"我们中国人是主张和平的,希望用和平的方式解决争端。"邓小平"从国家的根本利益、争取和平稳定的海洋战略环境的大局出发",提出了"主权属我,搁置争议,共同开发"的新思路。

(五)以建设海洋强国为战略目标

我国直到 2012 年才正式提出从战略高度来重视海洋、发展海洋的主张。胡锦涛在党的十八大报告中指出,"提高海洋资源开发能力,发展海洋经济,保护海洋生态环境,坚决维护国家海洋权益,建设海洋强国"。2013 年,习近平指出,"建设海洋强国是中国特色社会主义事业的重要组成部分。……着眼于中国特色社会主义事业发展全局,统筹国内国际两个大局,坚持陆海统筹,坚持走依海富国、以海强国、人海和谐、合作共赢的发展道路,通过和平、发展、合作、共赢方式,扎实推进海洋强国建设"。显然,中国共产党对海洋的理解又达到了一个新高度,并逐渐完善海洋强国战略的内容,为建设海洋强国指引了方向。

(六) 构建海洋命运共同体

2019 年 4 月 23 日,习近平在出席中国人民解放军海军成立 70 周年多国海军活动时正式提出海洋命运共同体的理念,这是为应对各类海上共同挑战、重塑世界海洋秩序而提出的中国愿景和中国方案。这一理念包含了政治、经济、安全、文化和生态五方面的内容,体现出中国一直在以实际行动推动构建海洋命运共同体。政治和安全上谋求和平安全,从"搁置争议,共同开发"到推动建设"和谐海洋",中国提倡通过友好谈判与协商来化解海洋纠纷,并一再强调中国永远不搞海洋霸权。经济上谋求互利共赢,"中国愿同东盟国家加强海上合作,发展好海洋合作伙伴关系,共同建设 21 世纪'海上丝绸之路'"。文化上谋求多元互鉴,交流借鉴不同国家形成的不同的海洋思想,并积极弘扬具有中国特色的海洋文化与理念。生态上谋求清洁美丽,"加强海洋环境污染防治,保护海洋生物多样性,实现海洋资源有序开发利用,为子孙后代留下一片碧海蓝天"。总之,构建海洋命运共同体是中国以负责任大国的形象就世界海洋和平与发展给出的重要承诺和行动倡议,这也将助力中国建设海洋强国、实现中国梦。

二、习近平新时代海洋强国思想

(一) 谈海洋强国建设:厚植"蓝色"信念——一定要向海洋进军,加快建设海洋强国

建设海洋强国是中国特色社会主义事业的重要组成部分。党的十八大作出了建设海洋强国的重大部署。实施这一重大部署,对推动经济持续健康发展,对维护国家主权、安全、发展利益,对实现全面建成小康社会目标、进而实现中华民族伟大复兴都具有重大而深远的意义。

——2013 年 7 月 30 日,在中共中央政治局第八次集体学习时的讲话

坚持陆海统筹,加快建设海洋强国。

——在中国共产党第十九次全国代表大会上的报告(2017 年 10 月 18 日)

海洋是高质量发展战略要地。要加快建设世界一流的海洋港口、完善的现代海洋产业体系、绿色可持续的海洋生态环境,为海洋强国建设作出贡献。

——2018年3月8日,在参加十三届全国人大一次会议山东代表团审议时的讲话

我国是一个海洋大国,海域面积十分辽阔。一定要向海洋进军,加快建设海洋强国。

——2018年4月12日,在海南考察时的讲话

南海是开展深海研发和试验的最佳天然场所,一定要把这个优势资源利用好,加强创新协作,加快打造深海研发基地,加快发展深海科技事业,推动我国海洋科技全面发展。

——2018年4月12日,在海南考察时指出

我国是海洋大国,党中央作出了建设海洋强国的重大部署。海南是海洋大省,要坚定走人海和谐、合作共赢的发展道路,提高海洋资源开发能力,加快培育新兴海洋产业,支持海南建设现代化海洋牧场,着力推动海洋经济向质量效益型转变。要发展海洋科技,加强深海科学技术研究,推进"智慧海洋"建设,把海南打造成海洋强省。

——2018年4月13日,在庆祝海南建省办经济特区30周年大会上的讲话

(二)谈海洋经济:推进"蓝色"部署——海洋经济的发展前途无量

要提高海洋资源开发能力,着力推动海洋经济向质量效益型转变。发达的海洋经济是建设海洋强国的重要支撑。要提高海洋开发能力,扩大海洋开发领域,让海洋经济成为新的增长点。

要保护海洋生态环境,着力推动海洋开发方式向循环利用型转变。

要发展海洋科学技术,着力推动海洋科技向创新引领型转变。

要维护国家海洋权益,着力推动海洋维权向统筹兼顾型转变。

——2013年7月30日,在十八届中共中央政治局第八次集体学习时强调

海洋事业关系民族生存发展状态,关系国家兴衰安危。要顺应建设海洋强国的需要,加快培育海洋工程制造业这一战略性新兴产业,不

断提高海洋开发能力,使海洋经济成为新的增长点。

——2013 年 8 月 28 日,在考察大连船舶重工集团海洋工程有限公司时的讲话

建设海洋强国,我一直有这样一个信念。发展海洋经济、海洋科研是推动我们强国战略很重要的一个方面,一定要抓好。关键的技术要靠我们自主来研发,海洋经济的发展前途无量。建设海洋强国,必须进一步关心海洋、认识海洋、经略海洋,加快海洋科技创新步伐。

——2018 年 6 月 12 日,在考察青岛海洋科学与技术试点国家实验室时的讲话

海洋经济、海洋科技将来是一个重要主攻方向,从陆域到海域都有我们未知的领域,有很大的潜力。

——2018 年 6 月 12 日,在考察青岛海洋科学与技术试点国家实验室时的讲话

(三)谈海洋命运共同体:促进"蓝色"合作——"让浩瀚海洋造福子孙后代"

海洋对人类社会生存和发展具有重要意义,海洋孕育了生命、联通了世界、促进了发展。

——2019 年 10 月 15 日,致 2019 中国海洋经济博览会的贺信

我们人类居住的这个蓝色星球,不是被海洋分割成了各个孤岛,而是被海洋连结成了命运共同体,各国人民安危与共。海洋的和平安宁关乎世界各国安危和利益,需要共同维护,倍加珍惜。

——2019 年 4 月 23 日,在集体会见出席海军成立 70 周年多国海军活动外方代表团团长时强调

当前,以海洋为载体和纽带的市场、技术、信息、文化等合作日益紧密,中国提出共建 21 世纪海上丝绸之路倡议,就是希望促进海上互联互通和各领域务实合作,推动蓝色经济发展,推动海洋文化交融,共同增进海洋福祉。

——2019 年 4 月 23 日,在集体会见出席海军成立 70 周年多国海军活动外方代表团团长时强调

中国全面参与联合国框架内海洋治理机制和相关规则制定与实施,落实海洋可持续发展目标。中国高度重视海洋生态文明建设,持续

加强海洋环境污染防治,保护海洋生物多样性,实现海洋资源有序开发利用,为子孙后代留下一片碧海蓝天。中国海军将一如既往同各国海军加强交流合作,积极履行国际责任义务,保障国际航道安全,努力提供更多海上公共安全产品。

　　——2019年4月23日,在集体会见出席海军成立70周年多国海军活动外方代表团团长时强调

　　葡萄牙被誉为"航海之乡",拥有悠久的海洋文化和丰富的开发利用海洋资源的经验。我们要积极发展"蓝色伙伴关系",鼓励双方加强海洋科研、海洋开发和保护、港口物流建设等方面合作,发展"蓝色经济",让浩瀚海洋造福子孙后代。

　　——2018年12月3日,在葡萄牙《新闻日报》发表题为《跨越时空的友谊　面向未来的伙伴》的署名文章

　　东南亚地区自古以来就是"海上丝绸之路"的重要枢纽,中国愿同东盟国家加强海上合作,使用好中国政府设立的中国—东盟海上合作基金,发展好海洋合作伙伴关系,共同建设21世纪"海上丝绸之路"。中国愿通过扩大同东盟国家各领域务实合作,互通有无、优势互补,同东盟国家共享机遇、共迎挑战,实现共同发展、共同繁荣。

　　——在印度尼西亚国会的演讲(2013年10月3日)

　　海上通道是中国对外贸易和进口能源的主要途径,保障海上航行自由安全对中方至关重要。中国政府愿同相关国家加强沟通和合作,共同维护海上航行自由和通道安全,构建和平安宁、合作共赢的海洋秩序。

　　——2014年11月17日,在澳大利亚联邦议会的演讲

　　中方倡议加快制定东亚和亚洲互联互通规划,促进基础设施、政策规制、人员往来全面融合。要加强海上互联互通建设,推进亚洲海洋合作机制建设,促进海洋经济、环保、灾害管理、渔业等各领域合作,使海洋成为连接亚洲国家的和平、友好、合作之海。

　　——在博鳌亚洲论坛2015年年会上的演讲(2015年3月28日)

(四)谈现代化海军建设:锻造"蓝色"力量——"努力把人民海军全面建成世界一流海军"

　　海军作为国家海上力量主体,对维护海洋和平安宁和良好秩序负

有重要责任。

　　——2019 年 4 月 23 日,在集体会见出席海军成立 70 周年多国海军活动外方代表团团长时强调

　　要用好改革有利条件,贯彻海军转型建设要求,加快把精锐作战力量搞上去。要积极探索实践,扭住薄弱环节,聚力攻关突破,加快提升能力。要加强前瞻谋划和顶层设计,推进海军航空兵转型建设。

　　——2018 年 6 月 11 日,在视察北部战区海军时强调

　　在新时代的征程上,在实现中华民族伟大复兴的奋斗中,建设强大的人民海军的任务从来没有像今天这样紧迫。要深入贯彻新时代党的强军思想,坚持政治建军、改革强军、科技兴军、依法治军,坚定不移加快海军现代化进程,善于创新,勇于超越,努力把人民海军全面建成世界一流海军。

　　——2018 年 4 月 12 日,在出席南海海域海上阅兵时强调

　　建设一支强大的人民海军,寄托着中华民族向海图强的世代夙愿,是实现中华民族伟大复兴的重要保障。

　　——2018 年 4 月 12 日,在南海海域检阅部队并发表重要讲话

　　建设强大的现代化海军是建设世界一流军队的重要标志,是建设海洋强国的战略支撑,是实现中华民族伟大复兴中国梦的重要组成部分。海军全体指战员要站在历史和时代的高度,担起建设强大的现代化海军历史重任。

　　——2017 年 5 月 24 日,在视察海军机关时强调

(五) 谈海洋生态保护：让人民群众享受到碧海蓝天、洁净沙滩

　　要保护海洋生态环境,着力推动海洋开发方式向循环利用型转变。要下决心采取措施,全力遏制海洋生态环境不断恶化趋势,让我国海洋生态环境有一个明显改观,让人民群众吃上绿色、安全、放心的海产品,享受到碧海蓝天、洁净沙滩。

　　——2013 年 7 月 30 日,在中共中央政治局第八次集体学习时的讲话

　　中国高度重视海洋生态文明建设,持续加强海洋环境污染防治,保护海洋生物多样性,实现海洋资源有序开发利用,为子孙后代留下一片

碧海蓝天。

——2019 年 4 月 23 日,在青岛集体会见应邀出席中国人民解放军海军成立 70 周年多国海军活动的外方代表团团长时的讲话

第三节 新中国海洋建设的发展历程

一、中国海军发展史

中华人民共和国成立六十多年来,在历代中央领导集体和以习近平同志为总书记的党中央的正确领导下,人民海军不断发展壮大,从创建之初的以杂旧舰船、商船为主,逐步发展成为一支多兵种合成、具有现代化综合作战能力的海上力量,从无到有,从弱到强,从近岸走向近海,从黄水挺进深蓝。2008 年,中国海军拥有的军舰数量跃居世界第一,总吨位排世界第三。中国海军的战略定位也从一支轻型海上作战力量,发展成可以实施近岸防御、近海防御的队伍。目前,中国海军正努力实现发展远海合作与应对非传统安全威胁的目标。人民海军发展壮大的历程,正是一部生动的爱国主义教材。

(一)中国海军建立

1949 年 4 月 23 日,我国正式成立中国人民解放军海军,独立或协同陆军、空军防御敌人从海上的入侵,保卫领海主权,维护国家海权,点燃了中国人民保卫祖国海疆、开拓海洋事业的火炬。

(二)中国第一艘现代化的导弹驱逐舰

中国第一艘现代化的导弹驱逐舰旅大级服役 051 型的首舰"济南号"(舷号 105)于 1968 年开工建造,1970 年下水,1971 年交付海军,1973 年首次成功发射反舰导弹。"珠海号"(舷号 166)于 1988 年开工建造,1991 年下水,1993 年交付海军使用。在南海舰队服役的"广州号"(舷号 160)在 1980 年代初因锅炉爆炸被毁而报废。

(三)中国的战略核潜艇

1970 年,中国第一艘攻击型核潜艇"长征 1 号"正式下水。1974

年,"长征1号"编入海军战斗序列,中国海军拥有了重要的战术突击和战略威慑力量。

(四)"深圳"舰开辟海上外交

"深圳"舰创造了中国对外友好往来的第一,该舰由中国大连红旗造船厂自行研制、设计,舰上武备精良,生活设施宽敞明亮,兵员素质一流。"深圳"舰于1997年下水,并于1999年2月正式加入中国人民解放军海军南海舰队。自1999年2月服役以来,短短六年多时间里,"深圳"号驱逐舰劈波斩浪、远涉三洋(太平洋、印度洋、大西洋),分别到访过欧洲、亚洲、非洲、大洋洲的十四个国家和地区,接待过美国军舰的到访,总航程超过十余万海里,创造了中国海军对外交往的许多第一,成为名副其实的"外交明星舰"。

(五)"辽宁号"航空母舰入列

2000年,我国从乌克兰购进"瓦良格号"航空母舰外壳,从而有了自己的航母平台。2012年9月25日,"辽宁号"正式交付中国人民解放军海军,我国拥有了改变世界海上力量的重要砝码。

2013年11月,"辽宁舰"从青岛赴中国南海展开为期47天的海上综合演练。其间,中国海军以"辽宁号"航空母舰为主,编组了大型远洋航空母舰战斗群,战斗群编列近20艘各类舰艇。这是自冷战结束以来,除美国海军外,西太平洋地区最大的单国海上兵力集结演练,标志着"辽宁号"航空母舰开始具备海上编队战斗群能力。

中国的航母是有效的军事威慑力量。钓鱼列岛波谲云诡,航母横空出世,彰显了中国为捍卫自己的国家利益,会不断完善自己的军事工业体系。但是,中国绝对不会把军事工业作为自己的支柱产业,更不会恃强凌弱,以军事威胁的方式来谋求不正当的利益。

自1949年建军以来,中国海军经历了战火的淬炼,保卫了我国领海和领土主权。对内,中国大陆海军在中华人民共和国成立初期与当时的国民党进行了江山岛战役、料罗湾海战、东引海战和乌丘海战等四次海战;对外,中国海军分别在20世纪70年代和80年代与越南进行了西沙之战和赤瓜礁海战,守护了西沙群岛的领土完整,收复了南沙群岛永暑礁等六个岛礁。从此,中国海军具备了在中远海海区独立执行作战任务的能力。

二、海洋科技发展与资源开发

海洋科技是国家海洋事业发展的强大支撑和不竭动力,开发海洋资源、保护海洋环境、发展海洋经济、维护海洋权益、建设海洋强国,必须依靠海洋科学技术。

从 1956 年制定海洋科学远景规划算起,我国的海洋科技事业已经整整走过了近六十年的光辉历程,显著缩短了与先进海洋国家的差距,并在某些方面达到国际领先水平,为推动或引领海洋经济发展作出了重要贡献。

1959 年,在《科学家谈 21 世纪》里,地质古生物学泰斗尹赞勋(1902—1984 年)向少年儿童提出的"下海,入地,上天",成为了我们国家之后六十多年的重大科技发展目标。1977 年 12 月,在全国科学技术规划会议上,国家海洋局明确提出了"查清中国海、进军三大洋、登上南极洲,为在本世纪内实现海洋科学技术现代化而奋斗"的战略目标,由此拉开了我国海洋科技工作向着新高度攀登的大幕。

三、海洋调查和科学考察

（一）中国极地科考

人们通常所说的北极并不仅限于北极点,而是指北纬 66°34′（北极圈）以北的广大区域,也叫作北极地区。北极地区包括极区北冰洋、边缘陆地海岸带及岛屿、北极苔原和最外侧的泰加林带。

南极洲位于南极点四周,大部分位于南极圈（66°34′）以南,为冰雪覆盖的大陆,周围岛屿星罗棋布。南极洲包括南极大陆及其岛屿,面积共约 1400 万平方千米,占世界陆地面积的 10%,与美国和墨西哥的面积之和相当,是中国陆地面积的 1.45 倍,是澳大利亚陆地面积的 2 倍,为世界第五大陆。

两极世界都是冰冻严寒,动植物稀少,只有北极地区有少数土著人;两极都有非常奇特的"极昼"与"极夜"现象和绚烂多彩的极光,笼罩着神秘色彩;两极均蕴藏着丰富的油气资源和多种矿物资源。一些国家觊觎极地资源,提出了各种主权要求,极地开发逐渐国际化。

南极与北极也存在差异。南极是被大洋环绕的陆地,极点在海平面 2836 米以上,底部的海平面在 30 米以上。南极的大陆架较深且狭窄,存在有限的无雪冻土带,无土著居民,无林木线,98% 的陆地为冰雪覆盖。南极的海冰居多,高盐分,厚度小于 2 米,极点平均温度为零下 50 度,海洋哺乳动物有鲸、海豹,无陆地哺乳动物。在南纬 70—80 度之间,鸟类种类少于 20 种,在南纬 82 度可见苔原等植物。北极是被陆地所围的海洋,极点是 1 米的海冰,带有底部海平面以下 420 米的海床,存在较浅的、广阔的大陆架延伸。北极拥有广袤的冻土地域,林木线是极地附近的土著居民居住地。北极只有有限的陆地冰,冰山以立方米计,多年海冰,低盐分,厚度超过 2 米,极点平均温度零下 18 度。北极的陆地哺乳动物有狼、驯鹿、麝香狐等,海洋哺乳动物有鲸、海豹、北极熊。北纬 75—80 度之间有多达 100 余种鸟类,在北纬 82 度可见 90 多种开花植物。

中国的南极科学考察始于 20 世纪 80 年代,北极科学考察始于 20 世纪末期。自 1984 年以来,中国已经成功进行了 29 次南极科学考察,5 次北冰洋科学考察。

1984 年,中国首次组队开展南极考察。

1985 年 2 月 20 日,中国建成南极长城站,当年建站当年越冬。

1985 年,中国正式成为《南极条约》协约国。

1989 年 2 月 26 日,中国建成南极中山站,同样是当年建站当年越冬。

1993 年,"雪龙号"破冰船加入我国极地考察。

2005 年 1 月,中国成功登顶东南极冰盖最高点——冰穹 A。

2009 年 1 月 27 日,中国建成南极内陆昆仑站,目前是度夏站。

目前,我国形成了"一船四站一基地"的战略格局,即形成了以"雪龙号"、长城站、中山站、昆仑站、黄河站和极地考察国内基地为主体的南北极考察战略格局和基础平台。

（二）大洋专项及大洋科学考察

中国的大洋矿产资源研究紧密结合国际海底区域活动态势，以资源为核心，在多金属结核、富钴结壳、热液硫化物、生物基因等资源调查以及环境评价与科学研究等领域开展了一系列工作。2012 年 6 月 2 日至 2012 年 9 月 18 日，由"海洋六号"实施的中国大洋第 27 航次科学考察主要承担三项任务：一是开展海山区富钴结壳资源调查，积累基础资料；二是开展调查区环境调查与评价以及相关科学研究，进一步了解环境基线自然变化范围和生物多样性空间分布特征；三是在特定海域承担中国载人深潜器"蛟龙号"7000 米级海试保障任务。

（三）海洋环境立体观测与监视技术

中国的海洋环境立体观测技术和仪器设备得到快速发展，已突破一批海洋环境立体观测的关键技术，初步形成关键海洋环境立体观测技术的研发和生产能力，并逐步向深海观测和海底观测方向发展。中国已发射了海洋水色卫星，初步形成了遥感观测技术体系，并且建立了几个区域性的海洋环境立体监测系统，在浮标、潜标以及海洋卫星应用方面取得长足进步。

2012 年 3 月 2 日，中国自主研制的首颗海洋动力环境探测卫星——"海洋二号"卫星正式交付使用。"海洋二号"主要用于海洋动力环境观测，为海洋防灾减灾、海上交通运输、海洋工程和海洋科学研究等工作提供技术支持，在涉及海洋动力环境的海洋相关工作中发挥着重要作用。

（四）深海探测与水下作业技术

中国的深海探测与水下作业技术包括潜水器技术、深海探测技术、通信和定位技术、深海作业技术、配套及基础技术等。在 863 计划的支持下，中国的深海探测与水下作业跟踪国际发展动向，充分发挥自身优势，已经取得了长足进步。

潜水器是沿海国家科技水平和综合国力的标志。"蛟龙号"载人潜水器完成 7000 米级海试，是近年来中国海洋科技的亮点工作。2012 年 6 月 15 日至 6 月 30 日，"蛟龙号"载人潜水器完成 7000 米级海试，最大下潜深度达 7062 米，创造了中国载人深潜的新纪录，实现了中国深海技术发展的新突破和重大跨越,标志着中国深海载人技术达到国际领先水平,使中国具备了在全球 99.8% 的海洋深处开展科学研究、进行资源勘探的能力。

随着"蛟龙号"载着科学家们前往最深 7000 米的海洋深处开展科学研究,中国科学家们又雄心勃勃地计划着探索更深邃的"海洋之眼",他们正在研制最大深度超过万米的作业型深海载人潜水器。曾为"蛟龙号"付出十年青春与心血的崔维成教授为了尽快实现打造万米级中国深潜器的梦想,毅然辞去"蛟龙号"第一副总设计师的职位,离开中船重工第七〇二研究所的亲密团队,于 2013 年 3 月来到上海海洋大学再次"创业"——组建我国首个深渊科学技术研究中心,自组科研团队发展我国深渊科技,挑战载人深潜 11000 米极限。据透露,该中心计划在从事深渊生态学、深渊生物学和深渊地质学研究的同时,陆续研发万米级的着陆器、万米级的无人潜水器和万米级的载人潜水器,再搭配一条千吨级小型科学考察船,预计项目总投资约 5 亿元。在"蛟龙号"的三个航段中,为期一个月的第一航段由同济大学海洋与地球科学学院负责,主要考察我国南海深部的冷泉生物、结壳资源及海底构造。有鉴于此,上海将成为我国深海科技又一重镇。

(五)海洋油气与矿产资源勘探开发技术

在深海钻井平台技术方面,国家 863 计划支持的新型多功能半潜式钻井平台技术研究取得突破性进展。2010 年 2 月 26 日,由中国人自主设计制造的海洋工程领域的航空母舰——第六代 3000 米深水钻井平台,如期使出了船坞。以此为标志,中国具备了进军深海的能力。

(六)海水淡化与综合利用技术

中国的海水利用主要涉及海水淡化、海水直接利用、海水化学资源的综合利用三个方面。经过多年的科技攻关,中国在海水淡化、海水直接利用等海水利用关键技术方面取得重大突破,在海水化学资源综合利用技术方面取得积极进展,部分技术(如低温多效海水淡化技术、海水循环冷却技术)已跻身国际先进水平。

（七）海洋能开发利用技术

在国家 863 计划、国家科技支撑计划等重大专项的支持下,中国的海洋能开放利用技术取得了重大进展,包括海洋风能开发利用、潮汐能开发利用、波浪能开发利用、潮流能开发利用以及温差能开发利用。

中国的海洋风能开发利用起步较陆地风能开发利用晚,但发展速度很快,开展了一些基础性研究,产业已形成一定规模。

四、上海海洋大学与海洋强国梦

（一）张謇的海洋强国思想

清末,我国备受列强欺凌,德、日等国屡屡侵渔,对我国领海渔权造成极大滋扰,对我国海权产生巨大威胁。

上海海洋大学的创始人之一张謇审时度势,深刻地感受到一国渔业关乎一国海权的重要性,他立场鲜明地指出,"海权界以领海为限,领海界以向来渔业所至为限,各国则视渔业为关系海权最大之事"。于是,张謇向清廷奏议,拟创办江浙渔业公司(对外称中国渔业公司)及水产(即上海海洋大学前身)、商船两学校。

统揽张謇的渔业思想,其核心可以概括为"渔权即海权"。从国际海洋法角度来分析这五个字,或许不能将渔权简单地等同于海权,但"渔权即海权"简明易记,鲜明地反映了张謇对渔权及海权关系的深刻洞见和忧国忧民的爱国情怀。

（二）参与国际履约,维护海洋权益

1973 年起,上海海洋大学专家就随同中国政府代表团出席联合国海洋法会议,进行中日、中朝、中越、中韩渔业协定签订、实施等的谈判工作。1973—1978 年,乐美龙作为出席联合国第三次海洋法会议的中国政府代表团的副代表、顾问,负责中方参与的第二委员会的负责人,起草有关专属经济区等条款的草案;1974—1978 年,乐美龙、王尧耕负责中日政府间渔业协定的会谈工作;1975—1976 年,乐美龙负责中朝海洋渔业协定,中朝水丰水库(鸭绿江)渔业协定的会谈工作;1976—1978 年,乐美龙负责中越北部湾海域划界和渔业问题的会谈工作;20

世纪 80 年代至今,黄硕琳、周应祺等参加国际海洋法谈判。

1975 年 4 月,乐美龙在日本外务省会议室召开中日政府间渔业协定会谈

十八大以来,上海海洋大学履约团队成员先后承担国家 863 计划、国家科技支撑计划、国家自然科学基金和农业部财政专项等项目,围绕渔业生物学与生态学、资源评估、渔情预报等领域进行系统深入的研究,取得了一系列重大成果,为国际履约工作打下了坚实的基础。团队成员累计发表 SCI 论文 100 余篇,科研经费到账 7000 余万,发明专利 30 多个,专著 60 多本,软件著作权 70 余个,获得上海市科技进步一等奖、上海市科技进步二等奖、上海市海洋科学技术二等奖等省部级以上奖项 15 余项。

团队持续对三大洋重要渔业资源进行资源评估及管理策略风险评价,开展了基于生态系统的渔业管理等方面的研究工作,成立了金枪鱼、鱿鱼、大拖、秋刀鱼四个技术组,设计开发了基于环境因子的贝叶斯方法的状态空间剩余产量等多个资源评估模型,撰写了 10 多份资源评估报告和 20 多份政府咨询报告。目前,团队已经逐步在 IOTC、IATTC、NPFC 和 SPRFMO 等国际渔业管理组织上取得突破,提高了我国在各国际渔业管理组织中的配额,增强了我国的国际竞争力,为我国在各国际渔业管理组织争取了利益。

团队一直致力于生态友好型渔具和渔法的开发与研究,通过开发设计的金枪鱼集鱼装置(FAD)、金枪鱼延绳钓渔业中防止误捕海龟海鸟和海洋哺乳动物装置、高效节能型集鱼灯装置等新渔具渔法,为我国开发了全球新资源和新渔场 30 余个,数量占全国 90％以上。

2006 年,周应祺参加大西洋金枪鱼渔业国际管理组织召开的科学家委员会会议

团队开发利用卫星遥感和地理信息系统等高新技术,对三大洋的重要渔业资源进行了渔情预报技术研究。此外,团队还研发建立了集3S(即海洋遥感、地理信息系统和专家系统)、海况信息分析、渔捞日志采集、渔情预报等为一体的渔情预报系统,并实现了全球的全覆盖,为提升资源探测与预报能力创造了条件。十八大以来,团队共发布三大洋渔情预报周报 400 余期,远洋渔业产值从 2013 年的 130 亿元,增长到 2016 年的 166 亿元,增长了 25.38％。

履约团队从最初的 1—2 人不断壮大,现在已发展到核心人员 24人,支撑人员近 20 人的规模。团队代表我国参加了上世纪 70 年代的第三次《联合国海洋法公约》谈判、联合国粮农组织的渔业协定会议及各国际渔业管理组织的履约会议,会议范围涉及公约谈判、国际渔业管

理组织的工作组会议、科学大会、执法会议和委员会大会。此外,团队
还承担了国家履约任务,包括培训并遴选国家远洋渔业观察员、执行渔
捞日志和港口取样计划、分析汇总远洋渔业数据、定期参加国际渔业管
理组织科学与法律磋商谈判、参与相关全球性组织会议(如联合国大
会、联合国粮农组织会议和濒危野生动植物种国际贸易公约大会)等,
全面支持我国参与国际远洋渔业治理,维护我国远洋渔业的合法权益。

2012年,黄硕琳(前排中间)参加北太平洋金枪鱼科学委员会旗鱼工作组会议

截至目前,履约团队代表国家参加国际渔业谈判共计316人次,涉
及的远洋渔业事务覆盖全球三大洋和南北两极海域。原校长乐美龙从
1973年开始,全程参加了第三次《联合国海洋法公约》的谈判及中朝、
中越和中日的谈判,提出解决划界矛盾的最佳方案;原校长周应祺于上
世纪80年代参与中美渔业谈判,里程碑式地提出中美渔业管理合作方
案,参与《中白令海狭鳕渔业资源养护与管理公约》的谈判,全程参与筹
建南太平洋渔业国际管理组织;原副校长黄硕琳从1992年开始,参加
《促进公海渔船遵守国际渔业资源养护措施协定》的起草及中日渔业谈
判。同时,团队富有成效地参与了我国加入的所有区域渔业管理组织的
会议以及相关的全球性会议,一些教师担任了国际渔业管理组织的管理
或科研职务,如许柳雄、田思泉分别担任印度洋金枪鱼委员会(IOTC)的
科学委员会副主席及北太平洋渔业委员会(NPFC)的行政和财务委员会

副主席。上海海洋大学承办或主办了远洋渔业相关国际会议 15 场,增进了中外交流,扩大了履约团队的学术影响力,提升了我国在国际渔业领域的影响力,维护了中国的海洋权益。

履约团队的老师们用科学武器在国际谈判中争取我国的海洋权益,为我国远洋渔业的发展壮大保驾护航。我国的远洋渔业从 1985 年起步,发展壮大到现在已是 2000 多艘远洋渔船的规模,总产值 150 多亿元,生产海域遍及三大洋、南极海域及 40 多个国家的专属经济区。上海海洋大学的履约团队充分发挥科学优势,配合国家"一带一路"的战略方针,积极参加相关国际渔业磋商与履约谈判,为我国远洋渔业的可持续发展与壮大作出了重要的贡献。履约团队向农业部、外交部等国家部门提交了咨询意见和建议报告近 20 份;培训、遴选、派遣远洋渔业国家观察员 144 人;完成国内港口采样 40 次等。在国际组织工作中,履约团队充分利用规则,在出席相关渔业会议和谈判时,尽可能地向外界充分展示中国负责任的大国形象。同时,面对争议,团队成员能始终坚持祖国利益至上,处处维护我国的合法权益。

同时,团队将科研成果应用于学生课堂,提高人才培养质量。十八大以来,团队成员的育德意识和育德能力不断增强,不仅在课堂上关注学生的专业学习,而且积极结合专业,把科研成果应用到学生课堂。团队成员所主讲的"渔业资源与渔场学""渔业导论""渔业资源经济学""渔情预报技术""渔具理论与设计学""航海英语"和"R 语言在海洋渔业中的应用"等课程,受到广大师生的一致好评。团队成员累计指导博士和硕士研究生 110 人之多,编写了《大洋性竹筴鱼》《渔具理论与设计学》《世界金枪鱼渔业渔获物物种原色图鉴》《海洋渔业技术学》等二十多部教材。

(三)上海海洋大学极地科考概况

2005 年 11 月 18 日上午 11 时,浦东民生港码头,阵阵汽笛声中,"雪龙号"科学考察船载着 120 位南极科考队勇士再度出征。未来 130 天里,勇士们将在南极完成一系列极具挑战性的任务,中国第 22 次南极科考由此拉开帷幕。在这 120 位南极科考队勇士中,有上海海洋大学海洋学院青年教师李曰嵩讲师。这是上海海洋大学首次参与南极科考任务,预示着学校开始关注南极生物资源的开发和利用。

2008 年月 24 日,承担上海海洋大学首次北极科考任务的海洋科学学院刘洪生副教授随"雪龙号"极地科考船出征,顺利抵达中国极地研究中心基地码头。这是继李日嵩老师首航南极后,上海海洋大学教师又一次参加的我国极地科考活动,标志着学校的海洋科学学科发展进入了一个新的阶段。

上海海洋大学霍元子博士跟随中国第 27 次南极科学考察队,乘"雪龙号"极地科学考察船于 2010 年 11 月 11 日从深圳盐田港出发,历时 23 天,于 2010 年 12 月 3 日抵达中山站陆缘冰外围。在此期间,全体考察队员在第 27 次南极考察队临时党委的正确领导下,科学决策,周密组织,顺利完成了走航中第一阶段的各项考察任务,并顺利开展了冰上卸货工作。

上海海洋大学 2009 级海洋生物学专业的崔世开同学成为学校首个先后参加了南北两极大洋考察的硕士研究生。2011 年 7—8 月,他参加了我国年度北极黄河站考察,主要进行北极海域微型生物样品的采集、预处理和现场模拟实验。2011 年 10 月 29 日到 2012 年 4 月 8日,他又参加了南极考察,主要承担了南极重点海域微型生物生态学的调查与研究,并进行了高纬度海域和环南极的走航生物生态学观测。

2013 年 4 月 9 日,参加我国第 29 次南极科学考察的上海海洋大学水产与生命学院学生张建恒博士,历经海上 162 天航行,圆满完成了既定的南大洋科考任务,胜利凯旋。

(四) 海大人的身影遍布四大洋

1985 年 3 月,由中国水产联合总公司组建的我国第一支远洋渔业船队开赴大西洋西非海域,由此揭开了我国大陆远洋渔业发展的新篇章。上海海洋大学派季星辉参与渔船队赴西非的领航工作,并在西非承担捕捞生产的指导工作。1987 年,上海海洋大学的 12 名海洋渔业本科毕业生在专业教师段润田的带领之下,赴西非参加远洋渔业工作。此后,每年都有一定数量的海洋渔业本科毕业生和教师加入远洋渔业队伍,足迹遍布三大洋,先后直接参与筹建、生产实践、试验研究或技术指导等工作。在开拓远洋渔业的渔具、渔法的试验研究等方面,上海海洋大学的师生取得了显著的成绩,为发展我国远洋渔业作出了重大贡献。

季星辉(1938—2008 年),江苏启东人,中共党员,上海海洋大学海洋渔业教授,1993 年起享国务院政府特殊津贴。1962 年毕业于上海水产学院工业捕鱼专业。曾任厦门水产学院海洋渔业系工业捕鱼教研室副主任、主任,远洋渔业研究室负责人,中国水产总公司派赴几内亚比绍远洋渔业开发技术员,中国水产总公司驻拉斯办副总工程师、技术部主任。长期从事海洋渔业资源开发与管理的教学和研究工作,为我国西非远洋渔业事业做出重要贡献。

经过六十几天的海上航程,迈入知命之年的季星辉终于来到几内亚比绍。1985 年以前,中国的远洋渔业还是一片空白,船员们到西非后只能边学边干。季星辉除担任船队管事,负责对外联络,记录气象、海况、潮汐底质外,还要和其他船员一起从事海上捕捞。由于西非的气候条件与中国有天壤之别,海上天气朝夕万变,所以从 1985 年 5 月至 12 月,船队一直亏损。季星辉心急如焚,想着半年来,船员们没日没夜工作,换来的却是竹篮打水一场空。他痛下决心,一定要打赢这场硬仗。

此后一年,季星辉比以前更刻苦。他积极改造渔具渔法,考察渔业资源,认真研究渔业法规。终于,功夫不负有心人,1986 年 4 月,船队扭亏为盈,创造了利润。但一年来的艰苦劳作和夜以继日的脑力劳动影响了季星辉的健康,他竟不知不觉患上糖尿病,但他仍埋头苦干,指导作业,直到体力实在不支才决定回国治疗。

在回国治病教学之际,季星辉仍然情挂西非。得知中水西非项目日益扩大,效益不断提高时,他欣慰地笑了。此时,重返西非的念头在他心中萌芽。1989 年,恰逢中水领导再次邀请他赴西非,季星辉重又活跃在西非渔场。

这次在尼日利亚,他只用了四个月时间就使产值增长 88%,一举扭亏为赢。在塞拉利昂,他又用一年时间,协助代表处接管原"闽非"公司,进行人员编制的整顿和渔具、渔法的技术改造,也实现扭亏为赢。在拉斯帕尔马斯,他主持了首次技术人员工作会议,对西非七个不同国家的渔业资源、渔场、渔具、渔法和渔业法规、生产经验和水产品的加工标准进行总结、撰写，出版了一系列技术资料。

时光荏苒，又是两年。

当季星辉在前方干得热火朝天的时候，他突然获悉父亲病重的消息。他立马放下手上工作，匆匆回国。不想到家时才得知，父亲已在三月份去世。家人为让他安心工作，没敢告诉他。而妻子两年来忍受牵挂丈夫的精神折磨，居然患上了严重的抑郁症，整天精神恍惚，郁郁寡欢。短短两年，季星辉没料到会发生那么多事情。从小疼爱他的父亲走了，走得那么匆忙，连儿子的最后一眼也没有看到。现在，妻子也身患重病，他觉得心中有愧，对不起他们。

此次回来，季星辉觉得自己不会再回到西非了。但过去的两年就像一场电影，时时在他脑海中回放。他思绪万千，既挂念着前方的工作，又担心着病重的妻子。权衡之下，他决定留在中国，从事后勤工作——整理资料、出版文章。他先后发表了《江浙沿海桁拖网作业性能的初步研究》《拖网网目尺寸及其速度效应的探讨》《应用导管螺旋桨的机帆渔船与拖网匹配的试验》《大网目拖网渔具的设计和使用》《纳米比亚的渔业及其管理》以及《对印度尼西亚海域中国渔船使用拖网渔具的分析和探讨》等论文。

经过一年多的治疗，妻子的病情有所缓解，季星辉逐渐开朗起来。中水领导了解情况后，欲再请他出山，因为季星辉太了解西非的生产情况了。为能邀请到这位名将，中水领导还特给予超出常规的待遇——携妻同行，以除后顾之忧。面对国家重托，季星辉决定全家同行。

1992年8月9日，季星辉第三次踏上了征程。在飞机上，他紧紧握着妻子的手，那一刻他觉得很幸福。

公司给他在拉斯帕尔斯安了家。他稍作休整，便随中水驻拉斯帕尔斯总代表吕洪涛出发，先后去加蓬、喀麦隆进行考察。1992年底，他又随副总代表梁秉法南下几内亚，建立新的生产基地。

作为先锋，季星辉和法语翻译白光先去打前站。当时，办公条件异常艰苦，十几平方米的房子空空荡荡，不说家具，就连起码的床铺也没有，真是家徒四壁。而且，注册登记、船舶检查、物资报关等，都需要钱。

不过,他们似乎习惯了这种穷困潦倒。对于他们来说,早日投产,创现利润,这才是第一要务。

季星辉负责指挥海上生产,抓经济效益。他首先碰到两个难题:一方面,几内亚是个新地方,对其海况、底质情况不甚了解;另一方面,八艘渔船来自国内不同地方,初次合作,人员不熟,技术水平不等。所以,要想一帆风顺、旗开得胜,还需艰苦摸索。季星辉和梁秉法临时决定,八条船分别采用单拖和双支架拖网两种方式,探捕几内亚经济鱼、墨鱼和对虾资源。经过试验、比较之后,再选最佳作业时间。

经过一个多月的摸索和磨合,直至 1993 年 2 月初,渔船才陆续出发。但是,开局并不顺利。由于对海底情况不明了,加之海况、气象不正常,墨鱼未见旺发,2 月份的单船平均产值仅 3 万美元。季星辉看在眼里,急在心上。1993 年 3 月,他在梁秉法面前立下军令状,保证在 4 月份使八艘船的总产值达到 45 万美元。倘若完不成,扣发其全年奖金,任凭发落。

一言既出,驷马难追。季星辉把时间卡得死死的,不给自己留一点退路。他一手抓渔场捕捞,一手抓网具调整,把大部分时间花在新到西非的四艘单拖船上,几乎每天晚上都通过单边带作技术讲座,分析渔场,讨论渔具渔法,激发船员的生产积极性……辛勤劳动终于有了回报,船队的产量直线上升,单船的平均日产值从 2 月份的 3 万美元上升到 3 月份的 4 万美元,4 月份又增至 5 万美元有余,总产值达 55 万美元,比预定指标还多出 10 万美元。季星辉心中的大石头终于落地。胜利的喜讯传遍全队,船员们欢欣鼓舞。

1993 年 6 月份,季星辉又被派到印度洋。这与他刚到大西洋的情况几乎类同,海洋环境、海底情况和资源状况有很大差异。而且,这里常年 46℃以上,令季星辉和船员措手不及,也给生活和工作带来极大困难。他们又要重新开始。

船队的主要目标是捕获大宗经济鱼,但是起网后却事与愿违,捕获的都是些在当地没有市场,送到国际市场上也价格极为低廉的胡子鲶。这种鱼连加工和运输成本都收不回,船队只好全部放弃。季星辉没有气馁,他想能捕到胡子鲶,说明网口已经全部张开,正进入工作状态。

没有捕到墨鱼,问题不在渔具。由于胡子鲶喜欢淡水,他推测其他经济鱼应在外侧深水水域。经过反复劳作,他们终于捕到大量红鲷、真鲷等经济鱼类。船员们兴奋地叫了起来,但是季星辉没有忘记此行的目的是墨鱼。他暗下决心,一定要捕到墨鱼。

考察当地水域情况后,季星辉意识到,大西洋和印度洋的海底环境存在巨大差异,西非海底比较平坦,大陆架宽阔,饵料丰富,因而墨鱼旺发在浅水区,而亚丁附近海域大陆架狭窄,水深变化大,缺乏墨鱼孳生的理想环境,要想抓住墨鱼就必须向深水迎捕。他指挥渔船大胆地由浅入深,逐步摸索,当捕到95米水深时,终于找到了墨鱼。

1993年11月,季星辉再次随吕洪涛外出考察。临走前,夫人执意要送他。看到夫人满脸愁容,他安慰夫人:"我很快就能回来,你在家好好养病。"夕阳无限好,只是近黄昏。此情此景,就像一幅画,深深印在他心中。可是,此后他只能凭记忆端详爱妻了。

1994年,妻子在西班牙患急性阑尾炎,因语言障碍无法及时就医而辞世。其实,这种病并不难治,但由于长期服用抗抑郁药物,使她痛觉迟钝,以致拖延了三天,错过治疗机会。妻子过世对季星辉是个沉重打击。她不远万里陪他来西非图什么呀?季星辉面对妻子冰冷的遗体,心如刀割。1994年3月11日,他带着妻子的骨灰和儿子一起回国,将妻子的骨灰葬在老家启东的祖坟上。

时光荏苒,后来当有人问他是否后悔时,他淡然一笑:"我们无需抱怨社会的不公和自己的命运。人生掌握在自己手中。就像造房子,只有地基打得深,才会有日后的无限风光。"

第四节　建设海洋强国面临的机遇与挑战

一、海洋权益争端

根据1994年生效的《联合国海洋法公约》的规定和我国的主张,可划归于我国管辖的海域面积近300万平方千米,约合陆地面积的三分之一,面积在 500 平方米以上的岛屿有 6500 座,涉及 18000 千米大陆海岸线和 14000 多千米的岛屿海岸线,包括内海、领海、毗连区、专属经济区、大陆架,相当于我国陆地面积的 1/3,并不多是 20 个山东省或 30 个江苏省的面积。我国除渤海外,从黄海、东海到南海,海洋权益的斗争形势是越来越复杂,都存在与相邻或相向国家划分海域疆界和维护海洋权益的复杂问题。其中,南海是世界上海洋权益争端最复杂的地方,全世界都找不出第二个这么复杂的海域。

现在,我国海洋权益受到的挑战,主要集中在四个方面,即岛屿侵占、海域划界、资源掠夺、海上通道,其成因十分复杂。一是周边国家更加重视海洋问题,如日本制定了海洋基本法,越南提出了到 2020 年的海洋战略。二是南海周边国家的抱团趋势更加明显。自 2009 年起,它们之间的交流和协商增多。越南和马来西亚共同提出外大陆架问题,一些国家认为南沙岛礁是法律上的"岩礁"而不是"岛屿",没有专属经济区和大陆架,在划界中没有效力。三是域外国家的介入,加剧了南海局势的复杂性。比如,美国口口声声借"航行自由"来试图插手南海问题。

(一)东海争端

中国与韩国、日本等国的东海争端,既包括《联合国海洋法公约》生效后的 200 海里专属经济区划界问题,也包括历史上遗留下来的东海大陆架划界和钓鱼岛归属之争。早在 20 世纪 70 年代,韩、日两国就在东海片面地划了大面积的大陆架作为其共同开发区。当时,中国政府早已发表郑重声明。根据 1964 年生效的《大陆架公约》及《联合国海洋法公约》对大陆架的有关规定,东海大陆架应属于中国领土。按照东海大陆架的自然架构,中、日、韩是相向而不是共架的国家,我国的东海大陆架一直延伸到冲绳海沟。

而在钓鱼岛问题上,我国的钓鱼岛长期以来被日本控制和霸占,日方企图通过实际控制来取得钓鱼岛的主权,严重侵害了中国利益。

一本古书记载着,中国人发现钓鱼岛比日本人早了 76 年!这本古书,就是清代学者钱泳的手写笔记《记事珠》。正是他的亲手抄录,保留下了沈复所著的《浮生六记》的第五记《海国记》。

日本主张对钓鱼岛拥有主权的理由之一,是日本人古贺辰四郎在 1884 年"发现"该岛,而沈复发现钓鱼岛的时间为 1808 年,比日本人早了 76 年。

(二)南海争端

目前,有多方卷入南海争端,分别是中国、菲律宾、马来西亚、文莱、越南和印度尼西亚。南沙群岛不论在历史上、法理上还是管理上,都属于中国领土。早在公元前 2 世纪的汉武帝时代,就有我国人民在南中国海航行和发现几大群岛的记录。1974 年,越南教育出版社出版的普通学校地理教科书在中华人民共和国这样一个课程中是这样写的,从南沙、西沙各岛到海南岛、台湾岛构成了一道保卫中国大陆的长城。然而,自从发现南海蕴藏着丰富的油气、可燃冰资源之后,我国的一些岛礁开始被一些国家非法抢占至今。目前,除大陆地区控制的 6 个礁和中国台湾驻守的太平岛外,共有 39 个岛礁被其他国家侵占。其中,越南占有 27 个、菲律宾占有 8 个、马来西亚占有 4 个、印尼和文莱分别侵犯我国南沙海域约 5 万和 3 万平方公里。这些国家企图利用先占原则,通过实际控制来取得这些岛屿的主权。为达到长期占领的目的,它们还纷纷采取各种策略和手段,如宣称自己的主权管辖范围,加强海军力量,加强同美、日、印、澳等国的合作来抗衡中国等。有的国家不具有开采深层油气资源的能力,于是它们就与西方石油巨头合作,使得南沙问题又有了国际背景,进一步加剧了解决南海问题的难度。

例如,南沙群岛早在公元前 2 世纪就被我国先民发现,唐贞元五年(789 年)就有了"千里长沙"西沙群岛和"万里石塘"南沙群岛的记载。早在 1500 多年前,南海诸岛就归海南岛管辖,明朝以后归崖洲管辖,清朝又划归广东省琼州府管辖。《联合国海洋法公约》承认沿海国享有"历史性所有权",我国在南中国海享有的历史性权利被国际社会广泛认可。1945 年,日本投降后将西沙和南沙群岛交还中国,当时的中国政府于 1946 年先后派员接收并立碑纪念。我国在南中国海标注的九段断续国界线为世界许多国家(包括一些周边国家)所认可。很多国家出版的地图中,也标示了这九段国界,并注明属于中国。

(三)海上通道安全

随着中国"走出去"战略的深入实施,海上通道安全在国家经济安全中的地位越来越重要。目前,我们80%的对外贸易需要走海路,但我们同海峡沿岸国家的合作还不够。

二、海洋科技发展面临的挑战

(一)我国深海采矿技术和油气开采技术还较为落后

日本、德国早在1990年就已成功开发了可在5000米深水处作业的深海锰结核开采系统;芬兰、苏联、法国也早已研制出了在6000米水深作业的深海采矿潜水器。深海油气开发技术包括钻探和开采两个方面。国外发达国家已经向超过1000米水深的海区转移。许多国家还在设计建造可在更深海底使用的采油系统,并配有水下机器人和遥控潜水器。而我国只能在浅海区作业,在深海油气资源开采方面的技术要落后几十年。

(二)我国虽然是一个海洋大国,但还不是海洋强国

我国的海洋科技水平在总体上落后的根本原因就在于科技创新能力较弱,主要的海洋仪器依赖进口的局面没有得到根本性改变。在深海资源勘探和环境观测方面,我国的技术装备仍然落后,科学研究水平有待提高。

(三)目前我国亟待攻关的重大海洋技术

为有效实施近海海洋环境网络化实时观测,我们需加大观测设备仪器制造技术的研发和自主创新,建立高精度的网格化监测系统。在维护海洋生态系统方面,我们需要解决海洋污染、海洋生物病害、赤潮等问题。

三、海洋生态保护面临的挑战

(一)赤潮

赤潮是指含N、P等营养元素的废水流入近海,引起海水富营养化,藻类过度生长,水体缺氧,鱼虾死亡。赤潮多发生在轻工业发达,生活排污太多,较封闭的海湾,如我国的珠江入海口、杭州湾、渤海。据

载,中国早在 2000 多年前就发现了赤潮现象,一些古书文献或文艺作品里已有一些关于赤潮的记载,如清代的蒲松龄在《聊斋志异》中就形象地记载了与赤潮有关的发光现象。

(二) 绿潮

绿潮是指在特定的环境条件下,海水中的某些大型绿藻(如浒苔)因爆发性增殖或高度聚集而引起水体变色的一种有害生态现象,其也被视作和赤潮一样的海洋灾害。绿潮可导致海洋灾害,因为当海流将大量绿潮藻类卷到海岸时,绿潮藻体会由于腐败而产生有害气体,破坏海岸景观,对潮间带生态系统也可能导致损害。自 2008 年至 2012 年,中国黄海海域连续 5 年在夏季发生绿潮灾害。

(三) 风暴潮

风暴潮又称风暴增水、气象海啸、风暴海啸,中国历史文献称其为海溢、海啸、海侵、大海潮等。风暴潮由强烈大气扰动,是热带气旋(台风、飓风)、温带气旋等所引起的海面异常升高现象。国内外学者按照诱发风暴潮的大气扰动特性,将风暴潮分为由热带气旋引起的台风(在北美和印度洋称为飓风)风暴潮和由温带气旋引起的温带风暴潮两大类。

2008 年 8 月 15 日下午,由国家海洋局东海信息中心、上海海洋大学等单位承担的"国家海洋防灾减灾能力建设项目——城市风暴潮灾害辅助决策系统建设"通过项目评审。该系统以数据库、模型库、方法库和知识库为基础,利用多源数据集成技术、异构系统集成技术以及 GIS 与业务模型集成技术,进行统一管理。该系统通过有限体积法实现了二维水动力模型的数值模拟,采用模糊决策模型实现了灾害评估,初步建立了基于规则推理和案例推理的知识库(预案)系统,并利用 GIS 技术及 OPENGL 技术实现了决策结果的 2D/3D 展示。系统的创新点包括:建立了模型库、方法库和知识库三库协同资源系统及自适应自学习的模型库;建立了非结构网格有限体积法的风暴潮洪水三维渐进溃堤模型;采用时态 GIS、场景建模和虚拟现实技术,实现了风暴潮灾情动态仿真;采用模糊分析理论进行城市风暴潮灾害空间分布评估;基于 ArcGIS 和优化计算、规则和案例推理等技术,形成了受灾人员撤离应急等预案；项目组提交的技术报告、测试报告、用户手册等技术文件，内容翔实、规范完整；系统结构合理、界面友好、功能完善，具有实用性，技术路线符合实施方案的要求，综合技术在国内领先，并达到国际先进水平。

（四）海洋生态服务功能受损

自中华人民共和国成立至今，中国沿海已经历了4次围填海浪潮。特别是最近10年来，中国掀起了以满足城建、港口、工业建设需要的新一轮填海造地高潮。据不完全统计，到2020年，中国沿海地区还有超过5780平方公里的围填海需求，这必将给沿海生态环境带来更为严峻的影响。

（五）渔业资源的种群再生能力下降

中国的近海渔业资源在20世纪60年代末进入全面开发利用期。随着海洋捕捞机动渔船的数量持续大量增加，对近海渔业资源进行过度捕捞的情况愈加严重。捕捞强度超过资源再生能力，急剧地拉低了渔业生物资源量，一些传统渔业种类消失，生物多样性降低，影响到渔业资源的可持续开发利用。另外，海洋捕捞活动中的垃圾、污水等，对海洋环境也造成了一定的损害。

（六）海冰灾害

凡是因海冰造成的灾害统称为海冰灾害。具体来说，海冰灾害是指由海冰引起的，影响到人类在海岸和海上活动实施和设施安全运行的灾害，特别是造成生命和资源财产损失的事件，如航道阻塞、船只及海上设施和海岸工程损坏、港口码头封冻、水产养殖受损等。

（七）海岸侵蚀

海岸侵蚀除自然海岸的侵蚀外，还包括人为对海岸的破坏过程。海岸侵蚀灾害是由海岸侵蚀所造成的的人民的生命财产遭受损失的灾害。沿岸泥沙亏损和海岸动力的强化是导致侵蚀发生的直接原因，而引起泥沙亏损和动力增强的根本原因是自然变化与人为影响。其中，自然因素包括河流改道、降水量减少、海平面上升、风暴潮侵蚀、地形引起的海岸侵蚀等；人为影响包括岸滩挖砂引起的海岸侵蚀、河流输沙减少、海岸工程引起的海岸侵蚀等。

（八）海水入侵

海水入侵源于人为超量开采地下水所造成的水动力平衡的破坏，我国受影响严重的地区分布于河北省唐山和沧州地区、山东省滨州和潍坊地区以及江苏盐城滨海平原地区。

第五节　西方资市主义国家取得暂时优势主要是殖民掠夺的结果，它必然灭亡，社会主义必然取得胜利

一、发达资本主义暂时取得优势主要是靠大航海时代的殖民掠夺

《共产党宣言》指出，"美洲的发现、绕过非洲的航行，给新兴的资产阶级开辟了新天地，如东印度和中国市场、美洲的殖民地等。对殖民地的瓜分、交换主权和一般商品的增加，因而使商业、航海业和工业空前高涨，最终促使正在崩溃的封建社会内部的革命因素迅速发展"。

（一）占领海外殖民地，掠夺资源，解决了生产资料短缺的矛盾

在始于15、16世纪之交的全球性大航海时代，利用中国的指南针和火药，资本主义国家走向海洋，探索环球航线，发现了新大陆。首先是葡萄牙、西班牙开始探险到东方的新航路。葡萄牙人达·伽马（约1460—1524年）开启了从葡萄牙里斯本到印度的航线。西班牙人哥伦布由西班牙向西航行，发现了美洲大陆。麦哲伦发现了环球航行路线，绕过南美到达印度。英国工业革命不断发展，但社会矛盾激化。从1485年起，经过170多年的争夺，英国先后战胜了西班牙、荷兰，最终成为海上霸主，成为"日不落帝国"，被其殖民的有四五亿人，其海外殖民地面积是其本土的112倍。

"存在等于合理，占有等于拥有"，通过三个世纪的掠夺，欧洲的黄金从55万公斤增加到1193万公斤，白银从700万公斤增加到2140万公斤，获得了对世界大部分地区的霸权，促进了两次工业革命的形成。

（二）世界市场形成，输出大量剩余产品，缓解了经济危机的发生

《共产党宣言》指出，"大工业建立了由美洲的发现所准备好的世界市场。世界市场引起了商业、航海业和陆路交通工作的大规模的发展"。大量工业产品的全世界倾销及强卖，摧毁了当地的工业，赚取了无穷的剩余价值，也缓解了《资本论》所提到的生产过剩的矛盾。在大航海期间，欧洲与殖民地的贸易增长了 7 至 8 倍，占总贸易额的 30%。世界贸易的价值从 1851 年的 6.41 亿英镑上升到 1913 年的 78.4 亿英镑。

（三）黑奴贸易缓解了劳动力不足的矛盾，剥削了大量剩余价值

在整个大航海时代，奴隶贸易急剧扩张，成为连接非洲、欧洲和美洲大陆的大西洋贸易的三角贸易之一部分，获取了巨大利益。从 16 世纪到 18 世纪，累计有 1200 多万奴隶被贩卖到美洲，缓解了殖民地劳动力短缺的矛盾。资本家通过延长黑奴工作时间来占有绝对剩余价值，通过提高劳动强度和缩短必要劳动时间来占有相对剩余价值，从而剥削到大量剩余价值。例如，北罗得西亚（津巴布韦）开矿总得 3670 万英镑，有三分之二的资金被转移回国内，410 万英镑支付给在当地生活的欧洲人，只有 200 万英镑给了当地的黑人矿工。

（四）解决资本主义内部相对过剩人口的失业问题

《资本论》提到，"相对过剩人口不仅是资本主义发展过程中的必然产物，而且又是资本主义生产方式存在的条件"。自大航海时代开始，葡萄牙、西班牙、英国把大量失业人口转移到澳洲、美洲、非洲，为资产阶级创造了更多的财富，也缓解着资本主义国家的失业矛盾。殖民扩张后，资本主义国家需要大量的工人、管理者、警察，从而解决了部分相对剩余人口所造成的失业问题。19 世纪 20 年代，有 15.5 万欧洲人离开；19 世纪 50 年代，有大约 260 万人离开欧洲。1900 年至 1910 年间，移民人数高达 900 万。

二、中国近代落后的主要原因是资本主义的侵略

中国在历史上同样是海洋大国。春秋、吴、越时，中国形成了以"鱼

盐之利,舟楫之便"为核心的海洋经济。中国开辟了世界上第一条形成于秦汉,历经三国和隋朝,繁荣于唐宋时期的海上丝绸之路。唐朝是中国海疆最广大的时期,GDP相当于现在的348亿美元,占世界GDP总量的58%。明代的造船和航海技术都堪比世界一流,郑和于1405—1435年间率船队七次下西洋,航程10万余里,访问了30多个国家,比哥伦布发现美洲新大陆早了80年。

只可惜明清的海禁政策使中国一步步走向闭关自守,从而不得不面对"落后就要挨打"的命运。据不完全统计,在鸦片战争后的百余年里,西方列强从海上入侵中国达84次,入侵舰艇达1860余舰次,入侵兵力达47万人,签订了1182件不平等条约。清朝的对外赔款及其借款利息、折扣等合计为17.6亿两白银,完成支付总额为13.35亿两白银,相当于当时中国政府近20年的财政收入。从1840年到1949年,中国合计损失国土330万平方公里,占中国总面积的1/4,中国从此沦为了任人宰割的"东亚病夫"。

三、中国改革开放后取得的举世成就

改革开放四十多年来,在中国共产党的领导下,我国的GDP总量跃居世界第二。1978年至2012年,城镇居民人均可支配收入增长7倍,农村人均居民纯收入增长58倍,城乡居民存款余额增长1896倍。中国的财富增长速度是世界上任何一个国家都比不上的。

总之,五百多年来,西方资本主义国家取得优势主要是掠夺、殖民的结果。而来自海上的资本主义强盗的入侵,成为中华民族历经苦难的直接根源,成为中国落后的主要原因之一。《共产党宣言》指出,"无论哪一种社会形态,在它所能容纳的全部生产力发挥出来之前,是决不会灭亡的;而新的更高的生产关系,在它的物质存在条件在旧社会的胞胎里成熟以前,是决不会出现的"。西方资本主义国家取得暂时优势主要是殖民掠夺的结果,不是制度,它暂时不会灭亡,但必然灭亡,社会主义必然取得胜利。

四、海洋强国兴衰的经验

在几千年的历史长河中，不同的时代有不同的海洋强国，一批强国兴起了，一批强国衰落了，他们成功的经验各不相同，衰落的原因也千差万别，但总体看来，还是有很多共通的地方。

(一) 海洋问题历来是国家的大战略问题

在几千年的世界历史进程中，绝大多数世界大国和强国都与海洋有密切关系。马克思曾说："对于一种地域性蚕食体制来说，陆地是足够的；对于一种世界性侵略体制来说，水域就成为不可缺少的了。"马汉曾说："所有帝国的兴衰，决定性的因素在于是否控制了海洋。"这些论述都说明，海洋对世界各国的安全和发展都具有战略意义。在世界历史进程中，一个国家要在世界上称霸并控制世界财富，就必须走向海洋，必须垄断性地利用海洋。

(二) 谋求国家利益是海洋战略的核心目标

不同时代的任何国家想走向海洋，争夺海洋霸权，都是为了利用海洋，以获得比其他国家更多的国家利益，这是世界各国海洋战略的核心。第二次世界大战后，世界强国都走向海洋，海洋战略意义更趋多元化，包括政治利益、经济利益、安全利益、科研利益等。在此背景下，实现国家海洋利益的手段也趋于多元化，包括政治外交手段、经济手段、武力制海手段等。

(三) 国家海上力量的核心是海军

一个国家选择采取走向海洋的战略，必须有强大的海上力量，这是走向海洋的先决条件。从古至今，国家海上力量的核心都是海军。海军的重要性不仅在于它是战时达到武装斗争的政治目的之强大手段，而且在于它在和平时期"可以用来显示一个国家的经济实力和军事实力"。在现代条件下，海军由于其打击力量的增长，"已成为最重要的战略因素之一，给予战争进程非常大的，有时甚至是决定性的影响"。

(四) 制海权是走向海洋的关键因素

制海权就是对一定海区的控制权，目的是"确保己方兵力的海上行动自由,剥夺敌方兵力的海上行动自由;保护己方的海上交通运输安全,阻止敌方的海上交通运输"。根据控制海洋区域的目的、范围和持续时间,制海权分为战略制海权、战役制海权和战术制海权。制海权不是绝对的,没有制海权就难以真正走向海洋。

(五)海洋强国兴衰的决定性因素是综合国力

综合国力既是实现国家大战略目标的手段,也是国家大战略目标体系的组成部分。从历史上看,决定大国兴衰的根本因素是综合国力,世界历史上的海洋强国也都是当时综合国力较强的国家。许多控制海洋很久的国家之所以衰落了,也是因为综合国力衰落了。在《海权对历史的影响》一书中,马汉明确提出了掌握制海权必须具备的六个条件,即地理位置、领土结构、自然疆域、人口数量、国民习性、政府制度。这些因素实际上也是综合国力的体现。

(六)建设海洋强国必须有坚实的政治经济基础

国家统一是必需的政治条件,只有动员全国的资源和力量来参与争霸海洋的斗争,才能取得胜利,才能成为海洋强国;只有社会制度的变革适应时代发展潮流的国家,才能成为海洋强国;只有最高层确立了建立海洋强国的战略,且最高领导人立志使该国成为海洋强国,国家才能成为海洋强国;此外,经济技术的发达也是成为海洋强国的坚实基础。

五、实现中华民族的伟大复兴就必须走向海洋

中国要实现伟大复兴的中国梦,就必须成为海洋强国。中国要从新时代的海洋权益、国家安全、海洋安全、战略资源基地的高度来考虑海洋问题,把建设海洋强国作为一项重要的历史任务。

(一)海洋世纪要求中国走向海洋

海洋对人类的可持续发展具有越来越重要的作用。中国在21世纪要成为海洋强国,就必须越来越多地依赖海洋。在21世纪,海洋仍然是国际政治、经济和军事斗争的重要舞台。中国是新崛起的大国,必须登上充满国际竞争的海洋大舞台。

（二）要实现国家海洋利益就必须走向海洋

中国在全球海洋层面有广泛的战略利益，包括国家管辖海域的海洋权益、利用全球通道的利益、开发公海生物资源的利益、分享国际海底财富的利益、海洋安全利益、海洋科学研究利益等。中国只有成为海洋强国，才有可能分享这些海洋利益。

（三）维护海洋安全要走向海洋

海洋安全是国家安全的重要组成部分。目前，中国面临严峻的海洋安全威胁，主要包括"台独"势力分裂国家和台海战争威胁、钓鱼岛和南沙群岛主权争端引发政治军事冲突威胁、海洋边界争端引发的政治和军事冲突威胁、海洋资源争端引发的军事和政治冲突威胁、霸权国家的遏制中国复兴而进行的海洋干涉威胁、海上强邻的长期威胁、海上通道安全威胁、海洋自然灾害和海洋生态安全威胁等。

（四）进入全球经济体系需要走向海洋

马汉曾指出，控制海洋，特别是在与国家利益和贸易有关的主要交通线上控制海洋，是国家强盛和繁荣的纯物质性因素中的首要因素。在经济全球化形势下，国家之间的经济贸易往来更加频繁，更需要利用海洋这个大通道。海上通道出问题，就会严重影响经济的发展。因此，只有成为海洋强国，才有能力保卫海上通道的安全。

（五）中国具备了走向海洋的综合国力基础

在李成勋等主编的《2020 年的中国》中，中国的综合国力总分在1990 年为 2158.6，位居世界第九；2000 年为 2431.5，位居世界第九；2010 年为 2483.2，位居世界第八；2020 年为 2551.9，位居世界第七。综合国力的迅速增强，使我国具备了建设海洋强国的潜力。

（六）中国的海上力量逐步增强

中国的海洋事业已经有了一定的基础。我国的海洋科研能力是发展中国家中最好的，海洋科学研究和考察工作已经进入三大洋和南北极地区；已有一支正在壮大的近海防御型海军；从事海洋工作的劳动力已超过 2000 万人；年造船能力达到 1000 余万吨，机动渔船达 20 余万艘；形成了比较完整的船舶工业体系。

（七）中国确立了建设海洋强国的国家战略

党的十六大做出了"实施海洋开发"的战略部署,党的十八大提出了"建设海洋强国"的战略目标,2013 年 3 月的全国人大会决定成立国家海洋委员会,重组和扩建国家海洋局,扩大其功能,并以中国海警局的名义开展执法活动,这些举措对我国建设海洋强国是极其重要的。国家海洋委员会发挥高层决策协调作用,调动国家海洋局的协调组织职能,充分利用国家海洋事业发展高级咨询委员会的优势,从而进一步充实专家队伍,为国家海洋决策和海洋政策的制定提供咨询。

第二单元
海洋渔业

中国近代教育家张謇提出"渔界所至，海权所在也"，即"渔权即海权"。中国渔业所到之处，也是海权所在之地。中国海域辽阔，渔业资源丰富，从渤海葫芦岛到南海西沙群岛，都是中国的海域。在人类赖以生存的地球上，百分之七十的面积被海洋覆盖，百分之九十的动物蛋白存在于海洋之中。从1989年起，我国的水产品产量跃居世界第一位，并且已经连续三十年保持世界第一，在国际渔业市场上占有重要的地位。

第一章 渔权即海权

自 1982 年的《联合国海洋法公约》签订以来,特别是 1994 年的《联合国海洋法公约》生效以来,世界各国都把海洋生物资源看成一种战略资源,相关竞争日趋激烈,有关海洋生物资源养护与合理利用的规则和措施成为国际海洋法领域发展最快、最为活跃的内容。实际上,纵观国际海洋法的发展,我们不难发现,有关海洋渔业的国际法原则、规则、制度的演变和发展过程与国际海洋法的历史形成和发展紧密关联。也就是说,渔权是海权的一项重要内容,渔权是海权争夺的焦点与热点。

本章所提到的海权是指国家享有的海洋权益。海权既包括沿海国在其管辖海域范围内的主权、主权权利、管制权、管辖权和利益等,也包括在公海、国际海底区域等国家管辖范围外享有的海洋权利和利益。本章所指的渔权并不是一个严格意义上的法律概念,而是一个泛指的概念。在内海和领海,渔权指国家对海洋生物资源的专属管辖权;在专属经济区和大陆架,渔权指国家对海洋生物资源以勘探、开发、养护和管理为目的的主权权利;在公海海域,渔权指国家享有的、由其国民在公海捕鱼的权利,包括国家对悬挂其旗帜的渔船的管辖权。此外,渔权也包括国家依据国际法所享有的,在他国水域的入渔权和传统捕鱼权。

第一节　从海洋法的历史发展看渔权与海权

早在 12 世纪,自工业革命给渔业带来了更有效的捕鱼设备和工具后,对渔业资源使用权和渔场使用权的争夺就开始明朗化了。格劳秀斯的《海洋自由论》发表之前,英格兰和荷兰之间就出现了渔业争端,引发了 17 世纪的英格兰和荷兰关于鲱鱼渔业的谈判,并引起了武力冲突。随着海洋法的发展,公海概念的确立明确了公海捕鱼自由的原则,从而使得主要的渔业争端频繁发生在国家管辖海域之外的公海海域,涉及的主要是这些海域的捕鱼权问题。进入 20 世纪以后,各国在公海捕鱼的规模越来越大,捕鱼效率也越来越高,有的直接影响到了沿海国管辖海域内的资源和渔民的经济利益,导致了扩大渔业管辖权的运动大规模兴起,并最终促成了专属经济区制度的建立。20 世纪 80 年代以来,当人类意识到渔业与资源、环境、人口的重要关系时,各国开始密切关注渔业对环境的影响,并逐步形成了一些新的概念和原则。

一、国家周边海域的渔权之争

渔业是人类利用海洋的一个最古老的行业。工业革命之前,渔民通常利用原始的捕鱼工具,在居住地的沿海从事捕鱼活动。在作业过程中,有可能会发生渔民与渔民间的利益冲突,但不会形成国家间的利益冲突。

随着工业革命的到来,渔船和捕鱼设备的性能不断提高,作业渔场范围也相应地不断扩大,从而导致渔民间的渔业冲突发展成为国家间的渔业利益的冲突,尤其是对国家周边海域渔场的争夺更为突出。

17 世纪初发生的英格兰与荷兰的鲱鱼渔业之争,就是一个明显的例子。1609 年 5 月 6 日,当时统治苏格兰和英格兰的詹姆斯一世发布了一个公告,宣布从当年 8 月 1 日起,"任何外国人或凡不属本国公民者,不许在本国任何海岸或海域从事捕鱼活动",除非获得政府颁发的许可证。这一公告主要是针对荷兰的鲱鱼渔业。当时,荷兰鲱鱼渔业的渔获总值约达 200 万英镑,而彼时整个英国的出口总额也仅为 248 万英镑左右。因此,荷兰的鲱鱼渔业被荷兰人认为是他们巨大的"金矿"。

荷兰政府对英国试图否认荷兰捕鱼权的做法反应强烈,谴责詹姆斯一世的公告侵犯了荷兰在英国沿海捕鱼的条约性权利。随后,英荷两国就渔业问题进行了谈判。类似的争端还有英国和美国就美国在英国的殖民地沿岸之捕鱼权利的争端、日本和俄国的渔业争端等。

这些渔业争端已成为早期海权之争的焦点。荷兰政府不承认英国宣称的其对广阔海域的渔业管辖权(如离海岸 14 海里或 28 海里),但承认英国在从其海岸向外一定距离的海域内对渔业具有特殊权利。也就是说,争端双方就沿海国对沿岸渔业享有特殊的权利这一点并无异议,但在距岸海域的宽度范围问题上持不同的观点。

二、公海的渔权之争

随着公海概念的确立,公海捕鱼自由成为公海自由的重要组成部分。早期的公海捕鱼自由,其概念是建立在海洋渔业资源不可能耗尽的观念之上的。若一个国家试图在公海上对另一国的渔业活动进行干预,就必然与公海捕鱼自由的概念发生冲突,从而造成国家间的紧张关系。较早出现的公海渔业冲突的例子,是英国和法国在英吉利海峡渔业上的冲突。

三、渔权之争促进了海洋法相关概念的形成

1945 年,第二次世界大战结束后,各国急需解决战后粮食短缺问题。有关沿海国大力恢复和发展海洋渔业,从而再次引发了毗连领海的公海渔业纠纷,一些国家又开始主张扩大沿海国的渔业管辖权。早在 1943 年,即第二次世界大战结束之前两年,美国已开始考虑如何应对美国管辖海域之外的外国渔业。1945 年 9 月 28 日,当时的美国总统杜鲁门发表了第 2667 号总统公告《美国关于大陆架的底土和海床的天然资源的政策》(*Policy of the United States with respect to Natural*

Resources of the Subsoil and the Sea Bed of the Continental Shelf）和第 2668 号总统公告《美国关于公海水域的沿岸渔业的政策》（*Policy of the United States with Respect to Coastal Fisheries in Certain Areas of the High Seas*）。

上述美国总统的两个公告引起了周边各国的强烈反应。墨西哥、智利、厄瓜多尔、秘鲁迅速采取行动,将它们的主张和管辖权扩展至 200 海里以内的海底及上覆水域和其中所有自然资源。这些国家宣称对 200 海里以内的所有渔业享有主权权利或专属管辖权。至 19 世纪 70 年代初,这一扩展渔业管辖权的行动很快波及全世界。太平洋沿岸的中美洲、南美洲国家相继宣布扩大其海洋管辖权;在北大西洋,冰岛也宣布扩展其渔业管辖权;西北太平洋沿岸的俄罗斯、韩国,印度洋沿岸的巴基斯坦、坦桑尼亚,中东大西洋沿岸的西非国家,也都宣布扩展其渔业管辖权。一些国家(如智利、秘鲁、厄瓜多尔等)不仅主张对自然资源的主权权利和管辖权,而且宣布管辖权的最大宽度为 200 海里的领海。由杜鲁门总统的公告所引发的争取 200 海里海洋权益的斗争,最终促成了 20 世纪 70 年代至 80 年代的专属经济区概念之形成和确立。

不管是国家周边海域的渔权之争,还是公海海域的渔权之争,或是国际海洋法上众多的案例所涉及的渔权之争,我们从中都不难看出,世界各国均将海洋渔业权益视为海洋权益中的一项不可分割的重要权益,千方百计地采取各种措施来维护国家周边海域或公海的渔业权益。在海洋法发展的历史进程中,各国对渔权的竞争与博弈,极大地推动了海洋法的概念、原则、规则的不断发展与完善。换言之,各国通过对渔权的争夺与保护,促进了其海洋权益的实现。

第二节　从《联合国海洋法公约》及其之后的发展看渔权与海权

从 1973 年起正式召开第三次联合国海洋法会议讨论《联合国海洋

法公约》,到 1982 年《联合国海洋法公约》的签署和开放签字,其间经历了 9 年。在谈判中,渔业问题始终是谈判的焦点问题之一。《联合国海洋法公约》所确立的领海、群岛水域、专属经济区、大陆架、公海等海洋区域,都涉及渔业问题。《联合国海洋法公约》第五部分"专属经济区"的大部分条款,均涉及专属经济区内海洋生物资源的养护、合理利用和管理问题。

一、专属经济区内的渔权

专属经济区内的渔业管理问题既是专属经济区制度的核心内容之一,也是专属经济区概念演化过程中的一个关键问题。因此,《联合国海洋法公约》第五部分中的一大部分条款都是关于专属经济区内生物资源的养护和利用的。

在专属经济区制度下,沿海国享有"以勘探和开发、养护和管理"生物资源为目的的主权权利。这里的"勘探和开发"可以被认为是涵盖了所有的渔业活动,涉及商业性渔业活动与娱乐性渔业活动,包括探鱼和寻找渔场、利用渔具进行捕鱼、渔获物装运和加工或将渔获物过驳给其他船舶、将渔获物运载回港、销售渔获物等。同样,"养护和管理"也可以被认为是包含所有有关生物资源的合理保护和处理活动以及所采取的措施的广义概念,包括养护生物资源的措施,获得、分析和交换有关生物资源的信息;确定生物资源利用的程度;决定在生物资源勘探和开发过程中可以使用的船舶、仪器、渔具、机械、设备;决定作业时间和作业渔场;以及所有与捕鱼作业有关的事项,如对渔业的税收、许可费用的征收等。

沿海国在专属经济区内的管理责任涉及专属经济区内所有的生物资源,没有任何一个生物种群可以例外。虽然《联合国海洋法公约》有专门的条款就一些特殊的鱼种(如高度洄游种类、溯河产卵种群、降河产卵鱼种、海洋哺乳动物等)做出了专门的规定,并对一些特殊情况下的种群(如跨区域种群或跨界鱼类种群)也做出了特殊的规定,但是这些条款并没有损害沿海国对专属经济区内生物资源的最后决定权,只不过是在决定的过程中,沿海国要与有关国家协商或需要考虑其他一些因素而已。

在给予沿海国对渔业资源的主权权利和专属管辖权的同时,《联合国海洋法公约》也确定了沿海国养护和管理海洋生物资源的责任与义务,这些责任与义务包括:

(1) 决定专属经济区内生物资源的可捕量(TAC);

(2) 参照可得到的最可靠的科学证据,通过正当的养护和管理措施,确保专属经济区内生物资源的维持不受过度开发的危害;

(3) 采取的养护和管理措施,应在各种有关环境和经济因素的限制下,使捕捞种群的数量维持在和恢复到能够生产最高持续产量的水平,并考虑到捕捞方式、种群的相互依存及国际最低标准;

(4) 采取的养护和管理措施,应使与所捕捞鱼种有关联或依赖的鱼种的数量维持在或恢复到其繁殖不受严重威胁的水平上;

(5) 在适当的情形下,应通过各主管国际组织,经常提供和交换可获得的科学情报、渔获量和渔捞努力量统计,以及其他有关养护鱼的种群的资料。

在专属经济区制度的实践中,各国都通过国内立法来制定有关规章制度,以行使《联合国海洋法公约》所赋予的对生物资源的主权权利。这些有关渔业的法律和规章,绝大部分都已在各个国家的渔业资源开发、养护和管理实践中得到实施。这些情况充分说明,200海里专属经济区内的渔权是海权的重要组成部分。

二、公海中的渔权

公海捕鱼自由是国际法所承认的公海自由原则之一。自17世纪以来,沿海国对渔业的管辖权一直被限制在沿海国海岸之外狭窄的领海水域内。相反,国家管辖权之外的公海水域则对所有国家开放,任何国家都可以在公海自由从事捕鱼活动。在传统的公海捕鱼自由原则下,从事公海捕鱼作业的渔船专属船旗国管辖,只有船旗国才有权对其在公海作业的渔船行使立法权和执法权,任何国家不得干涉悬挂其他国家旗帜的渔船在公海的捕鱼活动。

三、《联合国海洋法公约》生效实施后的渔权与海权

自 1994 年 11 月 16 日的《联合国海洋法公约》生效实施以来，国际上有关渔业的公约、协定、决议等，都是以该公约有关渔业的规定为基本框架的，并在此基础上，就海洋渔业资源的开发、利用、养护和管理做出了更进一步或更具体的规定。这些国际性法律文件或指导性文件的生效和实施，正在使世界海洋渔业的秩序和管理制度发生深刻的变化。

第三节　中国的渔权与海权

中国对内海享有完全的主权，既包括内海海域及其海床、底土以及其中所有的自然资源，也包括内海上空的主权。在领海，除了外国非军用船舶享有无害通过权外，中国行使对领海及其海床、底土以及其中所有自然资源的主权。在毗连区，中国行使对有关安全、海关、财政、卫生或出入境管理事项的管制权。在专属经济区，中国享有勘探和开发、养护和管理自然资源的主权权利，以及进行其他经济性开发活动的主权权利；同时，中国也享有对海洋环境保护和保全，海洋科学研究，人工岛屿、设施和结构的建造和使用的管辖权。在大陆架，中国享有以勘探大陆架和开发其自然资源为目的的主权权利。在公海，中国依法享有符合国际法规定的各项自由，包括航行自由、飞越自由、铺设海底电缆和管道的自由、建造人工岛屿和其他设施的自由、捕鱼自由和海洋科学研究自由；同时，中国也依法享有公海上的船旗国管辖权和普遍性管辖权。在国际海底区域，中国根据国际法规定享有勘探和开发区域内资源的权利。在极地，中国也依法享有一定的权利。

战国时期（2500 多年前），韩非子提出了"历心于山海而国家富"的

著名主张。秦始皇在位期间,5 次出巡,其中 4 次东巡沿海,除了谋求政治稳定的原因外,也不同程度地含有谋求海洋发展的经济动因。汉武帝 7 次巡海,出兵南越,开辟东至日本、西抵南亚的海上丝绸之路。唐朝是我国历史上较为强盛的朝代之一,其将发展海外贸易与国家经济利益紧紧地联系起来,深化和利用了海洋的社会经济属性,促进了当时社会的繁荣。宋代的社会经济发展中,以海洋贸易为核心的海洋经济成分在国民经济中已占有相当比重,对海洋防卫和海防安全的重视程度也有所加强。宋代,政府已经鼓励中国商人出海贸易。元初,元世祖忽必烈曾两次大规模渡海东征日本,开展南征台城、安国爪哇的海上军事行动,并且大力发展海外贸易,兴办漕粮海运,海洋成为元朝统治者制定国策的重要关注点。

在中国的近代史上,清末民国初,中华民族的有识之士就提出了渔权、海权的问题。1906 年 12 月 2 日,孙中山在《民报》创刊周年庆祝大会的演说中提及"故英国要注重海军,保护海权,防粮运不继",这是他在政治生涯中第一次使用"海权"一词。孙中山的海权主张可归结为:"1. 反对列强侵略,收回中国海权;2. 建设强大海军,巩固海防,保卫中国海权;3. 积极倡导发展海洋实业,争取中国海洋权益,造福中华民族。"其间,还有众多有识之士陆续论述过海权思想。

1904 年 3 月,近代著名教育家、实业家、清末状元张謇在翰林院担任修撰,并兼任刚刚成立的商部的头等顾问。他上书清廷商部,提出划定捕鱼区的建议,并区别近海和远洋,主张"以内外渔界,定新旧渔业行渔范围",保护中国近海"本国自主之权"。他主张"渔权即海权"。根据张謇提议,清政府指示外务部和广东水师提督、南北洋海军统领萨镇冰绘制《江海渔界全图》。张謇认为,"渔业者,海线之标识也"。张謇以独特的视角,第一次从渔业的角度认识海权。难能可贵的是,他并未停留于对海权的概念解读,而是积极倡议兴办江浙渔业公司、吴淞水产和商船学校,通过渔业实业与水产、航海教育来维护国家的海权。正是中华民族有识之士的海权思想及他们的身体力行,推动了中国海洋事业的发展和对渔权及海权的维护。

第四节 关于维护我国渔权与海权的思考

曾经有专家指出,我国是一个传统的重陆轻海的国家。在漫长的历史进程中,中华文明既包含了大陆的"黄色文明",也体现了海洋的"蓝色文明",但是总体上说,中华文明是以大陆传统农业文明为中心的。在重陆轻海的传统思维定势下,中华民族走向海洋的能力被弱化,发展海洋经济的意识不强。

中华人民共和国成立以来,特别是《联合国海洋法公约》签署以来,我国越来越重视对海洋资源的保护和开发利用,海洋经济出现了超常规的发展,公众的海洋意识也明显增强。然而,与发达的海洋国家相比,我国的海洋意识还相对比较淡薄,中华民族的海洋观念还比较薄弱。

一、"渔界所至,海权所在也"

海洋生物资源是一种可再生资源,若能够科学管理和合理利用,则能千秋万代地持续利用。在陆地资源基本被开发殆尽的今天,要养活日益增加的世界人口,要确保世界和中国的粮食安全,海洋生物资源的养护和合理、高效利用将是一种最好的选择。世界各国正是看到了海洋生物资源的重要性,所以才将海洋生物资源作为一种战略资源来对待。

就上述的国际海洋法的发展历史来看,从争取海洋捕鱼权开始,进而达到扩大渔业管辖权,甚至扩大主权范围目的之案例可谓比比皆是。从争取沿岸水域的渔业管辖权到专属渔区的建立,再到12海里领海的确立,正是典型的例子。从1945年的《美国关于公海水域的沿岸渔业政策》,到全球范围内争取200海里渔业权和200海里海洋权的浪潮,直至专属经济区制度的确立,是另一个典型的例子。这些例子和之后的发展说明,渔权的争夺和维护是海权争夺的关键一步,也是最重要的一步,渔权是海权争夺的焦点与热点问题之一。

在我国,特别是在南沙群岛海域和钓鱼岛海域,我们尚需进一步确定海洋渔业发展的战略规划和强有力的扶持政策与措施。据笔者调查,南海周边国家,尤其是越南,近年来不断加强在南沙群岛海域的渔业存在,其渔船规模日益扩大,渔船装备不断更新。相比之下,我国的渔船老化、装备破旧、作业方式单一,严重影响了我国在南沙群岛海域的渔业存在与渔业影响。

南沙群岛海域远离我国大陆,渔业资源又呈现出时空分布的不均匀特点,靠群众自发地维护南沙群岛海域的渔权,既不现实,也难以持久。对此类海域,需放在这些海域所涉及的国际关系大局中加以考虑,既要顾及渔业自身的利益,也要发挥渔业在维护国家海洋权益和领土主权中的作用。

基于上述思考,笔者建议:

(1)制定在南沙群岛海域和钓鱼岛海域等敏感海域的渔业发展战略规划,有组织、有步骤地加强我国在这些海域的渔业存在,有效行使对海洋生物资源的主权和主权权利;

(2)国家设立专项资金对南沙群岛海域的捕鱼活动给予强有力的支持,从渔船、捕鱼装备、资源调查、人才培养等方面入手,提升我国在南沙群岛海域的渔业竞争力,确立我国在南沙群岛海域的渔业主导地位;

(3)南沙群岛的美济礁已有民间自发的水产养殖生产,但由于远离大陆、交通不便,养殖生产举步维艰,因此国家应在苗种生产、养殖技术、交通设施、减灾防灾等方面给予扶持,把南沙群岛建成我国的一个水产养殖基地,这是体现实际存在、宣示主权的一种很明智的方式;

(4)在钓鱼岛海域,有计划地组织一定规模的渔船队来从事捕鱼生产,提高我国在钓鱼岛海域的渔业存在和渔业生产的实际规模,并且国家在燃油、生产资金和渔业管理政策等方面应给予一定的倾斜和扶持;

(5)加大在南沙群岛水域和钓鱼岛水域的护渔巡航力度,特别要加强对在我国管辖水域内违法捕捞的外国渔船的查处力度和对我国渔船的安全保护力度。

二、关于海洋生物资源主权权利的行使

《联合国海洋法公约》规定,沿海国在专属经济区内享有以勘探和开发、养护和管理海床上覆水域和海床及其底土的自然资源(包括生物资源和非生物资源)为目的的主权权利。在中国管辖的水域内,按照《中华人民共和国渔业法》及其实施细则的授权,中国渔政代表国家行使对海洋生物资源以勘探和开发、养护和管理为目的的主权权利。中国渔政在南沙群岛海域和钓鱼岛海域的渔权与海权之维护活动中,确实发挥了先锋和主力的作用。

遗憾的是,在具体的工作中,中国渔政代表国家行使对海洋生物资源的主权权利之地位,并没有得到完全承认。我国渔业行政主管部门所属的渔政渔港监督管理机构及其工作人员人员,有的还不是公务员系列,而是参照公务员管理。此外,许多渔业行政执法机构仍属于自收自支的事业单位。中国渔政的执法船舶和装备与日本海上保安厅相比,差距颇大,而中国渔政的专属经济区巡航经费也远远满足不了巡航任务的实际需要。这种状况只能说明,我国对海洋生物资源主权权利的行使不够重视。很难想象,在这种状况下,中国渔政如何能代表国家更好地行使主权权利,更好地去争夺和维护渔权和海权呢?

笔者认为,国家应加大中国渔政队伍的建设力度,将这支渔业行政执法队伍纳入国家公务员管理系列。同时,加强中国渔政的执法船舶、执法装备之建设力度,并且重视对渔政人员涉外管理的培训,提高渔政人员的素质与执法水平,从而在渔权与海权的维护中发挥更大的作用。

三、远洋渔权——争取话语权,参与规则制定

海洋生物资源已成为各国竞相争夺的战略资源,开发竞争日趋激烈。可以预见,这种竞争今后将会更加白热化。大力发展和壮大远洋渔业,充分开发和合理利用公海大洋的生物资源,是保证优质动物蛋白持续供给的重要途径,也是缓解人口增长与土地资源之矛盾,减轻近海

资源开发压力,实施资源替代的战略举措。我国的远洋渔业起步已晚,如果不抓住目前还有部分资源潜力的契机,那么我们将失去竞争的主动权。

经过多年的努力,我国的国际渔业地位显著提高。我国先后与有关国家签署了 14 个双边政府间渔业合作协定、6 个部门间渔业合作协议,加入了 8 个政府间国际渔业管理组织,与 12 个多边国际组织就渔业问题建立了合作关系,基本实现了在现有国际渔业管理格局下的顺利发展,形成了对国际渔业资源配额的占有,在参与国际渔业规则制定方面的影响进一步加大。我国应该更进一步扩大参与国际渔业管理组织和区域渔业管理组织的范围和程度,争取在国际渔业规则的制定过程中获得更多的话语权和影响力,为我国远洋渔业的发展争取更有利的国际环境。

渔业是人类利用海洋的最古老的行业,也是今后可持续利用海洋资源以保障世界粮食安全的最具有发展前景的行业。渔权是海权的一项重要内容和主要表现形式,在国际海洋法律制度和国际海洋关系中具有举足轻重的地位。渔权不仅是沿海国对领海、专属经济区进行管辖的重要基础,也是各国争取公海权益的热点和焦点内容。

在我国周边海域,渔权的分配与维护,是我国与周边国家处理国家间关系的主要内容与砝码。在领土主权和海洋管辖权的争议区域,渔业因其特有的灵活性、广布性、群众性,对维护国家海洋权益具有不可替代的重要作用。进一步发展远洋渔业,扩大远洋渔权,是我国利用全球海洋生物资源,以保障国家粮食安全的战略需求,也是国家拓展外交、参与国际资源配置与管理、处理国际关系的重要举措。我国应当重视渔权的争取与维护,并通过加强渔业的实际存在和确立渔业主导地位,以达到宣示主权和行使主权的效果。

第二章　中国近海渔业

中国是世界上最重要的海洋与渔业国家之一,有丰富的海洋渔业资源,海岸线 1.8 万公里,岛岸线 1.4 万公里,主权领海面积 300 多万平方公里,拥有渤海、黄海、东海和南海四大海域,与朝鲜、韩国、日本、越南、菲律宾、文莱、马来西亚在海上相邻。中国海洋渔业资源的开发利用不仅带动了海洋渔业、沿海渔区经济社会的发展,满足了城乡居民膳食营养结构的多元化需求,而且为保障国家食物安全、促进沿海渔民增收、维护国家领海主权以及促进全球海洋渔业可持续发展等作出了突出贡献。

第一节　中国近海渔业的发展历程

一、近海渔业的发展

上世纪 50 年代初的国民经济恢复时期,我国开始组建国营海洋渔业捕捞公司,重点作业渔区在黄渤海和东海的近海区域,主要从事底拖网和围网捕捞作业。那时,近海渔业资源非常丰富,大连獐子岛流传有"棍打獐子瓢舀鱼"的佳话。到上世纪 60 年代,由于机动捕捞渔船较少,捕捞水平较低,我国四大海域的渔业资源仍然十分充足。

1973 年 8 月,我国第一批灯光围网船队进入黄海东部作业。到

1975 年末,国营海洋捕捞企业的 200 马力以上渔轮已经发展到 1000 余艘,木质渔船基本淘汰。1979 年往后的十年间,我国的钢质海洋捕捞渔船发展到近 10 万艘,海洋捕捞总产量达到 1000 万吨。由于过量捕捞,我国沿海及外海的渔业资源严重衰退和破坏。压缩捕捞,继续加快水产养殖业,这已成当务之急。

1988 年,我国的水产养殖产量首次超过捕捞产量,成为当时世界上唯一养殖产量超过捕捞产量的国家。渔业产量中的养殖与捕捞之比,从 1978 年的 26:74、1985 年的 45:55,发展到 2018 年的 77:23。在保持产量增长、满足人民群众需求的前提下,在从"以捕为主"向"以养为主"转变的过程中,水产养殖业自身的结构调整与转型升级也在持续推进。往哪里转型升级呢? 往质量效益型渔业转型,往资源养护型渔业转型,往生态健康型渔业转型,往绿色环保型渔业转型。

1999 年起,原农业部提出海洋捕捞产量实行"零增长"计划,得到沿海各地的积极响应。1998 年,国内的海洋捕捞产量为 1497 万吨,这一产量到 2018 年已经下降为 1044 万吨,减少了近 1/3。本世纪初,我国开始实施海洋捕捞渔船"双控"制度,确定从 2002 年起的 5 年内,全国减少 3 万艘海洋捕捞渔船,海洋捕捞渔船控制制度由"总量控制"转入"总量缩减"。与"零增长"目标和海洋捕捞渔船"双控"制度相配套,尤其在世纪之交,我国先后与日本、韩国和越南签署了双边渔业协定后,针对我国部分渔民将从周边国家海域渔场撤出等新情况,经国务院批准,中央财政设立了渔民转产转业专项资金,原农业部出台渔民转产转业政策,制定《海洋捕捞渔船减船转产规划》,积极引导渔民转产转业。

二、过度捕捞的近海渔场

由于过度开发,目前中国可利用的滩涂和浅海已经饱和,70%的沙质海岸侵蚀严重,50%以上的滩涂湿地丧失,近海的大部分经济鱼类已不成汛,过度捕捞、污染和环境破坏等因素导致海洋生物资源日益匮乏。在近岸开发过度的影响下,中国近海的传统四大渔场(黄渤海渔场、舟山渔场、南海沿岸渔场和北部湾渔场)已经名存实亡。

浙江沈家门外面的海面,就是中国历史上最大的渔场——舟山渔场。这一带大陆架宽阔,西面有长江、钱塘江、甬江三大入海口,带来了丰富的营养物质,更因东海沿岸流、台湾暖流和黄海冷水团于此交汇,水流搅动,养分上浮,吸引了众多鱼群栖息、洄游。历史上,舟山渔场就是浙江、江苏、福建和上海3省1市渔民的传统作业区域,以大黄鱼、小黄鱼、带鱼、墨鱼(乌贼)为主要渔产。曾几何时,舟山渔场是与俄罗斯千岛渔场、加拿大纽芬兰渔场和秘鲁渔场齐名的世界级大渔场。而今呢?中国近海都没有渔汛了,当然就没有了渔场。舟山海域原来有四大渔汛,但是20世纪80年代以来,一个个都消失了。至少从渔业资源的角度看,中国的近海渔业资源已经在20世纪开发完毕,如今已是油尽灯枯,鱼汛不再来。

南海是中国四大海区中的最大海区,属于热带,盛产优质鱼种红笛鲷,俗称红鱼。这是鲈形目笛鲷科中的一种大型底层经济鱼类,体长近1米,肉质丰厚坚实,深受人们喜爱。20世纪五六十年代的北部湾,红笛鲷占拖网渔获物的20%—30%,占比位居第一位。但是,该鱼种如今基本绝迹,偶有捕获,体长也只有30厘米左右。南海的其他一些传统优质鱼类,如鲥鱼、四指马友、大黄鱼、石斑、尖吻鲈和真鲷等,也逐渐消失。

位于辽东半岛西北部的盖州有42公里的海岸线,年产渔虾蟹贝等以10万吨计,海蜇产量居全国首位,占据全国产量的60%,沿海从事捕捞的渔民也靠海吃海富了起来。但近十年来,渔民慢慢发现,海蜇越来越小,各种鱼越来越少,过去活跃的青皮鱼、鲅鱼、油扣鱼等现在几乎难觅踪影,而最受市场欢迎的对虾已基本绝迹。2011年,天津市渤海水产研究所发布的"渤海湾渔业资源与环境生态现状调查与评估"项目报告显示,渤海湾渔业资源由过去的95种减少到目前的75种,野生牙鲆、河豚等鱼类彻底绝迹。

根据调查与评估报告,经研究人员在渤海湾10米等深线以下海域连续3年的跟踪调查发现,自20世纪80年代以来,由于受到环境污染等众多因素的影响,渤海湾渔业资源由过去的95种减少到目前的75种。其中,有重要经济价值的渔业资源从过去的70种减少到目前的10种左右。现在,渤海湾可捕捞达产的渔业品种只有皮皮虾、对虾等极少数品种,传统渔业特产野生牙鲆、河豚等已经彻底绝迹。历史上,渤海湾的水生生物约有 150 多种,有经济价值的渔业资源多达 70 种。从 20 世纪 80 年代开始,由于受到过度捕捞、海洋污染等众多因素的影响,渤海湾的渔业生态环境极度恶化。

三、消失的渔汛

小黄鱼的渔汛是 20 世纪 80 年代中后期消失的。近年来,因为休渔,小黄鱼实现了种群恢复,产量大大提高。但不要忘了,东海区小黄鱼在 1966 年的平均体长为 24.4 厘米,平均体重为 318 克;相比之下,其在 2011 年的平均体长仅为 12.4 厘米,平均体重仅为 36 克。大海里游动着的全是低幼小黄鱼! 它们中的绝大多数永远没有机会长大成年。从前捕获的小黄鱼平均为 5 龄以上,现在差不多都是 1 龄鱼,经济价值要大打折扣。带鱼又叫刀鱼、牙带鱼,属鲈形目带鱼科,我国沿海各省均产。浙江嵊山渔场的带鱼冬汛非常有名,每年都吸引来自各地的渔民,万船云集。带鱼的产卵场在近海和外海都有,补充能力强,但 20 世纪 80 年代后期,其渔汛也逐渐消失。从 1960 年到 2000 年,东海区带鱼的平均肛长从 23.2 厘米下降到 17.9 厘米,平均年龄从 1.94 龄下降到 1.45 龄。带鱼至今仍是我国的主要经济鱼类,但是其也出现了个体小型化问题,幼齿当道。

曼氏无针乌贼,俗称墨鱼,是一种暖水洄游性软体动物,平时栖息在外海,每年春夏之际,其洄游至舟山群岛中街山一带海域产卵。它的汛期与大黄鱼相同,舟山地区因此有"大水捕黄鱼,小水拖墨鱼"的说法。乌贼属于一年生动物,生长迅速,资源补充恢复快,但即使这样,也没能挺住。经过对产卵前的"进港乌贼"的多年围捕,这种最高年产达6 万吨的优质海产迅速减少,20 世纪 80 年代中后期基本绝迹。大黄鱼、小黄鱼、墨鱼和带鱼一向为我国的主要经济鱼类,号称"四大鱼类"和"四大渔产",如今却均溃不成军。根据《东黄海渔业资源利用》的统计,在东海区的所有渔获物中,20 世纪 50 年代的四大渔产占 63.7%,20 世纪 70 年代下降到 47.4%,20 世纪 90 年代下降到 18.8%,仅剩年幼的带鱼和小黄鱼。

第二节　近海渔业资源

　　中国大陆的东、南面临渤海、黄海、东海和南海,四大海域都属于太平洋的边缘海。中国的大陆岸线从鸭绿江口延伸到北仑河口,全长18000多千米,岛屿5000多个,岛屿岸线14000多千米。全年沿海河流入海的径流量约为1.5万亿多立方米。四大海域的总面积为482.7万平方千米,大陆架面积约为140万平方千米。

　　渤海是中国的内海。以老铁山西角为起点,经庙岛群岛和蓬莱角的连线为界,该界线以西为渤海,该界线以东为黄海。渤海面积为7.7万平方千米,水深20米以内的面积占一半,仅老铁山水道的水深为85米。底质分布情况是,沿岸周围沉积物颗粒较细,细砂分布很广,向中央盆地靠近,颗粒逐渐变粗。

　　黄海与渤海相通,以长江口北角与韩国济州岛西南角的连线为界,与东海相通,面积为38万平方千米。黄海分北、中、南三个部分,即山东成山头与朝鲜长山串连成线,以北为黄北部,以南至南纬34°线之间为黄海中部,南纬34°以南为黄海南部。整个黄海海域处于大陆架上,仅黄海东南部有一黄海槽,苏北沿海沙沟纵横等深浅呈辐射状分布,底质以细砂为主。

　　东海北面与黄海相连,东北通过对马海峡与日本海相通,南端以福建省诏安县和台湾鹅銮鼻的连线为界与南海相连,总面积为77万平方千米。其中,大陆架面积约占74%,为57万多平方千米,为四大海域中最大、最宽的地带,呈扇状。东海大部分水深为60—140米,大陆架外缘转折水深为140—180米,冲绳海槽最深处为2719米。台湾海峡的平均水深为60米,澎湖列岛西南的台湾线滩水深为30—40米,最浅处为12米,构成一海槛,对东海和南海的水体交换带来一定的影响。东海大陆架的底质一般以水深60—70米为界,西侧为陆源沉积,以软泥、泥质砂、粉砂为主,东侧为古海滨浅海沉积,以细砂为主。台湾海峡的南端开阔区域为细砂、中粗砂和细中砂区,近岸伴有砾石,澎湖列岛西南为火山喷出物、砾石、基岩等。

南海的面积最大,为350万平方千米,北部大陆架面积为37.4平方千米。南海的海底地形是周围较浅,中间深陷,呈深海盆型,南部除南沙群岛等岛礁外,还有著名的巽他大陆架。北部湾最深处为80米,大多为20—50米,海底平坦。在底质分布上,北部大陆架大致与东海相似,北部湾东侧以黏土软泥为主。

根据多年的调查数据可知,中国的海洋渔业资源种类繁多。其中,海洋鱼类有2000多种,海兽类约40种,头足类约80种,虾类300多种,蟹类800多种,贝类3000种左右,海藻类约1000种。在这些种类中,有的缺乏经济利用价值,有的数量过少,渔业统计和市场销售名单上的种类大约有200种。

一、渔业资源类型划分

(一) 按渔业资源的栖息水层、海域范围和习性进行划分

中上层渔业资源是主要栖息在中上层水域的渔业资源,如鲐鱼、鲹鱼、马鲛鱼等。

底层或近底层渔业资源是主要栖息在底层或近底层水域的渔业资源,如小黄鱼、大黄鱼、带鱼、鲅鳒、鳕鱼等。

河口渔业资源是主要栖息在江河入海口水域的渔业资源,如鲻鱼、梭鱼、花鲈,以及过河性的刀鲚、凤鲚等。

高度洄游种群资源一般生长在大洋中,并做有规律的长距离洄游,如金枪鱼类、鲣、枪鱼、箭鱼等。

溯河产卵洄游鱼类资源在海洋中生长,会回到原产卵孵化的江河中繁殖产卵,如大麻哈鱼、鲥鱼等。

降河产卵洄游鱼类资源与溯河产卵洄游鱼类资源相反,其是在江河中生长,回到海洋中繁殖产卵,如鳗鲡。

(二) 按捕捞种类的产量高低进行划分

根据FAO的统计,全球海洋捕捞对象约为800种。按实际年渔获

量划分,超过 1000 万吨的为特级捕捞对象,100 万—1000 万吨的为Ⅰ级捕捞对象,10 万—100 万吨的为Ⅱ级捕捞对象,1 万—10 万吨的为Ⅲ级捕捞对象,0.1 万—1 万吨的为Ⅳ级捕捞对象,小于 0.1 万吨的为Ⅴ级捕捞对象。

捕捞对象分级

产量级	实际年渔获量/万吨	捕捞对象	渔业规模
特级	>1000	秘鲁鳀(1970 年的年产量为 1306 万吨)	特大规模渔业
Ⅰ级	100—1000	狭鳕、远东拟沙丁鱼、日本鲐等 10 多种	大规模渔业
Ⅱ级	10—100	黄鳍金枪鱼、带鱼、鲲、中国毛虾等 60 多种	中等规模渔业
Ⅲ级	1—10	银鲳、三疣梭子蟹、曼氏无针乌贼等 280 多种	小规模渔业
Ⅳ级	0.1—1	黄姑鱼、鲵鱼、口虾蛄等 300 多种	地方性渔业
Ⅴ级	<0.1	黑鲷、大菱鲆、龙虾等 150 多种	兼捕性渔业

(三) 按捕捞对象的适温性进行划分

按捕捞对象的适温性划分,可将捕捞对象分为冷温性种、暖温性种和暖水性种,暖水性种约占 2/3。鱼类是我国海洋渔获物的主体,占总渔获量的 60%—80%。

捕捞对象适温性划分

区域	暖水性		暖温性		冷温性		合计	
	种类数	占比/%	种类数	占比/%	种类数	占比/%	种类数	占比/%
南海诸岛海域	517	98.9	6	1.1	0	0	523	100.0
南海北部大陆架	899	87.5	128	12.5	0	0	1027	100.0
东海大陆架	509	69.6	207	28.5	14	1.9	730	100.0
渤海·黄海	130	45.0	138	47.8	21	7.2	289	100.0

（四）按栖息水深进行划分

水深 40 米以内的沿岸海域因受大陆河流入海的影响，盐度低，饵料生物丰厚，为多种鱼虾类的产卵场和育肥场，既有地方性种群资源，也有洄游性种群资源。渤海有小黄鱼、带鱼、真鲷、马鲛、鲈鱼、梭鱼、对虾、中国毛虾、梭子蟹等的产卵场；黄海沿岸海域有带鱼、小黄鱼、鳕、高眼鲽、牙鲆、鲂绯、太平洋鲱鱼、马鲛、对虾、鹰爪虾、毛虾等的产卵场，南黄海还有大黄鱼、银鲳等的产卵场；东海沿岸海域有大黄鱼、小黄鱼、带鱼、乌贼、鲳鱼、鳓鱼、虾蟹类的产卵场；南海沿岸海域有斑鰶、蛇鲻、石斑鱼、鲷类、乌贼等的产卵场。水深 40—100 米的近海海域为沿岸水系和外海水系的交汇处，是有关鱼虾类的索饵场和越冬场。近海海域的渔业资源南北差异显著。南纬 34°到台湾海峡，温水性种类占优势，如大黄鱼、小黄鱼、带鱼、海鳗、鲳鱼、鳓鱼等；台湾海峡以南的南海近海海域，暖温性和暖水性种类占优势，如蛇鲻、金线鱼、绯鲤、鲷类、马面鲀等。水深 100—200 米的大陆架边缘海域的渔业资源则与上述海域不同。东海外海有鲐鱼、马鲛、马面鲀等；南海外海有鲐鱼、深水金线鱼、高体若鲽和金枪鱼类等；台湾以东的太平洋有金枪鱼、鲣鱼、鲨鱼等。

第三节　各海域优势种

（一）渤海海域优势种

在渤海近岸水域春季到秋季的鱼类群落中，优势种有 4 种，即黄鲫（IRI 值：3336）、斑鰶（IRI 值：3170）、银鲳（IRI 值：1272）和赤鼻棱鳀（IRI 值：1078），它们都是中小型、中上层鱼类，同属于浮游生物食性的功能群，在近岸生态系统的鱼类食物网中所处的营养阶层都比较低。这些优势种合计占鱼类群落总重量的 67.2％。在剩余的种类中，重要种有 5 种，即蓝点马鲛、小带鱼、小黄鱼、鳀和矛尾虾虎鱼。在重要种中，除鳀和小带鱼仍为浮游生物食性功能群外，蓝点马鲛为游泳动物食性，小黄鱼和矛尾虾虎鱼为底栖动物食性，它们在鱼类食物网中所处的营养阶层相对更高一些,这些重要种合计占鱼类群落总重量的 23.0%。渤海近岸水域鱼类群落的优势种和重要种因季节不同而有差异。在春季鱼类群落中,优势种有 4 种,即赤鼻棱鳀(IRI 值:6418)、黄鲫(IRI 值:3611)、鳀(IRI 值:2048)和小带鱼(IRI 值:1711),它们均为浮游动物食性;重要种有 4 种,即斑鰶、银鲳、小黄鱼和鲱鲤。在夏季鱼类群落中,优势种也有 4 种,即蓝点马鲛(IRI 值:5895)、黄鲫(R 值:1973)、银鲳(IRI 值:1800)和小带鱼(IRI 值:1045),除蓝点马鲛为游泳动物食性外,其他 3 种也是浮游动物食性;重要种也同样是 4 种,即赤鼻棱鳀、小黄鱼、斑鰶和白姑鱼。在秋季鱼类群落中,优势种减至 3 种,即斑鰶(IRI 值:5593)、黄鲫(IR1 值:3793)和银鲳(IRI 值:1663),它们均为浮游生物食性;重要种增至 6 种,即赤鼻棱鳀、小带鱼、小黄鱼、矛尾虾虎鱼、蓝点马鲛和鳀。

　　从渤海近岸水域的春季、夏季、秋季鱼类群落优势种之变化可以看出,浮游动物食性、营养级为 3.4 的黄鲫,是唯一始终保持优势种地位的鱼类。

黄鲫

　　黄鲫(学名:Setipinna tenuifilis)为辐鳍鱼纲鲱形目鳀科黄鲫属的鱼类,分布于印度洋和太平洋西部。我国南海、东海、黄海和渤海均产之,常年可捕获,以春秋两季为旺汛,产量集中。栖息于水深 4—13 米以内淤泥底质、水流较缓的浅海区。适温 5—28 摄氏度,肉食性,主要摄食浮游甲壳类,还摄食箭虫,鱼卵,水母等。产卵期在南海为 2—4 月,东海以北为 5—6 月。卵浮性,球形,有洄游特性。一般生活于近海,体长可达 22 厘米,可作为食用鱼。

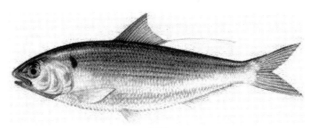

斑鰶

斑鰶(学名：Konosirus punctatus)是鲱科、鰶属鱼类,体呈长卵圆形,侧扁,腹缘具锯齿状的棱鳞。头中大,吻短而钝。眼侧位,脂性眼睑发达。口略为亚端位,略向下倾斜,无齿。上颌略突出于下颌,前上颌骨中间有凹陷,上颌骨末端不向下弯曲,向后延伸至眼中部下方。鳃盖光滑。体被较小圆鳞,不易脱落,背鳍前中线鳞不为棱鳞,胸鳍和腹鳍基部具腋鳞。背鳍位于体中部前方,具软条,末端软条延长如丝;臀鳍起点于背鳍基底后方,具软条,尾鳍深叉。体背部绿褐色,体侧下方和腹部银白色,鳃盖后上方具一大黑斑,其后有8—9列黑色小点状纵带。背鳍、胸鳍、尾鳍淡黄色,余鳍淡色。

斑鰶为近海中上层鱼类,喜栖息于沿海港湾和河口的水深5—15米处,常结群行动,适盐范围较广,既可在海水中生活,又可在咸淡水中生活,有时可进入淡水中而不死。斑鰶以浮游植物和浮游动物为食,主要是各种藻类、贝类、甲壳类和桡足类幼体,有孔虫、沙壳纤毛虫等,有时也摄食底栖生物、浮游生物以及小型甲壳类。斑鰶广泛分布于印度洋至太平洋。自印度洋北部沿岸,东至太平洋中部玻利尼西亚,北至中国、朝鲜半岛和日本列岛沿岸均有分布。在中国分布于渤海、黄海、东海和南海。

银鲳(学名：Pampus argenteus)是鲳科、鲳属鱼类。体侧扁,体呈近椭圆形,背、腹缘弧形隆起。头较小,侧扁而高,吻短而圆钝。口小,斜裂,上颌略突出,上下颌有一列细齿,锄骨、腭骨及舌上则无细齿。前鳃盖骨边缘不游离,主鳃盖骨具柔软扁棘。鳃耙细弱,排列稀疏;鳃裂较小,鳃膜与喉峡部相连。体被细小圆鳞,且易剥离;侧线完全,头部后方之侧线管在侧线上方区后缘呈圆形,侧线下方区向后延伸至胸鳍三

银鲳

分之一处之上方。背鳍及臀鳍前方软条特长,呈镰刀状,但不伸达尾鳍基部,无腹鳍。背部呈淡墨青色,腹面呈银白色,各鳍略带黄色及淡墨色边缘。

　　银鲳为近海暖温性中下层鱼类,栖息于水深30—70米的海区。喜在阴影中群集,早晨、黄昏时在水的中上层。有季节洄游现象。成鱼主要摄食水母、底栖动物和小鱼,幼鲳主要摄食小鱼、箭虫和桡足类。分布于印度洋至西太平洋区,包括朝鲜至日本的西部海域、中国诸海、太平洋、印度洋,以及印度的孟加拉湾、波斯湾等海域。在中国以黄海南部和东海北部分布较为集中,即吕泗渔场和舟山渔场。

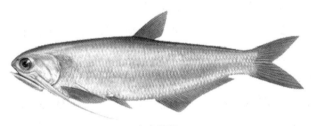

赤鼻棱鳀

　　赤鼻棱鳀(学名:Thryssa kammalensis)的体长为体高的4.0—4.3倍,为头长的4.0—4.2倍。头长为吻长的4.0—5.0倍,为眼径的4.0—4.4倍,为眼间隔的3.3—3.4倍。体呈延长侧扁状,腹部具棱鳞。头中大,吻突出,吻长约与眼径相等。眼大,中侧位,眼间隔宽。鼻孔每侧2个,位于眼上缘前方。口大,下位,稍斜,上颌长于下颌,上颌骨末端向后伸达前鳃盖骨下缘,不伸达鳃孔,上下颌、犁骨、腭骨和舌上均具细牙。鳃孔大,鳃盖膜不与喉峡部相连。

二、黄海海域优势种

在黄海的渔业生物资源中,优势种存在年间和季节变化。1998—2000年的调查显示,鳀占绝对优势,该鱼种在各季节的声学资源评估中,占平均生物量的87%。传统经济鱼类(小黄鱼、银鲳、鲆鲽类、大头鳕、鲂、蓝点马鲛和带鱼等)所占的比例很低,鲂、小黄鱼、银鲳、带鱼等在声学资源评估中分别占总生物量的3.5%、2.8%、1.2%、1.0%,而蓝点马鲛仅占0.3%。底拖网渔获物也是以中上层鱼类中的鳀为主,四季平均占总生物量的65.5%,其他中上层鱼类占15.9%,底层鱼类仅合计占13.4%。其中,优势种为细纹狮子鱼、玉筋鱼和黄鲛鳒等,是一些经济价值较低的种类;虾类占3.8%,有脊腹褐虾、鹰爪虾及戴氏赤虾等。不同历史时期的底拖网调查结果表明,黄海的渔业生物资源在总体上呈现底层鱼类资源下降、中上层鱼类资源上升的趋势。近年来,属于中上层鱼类的优势种鳀的数量也开始下降。1959年的调查结果显示,优势种有小黄鱼、鲆鲽类、鳐类、大头鳕以及绿鳍鱼等底层鱼类。其中,小黄鱼占有较大优势,是海洋渔业的主要利用对象。1981年的底拖网渔获物的优势种不明显,生物量最高的三疣梭子蟹仅占总渔获量的12%,其次为黄鲫占11%,小黄鱼、银鲳、太平洋鲱和鳀等所占的比例都在10%以下。1986年和1998年的两次调查显示,鳀在渔获物中所占的比例都超过50%,成为生物量最高的优势种。1986年,小黄鱼的资源密度降至历次最低水平,直到20世纪90年代初期才开始恢复,生物量有较大增长。目前,在黄海的渔业生物资源中,小黄鱼、黄鲛鳒、脊腹褐虾、细点圆趾蟹和银鲳占优势,大头鳕有所恢复。

鳀鱼

鳀鱼体细长,稍侧扁,一般体长为8—12厘米,体重为5—15克,口大、下位,吻钝圆,下颌短于上颌,两颌及舌上均有牙。眼大,具脂眼睑。体被薄圆鳞,极易脱落,无侧线。腹部圆,无棱鳞。尾鳍叉形,基部每侧有2个大鳞,体背面蓝黑色,体侧有一银灰色纵带,腹部银白色,背、胸及腹鳍浅灰色,臀鳍及尾鳍浅黄灰色。生活于浅海,趋光性强,常环绕光源进行回旋游泳。春季沿海岸北上,秋季沿海岸南下,在适水温带进行产卵、索饵和洄游。

小黄鱼

小黄鱼(学名：Larimichthys polyactis)是石首鱼科、黄鱼属鱼类,体延长,侧扁,体侧腹部有多列发光颗粒。头钝尖形,口裂大,端位,倾斜,吻不突出,上颌长等于下颌,上颌骨后缘达眼眶后缘。吻缘孔5个,内、外侧缘孔沿吻缘叶侧裂,吻缘叶完整不被分割。颏孔4个。鼻孔2个,长圆形后鼻孔较圆形前鼻孔大。眼眶下缘伸达前上颌骨顶端水平线,前鳃盖后缘具锯齿缘。头部及体侧前部被圆鳞,体侧后部被栉鳞,背鳍软条部和臀鳍三分之二以上皆有小圆鳞,尾鳍布满小圆鳞。耳石为黄花鱼型,即呈盾形。背鳍基起点、胸鳍基上缘点及腹鳍基起点到吻端距离大约相等。尾鳍楔型。腹腔膜褐色,胃为卜字形。鳔前部圆形,不突出为侧囊,后端细尖。侧枝为26—27对,每一个侧枝具有腹分枝及背分枝。体侧上半部为黄褐色,下半部各鳞下都具金黄色腺体;下颌前端有褐色斑。背鳍浅褐色;尾鳍前半部金黄色,后部浅褐色;臀鳍金黄色,鳍前缘及后缘为深褐色;腹鳍金黄色;胸鳍浅黄褐色;腹部发光颗粒为橙黄色。口腔白色,口缘粉红色,鳃腔黑色。

小黄鱼为暖温性底层结群洄游鱼类,一般栖息于软泥或泥沙质海区,有垂直移动现象,会进入河口区。厌强光,喜混浊水流,黄昏时上升,黎明时下降,白天常栖息于底层或近底层。主要食物为浮游甲壳类,也捕食十足类和其他幼鱼。分布于西北太平洋区,包括中国、朝鲜、韩国沿海。在中国分布于渤海、东海及黄海南部。

带鱼

带鱼(学名：Trichiurus lepturus)，体带状，侧扁。前部背腹缘几乎平行，体长一般为 50—70 厘米，大者长达 120 厘米。头狭长，尖突吻尖长。眼中大，位高，眼间隔平坦，中央微凸。口大，平直，口裂后缘达眼下方。下颌长于上颌，突出。牙强大，侧扁而尖，两颌前端各有 2 对倒钩状大犬牙，上颌具侧牙 10—13 颗，下颌具侧牙 12—14 颗。鳃孔宽大，鳃耙细短。体表银灰色，无鳞，但表面有一层银粉，侧线在胸鳍上方向后显著下弯，沿腹线直达尾端。体光滑，鳞退化为银膜。侧线于胸鳍上方显著下弯，沿腹缘伸达尾端。背鳍起点在头后部，延达尾端，臀鳍完全由分离小棘组成，仅棘尖外露，第 1 鳍棘甚小；胸鳍短尖而低；无腹鳍；尾鞭状，尾鳍消失。体银白色，背鳍上关部及胸鳍浅灰色，具细小黑点，尾暗黑色。脂肪较多且集中于体外层。主要分布于西太平洋和印度洋，在中国的黄海、东海、渤海及南海都有分布，和大黄鱼、小黄鱼及乌贼并称为中国的四大海产。

鲽鱼

鲽鱼(学名：Pleuronichthys cornutus)又叫比目鱼，栖息在浅海的沙质海底，捕食小鱼虾，特别适于在海床上的底栖生活。身体扁平，双眼同在身体朝上的一侧,这一侧的颜色与周围环境配合得很好,身体的朝下一侧为白色。身体表面有极细密的鳞片。只有一条背鳍,从头部几乎延伸到尾鳍。主要生活在温带水域,是温带海域的重要经济鱼类。

三、东海海域优势种

根据 1998—2000 年间的东海四季调查,渔业生物种类按资源平均指数的大小进行排序,以渔获量占总渔获量比例超过 1% 的种类作为优势种,则其季节变化如下:

春季优势种共计 22 种,主要包括鳀、发光鲷、带鱼、蓝点马鲛、小黄鱼、剑尖枪乌贼、细点圆趾蟹、凤鲚、半纹水珍鱼、青鳞沙丁鱼、日本蝠鲼和竹荚鱼等,资源的平均指数为 0.64—11.07 千克/时,渔获量占总渔获量的比例为 1.1%—18.8%,合计为 74.3%。夏季优势种共计 15 种,主要包括竹荚鱼、带鱼、黄鳍马面鲀、发光鲷、夏威夷双柔鱼、小黄鱼、剑尖枪乌贼和花美鳍等,资源的平均指数为 0.91—25.24 千克/时,渔获量占总渔获量的比例为 1.0%—27.8%,合计为 81.3%。秋季优势种共计 18 种,主要包括带鱼、小黄鱼、太平洋褶柔鱼、黄鳍马面鲀、刺鲳、绿鳍马面鲀、竹荚鱼、剑尖枪乌贼、凤鲚、龙头鱼、发光鲷、银鲳和水珍鱼等,资源平均指数为 0.65—10.20 千克/时,渔获量占总渔获量的比例为 1%—15.5%,合计为 57.4%。冬季优势种共计 20 种,主要包括带鱼、发光鲷、竹荚鱼、鳀、细条天竺鲷、太平洋褶柔鱼、小黄鱼和黄鲷等,资源的平均指数为 0.45—5.2 千克/时,渔获量占总渔获量的比例为 1%—12.0%,合计为 64.8%。

东海渔业资源生物的优势种组成存在明显的季节差异,四个季节均作为优势种出现的种类共计 7 种,即带鱼、小黄鱼、竹荚鱼、银鲳、发光鲷、剑尖枪乌贼和太平洋褶柔鱼;三个季节作为优势种出现的种类共计 3 种,即龙头鱼、水珍鱼和细点圆趾蟹;在两个季节作为优势种出现的种类共计 8 种,即鳀、黄鲫、刺鲳、凤鲚、蓝点马鲛、细条天竺鲷、鲐和黄鳍马面鲀;仅在一个季节作为优势种出现的种类共计 22 种,主要包括短鳍红娘鱼、赤鼻棱鳀、鳄齿鱼、黄鲷、蓝圆鲹、绿鳍马面鲀、日本海鲂和夏威夷双柔鱼等。

发光鲷

发光鲷(学名：Acropoma japonicum)是发光鲷科、发光鲷属的一类鱼类，体呈长椭圆形而侧扁，腹面具 U 形发光器。头大，头后部稍突起。眼大，吻短。口大，斜裂，下颌稍突出，下颌缝合处不具棘状突起。上下颌前方均具犬齿，侧边、腭骨、锄骨则具绒毛状齿。前鳃盖骨后缘平滑，鳃盖骨无棘。体被弱栉鳞，鳞大而较不易脱落。背鳍两个，相距颇近，第一背鳍具硬棘；臀鳍与背鳍软条部相对，基底小于最长之鳍条长；腹鳍略小，具鳍条；胸鳍长而低位；尾鳍深叉形。肛门周围黑色，位于腹鳍末端之前。体呈银白色，背侧黄褐色，各鳍淡色。

发光鲷为近海暖温性鱼类。在中国东海主要栖息于北纬 32°以南大陆架，主要分布于长江口至台湾北部。春季主要分布在东海北部外海和南部近海，夏季集中分布在南部近海，秋季分布范围扩大至北部近海，冬季主要分布在北部外海和南部近海外侧海区越冬。主食桡足类、糠虾及少量底栖端足类等。分布于印度洋北部沿岸，东至印度尼西亚，北至朝鲜和日本。在中国主要分布于黄海南部、东海、台湾海域、南海，在台湾发现于北部、西部、南部、东北部、澎湖及小琉球海域。

剑尖枪乌贼，头足纲，枪乌贼科。眼眶外具膜，胴部圆锥形，胴长约为胴宽的 4 倍。雄性胴背中央具一条筋肉隆起。肉鳍较长，约为胴长的五分之三，两鳍相接呈纵菱形。无柄腕长度一般为 3＞4＞2＞1，吸盘 2 列，角质环具长板齿 7—8 个。雄性左侧第四腕茎化。触腕穗吸盘 4 行，中间 2 行大，大吸盘角质环具大小相间的尖齿。内壳角质，披针

剑尖枪乌贼

叶形。记录最大胴长为 0.5 米,最大体重为 0.6 千克。分布在日本青森县以南海域,以及黄海、东海、南海和菲律宾群岛海域。

竹荚鱼

竹荚鱼(学名:Trachurus japonicus)是鲹科、竹荚鱼属鱼类,体呈亚圆筒形而稍侧扁,吻尖。脂性眼睑发达,前部达眼之前线,后部达瞳孔后缘附近,留下一个半圆的缝隙。上下颌各有一列细齿,锄骨、腭骨及舌面皆具齿。胸部完全具鳞。侧线由起点至第二背鳍起点下方几乎呈直线,而后斜下至第二背鳍第7—9鳍条下方起至尾柄又成一直线;侧线上全被棱鳞,棱鳞高而强,是本属重要之特征。背部另有一副侧线,沿着背鳍的基底一直延伸至第二背鳍基部起点之下方。无离鳍。体背蓝绿色或黄绿色,腹部银白色。鳃盖后缘上方具一黑斑。背鳍暗色,胸鳍淡色,其余各鳍黄色。

竹荚鱼为暖水性集群洄游鱼类,常栖息于中层,有时也接近底层。在长区常与蓝圆鲹混栖。仔稚鱼期以桡足类、枝角类、磷虾与糠虾类的幼体等小型浮游物为主要饵料,幼鱼至成鱼期的饵料除磷虾与糠虾类幼体、甲壳类幼体、沙丁鱼幼体等浮游生物外,还有小型鱼类和头足类等。仅分布于中国沿海、日本及朝鲜半岛等西北太平洋区。

蓝点马鲛

蓝点马鲛(学名:Scomberomorus niphonius)是鲭科、鲅鱼下的一种鱼类,体延长,侧扁,尾柄细。两侧在尾鳍基各具 3 个隆起嵴,体高小于头长。吻尖长。口大,上下颌约等长。上下颌各具强牙一行,侧扁,三角形,数量为 14—20 枚,排列稀疏。腭骨及锄骨亦具齿,舌上无齿。体被细圆鳞,侧线鳞较大,明显,腹侧大部分裸露无鳞。臀鳍与第二背鳍同形,尾鳍呈深叉形。体背侧蓝黑色,腹部银灰色,沿体侧中央具数列黑色圆形斑点。

蓝点马鲛为暖温性中上层鱼类,分布水深与季节和个体大小有关。稚幼鱼分布于表层,随着生长而渐趋中层;夏季分布于中上层,冬季则栖息于中下层。有洄游习性,行动敏捷,性凶猛,肉食性,捕食结群性小型鱼虾类和甲壳类。广泛分布于太平洋西北部的日本诸岛海域、朝鲜半岛南端群山至釜山外海,以及中国渤海、黄海、东海等海域。

四、南海海域优势种

根据 1997—2000 年的南海北部底拖网调查,单种渔获量所占比例在 1%(含 1%)以上的种类有 26 种,合计占总渔获量的 63%。其中,占比最高的为多齿蛇鲻,但其所占比例也仅为 5.3%。由此可见,南海北

部渔业资源的种类繁多,但单一种类的数量不大。优势最大的前 10 种
经济渔获物按顺序排列,分别为多齿蛇鲻、花斑蛇鲻、带鱼、短带鱼、剑
尖枪乌贼、金线鱼、蓝圆鲹、鳞烟管鱼、短尾大眼鲷和中国枪乌贼。在底
层鱼类中,南海的渔获种类组成较东海、黄海和渤海复杂,大多数单一
种类的数量在总渔获量中所占的比例不足 1%,渔获量在 $1×10^4$ 吨以
下,优势种类没有东海、黄海和渤海那样明显。只有个别的种类在某些
年份产量较高,如黄鳍马面鲀在 1966 年的渔获量仅为 $3×10^4$ 吨,约占
当年南海区总渔获量的 6.25%;到 1976 年,其渔获量曾达 $20×10^4$ 吨,
占当年南海区总渔获量的 25.7%,但随后迅速下滑。其他渔获量较高
的经济种类有多齿蛇鲻、花斑蛇鲻、金线鱼、深水金线鱼、长尾大眼鲷、
短尾大眼鲷、短带鱼、带鱼、海鳗、二长棘鲷、黄带绯鲤、黄斑蓝子鱼和红
鳍笛鲷等。在中上层鱼类中,有少数种类的年产量在万吨以上,如蓝圆
鲹、小公鱼、小沙丁鱼等,但大多数种类的年产量还是不到 $1×10^4$ 吨。
20 世纪 60 年代末期,蓝圆鲹的产量开始迅速增加,年产量在 $1×10^4$—
$2×10^4$ 吨,1970 年时达 $10×10^4$ 吨,1977 年时最高达到了 $17.3×10^4$
吨,占当年南海区总渔获量的 20.8%。其他产量较高的中上层经济鱼
类有金色小沙丁鱼、鲐、竹荚鱼、细圆腹鲱、康氏小公鱼、乌鲳、长体圆
鲹、颌圆鲹和中华小沙丁等。虾类的渔获种类较多,但没有一个种类的
年产量超过 $1×10^4$ 吨,渔获量较高的种类为墨吉对虾、长毛对虾、日本
对虾、短沟对虾、斑节对虾、刀额新对虾和近缘新对虾等。头足类在渔
获物中的优势种类为剑尖枪乌贼、中国枪乌贼和太平洋褶柔鱼等。

多齿蛇鲻

多齿蛇鲻(学名:Saurida tumbil)体延长,呈长柱状,横切面为椭圆
形,尾部细长。体长为体高的 6.94—7.91 倍,头长的 3.97—4.45 倍。

头长为吻长的 3.85—4.69 倍,眼径的 4.62—5.72 倍,眼间距的 3.79—4.50 倍。尾柄长为尾柄高的 2.25—2.62 倍。沿体、头后背部、鳃盖和颊部均被大圆鳞,鳞片较易脱落,体长在 20 毫米以下的个体尤甚。鳞片的前缘呈双波状,前部有 3—5 条辐射线,后部光滑。侧线发达,较直,侧线鳞片的前缘中间凸出,前部有 2 条辐射线,后部光滑。胸鳍和腹鳍的基部有一大的腋鳞。腹膜白色,肛门位于臀鳍前方。

花斑蛇鲻

花斑蛇鲻(学名：Saurida undosquamis)是狗母鱼科、蛇鲻属的一种鱼类,体圆而瘦长,呈长圆柱形,尾柄两侧具棱脊。头较短,吻尖,吻长明显大于眼径。眼中等大,脂性眼睑发达。口裂大,上颌骨末端远延伸至眼后方,颌骨具锐利之小齿,外侧腭骨齿一致为 2 列。体被圆鳞,头后背部、鳃盖和颊部皆被鳞。单一背鳍,具软条,雄性鱼之第 2 鳍条不延长如丝;有脂鳍,臀鳍与脂鳍相对;胸鳍长,末端延伸至腹鳍起点后上方;尾鳍呈叉形,上叶等长于下叶。体背呈暗褐色,腹部为淡色,成鱼体侧有时会出现 9—10 个不显之暗色斑块。背鳍、胸鳍及尾鳍略呈青灰色,腹鳍及臀鳍无色。尾鳍上叶上缘具 8 个暗点或暗斑,下叶下缘呈白色或透明。

花斑蛇鲻喜栖息于沿岸水域的沙或泥底海域,大多集成小群栖息于近底层,不进行远距离的洄游,没有明显的集群洄游习性,仅随着季节更替。主要摄食鱼类、头足类、长尾类、短尾类和口足类等。分布于印度洋至西太平洋区,西起非洲东部,东至菲律宾,北至日本、中国台湾,南至澳大利亚等。在中国主要分布于东海、台湾海域和南海。

金线鱼是鲈形目(Perciformes)金线鱼科(Nemipteridae)金线鱼属(Nemipterus)的其中一个物种,体呈椭圆形,稍延长,侧扁,长可达 35 厘米,被小型栉鳞。分布于西太平洋区,包括日本、韩国、中国、菲律宾、印尼、越南、泰国、澳洲等海域,中国产于南海、东海和黄海南部,以南海产量居多。

金线鱼

蓝圆鲹

蓝圆鲹(学名：Decapterus maruadsi)属鲹科、圆鲹属鱼类,体呈纺锤形,微侧扁。下颌稍突于上颌,上颌延伸至眼前缘之下方。上下颌各具一列细齿,锄骨呈矢形齿带,腭骨及舌面呈细长齿带,鳃盖膜后缘平滑。背前鳞延伸至瞳孔前缘之上方,侧线直走部始于第二背鳍第 12—13 鳍条之下方,全为棱鳞。第二背鳍与臀鳍同形,前方鳍条呈新月形,后方具一离鳍。胸鳍长,末端仅延伸至第二背鳍起点之下方。体背蓝绿色,腹部银白。背鳍、胸鳍淡色至黄绿色,第二背鳍具黑缘,其前方鳍条末端具白缘。尾鳍黄绿色,余鳍淡色。

蓝圆鲹为暖水性中上层鱼类,常聚集成群,巡游于近海。喜集群洄游,白天常起群上浮,夜间有趋光性,具有较长距离的洄游习性。属广食性鱼类,饵料组成随海区饵料生物优势种类而变化,主要摄食磷虾、毛颚类,其次是翼足类、端足类、桡足类、头足类、虾、蟹等。分布于柬埔寨、中国、关岛、琉球群岛、日本、韩国、马来西亚、缅甸、北马里亚纳群岛、菲律宾、泰国、越南。

第四节　中国大黄鱼的前世今生

大黄鱼隶属鲈形目,石首鱼科,黄鱼属,俗称大黄花鱼、大鲜、大黄瓜鱼、黄金龙。它的学名由英国人命名后,我国却长期沿用同种异名。上世纪80年代,英国学者就提议应早日改用现称学名,但国内有关鱼类学家未予理会。嗣后,联合国粮农组织与日本等国相继采用现称学名。迟至21世纪初,我国才逐步改正过来。中国的东黄海为大黄鱼最主要的分布海域,年总产量曾列我国经济鱼类第二位,最高达近20万吨。2500多年前,"沙洲发现石首鱼"考证。沙洲海域即现在的吕四渔场,石首鱼即现在所称的大黄鱼。公元3世纪,凭借独特的地理优势,东海舟山群岛海域的滩涂上首先出现了大黄鱼,迈出了开发大黄鱼资源的第一步。当时的作业方式还停留在滩涂的插箔、堆堰上。公元7世纪30年代,舟山群岛的渔业生产就从滩涂采捕,逐步发展到近海(沿岸)捕捞,为海洋捕捞生产发展开创了一个新起点。捕捞工具和方法出现革新,开始演变成拖、对、流、张等多种捕捞大黄鱼的现代作业之雏形。嗣后,先民们知悉大黄鱼能发声,便借此来侦察鱼群。公元16世纪,渔民知其听觉灵敏,便借此发明了敲古网作业。中华人民共和国成立前后,因该作业酷渔滥捕,曾严重破坏大黄鱼资源,不久被政府明令取缔。我国的东黄海占有大黄鱼种群数量的绝大部分,少数则分布在其毗邻海域沿岸。大黄鱼为暖温性近底层鱼类,分布栖息的水层较浅,都在水深5—80米层之间,产卵时较浅,越冬时较深。大黄鱼的产卵场多在我国吕四洋、岱衢洋、大目洋和猫头洋等沿岸一带。中华人民共和国成立后,吕四渔场重新发现大黄鱼资源考证,确认其并非现代发现的新资源。大黄鱼的主要越冬场为江外和舟外渔场,鱼群栖息在较温暖的黄东海混合水系中,主要捕食小型鱼类和甲壳类,幼稚鱼阶段主食浮游动物。大黄鱼是中纬度长寿鱼种,它的寿命最大可达30龄。大黄鱼的最大体重逾4000克,其中以500—1000克体重者居多,最大全长可达 80 厘米。大黄鱼的生殖群体可分为夏、秋两宗,前者为主要捕捞群体,后者俗称"桂花大黄鱼",时有时无,且产量甚低。早在公元 16—17 世纪,中国渔民在实践中已熟悉大黄鱼的产卵状况与潮流之间具有非常密切的关系。长江口北、南两侧的吕四洋和岱衢洋均为强潮流海域,其最大流速均可高达 6 节以上,最高 7.77 节,遂成为该鱼名列前茅的产卵场。历史记载,江苏如东岸外沙洲海域的每年大潮汛期间,有时都能捕获相当数量的大黄鱼,渔民们称其为"大黄鱼搁浅"。此外,我国历史上曾长期误认为大黄鱼仅分布在长江口以南海域。20 世纪 50 年代中期,我国虽已重新发现了吕四洋丰富的大黄鱼资源,但 1960—1962 年期间,中国科学院海洋研究所徐恭昭研究员的研究团队在进行我国沿海大黄鱼的生物学、生态学系统研究时,却未将我国主要的吕四洋大黄鱼种群纳入其研究范畴。嗣后,有关水产部门经重新研究认定,东黄海大黄鱼约可分为韩国(西)南部沿海、吕四洋、岱衢洋、猫头洋-官井洋、牛山-闽南等(7 个)种群。

上世纪 60—70 年代,大批渔船连续不断地酷渔滥捕,先后摧毁了上述大黄鱼的各个产卵场、索饵场和越冬场,结果导致东黄海大黄鱼资源自上世纪 80 年代开始出现明显衰退,90 年代至今呈现严重枯竭,属于极为严重的补充型捕捞过度。国家应采取特别紧急救助措施,力争及早恢复大黄鱼资源。

唐代陆广微在《吴地记》中记载:"阖庐 10 年(公元前 505 年),东夷侵,吴王入海逐之,据沙洲上,相守月余。属时风涛,粮不得渡,王焚香祷之,言讫,东风大震,水上见金色逼来,绕吴王沙洲百匝,所司捞漉,得鱼,食之美,三军踊跃。夷人不得一鱼,遂降。……,鱼作金色,不知其名,见脑中有骨白石,号为石首鱼。"上述内容是发现石首鱼的最早历史记载,但其并没有说明发现的具体海域与鱼种,以致迄今有关方面仍各执一词。

《中国海洋渔业简史》称:"从《吴地记》记载来看,早在公元前五百多年人们就开始在东海渔场捕捞石首科鱼类。"

《江苏省水产志》称:"公元前 505 年,吴王率军至海上沙洲,捞得大量石首鱼,并制作成鱼干,命名为鲞。"

《浙江省水产志》称:"《吴地记》载,公元前505年,吴越两国在海战时期,吴王大捕石首鱼,……。(从)这一记载来看,捕鱼海域最大可能在杭州湾口、岱衢洋一带,捕获的是大黄鱼。"

全国高等农业院校教材《渔场学》称:"公元前505年,吴、越两国海战时大捕黄花鱼的记载,说明浙江渔场,早在2000年前就被开发利用了。"

《东海区渔业资源调查和区划》称:"在我国的海洋渔业史上,小黄鱼是最古老、最重要的经济鱼类之一。早在公元前五百多年,人们就开始在东海北部捕捞,……。"

《江苏省海岸带调查》称:"据《吴地记》载,吴王阖闾在阖庐十年(公元前505年),抵御东夷入侵,率水师出海平伐,于'沙洲'近处捕到大量'金色鱼',后见该鱼脑颅内有一对骨质'白石',命名为'石首鱼'。由此可知,早在两千多年前,在现今我省南部近海,已着手开发利用'石首鱼'资源了。"

《中国海域地名志》称:"江苏岸外辐射状沙脊群,沙脊群海域即吕四渔场西南半部。大宗鱼有小黄鱼、大黄鱼……。"

可见,关于发现石首鱼的海域与捕捞的鱼种之结论,仍众说纷纭、莫衷一是,故很有必要对此进行考证。

纵观我国渤、黄、东、南海诸海,近岸区具有大范围沙洲者,唯江苏省沿海岸外所独有。江苏岸外的吕四渔场在小黄鱼、大黄鱼资源兴旺年代,笔者于每年渔汛期间在上海市郊区渔业指挥部/指挥船与渔船老大交流鱼发海域时,都会讲到黄鱼沙、鳓鱼沙、河豚沙等数十个沙(洲),它们的名称在长达十多年的频繁交流中,给笔者留下了刻骨铭心的记忆。因此,在看到"沙洲发现石首鱼"时,笔者的第一反应是,这个"沙洲"就是吕四洋大大小小的沙(洲)。当然,这个判断还未得到确认,尚需有关权威文献的论证。

《江苏省海岸带和滩涂综合调查报告》称:"江苏沿海地区的开发已有久远的历史。从西汉吴王刘濞立国广陵(今扬州市),煮海为盐,雄踞淮扬(今苏中、苏北地区),……。"

《中国海域地名志》记载:"江苏岸外辐射状沙脊群,位于31°53′~

33°50′N,122°20′E 以西。……。沙脊群南北长约 200 千米,东西宽约 90 千米。水下沙脊约十余条,高度从辐射顶点向外逐渐降低,较高的脊段低潮时出露为'洲',共有 80 多个,0 米以上沙洲总面积为 2125 平方千米。……。沙脊群海域即吕四渔场西南半部,大宗鱼有小黄鱼、大黄鱼……。"

再者,沙船自古以来就是山东南部和苏北沿海的主要渔船。《天下群国利病书》记载:"沙船:沙民生海滨,习知水性,出入风浪,履险若平。"上述两个海域,前者不存在沙洲,仅后者为苏北沿海所独有。20 世纪 60—70 年代,笔者在吕四渔场见到的江苏渔船都是沙船。

根据上述三篇权威文献的记载与分析,结合笔者判断,综合考证可以认定,《吴地记》记载的"沙洲"海域,就是现在的江苏省中、北部沿岸外沙脊(洲)群所在,即我国渔业界现称的吕四渔场。

石首鱼是石首科鱼类的总称,我国海域共计有大黄鱼、小黄鱼、白姑鱼、黑姑鱼、叫姑鱼和梅童鱼等 20 多种石首科鱼类。其中,数量巨大、呈金黄色且能密集成群者,仅有大黄鱼和小黄鱼两种。

明代《渔书》记载:"(大黄鱼)每年 4 月,自海洋绵亘数里,其声如雷,……。"

公元 1596 年,屠本畯在《闽中海错疏》中记载:"石首鱼学名大黄鱼(Pesudosciaena crocea)。"这就是本节开始时提及的同种异名。

江苏如东岸外沙洲海域的每年大潮汛期间,有时能捕获相当数量的大黄鱼,渔民们俗称"大黄鱼搁浅"。从历年小黄鱼的鱼汛来看,从未发生过类似情况。

生产实践表明,大黄鱼的产卵区在吕四洋内侧,而小黄鱼的产卵区在其外侧。它们的生态特性具有高度的稳定性,不会随着时代的变迁而变化。

根据对历史上的权威著作及现代生产实践之考证,可以确认石首鱼就是大黄鱼。

如上所述,我国发现大黄鱼迄今已有 2500 多年的悠久历史。然而,当地有关职能部门对此重大问题却未予考证,以致相关资源长期没有得到开发利用。

历史记载，吴王在吕四渔场大捕大黄鱼。然而，自发现之后，这一大批大黄鱼便销声匿迹了，遂成为历史悬案。

根据海洋生态系统科学的基本原理，古代吕四渔场发现的大量大黄鱼，此后在未遭遇到特大的海洋环境变化以及毁灭性的酷渔滥捕之情况下，是不可能自然地销声匿迹的。回顾历史，苏北沿海渔民原先根本不知道历史上吕四洋发现大黄鱼的典故，且彼时海洋渔业相当落后，鱼价低廉。可想而知，渔民们即使捕到一些大黄鱼，也不会给予足够的重视。

茫茫大海中，某种生物仅有存在或不存在这两种可能性。中华人民共和国成立后，吕四洋在 1956 年开始捕获大批大黄鱼，这是确证的事实。那么，这大批大黄鱼是从沙洲内自然地冒出来的？还是客观上确实存在的？两者必选其一。笔者认为，前者显然是不可能的，后者是唯一的选择。在得出此判断后不久，经现在当地居民华家栋确认："吕四渔场在中华人民共和国成立前常产大黄鱼。"这证实笔者的判断是正确的。由此可见，历史上都称吕四渔场盛产小黄鱼，且长期误认为大黄鱼仅分布在长江口以南海域，这掩盖了实际存在大黄鱼的事实。因此，有理由认为，吕四渔场蕴藏着大黄鱼资源，且迄今是每年不断的。另据"水上见金色逼来，绕吴王沙洲百匝，所司捞漉，得鱼"的史实来看，此鱼的数量相当庞大。现代捕捞实践也表明，吕四洋大黄鱼系我国东黄海种群中最大的一支。

中华人民共和国成立后，苏北沿海地区随着渔业捕捞能力的提高以及勤劳智慧的渔民生产实践的积累，迟至 1958 年，在吕四渔场黄鱼沙（漕）附近一带开始有一定规模的大黄鱼生产。有理由相信，此前已有一批当地渔船在该处进行大黄鱼捕捞多年。从 1956—1982 年的东海区三省一市大黄鱼产量表中可以看出，1958—1962 年期间，江苏省与黄鱼漕的大黄鱼年产量之比在 90％以上，且呈逐年递增趋势。两个不同统计部门对历史上同一事项的统计所发生的细小误差是完全允许的，故可确认江苏省的产量几乎就是黄鱼沙的产量。那么，可确认上表中 1956 年与 1957 年的产量，就是黄鱼沙大黄鱼产量。因此，确认吕四渔场大黄鱼资源的重新发现，至少可追溯到 1956 年（总产量为 1700吨）。由于只有大黄鱼才会接近沙洲，因此可以认为吕四洋黄鱼沙之名,就是得自于该处盛产大黄鱼。根据鱼类洄游规律,吕四渔场的大黄鱼种群在每年产卵期间,必然将返回其各自的产卵场,并不会随着年代的变迁而变化。综合上述考证结果,吕四渔场捕捞的大黄鱼,就是历史上吕四渔场大黄鱼资源的重新发现,并非现代发现的新资源。

舟山群岛的先民为我国大黄鱼开发的先驱者。

舟山群岛不仅岛屿星罗棋布,而且大小各异、深浅有别,其生态环境优越,为各种海洋生物的生长栖息提供了优良环境。据历史记载:"在舟山群岛发掘出土了大量贝壳遗骸,说明早在 4000—10000 年前的新石器时代,舟山群岛已有人定居,并在涂面采蚌拾贝,捉鱼摸虾,以及使用简单的工具,在涂面、潮间带捕捉一些随潮进退的鱼虾蟹类。"依据大黄鱼的生态特性,夏季大潮汛产卵期间,它们会成群结队向浅水区的滩涂冲刺,其中部分误入先民们设下的捕捞工具,这是完全可能的。然而,当时的原始社会不可能有鱼类分类。

公元 3 世纪,西晋时代的文学家陆云(262—303 年)对当时的舟山渔业曾这样描述:"……,若乃断遏回浦,隔截曲隈,随潮进退……,不可纪名。脍……,烹石首,……,真东海之俊味。"可见,那时才迈出了开发大黄鱼资源的第一步。因此,结合前述内容来判断,笔者将有此史实记载之时设定为我国首先捕到大黄鱼之开端,恐怕已有滞后之嫌。

公元 7 世纪 30 年代开始,舟山才逐步发展到沿岸捕捞,为生产发展开创了一个新起点。况且,这些作业对经常栖息于沿岸一带的大宗大黄鱼的捕捞颇为有效,遂走向大黄鱼资源的大量开发之路。宋开庆元年(1259 年)的《四明续志》载:"浙江全省渔船合计 20017 艘。从这里可以看出,大黄鱼汛期间,上万艘渔船出海是可能的。"由此可见,当时的大黄鱼捕捞已发展到相当大的规模。直至 20 世纪 70 年代初之前,渔民普遍使用木帆船锚张网来捕捞产卵大黄鱼,主要渔场在岱衢洋、大目洋和猫头洋等。在小满至夏至期间,单船平均产 10 吨,渔获比较丰富,但至 1977 年已剧降至 0.6 吨。与此同时,吕四渔场也有类似的生产情况。在这些产卵鱼群中,有些渔获物已经产卵或正在产卵期,这对该鱼的繁殖保护起着很大作用。

大儒顾炎武(1613—1682 年)在《天下郡国利病书》中记载:"盖淡

水门者,产黄鱼之渊薮。每岁孟夏,潮大势急,则推鱼至涂,渔船于此时出洋捞取,计宁(波)、台(州)、温(州)大小渔船以万计,苏松沙船以数万计。……获利不知几万金。……羊山(大洋山、小洋山)在金山东南,大七小七(大戢小戢)之外,今渔船出海,皆在松江崇缺口,孟夏取鱼时,繁盛如巨镇。"康熙年间的《江南通志》记载,"松江府每夏初,贾人驾舟,群百呼噪网取石首鱼,……。"[9]可见,当时苏浙渔船捕捞大黄鱼的渔场是大戢洋海域,就是岱衢洋(渔场)北侧,并不涉及长江口渔场,更不涉及吕四渔场。

与此同时,我国的海洋渔业史也认为,"南黄海是不生产大黄鱼的,渔获大黄鱼局限于东海区及其以南海区"。

然而,"实践是检验真理的唯一标准"。如前所述,现已确认,吕四渔场在中华人民共和国成立前,就有大黄鱼捕捞。迟至1956年起,苏北沿海地区随着渔业捕捞能力的提高以及勤劳智慧的渔民们生产实践的积累,对重新发现的吕四渔场大黄鱼资源进行开发。"据记载:1958~1962年期间,仅有江苏省当地渔船在吕四洋黄鱼沙(漕)[概位:32°22′~24′N, 121°31′~34′E]外侧范围不大的渔场进行夏汛大黄鱼生产。年平均投产木帆船464艘(锚张网),机帆船118艘(锚张网/对网;当时捕捞效率约为木帆船的2倍),折算成木帆船总数为700艘,平均年产大黄鱼4508吨,则木帆船平均单产6.4吨。如与该省颇具代表性的启东县上述期间生产情况比较:年平均投产木帆船146艘,年平均总产量1154吨(1962年的最高产量为2443吨,1960年的最低产量为815吨),年平均单产为7.9吨较为接近。"

大黄鱼的各个产卵场、索饵场和越冬场长期遭受酷渔滥捕。

20世纪60年代至70年代初,大批机帆渔船大肆迎捕欲进入岱衢洋等产卵场而尚未产卵的大黄鱼,可谓杀鸡取卵。渔民们贪图眼前利益而不顾长远利益,导致这些大黄鱼大多数失去繁殖后代的机会,从而使其资源大减,最后造成上述各著名产卵场彻底荒废。20世纪50年代后期,随着生产实践经验的积累,我国重新发现了吕四渔场大黄鱼资源。开始几年,仅江苏省当地数量不多的渔船在黄鱼沙(漕)范围不大的渔场进行有序的生产,但好景不长。自1963年起,每年有大批浙江省机帆船在鱼汛时,赴吕四渔场大肆捕捞产卵群体。结果,大黄鱼的总产量从 1963 年的 9400 吨,快速上升至 1970 年的 52200 吨,此后呈明显下降趋势,至 1980 年已不成渔汛,1981 年起实行休渔。到此为止,我国最主要的吕四洋、岱衢洋、大目洋和猫头洋种群大黄鱼产卵场已全军覆没,补充机制丧失殆尽,可谓摧毁了"大黄鱼产院"。

与此同时,分布栖息在东黄海沿岸一带的大黄鱼稚幼鱼,长期受到沿岸各类张网的滥捕,稚幼鱼发生量逐年锐减。"20 世纪 80 年代,浙江省虽然由于大黄鱼资源衰退以后,幼鱼在定置张网中的出现率比 70 年代大为减少,但数量仍相当可观……。江苏吕四渔场……,每年 6—8 月为大黄鱼幼鱼密集出现的高峰期,据 1981 年统计,全省定置张网损害大、小黄鱼幼鱼 5.4 亿尾。"再以浅海(沿岸)张网中出现稚幼鱼的密度指数作为比较,1971 年仅为 1963 年的 16%,1977 年再下降至 1%,此后再大幅度下降,可谓摧毁了"大黄鱼幼稚园"。由此可见,大黄鱼资源处于极严重的补充型捕捞过度状态。

上述这些产卵鱼群的越冬场都在其相应的外海,其中以江外、舟外渔场为主,可认为是东黄海大黄鱼的主要"老窝"。20 世纪 70 年代初、中期,东海区渔船在国营渔轮的先导下,以浙江为主的大批民营(集体)机帆船(最高时近 2000 对)闻风跟上,紧追不舍,大肆捕捞,机帆船单位渔获量于 1974 年时高达 2.75(吨/对 * 日),并时时有高产好消息传来,曾出现机帆船对网网产 250 吨与机轮围网网产 1200 吨的历史最高记录。之后,产量逐年显著下降,至 1977 年已相应降至 0.44(吨/对 * 日)。最终,彻底摧毁了这个大黄鱼最主要的越冬场,为大黄鱼敲响了丧钟。

大黄鱼经受不了长期的酷渔滥捕,从而资源严重枯竭,我们要吸取这个惨痛教训。

上世纪 50—70 年代那种一年四季不断的大肆滥捕,先后摧毁了大黄鱼的各个产卵场、索饵场,最后还毁了它们的越冬场。近 70 年来,东黄海大黄鱼命运多舛,"产量出现过 1957、1967 和 1974 年三次高峰,第一次高峰中,敲古产量占 67%。第二次除敲古产量占 23%外,捕捞未产卵亲鱼产量占相当比重。第三次高峰中,外海越冬场产量占 54%。

伴随着三次高峰以后,就出现三次产量大幅度下降,尤其是第三次高峰以后,产量下降加剧,更无回升的迹象"。可见,东黄海大黄鱼资源已一落千丈、一蹶不振了。目前,东黄海大黄鱼的总产量从 1974 年最高的 19.6×10^5 吨开始,逐年迅速下降,至 2002 年已剧降至 0.55×10^4 吨。此后,产量仍在继续大幅下降,以致最近几年,不但没有了渔汛,而且市场上难见其踪影。渔业资源状况的判断是,"在相对稳定的捕捞强度和气候海况条件下,某种底鱼资源的总产量和平均单位产量的变化,是该种资源状况的基本反映"。由此可以认为,目前大黄鱼资源严重枯竭,属极为严重的补充型捕捞过度。除此之外,生物学(如历年年龄组成等)、生态学(历年渔汛长短等)和理论计算等指标,亦会有所反映。因篇幅有限,不再赘述。

大黄鱼这类长寿命鱼类的可捕率应控制在相当低的水平,如其资源一旦受到破坏,就很难恢复。近 60 年来,大黄鱼的资源及其捕捞强度变化状况已充分证明了这一点。

捕捞大黄鱼的传统作业方式有对网、围缯网、拖网、围网、锚张网、流刺网、钓钩和敲古等,这里仅述评敲古作业。"明代嘉靖(1522—1567年)间,广东省饶平县有签事周小史,适至该县大埕乡,遥闻海上大黄鱼叫声震耳,虽知为集群至近岸产卵,但当地渔民习用的地拉网却无法捕到。乃与渔民们共同商讨,创制敲古作业。……它们由 2 艘母船和 20—30 只小艇(古代的作战小艇称"古",故名)组成一个艚(作业单位)。在选定渔场之后,先由小艇分散于鱼群外围,作圆形状包围,各小艇上同时敲击特制木板,发出特定频率声响传到水中,以驱赶包围成约 20 平方千米范围内的听觉灵敏的石首科鱼类。这类特定频率形成的强烈噪声促使它们纷纷迅速逃避,并向一个特定方向集中,然后都被赶至由两艘大船所围成的圆形大网而捕捞。每次产量都在数吨至上百吨。捕捞对象以大黄鱼为主,兼捕小黄鱼、黄姑鱼、鮸鱼、梅童鱼等石首科鱼类。

据现场实地观察,"这些大大小小的石首科鱼类,只要它们是在上述包围圈之内,不但一个不漏、一网打尽,而且它们脑部都受到致命损伤,严重者则不断出血,甚至将其胃、鳔都吐出口外"。由此可见,一方面,敲古网捕捞作业对捕捞对象具有超强的杀伤力;另一方面,大黄鱼等石首科鱼类在被捕捞过程中,自始至终都忍受着非常巨大的痛苦。这是典型的酷渔滥捕,暴殄天物是违反大自然生存规律的。"自明代至清末民初潮汕地区的敲古作业,最旺盛时期共有 60 余艚。抗战期间遭受破坏,仅存 13 艚。中华人民共和国成立后,逐渐恢复,1955 年发展至 53 艚。并于 1954 年传入福建,1956 年传入浙江。至 1957 年,粤、闽、浙三省共发展至 285 艚。因该作业严重的酷渔滥捕,乃于 1959 年经国务院明令禁止。……。遂使历经 400 多年并盛极一时的敲古作业,终于成为历史的陈迹。"此后,上述三省沿岸的大黄鱼资源得以较快恢复。但是,历史上的敲古作业在破坏大黄鱼资源方面的严重性绝对不能低估。

进入本世纪以来,东黄海大黄鱼资源严重枯竭的态势越来越严重,这已是不争的事实。为此,有关职能部门开展了大规模的人工增殖放流工作,不失为较好的应对策略。据报道,1998—2006 年,大黄鱼幼鱼放流尾数总计达 5.343×10^7。此后,在无渔获量统计的情况下,从市场供应来看,海上捕捞的大黄鱼几乎不见踪影,到处充塞着养殖大黄鱼。与此同时,经常有捕获的个别大黄鱼被炒出天价的新闻。由此可见,大黄鱼的增殖放流措施,效果不够显著。衷心企盼国家有关职能部门及早总结经验教训,及早采取更有效的措施,务必使东黄海大黄鱼资源及早恢复并发扬光大,再次为中国人民营造宏伟福祉。

第三章　中国远洋渔业

远洋渔业，简而言之，即在公海或他国专属经济区从事的渔业生产活动。按定义区分，远洋渔业可分为大洋性渔业和过洋性渔业两种。大洋性渔业是指在公海区域内从事的渔业活动，过洋性渔业则是指在他国 12—200 海里专属经济区内的渔业活动。其中，过洋性远洋渔业和大洋性远洋渔业在诸多方面存在差异。按渔业生产作业方式划分，主要可归纳为底拖网、鱿鱼钓、延绳钓及大型围网等类型的远洋渔业。其中，拖网、围网为大洋性渔业的主要作业方式，主要捕捞的经济种类为金枪鱼类、头足类、鲣鱼等。

第一节　中国远洋渔业的发展历程

1983 年，国务院批转农牧渔业部《关于发展海洋渔业若干问题的报告》，提出海洋渔业要突破外海，发展远洋渔业。此后，我国派出 15 个团组对有关国家进行渔业考察，先后与几内亚比绍签订捕鱼协议，与意大利实达高公司在拉斯帕尔马斯合资成立中达渔业有限公司，与塞内加尔成立中塞渔业有限公司，着手筹划并组建了第一支远洋渔业船队。1985 年 3 月 10 日，中国水产总公司派出由 13 艘渔船、223 名船员组成的我国历史上第一支远洋渔业船队，共 13 艘 600 马力拖网渔船和一艘冷藏运输船，迎着八级风浪驶出闽江口。船队沿台湾海峡驶向南中国海,穿越红海、苏伊士运河、地中海,经直布罗陀海峡进入大西洋。223 名勇士远征大洋,劈波斩浪,历时 50 天,航行 1 万多海里,于 1985 年 4 月 29 日到达西班牙加那利群岛的拉斯帕尔马斯港,开始在西部非洲协议合作国家的海域作业,揭开中国远洋渔业发展的光辉历史。三十余年来,我国远洋渔业走过了一条不寻常的发展道路,经历了空白期(1949—1971 年)、积极筹备期(1972—1984 年)、起步期(1985—1990 年)、快速发展期(1991—1997 年)、调整期(1998—2006 年)和优化期(2007 年至今)共六个阶段。

一、空白期(1949—1971 年)

中华人民共和国成立后,百废待兴。1950 年 2 月,第一届全国渔业会议在北京召开。会议确定了渔业生产"先恢复,后发展"和"集中领导,分散经营"的方针,要求依据"公私兼顾、劳资两利、发展生产、繁荣经济"的原则,对恢复渔业生产作出部署。1958 年,毛泽东主席批示"三山六水一分田,渔业大有可为"。当时,我国近海渔业资源较为丰富,开发利用沿岸及近海渔业资源对资金、设备、技术及人员要求都较低,因此我国该时期的海洋渔业生产集中在沿岸以及近海,基本未涉及远洋渔业。

二、积极筹备期(1972—1984 年)

中华人民共和国成立后的二十余年,我国的水产事业迎来新一轮发展。1972 年,我国的海产品产量达 291.4 万吨,捕捞养殖比为 18.4∶1,近海占比 90%以上,形成近海渔业过度开发而海外却开发严重不足之局面。与此同时,世界远洋渔业的发展突飞猛进,世界远洋渔业产量占世界渔业总产量的 1/4。在此背景下,相关部门开始思考远洋渔业的发展。1972 年,农业部递至国务院的报告指出,为保护以及合理利用我国近海渔业资源,提升水产品质量,海洋渔业必须尽快向外海谋求发展。自此,我国的远洋渔业发展问题进入国家政策层面。1973

年,我国恢复在联合国粮农组织(Food and Agriculture Organization of the United Nations)的合法地位,为我国发展远洋渔业事业,参与国际交流与合作,奠定了基础。1983 年,我国提出"远洋渔业在近期要有所突破,国家要给予支持"和"开辟外海渔场,开发远洋渔业"。1983 年,国务院批转农牧渔业部《关于发展海洋渔业若干问题的报告》,提出海洋渔业要突破外海,发展远洋渔业。此后,我国派出 15 个团组对有关国家进行渔业考察,先后与几内亚比绍签订捕鱼协议,与意大利实达高公司在拉斯帕尔马斯合资成立中达渔业有限公司,与塞内加尔成立中塞渔业有限公司,着手筹划并组建了第一支远洋渔业船队。

三、起步期(1985—1990 年)

1985 年 3 月 10 日,中国水产总公司派出由 13 艘渔船、223 名船员组成的我国历史上第一支远洋渔业船队,共 13 艘 600 马力拖网渔船和一艘冷藏运输船,迎着八级风浪驶出闽江口。船队沿台湾海峡驶向南中国海,穿越红海、苏伊士运河、地中海,经直布罗陀海峡进入大西洋。同年,上海、大连、烟台的渔业企业先后派出船只赴白令海峡公海水域进行捕捞作业,成为我国远洋渔业开始公海捕捞的标志,我国的远洋渔业事业自此全面开启。

1989 年,我国的远洋渔业企业和科技工作者通过产学研相结合,成功开发了日本海渔场,又实现了远洋鱿钓业"零的突破"。此后,我国的远洋渔业从日本海单一渔场,陆续扩展到西北太平洋、东南太平洋、西南大西洋和印度洋四大公海,走过了光辉历程。截至 2018 年底,全国已有 600 余艘远洋鱿钓渔船,产量达 52 万多吨,约占世界鱿鱼产量的 20%,产值约 70 亿元,鱿鱼年产量连续 9 年居世界第一。

该时期,我国的远洋渔业以过洋性渔业为主,捕捞方式以拖网作业为主,主要作业海域为北太平洋、西非、西南大西洋及南太平洋等。此外,我国在渔业交流合作领域取得较大发展,与 21 个国家(或地区)建立了合作关系。

四、快速发展期(1991—1997年)

1995年3月8日,江泽民、李鹏等中央领导同志题词祝贺中国远洋渔业创业和中国水产总公司成立十周年。毛里塔尼亚、塞内加尔、塞拉利昂、也门、阿曼、几内亚比绍等国家的渔业部长访华,参加了庆典活动,并分别进行了双边渔业会谈,进一步推动了我国的对外经济合作和远洋渔业的发展。其间,江泽民同志题词"扩大国际经济往来,发展我国远洋渔业"。

在快速发展时期,我国的远洋渔业产量从1991年的32.35万吨,增长至1997年的103.7万吨,增长了3.2倍。在产业结构方面,我国的远洋渔业依旧以过洋性渔业为主,大洋性渔业亦取得一定发展。作业方式还是以拖网作业为主,金枪鱼钓、鱿鱼钓等项目得到长足发展,作业海域延展至日本海、中西部太平洋、印度洋及南太平洋等。同时,我国加入了养护大西洋金枪鱼国际委员会(International Commission for the Conservation of Atlantic Tunas,ICCAT)、印度洋金枪鱼委员会(Indian Ocean Tuna Commission,IOTC)等国际渔业组织,与美国、俄罗斯、日本、韩国等国家积极磋商相关捕捞项目,进一步加深了与毛里塔尼亚、摩洛哥等国家的渔业合作。

五、调整期(1998—2006年)

2001年,国务院批准原农业部编制的《我国远洋渔业发展总体规划》,提出在稳定过洋性渔业的同时,加快开发金枪鱼、鱿鱼等大洋性渔业资源;加强公海渔业资源调查和探捕,将单一拖网捕捞改为钓、围为主;着力推广精深加工、超低温冷冻技术,延伸产业链条。同时,我国制定了南沙渔业开发优惠政策,加快了南沙渔业的发展。1998年,农业部决定1999年的海洋捕捞计划产量实行"零增长",我国的远洋渔业开始由粗放型增长向集约型增长转型。此后,我国远洋渔业的产业结构发生重大调整,大洋性渔业的比重不断增加。至2006年,大洋性渔业与过洋性渔业的产量大致相当,一改之前过于依赖过洋性渔业的局面。此时,我国远洋渔业的作业海域已涵盖大西洋、太平洋、印度洋公海及33个国家(或地区)的专属经济区。该时期,各级政府以及相关部门高度重视远洋渔业,将发展远洋渔业作为贯彻实施"走出去"战略、产业结构调整以及渔民"转产转业"的重要措施。

六、优化期(2007年至今)

该时期,我国的大洋性渔业与过洋性渔业得到均衡发展。国家政策的扶持力度进一步加大,远洋渔业的装备水平显著提升。同时,远洋渔业的管理制度逐步完善,我国开始从远洋渔业大国逐步向远洋渔业强国挺进。

党的十七届三中全会和五中全会提出,要"扶持和壮大远洋渔业""发展远洋捕捞"。2012年,中国远洋渔业协会经国家批准正式成立。党的十八大以后,远洋渔业迎来新的战略机遇。十八大报告明确提出,"建设海洋强国"。2013年2月6日,国务院常务会议研究海洋渔业发展问题,将海洋渔业提升为战略产业,并随后出台了《国务院关于促进海洋渔业持续健康发展的若干意见》。同年10月,习近平总书记访问东盟国家时提出了"建设21世纪海上丝绸之路"宏大构想,为远洋渔业顺势而为提供了新的机遇和动力。

2018年,我国远洋渔船达到2600多艘,远洋渔业企业超过160家,建设了30多个远洋渔业海外基地,在海外建立了100多个代表处、合资企业和后勤补给基地。目前,我国远洋渔业的作业海域已涉及42个国家(地区)的管辖海域和太平洋、印度洋、大西洋公海以及南极海域,大洋性渔业投产船数和产值分别占远洋渔业总船数和总产值的57%与71%,公海鱿鱼钓船队规模和产量居世界第一,南极磷虾资源开发取得重要进展。

第二节　金枪鱼渔业

金枪鱼又叫鲔鱼,中国香港称吞拿鱼,中国澳门以葡萄牙语旧译为亚冬鱼,大部分皆属于金枪鱼属。金枪鱼的肉色为红色,这是因为金枪鱼的肌肉中含有大量的肌红蛋白。有些金枪鱼(如蓝鳍金枪鱼)可以利用泳肌的代谢,使体内血液的温度高于外界的水温。这项生理功能使金枪鱼能够适应较大的水温范围,从而生存在温度较低的水域。

金枪鱼的游泳速度很快,瞬时时速可达 160 千米,平均时速约 60—80 千米。金枪鱼分布在印度洋、太平洋中部与大西洋中部,属于热带—亚热带大洋性鱼。金枪鱼的游程很远,过去曾经在日本近海发现过从美国加州游过去的金枪鱼。

金枪鱼有 8 个品种,多数品种体积巨大,最大的体长达 3.5 米,重达 600 至 700 千克,而最小的品种只有 3 千克重。金枪鱼的繁殖能力很强,一条 50 千克重的雌鱼,每年可产卵 500 万粒之多。

一、形态及分布

金枪鱼体形较长,粗壮而圆,呈流线形,向后渐细尖而尾基细长,尾鳍为叉状或新月形;尾柄两侧有明显的棱脊,背鳍、臀鳍后方各有一行小鳍;具有鱼雷体形,其横断面略呈圆形。金枪鱼的形状也很奇特,整个呈流线型,顺着头部延伸的胸甲,仿佛是一块独特的能够调整水流的平衡板。另外,金枪鱼的尾部呈半月形,使它在大海里能够很快地向前冲刺。金枪鱼有强劲的肌肉及新月形尾鳍,肩部有由渐渐扩大的鳞片组成的胸甲,背侧较暗,腹侧银白,通常有彩虹色的光芒和条纹。金枪鱼的另一特征是肚皮下有发达的血管网,可以作为一种长途慢速游泳的体温调节装置。

最巨大而稀少的金枪鱼是蓝鳍金枪鱼,又称黑金枪鱼,最大可长到约 4.3 米,达 800 千克重。从商业角度看,最重要的金枪鱼种类有:鲣(Katsuwonus pelamis 或 Euthynnus pelamis),世界性分布鱼类,腹部具纵条纹,体长约 90 厘米,重约 23 千克;蓝鳍金枪鱼(T. thynnus),具黄色小鳍及银白色斑或带,是珍贵的游钓种类;马苏金枪鱼(T. maccoyii),下侧与腹面银白色,上面有无色点排列的无色横切线,第一背鳍是黄色或蓝色的,臀鳍与离鳍是暗黄色,边缘黑色;长鳍金枪鱼(T. alalunga),世界性鱼类,体重约达 36 千克,体侧具蓝色闪光条纹;黄鳍金枪鱼(T. albacares),珍贵的食用鱼和游钓鱼,世界性分布,重约达 182 千克,特别是鳍呈黄色,体侧具金黄色长条纹;大眼金枪鱼(T. obesus),体粗壮,眼大,世界性分布,长约 2 米,重约 136 千克。

金枪鱼类属鲈形目鲭科,又叫鲔鱼,华人世界又称为"吞拿(鱼)"。金枪鱼是大洋暖水性洄游鱼类,主要分布于低中纬度海区,在太平洋、大西洋、印度洋都有广泛的分布,我国的东海、南海也有分布。同金枪鱼最相似的是鲣属鱼类,最简单的区分方法是鲣属鱼类腹部有 4—6 条黑色纵带,其他相近鱼种(如舵鲣、狐鲣等)有暗色纵带,而金枪鱼类的鱼体无任何黑斑或深色纵纹。金枪鱼腹鳍的明显比舵鲣、狐鲣的长。大多数金枪鱼栖息在 100—400 米水深的海域,幼体的大眼金枪鱼和黄鳍金枪鱼以及鲣鱼都栖息在海洋的表层水域,一般不超过 50 米水深,而成体的大眼金枪鱼和黄鳍金枪鱼的栖息水层比较深,大眼金枪鱼的栖息水层深于黄鳍金枪鱼。

二、捕捞方式

我国的金枪鱼延绳钓船起于 20 世纪 90 年代初。按照捕捞对象不同,金枪鱼延绳钓渔业可分为超低温型、常温型和冰鲜型。超低温金枪鱼延绳钓船为大洋性渔船,主要用于捕捞大眼金枪鱼,通常一年进港一次,自持力较大,冷冻渔获能力强,鱼舱温度可低至 -55℃,冻结室温度更能达 -60℃。渔获从捕获至流入市场,间隔时间较长,往往要半年以上。常温延绳钓船与超低温延绳钓船类似,主要用于捕捞长鳍金枪鱼。冰鲜型金枪鱼延绳钓船属过洋性渔船,以小型船只为主,船长通常小于 30 米,以作业水域所属沿海国为据点,经过加冰保鲜,通常 3 周左右即进港经空运流入市场,渔获鲜度较高,售价也较高。至 2015 年,我国的金枪鱼延绳钓船已达近 500 艘。其中,超低温金枪鱼延绳钓船 130 余艘,低温金枪鱼延绳钓船达 300 余艘,冰鲜金枪鱼延绳钓船近 30 艘,年产量 10 万多吨,船队规模和产量均居世界前列。

金枪鱼延绳钓是悬浮于大洋表层,随风漂移,钓捕个体较大的金枪鱼的一种有效渔具。金枪鱼延绳钓的捕鱼原理是,从船上放出一根干线(120—150千米)于海中,有一定数量的支线和浮子以一定间距系在干线上,借助浮子的浮力,使支线(一端带有鱼饵)悬浮在一定深度的水中,用鱼饵(或拟饵)诱引金枪鱼上钩,从而达到捕捞的目的,其主要由干线、支线、浮子绳、浮子、钓钩、无线电浮标等组成。

金枪鱼沿绳钓作业现场

金枪鱼延绳钓作业可分为两大类:一类是大洋性超低温金枪鱼延绳钓,该作业渔船较大,一般船长大于50米,注册总吨位在350吨以上,主机功率为735千瓦以上,船上速冻设备的制冷能力可达 - 55℃以下;另一类是小型金枪鱼延绳钓作业,该作业渔船较小,一般船长在30米以下,注册总吨位在50—120吨之间,有的船体采用玻璃钢材料,船上有冷藏保温设备,无超低温速冻机。小型金枪鱼延绳钓作业一般都在近海或沿岸海域。大洋性超低温金枪鱼延绳钓渔船的钓机设备主要包括投绳机、投绳指示仪、起绳机、传送带、盘绳机、支线机等,而大多数小型延绳钓渔船仅装备有一台单丝投绳机、一部投绳指示仪和一个干线滚筒。

三、主要种类

蓝鳍金枪鱼(学名：Thunnus thynnus)是鲭科、金枪鱼属鱼类,最大体长430厘米,重达800多千克,一般常见体长为100—300厘米。体纺锤形,粗壮,横切面近于椭圆形。吻部圆锥形,口大,上颌骨向后伸达眼睛下缘中下部。尾柄细,两侧各有1大2小隆起脊。体被细小圆鳞,胸部鳞片特大,形成胸甲。背鳍 2 个,相距很近。胸鳍短,末端到第一背鳍中部。腹鳍尖突分离,第二背鳍和臀鳍后方各有 8—10 个小离鳍。尾鳍呈新月形。背部青黑色,腹部银白色,尾柄隆起嵴呈黑色。第一背鳍为黄色或蓝色,第二背鳍为红褐色,臀鳍和离鳍为暗黄色并带有黑色边缘。

蓝鳍金枪鱼为大洋性中上层洄游鱼类,它能承受相当大的温度范围,生活在温跃层的上方和下方,深度超过 9850 米,喜结群,游速快。蓝鳍金枪鱼在幼年时表现出强烈的群游习性,群游主要以视力为导向的,且多在晚上游动。蓝鳍金枪鱼主要以鱼类、头足类和甲壳类动物为食,分布于大西洋、太平洋、印度洋的温带及热带海域,包括中国东海。

蓝鳍金枪鱼

蓝鳍金枪鱼为远洋性鱼类,季节性靠近海岸。它能承受相当大的温度范围,生活在温跃层的上方和下方,深度超过 9850 米。蓝鳍金枪鱼在幼年时表现出强烈的群游习性,群游主要以视力为导向的,且多在晚上游动。因此,蓝鳍金枪鱼的其他感官(特别是侧线)似乎与这种行为有关。在夏季,蓝鳍金枪鱼季节性地迁往日本沿海和北美太平洋沿海的北方地区,成鱼可以跨太平洋迁移,有些向东迁移,有些向西迁移。蓝鳍金枪鱼可以在不到 60 天的时间内穿越大西洋,它们可以用每小时 72.5 千米的速度游泳。

蓝鳍金枪鱼表现出不同的捕食策略,这取决于它们的目标猎物。蓝鳍金枪鱼主要采用追捕的方式捕获较小的鱼类,特别是凤尾鱼,而"改良滤食性"则被用于捕捉小型、缓慢移动的生物体。蓝鳍金枪鱼在近岸捕食海星、海带和较小的浅水鱼类。蓝鳍金枪鱼在产卵季节不太可能觅食，因为它们的大部分活动必须专门用于产卵活动。蓝鳍金枪鱼在食物上的主要竞争对手是海洋哺乳动物和其他大型鱼类，特别是其他脊椎动物和比目鱼。

蓝鳍金枪鱼分布于大西洋、太平洋、印度洋的温带及热带海域，包括中国东海。在西大西洋，从加拿大的拉布拉多到巴西北部，包括墨西哥湾都有发现。在东大西洋，从挪威到加那利群岛都有。在西太平洋，从日本分布到菲律宾。在东太平洋，分布于美国阿拉斯加南部海岸至墨西哥下加利福尼亚州。日本、墨西哥及地中海已有养殖。

黄鳍金枪鱼（学名：Thunnus albacores）是鲭科、金枪鱼属下的一种鱼类，该鱼的最大体长可达 3 米，体重可达 225 千克。体纺锤形，粗壮，稍侧扁。尾柄细，两侧各有 1 个发达的隆起嵴。背鳍 2 个，稍分离，第二背鳍长，于臀鳍处有 8—9 个分离小鳍。胸鳍长，伸达第二背鳍中部。尾鳍新月形。体背侧蓝黑色，体侧及腹部灰白色，尾鳍为黑褐色，其他各鳍与小离鳍为黄色。

黄鳍金枪鱼分布于太平洋、印度洋、大西洋的热带和亚热海域，以赤道附近最多，常年都有分布，中国的南海和台湾附近海域也有分布。黄鳍金枪鱼属大洋性上层洄游鱼类，喜结群活动于外海上层，以头足类、鱼类和其他无脊椎动物为食。

黄鳍金枪鱼系大洋性洄游鱼类，有明显的南北向季节洄游，其洄游路线与海流移动有关，与温度、盐度和溶解氧也密切相关，饵料因素对其影响较大。黄鳍金枪鱼是食物选择性不高的肉食性远洋鱼类，分布区内的大部分小型鱼类、头足类及甲壳类动物都可作为它的饵料。黄鳍金枪鱼在傍晚和凌晨摄食活跃，为其摄食高峰。黄鳍金枪鱼的幼鱼生长迅速，成鱼则显著减慢。

由于在海洋里寻找食物并非易事，因此黄鳍金枪鱼必须游很远距离才能找到吃的，以保证生存下来。黄鳍金枪鱼像鱼雷一样的体形使它可以迅速前进，追赶游速很快的猎物。除了人类以外，成年黄鳍金枪鱼几乎没有天敌。

黄鳍金枪鱼广泛分布于各大洋热带、亚热带海域中，唯地中海未见

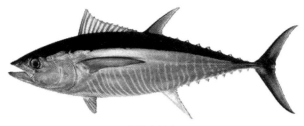

黄鳍金枪鱼

分布，在中国的南海和东海以及台湾沿海也有产。

　　黄鳍金枪鱼具体分布于美属萨摩亚、安哥拉、安圭拉、安提瓜和巴布达、阿鲁巴、澳大利亚、巴哈马、孟加拉国、巴巴多斯、伯利兹、贝宁、百慕大、博内尔、圣尤斯特歇斯和萨巴、巴西、文莱达鲁萨兰国、佛得角、喀麦隆、开曼群岛、智利、科科斯群岛、哥伦比亚、科摩罗、刚果、库克群岛、哥斯达黎加、古巴、库拉索、象牙海岸、吉布提、多米尼加共和国、厄瓜多尔、萨尔瓦多、赤道几内亚、斐济、法属圭亚那、法属波利尼西亚、加蓬、冈比亚、加纳、格林纳达、瓜德罗普、关岛、危地马拉、几内亚、几内亚比绍、圭亚那、海地、洪都拉斯、中国、印度、印度尼西亚、伊朗、牙买加、日本、肯尼亚、基里巴斯、利比里亚、马达加斯加、马来西亚、马尔代夫、马绍尔群岛、马提尼克、毛里塔尼亚、毛里求斯、墨西哥、密克罗尼西亚联邦、蒙特塞拉特、摩洛哥、莫桑比克、缅甸、纳米比亚、瑙鲁、新喀里多尼亚、新西兰、尼加拉瓜、尼日利亚、纽埃、诺福克岛、北马里亚纳群岛、阿曼、巴基斯坦、帕劳、巴拿马、巴布亚新几内亚、秘鲁、菲律宾、皮特凯恩、葡萄牙、波多黎各、留尼汪、圣赫勒拿、阿森松岛和特里斯坦达库尼亚、圣基茨和尼维斯、圣卢西亚、圣马丁（法国部分）、圣文森特和格林纳丁斯、萨摩亚、圣多美和普林西比、塞内加尔、塞舌尔、塞拉利昂、新加坡、圣马丁岛（荷兰部分）、所罗门群岛、索马里、南非、西班牙、斯里兰卡、苏里南、坦桑尼亚、多哥、托克劳、汤加、特克斯和凯科斯群岛、图瓦卢、阿拉伯联合酋长国、美国、瓦努阿图、委内瑞拉、玻利瓦尔、越南、英属维尔京群岛、美属维尔京群岛、瓦利斯和富图纳、西撒哈拉、也门。

　　大眼金枪鱼（学名：Thunnus obesus）是鲭科、金枪鱼属下的一种鱼类,体长可达 2 米,体重 150 千克以上,体形与蓝鳍金枪鱼相似,胸鳍较大,眼较大。体为粗纺锤形,体前中部为亚圆筒状,横切面近圆形,尾部很短。胸鳍长而尖,体长 100 厘米以下的小鱼,其胸鳍可达背鳍第 1 至第 2 小鳍之间下方,仅次于长鳍金枪鱼,但老龄鱼仅达第二背鳍前端下方,随着年龄增大而变异。体背蓝青色,腹部灰白色,胸鳍上方为蓝黑色而下方为褐色,小鳍为黄色,具黑色边缘,但个体小者或为全黑,或为黄色蓝边。

大眼金枪鱼全世界热带和温带海区(南北纬度在 40°之间)均有分布,中心密集区在赤道附近海域。大眼金枪鱼是大洋性洄游鱼类,喜群游,季节洄游明显,春夏北上,冬季南下。大眼金枪鱼主要以头足类、虾类及飞鱼等小型鱼类为食。

大眼金枪鱼

大眼金枪鱼是大洋性洄游鱼类,喜群游,季节洄游明显,春夏北上,冬季南下。大眼金枪鱼的适温范围甚广,自表层水温 12—30℃都有捕获,最适温带区为 20—23℃,热带区为 26—29℃。其垂直分布,自表层至 250 米水层都有渔获,为金枪鱼类中的分布水层最深者。大眼金枪鱼主要以头足类、虾类及飞鱼等小型鱼类为食,白天在较深水层,夜晚则上移到近水面表层摄食,以 130 米以上的浅水深范围活动频率较高,但通常栖息水深为 20—120 米,其生活圈在温跃层中或温跃层下。从上钓时间来进行初步观察,大眼金枪鱼在每天傍晚和翌日凌晨的摄食较为活跃,在水温 21—22℃时集成大群。

大眼金枪鱼在全世界热带和温带海区(南北纬度在 40°之间)均有分布,中心密集区在赤道附近海域,中国主要分布在南海、西沙群岛、中沙群岛、南沙群岛海域，东海也有分布。大眼金枪鱼具体分布于美属萨摩亚、安哥拉、安圭拉、安提瓜和巴布达、阿根廷、阿鲁巴、澳大利亚、巴哈马、巴巴多斯、伯利兹、百慕大、博内尔、圣尤斯特歇斯、萨巴(圣尤斯特歇斯、博内尔)、巴西、文莱达鲁萨兰国、佛得角、柬埔寨、加拿大、开曼群岛、智利、中国、圣诞岛、科科斯群岛、哥伦比亚、刚果、库克群岛、哥斯达黎加、古巴、库拉索、科特迪瓦、多米尼加、厄瓜多尔、萨尔瓦多、赤道几内亚、福克兰群岛、斐济、法属圭亚那、法属玻利尼西亚、冈比亚、加纳、格林纳达、瓜德罗普、印度、印度尼西亚、爱尔兰、牙买加、日本、肯尼亚、基里巴斯、韩国、利比里亚、马达加斯加、马来西亚、马尔代夫、马绍尔群岛、马提尼克、毛里塔尼亚、尼日利亚、纽埃、诺福克岛、北马里亚纳群岛、阿曼、巴基斯坦、帕劳、巴拿马、巴布亚新几内亚、秘鲁、菲律宾、皮特凯恩、葡萄牙、波多黎各、俄罗斯、圣卢西亚、圣马丁(法国部分)、圣文森特和格林纳丁斯、萨摩亚、塞内加尔、塞舌尔、塞拉利昂、圣马丁岛(荷兰部分)、所罗门群岛、索马里、南非、西班牙、斯里兰卡、苏里南、坦桑尼亚、泰国、东帝汶、托克劳、汤加、特立尼达和多巴哥、特克斯和凯科斯群岛、图瓦卢、美国、乌拉圭、瓦努阿图、委内瑞拉、玻利瓦尔、越南、英属维尔京群岛、美属维尔京群岛、瓦利斯和富图纳、也门。

四、我国的金枪鱼渔业

中国大陆自 20 世纪 80 年代中期开始开发远洋金枪鱼渔业以来，捕捞渔船数量、捕捞技术设备和船队管理水平等方面均有了长足的进步，作业方式从延绳钓发展到大型围网，作业海域从太平洋岛国的专属经济区发展到大西洋、印度洋和太平洋公海海域。2005 年，中国各类金枪鱼生产渔船数量达 358 艘，金枪鱼类的总渔获量超过 8.7 万吨，产值达 16 亿元。金枪鱼渔业的发展，极大地提高了中国参与分享公海大洋性渔业资源的能力，提升了中国在国际渔业界的地位，也为中国远洋渔业的可持续发展指引了方向。

第三节　头足类渔业

我国的远洋头足类渔业主要以鱿鱼为主,鱿鱼也称柔鱼、枪乌贼,是软体动物门头足纲鞘亚纲十腕总目管鱿目开眼亚目的动物。鱿鱼体圆锥形,体色苍白,有淡褐色斑,头大,前方生有触足 10 条,尾端的肉鳍呈三角形,常成群游弋于深约 20 米的海洋中。

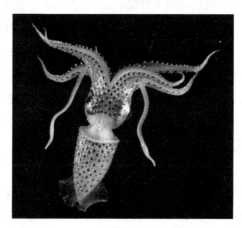

鱿鱼

一、形态及分布

鱿鱼头部两侧有一对发达的鳃围绕口周围,常活动于浅海中上层,垂直移动范围达百余米。鱿鱼身体细长,呈长锥形,以磷虾、沙丁鱼、银汉鱼、小公鱼等为食,本身又为凶猛鱼类的猎食对象。鱿鱼的卵子分批成熟,分批产出,卵包于胶质卵鞘中,每个卵鞘因种类不同而包卵几个至几百个不等,不同种类的产卵量差别也很大,从几百个至几万个不等。鱿鱼体内具有二片鳃作为呼吸器官,身体分为头部与很短的颈部。中国枪乌贼(俗称鱿鱼)肉质细嫩,干制品称鱿鱼干,肉质特佳,在国内外海味市场负有盛名,年产 4—5 万吨。鱿鱼的主要渔场在中国海南北部湾、福建南部、台湾地区、广东、河北渤海湾和广西近海,以及菲律宾、越南和泰国近海。其中,以南海北部湾与渤海湾出产的鱿鱼为最佳。

虽然习惯上称鱿鱼为鱼,但是其实它并不是鱼,而是生活在海洋中的软体动物。鱿鱼身体细长,呈长锥形,前端有吸盘,体内具有二片鳃作为呼吸器官,身体分为头部、很短的颈部和躯干部。在分类学上,鱿鱼属于软体动物门头足纲二鳃亚纲十腕目的动物,头部两侧具有一对发达的眼和围绕口周围的腕足,常活动于浅海中上层,垂直移动范围可达百余米。鱿鱼以磷虾、沙丁鱼、银汉鱼、小公鱼等为食,本身又为凶猛鱼类的猎食对象。鱿鱼的卵子分批成熟,分批产出,卵包于胶质卵鞘中,每个卵鞘因种类不同而包卵几个至几百个不等,不同种类的产卵量差别也很大,从几百个至几万个不等。中国枪乌贼(俗称鱿鱼)年产 4—5 万吨。鱿鱼的主要渔场在中国渤海、福建南部、台湾地区、广东和广西近海,以及菲律宾、越南和泰国近海。鱿鱼主要分布于热带和温带浅海。

二、捕捞方式

从 1993 年开始,我国对北太平洋的公海鱿鱼资源进行探捕,之后逐步开发至东南太平洋和西南大西洋的公海渔场,取得明显的经济和社会效益。至 2015 年,我国的鱿鱼钓渔船数量达到近 600 艘,年产量超过 70 万吨,船队规模和产量均居世界第一。据世界权威渔业专家分析,在全球海洋中,头足类资源的总储量为 5000 万吨至 1 亿吨,而目前全球每年的捕捞量约为 360 万吨,其中 70% 左右是鱿鱼。鱿鱼为一年生鱼类,捕捞量过低是一种浪费,而捕捞量过大可能导致海洋生物食物链的断裂,因此需要适度适量。鱿鱼为海洋中上层鱼类,在海平面下 100 米左右范围游动,适宜生产温度为 14℃ 左右。所谓"鱿鱼钓",就是利用鱿鱼的趋光性,将附有塑料发光体的鱼钩放进海里,鱿鱼将因缠住鱼钩而无法脱身。深海钓鱿鱼用灯光而不用鱼饵,颇有"姜太公钓鱼"的意味。从围网捕捞到灯光诱捕,这是一场不小的革命,其最早由日本人搞起来,但是将这项技术发展完善并成熟应用于鱿鱼钓的,是我国的渔业科技工作者。

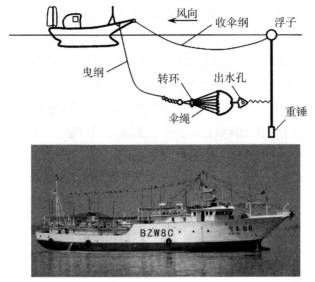

鱿鱼钓

三、我国的鱿鱼渔业

我国是头足类的主要生产国,头足类渔业的发展可以分为三个阶段:1985 年之前,我国主要以近海头足类生产为主,主要种类为乌贼类;1985 年至 1989 年为第二阶段,此时除了近海头足类之外,西非头足类随着我国远洋渔业的发展而成为主要的捕捞种类,主要包括章鱼类和乌贼类;1989 年以后为第三阶段,由于远洋鱿钓渔业的发展,我国的头足类捕捞产量得到快速增长,主要捕捞种类为柔鱼类。我国头足类渔业发展第一阶段的总产量为 238 万吨,平均年产量不到 7 万吨,主要渔获物是乌贼科、近海枪乌贼科以及部分蛸科;第二阶段的总产量为 104 万吨,平均年产量达 26 万吨,渔获物没有太多变化;第三阶段的总产量为 1633 多万吨,平均年产量高达 71 万吨,主要渔获物是柔鱼科、乌贼科、枪乌贼科以及蛸科,柔鱼科的阿根廷滑柔鱼、柔鱼和茎柔鱼占了很大比重,太平洋褶柔鱼的产量较少。据统计,1950 年至 2011 年,我国在世界各大洋总共捕获头足类 1976 万吨,占世界总产量的 16.4%。其中,柔鱼类等种类的总产量为 663 万吨,占世界同类总产量的

10.6％。目前,我国捕获的主要头足类包括阿根廷滑柔鱼、茎柔鱼、柔鱼和太平洋褶柔鱼等,以阿根廷滑柔鱼的产量最高,累计捕捞产量达到454万吨,茎柔鱼次之为132万吨,柔鱼和太平洋褶柔鱼的累计捕捞产量为76万吨,分别占世界总产量的28.7％、14.9％和2.9％。FAO的数据显示,我国从1950年起,平均年产量逐年升高,平均年增长率达74.5％。随着我国远洋鱿钓渔业的发展,头足类的总产量明显上升。20世纪80年代末,产量突破30万吨,之后连续两个年代均实现了每10年平均产量翻一番的目标,2010年和2011年的年平均产量已达100多万吨。

第四节　秋刀鱼渔业

秋刀鱼(Cololabis saira)又称竹刀鱼,由于其体形修长如刀,生产季节在秋天,故名秋刀鱼,英文名为Pacific Saury。秋刀鱼隶属颌针鱼亚目竹刀鱼科秋刀鱼属,是飞鱼(Exocetid)与鹤鱵科(Belonid)的近亲。秋刀鱼为表层洄游性鱼类,以动物性浮游生物为食,如虾类、卜足类、鱼卵、桡足类等,尤喜虾类。

秋刀鱼

一、形态及分布

秋刀鱼体延长而纤细,棒状,侧扁,吻端略突出,呈镰状。头顶部至吻端平坦,中央有一微弱的棱线。眼较大,口前位,下颌稍长于上颌,上颌呈三角形,下角延长呈裂缝状。两颌齿小,排列成一行。两颚向前延伸短喙状,下颚较上颚突出,齿细弱。犁骨、腭骨、舌上无齿,舌端游离。鳃盖膜分离,不与峡部相连,鳃耙多而细长。背鳍与臀鳍位于身体后方,无硬棘,其后方均具有小离鳍,背鳍具10—12个软条及5—6个小离鳍,臀鳍具 12—14 个软条及 6—7 个小离鳍。腹鳍位于体中央之略后方,尾鳍深开叉,脊椎骨约 63 个。体被细圆鳞,侧线下位,近腹缘。体背部深蓝色,腹部银灰色,吻端与尾柄后部略带黄色,体侧中央有一银蓝色纵带。背鳍及小鳍、尾鳍为灰褐色,胸鳍为浅灰色,臀鳍和腹鳍为白色。体长可达 35 厘米。胸鳍小,截形,体侧胸鳍上方具 2—3 行鳞片宽的橄榄色纵带,体后部至尾鳍基带渐窄。

秋刀鱼为表层洄游性鱼类,无胃,肠短。秋刀鱼有几类天敌,如海洋哺乳类、乌贼和鲔鱼、板鳃亚纲鱼类等。在逃离掠食者的时候,秋刀鱼可以在水的表面上滑行。秋刀鱼在 5—7 月份从亚热带地区向北迁移,到达亲潮海域(Oyashio waters)进行索饵,然后在 7—8 月份向南沿着日本海岸泅游,到达黑潮海域(Kuroshio waters)进行产卵,黑潮海域是其主要的产卵场。秋刀鱼以动物性浮游生物为食,如虾类、卜足类、鱼卵、桡足类等,尤喜虾类。秋刀鱼的摄饵活动主要在白天,夜里基本不摄食,摄饵时的最适温度为 15～21℃。秋刀鱼具有明显的昼夜垂直移动现象,白天在距海面 15 米左右的水层活动,夜间上浮至水域的表层活动。日本太平洋一侧的秋刀鱼从 8 月至 12 月在北海道至东北地区南下徊游到达日本南方水域,从 2 月至 7 月进行北上徊游,到达北海道至千岛外海。在日本海一侧,秋刀鱼的南下洄游不明显,但在 6 月左右会有明显的向北洄游。秋刀鱼体长 25 厘米以上即成熟,日本南部海域秋刀鱼的产卵期为 1—4 月,日本北部海域秋刀鱼的产卵期为 7—11月,其一般在流藻及潮境聚集处或内湾产卵。秋刀鱼的卵具有缠络丝,黏附于浮藻上,随波流移动,以免沉入海中。秋刀鱼属中上层鱼类,栖息于水深 0—230 米的太平洋亚热带或温带海域中。

秋刀鱼栖息在亚洲和美洲沿岸的太平洋热带与温带海域,主要分布于太平洋北部的温带水域,包括日本海、阿拉斯加、白令海、加利福尼亚州、墨西哥等海域,即北纬 18—67 度及东经 137 度至西经 108 度。其中,东经 141—147 度及北纬 35—43 度海域的分布密度最大。秋刀鱼的适温范围为 10—24℃,最适温度 15—18℃,栖息水深 0—230 米。目前,共有四种秋刀鱼分布在三大洋,分别是北大西洋秋刀鱼,主要分布于大西洋北部和地中海;太平洋秋刀鱼,主要分布于太平洋东部至夏威夷诸岛水域;大西洋秋刀鱼,主要分布于大西洋和印度洋;印度洋秋刀鱼,主要分布于印度洋和大西洋。其中,太平洋秋刀鱼得到大规模的商业性开发,是日本、俄罗斯、韩国等国家的主要捕捞种类。

二、捕捞方法

渔船以鱼群探测仪或声纳来探测鱼群,一旦发现鱼群,船便慢速前进,开启探照灯,利用水上集鱼灯诱集鱼群,并关闭所有其他灯光。秋刀鱼具有趋光特性,会向光照区靠拢。待船停稳后,张开撑杆和网具。当右舷侧的鱼群密集且稳定于光照区内时,开启左舷的诱导灯,并依序熄灭右舷集鱼灯,将鱼群诱集到作业的左舷。当鱼群被大量诱集到左舷网具的捕捞范围内后,立即关闭掉所有的白炽灯,仅仅保留中间的红色灯,诱导鱼群集聚上浮到水层表面。虽然红色灯有稳定鱼群的作用,但时间过长也会导致鱼群往表层深处游去,因此必须迅速使用卷扬机收绞起网。为防鱼群从网体的两侧逃逸,应先快速收绞环纲,再收绞下缘纲,把网身吊起,固定于船舷上,并将鱼集聚到取鱼部。最后,用吸鱼泵将秋刀鱼连水一起吸到甲板,或用抄网抄取渔获物,再加冰送入鱼仓。

秋刀鱼渔船

三、我国的秋刀鱼渔业

中国大陆对西北太平洋秋刀鱼渔业资源的开发利用起步较晚,大致分为两个阶段,即 2001—2012 年的探捕阶段和 2013 年至今的开发利用初始阶段,地点均在西北太平洋公海渔场。大连国际合作远洋渔业有限公司是我国第一家从事秋刀鱼渔业捕捞生产的企业。2001 年,"国际 903 号"开始探捕西北太平洋的秋刀鱼资源,并取得了初步成功,从此拉开了中国大陆开发利用西北太平洋秋刀鱼渔业资源的序幕。2003 年,中国水产集团远洋渔业股份有限公司也投入"中远渔 2 号",于 2003 年 7 月底至 10 月中旬在西北太平洋秋刀鱼公海渔场进行秋刀鱼探捕生产试验,实际作业 66 天,渔获量达到 1020 吨。2004 年,大连国际合作远洋渔业有限公司投入渔船 1 艘,中国水产集团远洋渔业股有限公司投入渔船 2 艘;2005 年,上海远洋渔业有限公司投入渔船 1 艘,中国水产集团远洋渔业股份有限公司投入渔船 3 艘;2006 年和 2007 年,均有 1 艘中国大陆的秋刀鱼渔船在西北太平洋海域从事秋刀鱼的捕捞生产。

　　2013 年之前,中国大陆的秋刀鱼渔船较少(1—4 艘),产量较小,渔船一般是鱿钓船兼捕秋刀鱼,没有形成一定的作业规模。2013 年,中国大陆开始大规模的秋刀鱼捕捞生产作业,共有 9 家企业,作业船只 19 艘,总渔获量 2.42 万吨,单船平均产量 1300 吨左右。2014 年,共有 14 家企业参加西北太平洋的秋刀鱼生产,作业船只达到 40 艘,总渔获产量为 7.66 万吨,单船平均产量 2000 吨左右。

第五节　南极磷虾渔业

　　南极磷虾(学名：Euphausia superba)是磷虾科、磷虾属虾类,成虾长 45—60 毫米,最大的长 90 毫米,是一种生活在南冰洋南极洲水域的磷虾。南极磷虾是似虾的无脊椎动物,以群集方式生活,有时密度达到每立方米 10000—30000 只。南极磷虾以微小的浮游植物作为食物,从中摄取能量。

一、形态及分布

　　南极磷虾的成虾长 45—60 毫米,最大的长 90 毫米,其胸甲部分与甲壳相连。由于甲壳两侧的胸甲较为短小,因此南极磷虾的鳃是肉眼可见的。南极磷虾的足并非形成颚足,这与其他的十足目有所不同。南极磷虾有生物萤光器官,可以产生光。这些器官分布在南极磷虾的不同部位,一对在眼柱,另一对在第二至第七胸足的位置,还有一个位于腹片,它们能每隔 2—3 秒发出黄绿色的光。这些器官是高度发达的,器官后面的一个凹反射体及前方的一个晶体来负责引导产生的光线,而整个器官可以用肌肉来旋转。这些光的功能仍是未知,有些假说认为,这些光能遮掩南极磷虾的影,使其在捕猎者前"隐形";另一些猜测认为,这些光对交配或夜间聚集有重要作用。南极磷虾的生物萤光器官包含了几种萤光物质,最长的萤光激发光及发射光分别可达 355 纳米及 510 纳米。

南极磷虾

南极磷虾主要栖息在南极辐合区以南水域,群体通常分布在 200 米左右的水层。每年 12 月至翌年 2 月,南极磷虾成体主要沿南极半岛周边的大陆坡分布,而未成体则分布于大陆架边缘水域。CCAMLR 为准确评估主要海域的南极磷虾资源,分别于 1981 年和 2000 年组织开展了国际联合调查。1981 年的联合调查面积为 396.1 平方千米,CCAMLR 48 区(斯科舍海)的南极磷虾资源量评估结果为 1.51×10^7 吨,此数字随后被修正为 3.54×10^7 吨。2000 年,CCAMLR 再次调查了南极磷虾资源分布较集中的 48 区和 58 区。随着南极磷虾渔业资源联合调查海域之扩大,以及曾认为资源量为零或较低的未调查海域的资源量之增加,调查最终评估结果显示,48 区的南极磷虾总资源量为

4.429×10^7 吨(变异系数为 11.4%)，58.4.1 和 58.4.2 单元的南极磷虾资源量分别为 4.83×10^6 吨和 3.9×10^6 吨。2010 年，CCAMLR 重新计算了目标强度等参数，将资源量修正为 6.03×10^7 吨(变异系数为 12.8%)，预防性捕捞限额为 $3.47 \times 10^6 - 5.61 \times 10^6$ 吨。当前，CCAMLR 的捕捞限额始终维持在 6.2×10^5 吨不变，可见南极磷虾的资源量稳定，具较大开发潜力。

二、捕捞与加工

2009 年，我国第一次派遣船只赴南极海域实施南极磷虾探捕。2012 年，在引进专业南极磷虾捕捞渔船"福荣海号"后，我国的南极磷虾捕捞和加工能力得到显著增强。2014 年 10 月，国务院批复同意《农业部关于加快推进南极磷虾资源规模化开发有关问题的请示》，使南极磷虾渔业迎来了新的发展机遇。

2010—2016 年，在各方的艰苦努力下，我国的南极磷虾渔业取得了长足的进步：单季渔船数量由 2 艘增加到 45 艘，磷虾捕捞年产量已达 5 万—6 万吨，渔船数量已居各国首位，捕捞产量已跻身第二梯队；作业渔场由 2 个扩大到 3 个，作业时间由 2 个月延长至 9 个月，实现了主要渔场和作业季节的全覆盖；参与磷虾渔业的公司由开始的 2 家发展到目前的 4 家，且包括一家民营企业，为南极海洋生物资源的开发注入了新的动力。

南极磷虾的海上加工主要包括原虾冷冻、虾粉生产、脱壳取肉以及蛋白提取等。其中，磷虾原料储备和精深加工的优良产品载体，是南极磷虾产业链上的最主要中间产品。南极磷虾粉是以南极磷虾为原料，经脱水干燥制成的具有独特营养功能和质量属性的优质动物蛋白源与脂质提取原料。磷虾粉又包括直接用于养殖饲料的饲料级磷虾粉和用于提取磷虾油的食品级磷虾粉，高质量的磷虾粉加工主要在大型南极磷虾捕捞加工船上直接完成。

近年来，我国投入南极磷虾渔业的渔船均先后配备了虾粉生产线，但除了从日本引进的二手渔船外，其他渔船的虾粉生产线基本使用的是国产鱼粉生产线,所产磷虾粉品质低且不够稳定,只能作为饲料级虾粉。

目前,在我国的磷虾渔船中,只有从日本引进的渔船具有生产小量脱壳南极磷虾肉的能力。虽然国内研发的磷虾脱壳设备样机试验已取得成功,但是尚需进行更多的检验。

南极磷虾船

三、南极磷虾渔业对国家战略的重要性

南极磷虾的生物量据估计为 6.5 亿—10 亿吨,可捕资源量为 0.6 亿—1.0 亿吨,相当于目前全球海洋捕捞的总产量。随着《联合国海洋法公约》的生效,世界各国都加强了对 200 海里专属经济区的管理,因此可供开发利用的远洋渔业资源越来越少。极地渔业资源,尤其是南极磷虾资源,为远洋渔业的拓展提供了一个新空间。

南极磷虾不仅是最大的可捕渔业资源和蛋白质资源,还是南极海洋生物基因资源开发产生专利和商业应用最多的生物产品和制品之来源生物,其应用范围包括清洁剂、食品加工、化学处理、分子生物学、酶、水产养殖、药品、保健食品、膳食补充剂和皮肤护理产品。其中,从南极磷虾资源中提取获得的南极磷虾油富含磷脂型 DHA/EPA 功能性油脂及具有高抗氧化活性的虾青素等活性成分,具有优异的健脑、抗炎症、增强免疫力等功能,是具有超高附加值的新资源食品,其功效远优于鱼油,是鱼油保健品的升级产品。南极磷虾粉,包括提取南极磷虾粉之后制成的虾粉,还可替代鱼粉作为新的水产饲料蛋白源,以缓解我国养殖饲料用鱼粉高度依赖进口的局面。此外,南极磷虾有望成为医药、食品和化工材料的基础原料——甲壳素的重要来源。

四、南极鳞虾产业的发展趋势

2006 年,挪威在做了充分的研发准备之后,利用巨资打造了5000—9000 吨级专业捕捞加工船,辅之以颠覆性的水下连续泵吸专利捕捞技术和船上虾粉、水解蛋白粉、虾油提取等精深加工技术,进军南极磷虾渔业,打造出由高效捕捞技术支撑、高附加值产品拉动、集捕捞与船上精深加工于一体的新型磷虾渔业。磷虾产品已涵盖养殖饲料、人类食用品和高值磷虾油等保健系列产品,完整的新型磷虾产业链已现雏形。目前,南极磷虾渔业已处于一个全新的发展期和资源竞争期。

为适应 CCAMLR 对南极磷虾捕捞业技术的绿色环保要求,南极磷虾捕捞技术未来的发展应重视整个渔业生态生产管理的可控性,能胜任全天候生产作业,并准确控制捕捞产品的质量。这就要求南极磷虾捕捞技术实现现代化。

南极磷虾保健食品和医药制品研究是南极磷虾开发利用的热点和最终目标,该领域的主要发展方向是开发有针对性的、具有不同生理功能的磷虾油产品以及南极磷虾活性蛋白肽等。该领域的目标是开发高值化的南极磷虾保健食品和医药制品,提高南极磷虾产业的整体效益,具体组成部分包括:南极磷虾油开发相关的产品多元化和相应的评价体系;南极磷虾活性、功能性蛋白肽开发以及高效脱氟和脱盐技术的研制;南极磷虾甲壳素的化学或生物活性性能开发。

就目前全世界的南极磷虾产业开发之发展趋势来看,南极磷虾油等高端保健品及医药产品是南极磷虾开发的高端目标产品,而高品质南极磷虾粉作为各种高端产品的主要原料,其加工工程的重要性是不言而喻的。南极磷虾粉的加工工程正朝着高效率、高品质、无害化、高出粉率的方向发展。针对不同用途的磷虾粉加工中的抗氧化剂种类及用量之选择，以及氟、砷等有害元素的脱除等加工工艺之完善，都是南极磷虾粉加工工程未来需要重点解决的问题。同时，由于海上的生产周期较长，在磷虾粉的包装、仓储、运输过程中如何采用更有效的技术手段，以确保南极磷虾粉保持高品质，也需要在未来进一步予以改善优化。

南极磷虾饲料加工工程主要在以下几个方面有较广阔的发展前景：（1）作为无鱼粉配方中的调味剂。植物浓缩蛋白的种类和数量在水产饲料中的应用明显增加，因为鱼粉减少造成适口性差，而磷虾粉、水解物以及水溶性部分含有游离氨基酸、多肽以及矿物元素等诱食物质，从而使得磷虾开始成为无鱼粉饲料中的调味齐。（2）仔稚鱼饲料中的脂质来源。与大豆磷脂相比，在仔稚鱼饲料中添加磷虾油，可以促进仔鱼的生长与骨骼发育，提高肝脏对脂质的利用率，以及减少肠细胞受损的几率，从而对改善鱼类的健康有潜在的影响。尽管磷虾油需要提纯，成本较高，但在开口饲料中，其性价比较高。（3）免疫增强剂。磷虾中含有高含量的海洋磷脂，不饱和脂肪酸中的 EPA 能够提高水生动物的耐盐性能。研究发现，将大西洋鲑鱼转入高盐度的海水中，其鳃上细胞膜中的所需脂肪酸含量明显上升，海洋磷脂在此种情况下具有重要作用。（4）亲鱼饲料。南极磷虾具备含有抗炎症性能的海洋磷脂以及虾青素，从而成为亲体原料中的理想选择。虾青素在亲体的成熟过程中至关重要，能够影响卵巢和胚胎的发育。

在开发南极磷虾蛋白食品的过程中，利用生物技术脱除南极磷虾蛋白中的氟，使产品的氟含量在人类食用的安全范围之内，从而开发生产食用安全、风味独特、营养丰富的磷虾产品，是未来南极磷虾食品开发产业的发展方向。此外，南极磷虾的丰富营养及功能性优势，使其可以在高端调味品中得到应用。

第六节　现代渔情预报技术

渔情预报也称渔况预报，它既是海洋渔场学研究的主要内容，也是渔场学的基本原理和方法在渔业中的综合应用,是为渔业生产服务的主要工具之一。渔情预报是指对未来一定时期和一定水域范围内的水产资源状况之各要素(如渔期、渔场、鱼群数量和质量以及可能达到的渔获量等)所进行的预报。渔情预报的基础就是鱼类行动和生物学状况与环境条件之间的关系及其规律,以及各种实时的汛前调查所获得的渔获量、资源状况、海洋环境等各种渔海况资料。渔情预报的主要任务就是预测渔场、渔期和可能渔获量,即回答在什么时间,在什么地点,捕捞什么鱼,作业时间能持续多长,渔汛始末和旺汛的时间是什么,中心渔场位于哪里,整个渔汛的可能渔获量是多少等问题。

我国是远洋渔业大国,目前已有 170 家远洋渔业公司和 2600 多艘远洋渔船,总产量达到 200 多万吨,为我国人民提供了大量的优质蛋白。远洋渔业是战略性产业,是建设"海洋强国"、实施"走出去"和"一带一路"战略的重要组成部分,对保障国内优质水产品

渔业生产管理特性

供应、保障国家食物安全、促进双多边渔业合作、维护国家海洋权益等有重要的意义。我国的远洋渔业也开始从以往靠传统经验的捕捞方式向高技术方向转变。目前,传统手段已难以满足远洋渔业生产的需要,因此我们要依靠基于 4S(GIS、GPS、RS、AIS)和大数据的信息化技术手段,提高远洋渔业生产效率。

卫星遥感能够大面积地同步观测海洋,并且具有较强的时空连续性,因此逐渐地被应用到渔场研究和渔情预报中。卫星遥感能够提供更加准确的海洋环境信息,如海表面温度、海叶绿素-a 浓度、海面高度等,这为海洋渔场研究和渔情预报提供了巨大的帮助。

通俗来说,渔情预报就是预测未来一天或几天,哪里可以捕捞到渔获物。这里主要是指短时间尺度的渔场预测,但渔情预报所涉及的学

科有很多,如海洋学、生物学、地理科学、卫星遥感、计算机科学等。研究人员通常将卫星遥感所获取的多种海洋环境信息与渔获物的产量和生物学信息结合,通过大数据等方法,建立最合适的渔情预报模型,并开发渔情预报系统,以进行渔情预报工作,再通过现场捕捞情况来实时修正渔情预报模型,从而达到最佳预报效果,实现高效生态捕捞。

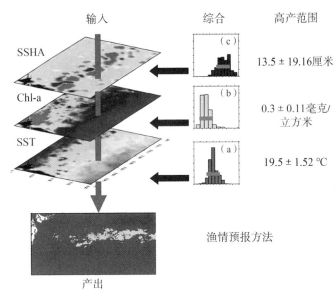

渔情预报示意图

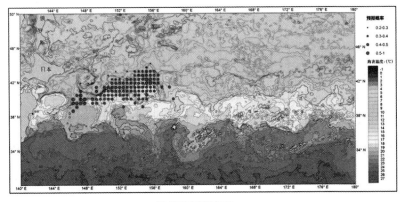

渔情预报概率图

第三单元
深渊科学与技术

第一章　深渊区简介

在地球这个人类赖以生存的星球上,海洋占了地表面积的 71%,这也使得地球成为目前所知的唯一蓝色星球。海洋不仅具有宽广的面积,而且存在着巨大的深度。全球海洋的平均深度约为 3800 米,最大深度为 11000 米(马里亚纳海沟挑战者深渊),比珠穆朗玛峰的高度还多出 2000 多米。科学家根据海水深度,将海洋划分为五个区间(Zone),即浅海区(0—200 米)、半深海区(200—3000 米)、深海区(3000—6000 米)和深渊区(6000—11000 米)。其中,深渊区作为海洋的最深处,主要包括 27 条俯冲带海沟、6 条断层海沟和 13 条海槽,总面积超过 400 万平方公里,约为全球海洋总面积的 1.2%,但其深度范围(6000—11000 米)占到全球海洋的 45%。从深渊区的分布上看,超过 70% 的深渊区都位于太平洋海域,特别是西太平洋最为密集。深渊海沟的形成与板块活动密不可分,当密度较大的海洋板块和密度较小的板块(如陆地板块)发生碰撞时,密度较大的海洋板块会以 30 度左右的角度插到大陆板块下方,从而使两个板块相互摩擦,形成长长的"V"字型凹陷地带,如爪哇海沟延绵达 4500 公里。

人类天生的好奇心驱使一批批勇士去探索海洋的最深处,这也使得深渊科学和深渊探索成为一段奇特的历史。为了克服深渊的极大深度所带来的各种挑战,几代人为此付出了艰辛的努力。20 世纪以来,伴随着科学技术的飞速发展,人类对海洋的探索已经从近海走向大洋,并正在进行着从表层海洋向深层甚至底层海洋探索的转型。但截至目

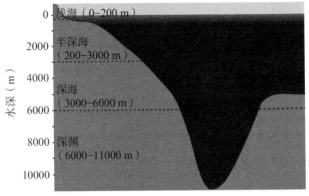

海洋垂直分布分区

前,深渊区仍然是最不被人类了解的海洋环境,与深渊有关的工作也一直是海洋科学的前沿领域。因此,发展深海(深渊)技术,并以此为依托,开展深渊生态学、深渊生物学、深渊地质学等学科的研究,获取重要的发现和成果,是我国海洋学界实现弯道超车,从而进入国际海洋学前沿领域的一个千载难逢的机遇。

众所周知,水深每增加 10 米,海洋静水压力增大 1 个大气压,因此深渊区的静水压力超过 600 个大气压。在如此大的压力下开展观测和采样是极具挑战性的,这也使得深渊区目前仍然是地球上最不被人类了解的生态环境。事实上,人类对深渊区的了解甚至远不如对太空的认识。从苏联宇航员尤里·加加林绕地球飞行算起,目前已经有来自30 多个国家的共 500 多名宇航员进入了太空。然而,截至目前,下潜到马里亚纳海沟挑战者深渊底的总共不到 10 人。

除了极大深度外,深渊海沟最早吸引人类关注是因为其频发的破坏性地震。2004 年 12 月 26 日发生的苏门答腊-安达曼地震,其震级高达 9.3 级。地震引起的海啸极具破坏力,它掀起了高达 30 米的海浪,横扫印度洋海岸,导致 14 个国家的共 29 万人死亡。这次地震就起源于爪哇海沟,是印度洋板块俯冲到缅甸板块下方所引起的。2010 年 2月 27 日,一场震级为 8.8 级的大地震发生在智利中部海域(秘鲁-智利海沟),靠近第二大城市康塞普西翁的东北部,地震和随后的海啸(在地震 20 分钟后袭击了智利沿岸)给沿海地区造成了极大的破坏。官方统计的死亡数字超过了 500 人,约有 20 万间房屋严重损毁或倒塌,另有约 200 万人受到地震的影响。2011 年 3 月 11 日,日本海域爆发了 9 级的东北大地震,该地震是由于一个断层断裂延伸至日本海沟俯冲带较浅区域所导致的。这次事件共造成大约 2 万人死亡或失踪,海啸侵入面积大约 560 平方公里,涵盖日本东北海岸超过 35 个城市。这些超级大地震都来自深渊海沟的破坏性影响,给周边地区造成了巨大的生命和财产损失。

由于深渊区极大的深度(超高的压力)、冰冷的水温和黑暗的环境,人们一直认为深渊区是一个极度缺乏营养的不毛之地(Biological Desert)。然而,近年来的少量研究却发现,与周边的深海平原相比,深渊区具有更高的生物量、更多的微生物活动和更丰富的有机碳埋藏。以上研究结论说明,深渊区在全球海洋生物地球化学循环中扮演着重要的角色,而这些特征明显与海沟独特的漏斗形(V 形)地貌、频繁的地震活动和海底内波有关。对日本海沟的研究发现,2011 年的日本东北大地震所引发的海底浊流,向日本海沟深渊区至少输送了 100 万吨有机碳。此外,深渊海沟还具有独特的生物类群和异常活跃的海底活动。总之,深渊区是理解海洋科学乃至地球科学所不可或缺的重要组成部分,对生态、气候、环境保护、生命起源、地震预报等多个领域的研究均有十分重要的作用,是人类未来开发深海基因、药物、矿产资源的重要基础。

第二章 深渊探索历程

深渊探索强烈依赖于深海探测装备(包括着陆器、无人潜水器和载人潜水器)的发展。深渊具有超高的静水压力,在 11000 米的马里亚纳海沟底部,压力超过 1000 个大气压,这使得深渊探测设备的研制具有极大的挑战性。迄今为止,只有美、英、日、中、丹麦、法等少数几个国家开展了深渊探索和深渊研究。

第一节 早期深渊探索

深渊采样始于 19 世纪 70 年代。1873—1876 年,英国皇家海军的"挑战者号"(HMS Challenger)开展了环球考察,在日本海沟 7220 米处抓取了少量沉积物,分析后发现了 14 种有孔虫,但是科学家并不能判定它们是深渊物种还是浅水物种沉降下来的残骸。到了 1899 年,美国海洋调查船"信天翁号"(RV Albatross)在汤加海沟 7632 米深度开展了拖网捕捞,但与"挑战者号"一样,其也仅仅找到了一些硅质的海绵碎片。

进入 20 世纪后,"爱丽丝公主号"(Princess-Alice)终于在 1901 年通过拖网,在哲莱尼米兹海槽 6035 米深度捕获了一系列生物,它们属于蝘虫动物门、海星纲、蛇尾纲和底层鱼类,从而证明了多细胞生物能够生活在水深超过 6000 米的深度。1948 年,"信天翁号"成功在波多黎各海沟 7625—7900 米深度捕获到大量的底栖生物，它们主要是海参类，也包括一些多毛类动物和等足类动物，从而进一步证明了 6000 米以下确实存在着生命。

极大深度之处存在生命的事实迅速激发了一波探索海沟的热情，引领者来自两个阵营，即苏联的"维特亚兹号"（Vitjaz）和丹麦的"加拉瑟号"（Galathea）。"维特亚兹号"和"加拉瑟号"使用拖网、抓斗等方式获取生物与沉积物样品。从 1949 年到 1976 年，"维特亚兹号"考察了千岛—堪察加海沟、日本海沟、阿留申海沟、伊豆—小笠原海沟、沃尔卡诺海沟、琉球海沟、布干维尔海沟、维塔兹海沟、新赫布里底海沟、汤加海沟、克马德克海沟、马里亚纳海沟、帕劳海沟和班达海沟等 16 条海沟，利用拖网抓捕获取了丰富的深渊动物群，极大地加深了我们对深渊海沟的认识。"维特亚兹号"对深渊海沟的考察成果至今还未被任何科考船超越。除了苏联的"维特亚兹号"外，来自丹麦的"加拉瑟号"先后在新不列颠海沟、爪哇海沟、班达海沟、布干维尔海沟、克马德克海沟和菲律宾海沟进行了考察，通过拖网和沉积物抓斗成功取得了深渊样品。其中，最深的拖网捕捞在菲律宾海沟，深度达 10120 米，捕获了包括海参在内的各种生物。"维特亚兹号"和"加拉瑟号"的科考几乎完成了所有已知海沟的采样，而且每一条海沟都存在着多细胞生物。

在"维特亚兹号"和"加拉瑟号"的考察之后，科学家又完成了几次海沟的生物调查，如美国的"RV James M. Gilliss 号"在波多黎各海沟 7600 米和 8800 米完成了两次拖网，并在 8560 米和 8580 米深度采集了两个箱式沉积物样品。随后，美国的"USNS Bartlett 号"和"RV Iselin 号"进一步完成了波多黎各海沟的沉积物取样（7460—8380 米）。此外，还有一些国家偶尔在邻近海沟开展拖网采样，但这些采样的规模都远远不如早期的"维特亚兹号"和"加拉瑟号"的调查。

第二节　现代深渊技术

一、水下摄像

除了拖网和沉积物抓斗外，水下摄影在富有挑战性的深海调查中脱颖而出，该方法能够帮助研究人员在原位观察标本和深海环境。上世纪 60 年代，科学家首次在波多黎各和罗曼什海沟拍摄到具有科学意义的深渊图像；接着，科学家又在南桑德维奇海沟、新不列颠海沟和新赫布里底海沟拍摄到更多的图像。上述这些图像均是通过操纵绳将单胶片或双胶片相机投放到 6000—8650 米的海底后拍摄得到的。1962 年，美国的"Spencer F. Baird 号"开展了代号为"PROA"的调查，在深度 6758—8930 米的帕劳海沟、新不列颠海沟、南所罗门海沟及新赫布里底海沟拍摄了 4000 张照片。随着现代电子器件性能和数据储存能力的持续提升，静态照片和影像片段不仅能够非常轻易地获取，而且数量也在增加，这使得我们获得了更多的深渊影像。此外，使用高分辨率的数字静态照片和高清晰影像已经成为了现代探测器的关键组成部分，当前几乎所有的深海探测器都配置了水下摄像系统。

二、全海深着陆器

由于深渊的极端水深，使用缆绳布放设备对绞车系统提出了很高的要求，而这在很多科考船上是难以实现的。随着时间的推移，研究人员越来越倾向于使用带诱饵的自由下落诱捕器（如着陆器），即在不使用缆绳的情况下，利用海水的浮力实现设备的下潜和上浮。"着陆器"（Lander）这一称呼主要来源于美国国家航空和宇宙航行局使用的"登月着陆器（Lunar Lander）"这一词汇。此后，"无动力潜水器"也逐渐被人们称为"深海着陆器"或"海底着陆器"，简称"着陆器"。着陆器的整个系统最初是在重力作用下自由下沉到海底,而一旦系统接收到回收的指令,悬挂在底部的压载物通过声学传导释放系统释放,此时系统上方的浮力装置发挥主要作用,因浮力大于重力,所以着陆器可以顺利浮出水面。着陆器可以搭载各种设备,如水下照相机、诱捕器、各种检测探头(如温盐深、含氧量等),从而完成探测、采样甚至原位实验的任务。

上海海洋大学万米级着陆器研制团队及其自主研制的着陆器

着陆器技术于 1972 年首次被美国科学家用于波多黎各海沟调查(SOUTHTOW),并成功记录到了活的深渊动物;随后,该技术又被用于菲律宾海沟(8467—9604 米;9600—9800 米)、帕劳海沟(7997 米)和马里亚纳海沟(7218—9144 米)的调查,发现并捕获了大量的食腐端足类动物。着陆器使用方便,除布放与回收外,其他时候都不需要水面母船的支持,从而节约了大量的时间和费用;而且,着陆器可以根据具体的科学目标选择携带不同的设备,与造价昂贵的无人潜水器和载人潜水器相比,研制成本要低很多。以上这些特点使得着陆器在现代海洋研究领域得到了非常广泛的应用。在深渊探测方面,着陆器已经成为无人潜水器和载人浅水器的开路先锋。

三、无人潜水器

尽管着陆器具有造价低廉、操作简单等优点,但是由于它不具有水下运动功能,因此无法满足海底复杂地形下的精确定位、精细调查取样和近距离观察等要求。于是,研究人员设计出了不同工作深度的无人潜水器和载人潜水器。但是,直到今天,能够在全海深探测和采样的无人遥控潜水器(Remotely Operated Vehicles;ROVs)仍然屈指可数。第一个全海深 ROV 是"海沟号"(Kaikō),其于 1993 年由日本海洋—地球科技研究所(Japan Agency for Marine-Earth Science & Technology,JAMSTEC)建造。"海沟号"长 3 米,重 5.4 吨,耗资 5000 万美元,装备有复杂的摄像机、声呐和一对采集海底样品的机械手。"海沟号"先后完成了 295 次下潜,其中 20 多次是全海深作业,它为一系列研究提供了宝贵的样本,包括嗜压细菌、深海有孔虫类群、微生物菌群、化能合成生物群落等。但不幸的是,"海沟号"于 2003 年在太平洋水域神秘失踪。之后的 5 年里,全球一直没有可作业的全海深无人潜水器。

2008 年,美国伍兹霍尔海洋研究所(Woods Hole Oceanographic Institution;WHOI)联合约翰霍普金斯大学(John Hopkins University)和美国海战系统中心(US Navy Space and Naval Warfare System Center),合作建造了全海深级无人潜水器"海神号"(Hybrid Remotely Operated Vehicle Nereus)。"海神号"(Nereus)是一台混合型遥控潜水器(HROV),能够在 6000—11000 米深度作业。2009 年,"海神号"曾下潜到 11000 米深的马里亚纳海沟挑战者深渊。"海神号"是世界上第三个到达马里亚纳海沟底部的潜水器。然而,不幸的是,2014 年 5 月 10 日,"海神号"在新西兰东北海域下潜至 10000 米深度时,因压力过大而爆裂。

此外,只有两台无人潜水器曾经被用于全海深探索,一台是较浅级别的"海沟 7000 II"(Kaikō 7000 II),它是作为"海沟号"丢失后的替代品;另一台全海深无人潜水器也来自日本,即紧凑型全海深级别履带式机器人 ABISMO,全称为 Automatic Bottom Inspection and Sampling

Mobile,其曾在 2008 年下潜至马里亚纳海沟 10350 米的深度,并成功采集了一根 1.6 米长的沉积物和一些深渊海水样品。

日本"海沟号"
（Kaikō）
（1985年）

美国"海神号"
（HROVNereus）
（2008年）

日本ABISMO
（2008年）

全海深无人遥控潜水器及建造时间

四、载人潜水器

人类一直怀着"上九天揽月,下五洋捉鳖"的雄伟梦想。依靠技术先进的载人潜水器(Human Occupied Vehicle；HOV),科学家甚至是游客现在已经能够到达深海海底。著名的美国"阿尔文号"载人潜水器工作深度为 4500 米,可载 3 名乘客。自上世纪 60 年代开始服役以来,"阿尔文号"先后下潜 4700 次,运送超过 12000 名人员到达深海,并取回了 1000 多公斤的样品,在发现海底热液系统、为美国空军寻找遗落海底的氢弹、寻找"泰坦尼克号"沉船等方面发挥了关键作用。然而,由于"阿尔文号"的工作深度为 4500 米级,因此还无法开展深渊深度的作业。

1960 年 1 月 23 号,瑞士科学家雅克·皮卡德(Jacques Piccard)和美国海军中尉唐·沃尔什(Don Walsh)搭载"的里雅斯特号"(Trieste)载人潜水器,下潜至马里亚纳海沟挑战者深渊 10916 米处,这标志着人类首次到达了地球的最深处。"的里雅斯特号"潜水器由一个 15 米长的浮力罐和一个分离的直径 2.16 米的耐压球组成。遗憾的是,"的里雅斯特号"再也没有到达深渊深度,科研人员也没有从"的里雅斯特号"的下潜中获得任何有价值的数据。更加糟糕的是,"的里雅斯特号"上的潜水员对海底动物的错误描述（他们认为在挑战者深渊看到了一条平鱼，而目前发现硬骨鱼的最大深度不超过 8400 米），使得科学界一度对深渊失去了兴趣。"的里雅斯特号"于 1966 年退役，并自 1980 年开始陈列于位于华盛顿的美国海军国家博物馆。

在"的里雅斯特号"之后，法国于 1961 年建造了一台全海深载人潜水器"阿基米德号"（Archiméde），其先后在千岛—堪察加海沟、日本海沟和伊豆——小笠原海沟完成了 8 次超过 7000 米深度的下潜。1967年，"阿基米德号"在日本海沟又完成了 8 次下潜，深度范围为 5500—9750 米，观测到了众多的深海动物，并且用机械手臂收集了许多样本。"阿基米德号"还在波多黎各海沟完成了 10 次下潜，其中的两次 7300米深度的下潜被用于生物学观察。虽然"阿基米德号"观察并记录了许多底栖生物，如海参类、等足类、十足类和鱼类，但是由于没有录像图片去证实这些记录，再加上"的里雅斯特号"之前对深渊鱼的错误描述所引发的不信任感，因此"阿基米德号"的发现未获得应有的重视。

另一个备受关注的全海深载人潜水器是"深海挑战者号"（Deepsea Challenger），这显然与其建造者、著名电影导演詹姆斯·卡梅隆（James Cameron）有关。"深海挑战者号"是詹姆斯·卡梅隆与国家地理协会和其他商业资助方合作，在澳大利亚建造的。这个全海深载人潜水器的发展预示着新材料在潜水器上的应用，如特殊结构的声学泡沫浮力材料可以在全海深产生正浮力。这种新材料的结构整体性非常好，以至于能够将推进器马达直接安装在它里面，而不需要借助于任何金属结构。像最早的"的里雅斯特号"一样，"深海挑战者号"也有一个耐压球，直径为 1.1 米，只能容纳 1 名驾驶员。该潜水器安装有多个摄像头，可以全程进行 3D 摄像。"深海挑战者号"具备如赛车和鱼雷那样的高级性能，而且还配有专业设备来收集小型海底生物，以供地面的科研人员研究。2012 年 3 月 26 日，詹姆斯·卡梅隆乘坐"深海挑战者号"抵达 10898 米深处的马里亚纳海沟挑战者深渊，成为全球第二批到达该处的人类，他也是第一位只身潜入万米深海底的挑战者。在此之后，詹姆斯·卡梅隆宣布将"深海挑战者号"捐给伍兹霍尔海洋研究所进行海洋研究，但遗憾的是，该潜水器再也未完成过深渊下潜。

美国"的里雅斯特号"（1960年）　法国"阿基米德号"（1961年）　法国"鹦鹉螺号"（1985年）

俄罗斯"和平Ⅰ号"　　　　　日本"深海6500号"　　　美国"深海挑战者号"
"和平Ⅱ号"（1987年）　　　　（1989年）　　　　　　（2015年）

中国"蛟龙号"（2006年）　　　　　美国"限制因子号"潜水器（2019年）

 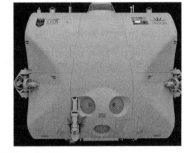

世界各国设计的深渊载人潜水器

2014年，美国著名冒险家、富翁维克多·维斯科沃（Victor Vescovo）资助美国 Triton Submarines 公司开始研发新的全海深载人潜水器，命名为"限制因子号"（DSV Limiting Factor）。该潜水器长4.6米，高3.7米，由9厘米厚的钛合金制成。尽管"限制因子号"可乘坐2名乘客，但维克多·维斯科沃为了创造纪录，于2019年5月单人驾驶"限制因子号"，成功到达了马里亚纳海沟10927米深处，刷新了已保持近60年的世界纪录。维克多·维斯科沃在海底至少发现了4种端足类动物，以及7000米处的勺子蠕虫和8000米处的粉红色狮子鱼，并收集了岩石样本。在此基础上，维克多·维斯科沃联合科学家、工程师组成团队，计划对全球五大洋的最深处都进行下潜试验。截至2020年5月，他们已经成功完成了对大西洋、印度洋、南大洋和太平洋最深处的下潜。

除了上述的全海深载人潜水器外，还有一些非全海深载人潜水器也能够到达深渊深度，主要包括法国的"鹦鹉螺号"（Nautile）、日本的"深海 6500 号"（Shinkai 6500）、俄罗斯的"和平Ⅰ号"（MIR‐I）和"和平Ⅱ号"（MIR‐II），以及我国的"蛟龙号"。"鹦鹉螺号"是法国于 1985 年研制的 6000 米级载人潜水器，它累计下潜了 1500 多次，完成过多金属结核区域、深海海底生态等调查，以及沉船、有害废料等搜索任务。俄罗斯于 1987 年建成的"和平Ⅰ号"和"和平Ⅱ号"均为 6000 米级，带有12 套检测深海环境参数和海底地貌的设备。该潜水器的最大特点是能源充足，可在水下停留 17—20 个小时，著名电影《泰坦尼克》中的很多镜头就是"和平Ⅰ号"和"和平Ⅱ号"探测获得的。2011 年，俄罗斯又开发了两艘 6000 米级的载人潜水器"罗斯号"（RUS）和"孔苏尔号"（CONSUL）交付俄海军使用。日本于 1989 年建造的"深海 6500 号"（Shinkai 6500）是日本下潜深度最大、作业能力最强的载人深潜器。截至 2012 年，"深海 6500 号"已经完成了 1300 次下潜任务，对日本附近海域的斜坡和大断层进行了调查，并对地震、海啸等进行了研究。

另外一台深渊级别的载人潜水器是大家熟知的，由我国自行研制的"蛟龙号"，它的工作级别为 7000 米级。

第三章 我国的深渊研究

第一节 我国为什么要自主开展深渊研究？

深海蕴藏着地球上未被认知和开发的宝藏，挺进深海（深渊）是我国科技战略布局的重要一环。如前所述，深渊是目前最不为人类所知的地球生态环境，具有独特的生物资源和基因资源，并且很可能还蕴藏着丰富的矿产资源。深渊作为板块消亡带和地震频发区，是研究地球内部过程、地表和深部相互作用、地震发生机制的理想场所。以深渊进入技术、深渊探测技术为代表的深海技术，代表了当前国际深海工程技术领域的顶级水平；以深渊地学、深渊生命科学为代表的深渊科学研究，代表了当前国际深海科学研究的最新前沿。掌握核心技术，探索深渊海沟，是我国建设海洋强国的必然选择。我国的海洋科技起步较晚，依赖国外进口海洋装备曾是我国海洋科技界的常态。但是，国外设备固有的技术封锁和高昂的维护成本，决定了我们不可能单靠引进就能走到国际深海领域的前沿。我国要想成为海洋强国，必须改变这种情况，坚持自主研发是走到国际深海前沿领域的必由之路，也是我国掌握万米深潜、万米探测核心技术及能力的基本保障和前提。

第二节　我国开展深渊探索有哪些主要难点?

一、技术难题

2019 年 9 月 24 日,我国青岛举办的世界海洋科技大会发布了"海洋领域前沿科学和工程技术十大难题",其中之一就是海洋观测与探测技术。深渊作为深海中的深海,深渊观测与探测无疑更具有挑战性。大深度(甚至是全海深)潜水器与中小深度潜水器相比,最大区别就是需要解决的技术多、难度大,其中有四大拦路虎阻碍了多数国家的深潜器研制步伐。

第一,致命的抗压难题。在超过 6000 米水深作业时,潜水器每平方米外壁要承受至少 6000 吨的水压,而到了全海深,潜水器每平方米外壁要承受大约 11000 吨的水压。此外,潜水器还要抵御 1—2℃左右的低温。除了核心的载人舱外,潜水器的每一个部件都要承受如此巨大的压力,这意味着研究人员需要对潜水器的每个部件都进行压力试验。很多部件在保证耐压性能的同时,还必须具有灵活的操作性。巨大的工作量和技术挑战性可想而知。

第二,必要的时间保障难题。也就是说,潜水器必须在水下待够充足的时间来作业或进行军事行动。比如,1960 年,美国的"的里雅斯特号"深潜器光下潜和上浮就用了 8 个多小时。目前,在电池技术难以大幅度提高的背景下,如何充分优化节能是一个技术难题,配备电量大、体积小的电池成为大深度作业型潜水器研制的关键环节。

第三,关键的信息传输与沟通难题。大深度潜水器需要在水下幽暗冰冷的环境中作业,而由于深水情况复杂,尤其是深海鱼类、航行器及海底沉积物的日渐增多,以及海底山脉、礁石、洋流、热泉等的存在与变化,因此潜水器与母船之间的信息沟通成为一大难题。如何采用高速水声通信,将水下的语音、图像、文字等信息实时传输到母船上,并使母船上的指令也能实时传给潜水器,是重要的攻关内容之一。

第四,悬浮难题。如何通过调节潜水器的浮力和重力,使潜水器完全依靠自身重量实现无动力下潜与上浮,这是增加潜水器的水下工作时间之关键。在潜水器的空间和重量都有严格要求的条件下,如何采用新型材料来提高潜水器的安全性和作业能力,是极大的技术难题。

二、政治难题

俯冲带海沟是全球深渊区的主体,各海沟之间在最大深度、初级生产力、板块活动、生物、基因和矿产类型等方面都存在着不同。因此,如果要全面认识、开发和保护深渊,那么使用新技术和新方法,以保证在全球尺度上开展深渊探测,是必不可少的。然而,大部分深渊海沟临近陆地,且相当一部分还位于专属经济区内,这也使得我国在开展全球性的深渊探测方面面临着巨大的政治难题。例如,地震频发和海陆作用强烈的菲律宾海沟、日本海沟、秘鲁—智利海沟、新不列颠海沟等,都是非常值得深入研究的。希望通过海上丝绸之路、国际间合作等方式,我国科学家未来能够在这些区域开展深渊研究,为探索深海、构建人类命运共同体作出贡献。

第三节　我国深渊科学与技术的历史

我国的深渊研究尽管起步很晚,但发展迅速,特别是"蛟龙号"于2012年研制成功后,我国的深渊科学与技术取得了举世瞩目的成就,这一切无不是以我国强大的国民经济实力作为后盾的。2002年,中国科技部将深海载人潜水器研制列为国家高技术研究发展计划(863计划)重大专项,启动了"蛟龙号"载人深潜器的自行设计、自主集成研制工作。在此之前,我国载人深潜技术的基础水平仅有数百米,而彼时国外深潜器技术已达到数千米,甚至全海深。为了满足我国海洋开发及大洋矿产资源调查的需要,特别是勘查锰结核、富钴结壳、热液硫化物和深海生物等资源的计划目标及要求,使我国的深海运载技术进入世界先进行列,国家科技部在"十五"期间立项支持"蛟龙号"载人潜水器项目。

　　"蛟龙号"潜水器历经了 10 年立项申请(1992—2002 年)、10 年研制(2002—2012 年)的艰辛历程,其研制过程历经设计建造、总装集成、水池试验及海试等四个阶段。"蛟龙号"长 8.2 米,宽 3.0 米,高 3.4 米,重 22 吨,载人舱材料为钛合金,直径 2.1 米,可容纳 3 名潜水员。"蛟龙号"具有四大功能特点:载人潜水器最大的工作深度达 7000 米级;针对作业目标有稳定悬停就位的能力;具有实时高速传输图像和语音及探测海底小目标的能力;配备多种高性能作业工具,包括潜钻取芯器、沉积物取样器和具有保压能力的热液取样器。

　　从 2009 年至 2012 年,"蛟龙号"接连取得 1000 米级、3000 米级、5000 米级和 7000 米级海试的成功。2012 年 6—7 月,"蛟龙号"在密克罗尼西亚联邦专属经济区(马里亚纳海沟)开展 7000 米级载人深潜试验,先后下潜至 6671 米、6965 米、6953 米,并获得了生物样品;2012 年 6 月 24 日,"蛟龙号"第四次下潜,突破 7000 米深度,达到 7020 米;2012 年 6 月 27 日,"蛟龙号"第五次下潜到达 7062 米深度,创造了国际上同类作业型载人潜水器下潜深度的最大纪录。"蛟龙号"的成功标志着我国已经具备在全球 99.8% 以上海域开展深海资源研究和勘查的能力,实现了我国深海技术的重大突破,表明了我国载人深潜技术已跻身世界先进行列。"蛟龙号"的研制成功得到了党中央、国务院和全国人民的高度关注。2013 年 5 月 17 日,党和国家领导人习近平、李克强、刘云山、张高丽等在北京人民大会堂会见载人深潜先进单位和先进工作者代表。习近平总书记代表党中央、国务院,向胜利完成"蛟龙号"载人深潜海试任务的广大科技工作者、干部职工表示热烈祝贺和诚挚问候,勉励大家团结拼搏、开拓奋进,推动我国海洋事业不断取得新突破,为建设海洋强国作出更大成绩。

　　在我国深渊技术蓬勃发展的背景,特别是"蛟龙号"于 2012 年研制成功之后,我国政府和科研人员也开始对深渊科学予以关注。科技部在 2014 年立项支持了一个 973 重大基础专项"超深渊生物群落及其与关键环境要素的相互作用机制研究",利用"蛟龙号"重返马里亚纳海沟进行科学调查作业。中国科学院在海南三亚专门成立了中国科学院深海科学与工程研究所，正式编制 300 人，流动编制 350 人，建所目标是建设集深海科学研究、工程技术开发成果转移转化、科技服务和人才培养于一体的海洋科技创新基地；建设中国深海科学与工程技术核心研发基地、深海技术试验基地、海洋战略思想库和科普教育基地；建设国际深海科学与工程领域有重要影响力的研发机构、教育和公共服务中心；引领我国深海科学与工程技术研发方向，打造具有一流成果、一流效益、一流管理、一流人才的科研机构。上海海洋大学在"蛟龙号"深潜器第一副总设计师、国家深潜英雄崔维成教授的带领下，于 2013 年在国内高校中率先成立了深渊科学技术研究中心（以下简称深渊中心），以建设深渊科学技术流动实验室为抓手，力争在高校中建成国内一流的深渊科学技术学科，全面带动上海海洋大学海洋科学和技术学科的发展，为国家建设海洋强国及上海建设全球科技创新中心作出积极的贡献。此外，中国海洋大学、上海交通大学、中国科学院广州地化所、国家海洋局下属研究所等单位也都开展了各具特色的深渊科学研究，并取得了一系列标志性成果。例如，中国海洋大学张晓华团队于 2019 年在马里亚纳海沟发现了大量能够有效降解烃类化合物的细菌；同年，西北工业大学青岛研究院、兰州大学、中科院深海科学与工程研究所、中科院水生生物研究所、中科院昆明动物所、卓越创新中心等单位联合攻关，首次揭示了超深渊狮子鱼适应极端环境的遗传基础；中科院三亚深海所彭晓彤团队近几年系统报道了持久性有机污染在深渊海沟的富集；华东师范大学李道季团队对深渊微塑料的来源和分布进行了研究；上海海洋大学深渊中心陈多福、许云平、罗敏团队在深渊沉积有机碳、深渊钩虾食性、深渊汞污染物富集等方面也进行了卓有成效的研究，深渊中心方家松团队则从马里亚纳、新不列颠等海沟分离并鉴定出多个新的深渊微生物，对微生物介导的深渊碳循环进行了探索。

第四章　上海海洋大学的
深渊科学与技术

第一节　深渊中心的建设历史

　　上海海洋大学是一所多科性应用研究型大学，为上海市人民政府与国家海洋局、农业农村部共建高校，2017年9月入选"世界一流学科建设高校"。学校前身是张謇、黄炎培创建于1912年的江苏省立水产学校，此后经历多次校名和办校地址的改变，于2008年更名为上海海洋大学，这标志着学校从传统水产大学到新型海洋大学的转型。作为一所新型的海洋大学，上海海洋大学在对接海洋学科前沿和服务国家海洋战略目标的同时，始终牢记"有所为而有所不为"的原则，坚持"聚焦、错位、合作、共赢"的方针，与传统海洋大学和涉海科研单位实现错位发展，形成了以"海洋生物资源可持续开发与利用和海洋环境与生态保护"为主线，以深远海为重点且兼顾近海的海洋科学研究方向，并通过学科交叉，就海洋地质学、物理海洋学和海洋生物学等二级学科形成了聚焦深渊海沟，以深海探测和深海装备为基础的深渊科学与技术之特色研究方向。

　　从2013年3月起，在校领导的大力支持下，上海海洋大学引进了教育部首批"长江学者"特聘教授、全国优秀科技工作者、"蛟龙号"载人潜水器总体与集成项目负责人、第一副总设计师、"深潜英雄"崔维成教授,在国内高校中成立了首个专门研究深渊科学与技术的实体机构,并于 2014 年 11 月获批为上海深渊科学工程技术研究中心(简称深渊中心)。深渊中心以全海深载人深潜器研制为抓手,采用科学与技术、技术攻关与市场开发、民间资金与国家支持相结合的新模式,致力于深渊科学技术流动实验室建设,努力使我国的载人深潜技术达到世界先进水平,以填补我国深渊科学的空白,加快深渊科学的学科发展。同时,深渊中心通过与相关企业紧密合作,全面挖掘深渊技术和科学的市场潜力,形成一个自成体系的完整产业链,使深渊中心成为一个国际知名的产、学、研一体化的研究机构。深渊科学技术流动实验室包括一艘4000 吨级的科考母船,一台全海深载人潜水器,一台全海深无人潜水器和三台全海深着陆器。其中,全海深载人潜水器是海洋领域最有标志性且影响重大的高科技项目。深渊中心引进了包括曾参与"蛟龙号"研制的郭威研究员、胡勇研究员在内的多名技术人员,组建了一支年轻但富有经验的深渊技术团队,并迅速开展了深渊科学技术流动实验室的研制工作。

深渊中心在快速发展深渊技术的同时,还从国内外招聘了一流的海洋科学家开展深渊科学研究,目的是依托强大的深渊技术平台,为填补我国的深渊科学空白作出积极的贡献。

第二节 深渊中心取得的主要进展

一、队伍建设

上海海洋大学的深渊中心自创建以来,高度重视人才队伍建设工作,积极吸引国内外的创新力量和资源,集聚一流的专家学者团队参与深渊科学与技术的学科建设;注重学科梯队建设,强调与已有师资力量的融合,吸引国内外知名学校和科研机构的人才充实学科队伍;加强团队业务带头人和中青年骨干教师的培养,通过国际合作、国外进修、参加重大学术会议等形式,提升学科队伍的整体研究水平;推进国际化人才合作培养,与国外相关的科研机构建立实质性合作,以高水平的科学研究来支撑高质量的人才培养。此外,在人员管理方面,深渊中心除了不断完善科学的人事考核制度外,还强调从深层次的世界观和价值观上来引导队伍的思想建设,将爱国情怀有机地融入到海洋强国建设之中。本着"每个参与者均要专心致志,所有参与者需要齐心协力"的原则,深渊中心不仅在薪酬分配中做到公开、公正、公平,而且还大力倡导爱与感恩的思想,增强集体凝聚力和战斗力。在工作例会上,深渊中心也经常抽出一些时间讨论古今中外成功团队的管理经验,以及成功人士的处世哲学,提倡中心成员用宽阔之心胸拥抱同事,用感恩之心珍爱工作,用快乐之心爱惜身体。

深渊中心首先集合了掌握大深度深海装备核心技术,且拥有潜水器设计及工程实际经验的"蛟龙号"载人潜水器的 6 名核心技术成员,并广集国际深渊科技领域的著名专家学者。目前,深渊中心已经形成了深渊工程装备技术和深渊科学两个团队,固定人员约 40 人,其中包括客座院士 1 人、长江学者奖励计划特聘教授 1 人、国家特聘教授 1 人、国家杰出青年基金获得者 1 人、国家优秀青年基金获得者 1 人、上海市千人计划获得者 1 人,以及上海市东方青年学者、上海市扬帆计划获得者等人才。

二、科考航次

自 2013 年成立以来,深渊中心采用"国家支持＋民间投入"的新模式,牵头组织了 5 个调查航次,并参加了国内外同行组织的多个航次,开展了深渊装备的海上测试,获取了大量的深渊样品和资料。这些调查为后期研究和项目申请奠定了坚实的基础。

2015 年 9—10 月的南海航次是上海海洋大学深渊中心组织的第一个航次,主要目的是测试深渊中心自主研制的首台万米级无人潜水器"彩虹鱼号"和着陆器。深渊中心通过租借一艘甲板货船,克服了经费不足的问题,圆满完成了 4000 米级海试。整个航程中,工作人员完成无人潜水器下潜试验 2 次,最大潜深 2100 米;完成着陆器下潜试验 4

次,其中 2 次为 4000 米级试验,最大潜深为 4328 米。以上这些成果标志着中国人在探秘万米深渊上迈出了实质性的第一步。

2016 年 7—9 月,深渊中心联合浙江民营企业完成了 4800 吨级的"张謇号"科考母船的建造后,于 7 月 11 日首航开赴西南太平洋新不列颠海沟,开展三台万米着陆器的深渊海试,成功采集到深渊宏生物、沉积物和海水样品,并拍摄了高分辨率的水下图像。

2016 年 12 月—2017 年 2 月,由上海海洋大学牵头,联合上海彩虹鱼科技股份有限公司,使用"张謇号"科考船,成功开展了万米无人潜水器和着陆器的 11000 米海试,并完成了三条太平洋深渊海沟(马里亚纳海沟、玛索海沟、新不列颠海沟)的科学考察,获得了大量的深渊宏生物(端足类钩虾)、海水和沉积物样品,在 11000 米深度拍摄了大量的珍贵视频,相关成果被包括人民日报、新闻联播在内的几十家媒体报道(见图 6);

2018 年 11 月—2019 年 1 月,由上海海洋大学和西湖大学联合组织的马里亚纳海沟海试与科考团队使用新建造的"沈括号"小水面线双体型科学调查船,从上海芦潮港起航前往马里亚纳群岛海域,在全球大洋最深处——挑战者深渊区域附近海沟开展了一系列深海装备试验和科考取样,包括开展"彩虹鱼"万米级载人潜水器超短基线系统海上试验、两台第二代"彩虹鱼"着陆器万米级海上试验、一台 4500 米级大深度浮标海上试验等工作。同时,上海海洋大学和西湖大学的科学家团队还在马里亚纳海沟取样,对海水、沉积物、宏生物、微生物等开展研究。本航次的一个亮点是,研究团队在马里亚纳海沟附近采集到了大量的泥火山样品,为研究泥火山地质活动、俯冲板片的地质过程以及极端环境微生物地球化学循环提供了重要依据。

019 年 11 月—12 月的马里亚纳海沟航次由上海海洋大学牵头,参航单位还包括国内 10 家单位的 30 余位科学家,使用的是中国科学院深海科学与工程研究所的"探索一号"科考船。本航次历时 42 天,获得了大量的深渊样本,并取得了一系列成果和突破,主要亮点成果包括:(1)对自主研发的全海深保真采水设备和原位过滤原位样品固定体系进行了万米海试,并取得了预期的效果,这些设备的成功为后续获得深

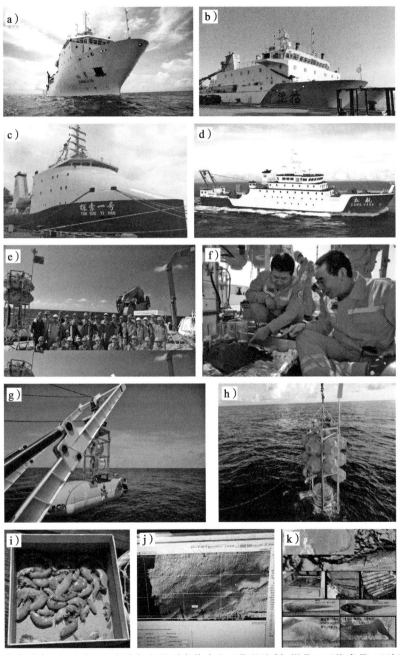

上海海洋大学深渊中心近年来组织的科考航次和采集的资料、样品。a)张謇号;b)沈括号;c)探索一号;d)淞航号;e)着陆器团队合影;f)获取 11000 米海底沉积物;g)全海深无人潜水器布放;h)全海深着陆器布放;i)深渊端足类钩虾;j)深渊海沟地形图;k)2019 年马里亚纳海沟航次获取的各类样品

2016—2017 年,深渊中心 11000 米海试成功后的媒体报道

渊保真样品及揭示深渊生命特征奠定了基础;(2)获得了涵盖马里亚纳海沟不同地理位置的多种科学样品,为后续开展系统的微生物学、生态学、地球化学和地质学等方向的科学研究奠定了基础;(3)多细胞宏生物采样共获得四个物种,包括两种鱼类鼠尾鳕鱼和狮子鱼,以及两种甲壳类疑似端足类钩虾和十足类虾,打破了国内单个航次获得深渊宏生物物种的记录;(4)首次捕获疑似十足类的红色虾类样本,研究人员此前仅在原位拍摄的视频中观察到此类虾在深渊环境中的活动。以上这些成果为探索深渊生物资源、研究深渊生命过程和微生物介导的海洋碳循环提供了基础。

深渊中心的师生还积极参加国家自然科学基金委共享航次、上海海洋大学"淞航号"调查航次、南丹麦大学 Glud 教授组织的克马德克海沟和阿塔卡玛海沟航次等,均获取了大量的样品和丰富的资料。这种共享合作的形式既有效地拓展了研究区域,又建立了密切的国内外联系。

三、基金项目

近年来,深渊中心的科研人员积极申请各类国家和地方项目,取得了巨大的进步。根据国家自然科学基金委网站的统计,2015 年以来,深渊中心的科研人员共获得 18 项基金,包括重点项目 3 项、面上项目 9 项、青年项目 5 项、国际会议资助 1 项。此外,深渊中心还主持国家重点研发项目 1 项、上海市科委重大项目 2 项,以及多项部门和地方项目,参与至少 10 项国家和地方项目。深渊中心的研究人员在国家级项目资助率方面达到了 40% 以上,这与国内 985 高校重点学科的资助率相当,展现出深渊中心在国内的良好科研竞争力。

深渊中心近年来主持的部分项目

项目来源	项目类型	主持人	项目名称
科技部	国家重点研发计划	方家松	深渊生物学资源勘探、获取和开发的前沿技术体系研究
国家自然科学基金委	重点项目	崔维成	大深度载人潜水器载人球壳的结构可靠性研究
		陈多福	南海北部冷泉和天然气水合物发育区海底浅表层沉积物碳循环数值模拟
		方家松	微生物驱动的深海碳循环机制和生态过程研究
	面上项目	崔维成	全海深载人潜水器浮力材料吸水率特性研究
		方家松	深部生物圈革兰氏阳性产孢子细菌孢子化以及孢子活化的定量分析和碳同位素分馏研究
		陈多福	中国台湾东部利吉混杂岩中蛇纹岩角砾碎屑岩及伴生碳酸盐岩脉的地球化学特征及成因
		Harunur Rashid	浮游有孔虫 $\delta^{18}O$ 和 Mg/Ca 比值示踪过去 45 万年以来西北大西洋混合层和温跃层的温度和密度梯度在千年尺度上的变化
		Harunur Rashid	冰消期 5 期和 7 期深海 CO_2 释放机制的差异性研究
		许云平	基于五条太平洋海沟研究浊流对深渊沉积有机质来源、含量和活性的影响
		许云平	河口近海环境中陆源有机质的激发效应研究
		王芳	全海深马氏体镍钢载人球的设计和寿命计算方法研究
		曹运诚	马里亚纳弧前海底蛇纹岩泥火山无机成因甲烷形成水合物的条件及潜力分析

续　表

项目来源	项目类型	主持人	项目名称
国家自然科学基金委	青年基金	胡钰	冷泉环境是海洋中元素钼重要的汇吗？——以南海琼东南海域活动冷泉研究为例
		葛黄敏	马里亚纳海沟沉积有机质的来源、分布及降解——基于生物标志物的研究
		罗敏	近陆深渊区海底沉积有机质源汇研究——以新不列颠海沟为例
		曹军伟	深海嗜压细菌 Pseudodesulfovibrio indicus J2 通过谷氨酸代谢适应高压环境的机制
		王丽	龟山岛浅海热液口硫氧化 ε-变形菌的生态分型特征及功能适应
	国际会议资助	崔维成	2015 年度水下科学、技术与教育国际会议
上海市科委	重点项目	崔维成	载人深渊器关键技术研究与试验验证
			载人深渊器的关键技术研究

四、学术论文和服务

上海海洋大学的深渊中心以深渊海沟研究为特色,开展了多方面的研究,已经在国内外学术刊物上发表了一系列成果。2020 年 5 月 4日,在 SCI 检索网站 Web of Science 上,将上海市深渊科学与技术工程研究中心(Shanghai Engineering Research Center of Hadal Science)作为词根展开检索,共收集到 40 篇 SCI 论文,期刊包括 *Nature Communications*（3 篇）、*International Journal of Systematic and Evolutionary Microbiology*（10 篇）、*Deep Sea Research Part II*（5 篇）等。在中文检索网站中国知网上,使用"深渊科学技术研究中心"作为词根进行检索,共收集到 32 篇论文,主要发表在《船舶力学》《工程力学》《中国科学：地球科学》《海洋环境科学》等核心期刊上。

深渊中心的研究人员还在 *Ocean Engineering*、*Marine Structures*、*Journal of Marine Science and Technology*、*Journal of Engineering for the Maritime Environment*、*Deep Sea Research*、*Geology*、*Frontiers in Microbiology* 等多个期刊担任编委职务,显示出深渊中心较强的国

际影响力。

五、会议与交流

从 2013 年成立伊始,深渊中心就高度重视国内外交流。深渊中心聘请了国际和国内的一流专家,组成了深渊中心技术顾问委员会和科学顾问委员会。技术顾问委员会成员包括吴有生院士、徐芑南院士、尤子平主任,以及美国工程院院士、1960 年下到马里亚纳海沟的美国深潜英雄 Don Walsh,著名好莱坞导演、冒险家、单人下潜至马里亚纳海沟挑战者深渊的 James Cameron,俄罗斯"和平号"载人潜水器的总设计师和主驾驶、"俄罗斯英雄"Anatoly Sagalevitch 教授等。科学顾问委员会成员包括美国伍兹霍尔海洋研究所资深科学家林间研究员,中国科学院深海科学与工程研究所所长丁抗研究员,国家杰出青年获得者、山东大学张玉忠教授,国际著名深渊生物学家、英国纽卡斯尔大学教授Alan Jamieson 博士,美国加州大学斯克利普斯海洋研究所 Douglas H. Bartlett 教授等。

深渊中心还牵头组织了一系列国内外的重要会议和学术专题。2016 年 6 月 8 日—9 日,深渊中心在上海临港主办了"首届国际深渊高峰论坛——暨深渊区探索的机遇与挑战峰会"。论坛邀请了著名的深渊科学和技术专家,国外 13 位,国内 13 位。其中,7 位国际专家和 7 位国内专家受邀作大会报告。论坛共分为海洋地质/地球物理、深渊生物学、地球化学、微生物学、海洋天然产物/生物资源和遗传资源、深渊技术 6 个小组,每组由 5—6 位专家组成,总计有 30 位专家受邀主持研讨会。组委会向我国涉海高校和科研院所广发邀请,共计超过 200 人参会。本次论坛的部分成果以专题的形式(*Exploring the Hadal Zone：Recent Advances in Hadal Science and Technology*),于 2018 年发表在国际深海研究杂志 *Deep-sea Research* 上。2019 年 6 月 17—20 日,深渊中心联合西湖大学及上海彩虹鱼公司在舟山主办了第六届国际深渊探索会议——深渊探索的进展与挑战暨深海高端装备智能制造论坛。论坛吸引了来自英国、美国、丹麦、俄罗斯、乌克兰等各国的深渊科学及深渊技术领域的顶尖科学家、学者，共300余人与会并参与发言。

深渊中心的科研人员还积极组织学术会议专题，如2017年8月在法国巴黎举行的Goldschmidt大会上，方家松教授作为召集人之一，发起了深渊专题（*Exploring the hadal zone：Recent advances in hadal science and technology*），吸引了包括深渊中心师生在内的多个国家的学者参会，一起交流深渊科学与技术的最新进展与合作机会。此外，深渊中心的师生还参加了国际海洋科学大会、国际微生物学大会、国际船舶与海洋工程结构大会（ISSC）、国际塑性和冲击力学会议（IMPLAST 2019）、国际船舶与海洋工程结构大会（ISSC2018）等学术会议，并展示了科研成果。以上这些活动对拓展深渊中心的国际影响力起到了良好的促进作用。

深渊中心主办的两次国际深渊会议，左图为2016年于上海临港，右图为2019年于浙江舟山

六、实验室和平台建设

根据项目和学科发展的需要，深渊中心在上海市高峰高原学科、中央财政、一流学科建设等项目的支持下，完成了深渊工程技术总装车间和深渊科学实验室的建设。其中，深渊工程技术总装车间的面积约为2000平方米，有一个20米长、10米宽、7米深的潜水器调试水池，可进行全系统水下功能测试；有4个最大工作压力140兆帕，内直径分别为180毫米、300毫米、450毫米、1000毫米的压力筒，以及一个最大工作压力180兆帕，内直径为600毫米的压力筒，可完成所有设备的压力测试；桁车起吊能力达到30吨。以上这些一流的装备有效地支撑了深渊科学技术流动实验室的建设。

深渊工程技术总装车间的潜水器调试水池和各种压力桶

根据研究方向,深渊中心分为深渊生物、深渊地球化学、深渊地质等实验室,总面积约为 2000 平方米,包括专门用于微生物高压培养的各种高压釜、全海深 CTD 采水器、5500 米级水下大体积原位过滤器等。分析仪器除了常规的海水、沉积物和微生物设备外,还包括全国第一台、世界第二台超高分辨率同位素质谱仪,以及安捷伦、岛津、赛默飞等公司的各种气相色谱质谱仪、液相色谱质谱仪、元素分析仪、同位素质谱仪、PCR、超速离心机等,总价值超过 3000 万元。

深渊中心购置的国内第一家、全球第二家超高分辨率稳定同位素质谱仪(Panorama)

七、人才培养与科普

深渊中心的科研人员在完成繁重科研任务的同时,更将为我国海洋强国战略培养高科技人才作为己任,高度重视对具有创新能力和奉献精神的海洋科学和工程技术人员之培养。2019 年,以深渊中心的师资为主干,上海海洋大学在海洋科学学院的海洋科学专业增设了海洋地质与资源的本科生方向。根据培养方案,深渊中心的科研人员将承担主要的专业课程教学。目前,深渊中心的科研人员已经在讲授的本科生和研究生课程包括"海洋水环境化学""化学海洋学""地球系统与演化""深渊探秘""海洋科学前沿讲座""水声学""海洋生物地球化学""海洋地质学""现代结构分析理论"等。深渊中心每年从海洋科学学院和工程学院招收硕士研究生与博士研究生 20—30 名。在导师的悉心指导下,这些研究生从事着深渊技术和深渊科学方面的研究工作,成为科研和海上科考的重要有生力量。

深渊中心深知提高全民科学意识的重要性,自成立以来,一直热衷于普及海洋知识。为此,深渊中心联合上海彩虹鱼科技公司,专门建立了深渊科普体验基地。目前,深渊科普体验基地拥有科普展示厅、科普报告厅、深渊科学实验参观区和深渊工程总装参观区,总面积超过4900 平方米,已经打造成一条青少年和市民科普参观的"一日游"路线,为更好地组织实施海洋科普宣传活动提供了条件。科普展示包含展板介绍、模型展示、视频播放等,展示厅设有可供参观者体验的载人舱模型,参观者可以像深潜英雄一样,坐在高仿真的载人舱内查看各种仪表和图像,了解相关参数和信息,并通过无线电与水面控制中心通讯。透过观察窗,参观者可以看到深海独有的美丽画面,并操控机械手进行取样作业。整个科普过程伴随着知识讲解和操作提示,使体验者在尽情享受深海之旅乐趣的同时,也学习了深海知识。另外,随着深渊中心科考航次的开展,科普基地也逐步收集了深渊海沟的生物、沉积物和岩石样本,并不断丰富着科普馆的展览内容。

深渊科学实验参观区包含了宏生物、微生物、海洋地质、海洋地球化学等实验室以及深渊样本储藏库,涵盖了深渊生物、地质和生态三个方面的研究。实验参观区域设有参观走道,参观者可以透过玻璃墙直接看到科研实验的全过程,并且不会影响科研人员的正常工作。

深渊工程总装参观区位于 1 号楼,是潜水器等深海装备的加工、总装和调试实验室,占地 1500 平方米,配有 1 台起吊能力达 30 吨的桁车,1 个 20 米长、10 米宽、7 米深的调试水池,以及 3 个不同直径的 140 兆帕压力筒和 1 个直径为 600 毫米的 180 兆帕压力筒。深渊工程总装参观区全面、真实地对外展示了潜水器等前沿深海装备的研制过程。

经过五年多的建设,深渊科普基地已经成为学校甚至浦东新区科普领域的一张名片,多次获得校领导、临港新片区政府、浦东新区乃至上海市的表彰,每年接待参观人数超过万人。深渊科普基地除了组织小小讲解员大赛、彩虹鱼深渊极客杯绘画大赛等活动外,每年还积极参加浦东图书馆、中国航海博物馆、上海展览中心等单位牵头的各种科普活动。

上海海洋大学深渊科学技术研究中心深渊科普基地

第五章 展望

从 2013 年算起,上海海洋大学的深渊中心经过短短 8 年时间,从无到有,从弱到强,在学术研究、产学研一体化、科研体制探索、教书育人、海洋科普、国际交流等方面都取得了瞩目的成绩,已经形成了一支爱岗敬业、团结协作、充满活力、勇攀科技高峰的科研队伍,成为国内外深渊科学技术的重要研究基地,为上海海洋大学一流学科建设作出了积极的贡献,深渊科学技术也已成为学校海洋科学的重要特色方向。从更高的层面上看,深渊中心的创建和发展对国家万米载人潜水器的尽早立项起到了一定的推动作用,并且深渊中心在科研体制创新方面进行了许多卓有成效的探索。在海洋强国建设战略下,上海海洋大学的深渊科学技术也将只争朝夕、刻苦攻关,为早日实现新时代的中国梦作出贡献。

第四单元
海洋生物基因与药物资源

第一章　海洋生物基因资源

　　21 世纪是海洋世纪,海洋生物资源的开发和利用已成为世界各海洋大国的竞争焦点之一,而基因资源的研究和利用则是其中的重点。随着社会、经济的发展和人类活动的干预,海洋环境正在不断恶化,海洋生物多样性正遭到破坏,海洋生物基因资源的保护和利用就显得更加紧迫。研究海洋生物基因组及功能基因,能深层次地探究海洋生命的奥秘;发掘海洋生物基因,有利于保护海洋生物资源;从海洋生物的功能基因入手,有助于培育出优质、高产、抗逆的养殖新品种,从根本上解决海水养殖生物"质""量"和"病"的问题,并且便于开发具有我国自主知识产权的海洋基因工程新药,部分解决海洋药源问题。

　　我国海洋生物基因资源的研究起步较晚,但已经取得重要进展。在水产养殖核心种质方面,我国开展了遗传连锁图谱的构建、功能基因的筛选与克隆,以及胚胎干细胞和基因打靶技术的研究;建立了淡水鱼类基因转移的完整技术体系,以及海水鱼类花鲈胚胎干细胞系,为建立鱼类功能基因分析的技术平台奠定了良好基础;克隆了深海微生物编码各种低温酶的功能基因,力图建立新型酶制剂的基因工程生产工艺;克隆了海蛇毒素、海葵毒素、水蛭素等一批功能基因,基因重组芋螺毒素、基因重组别藻蓝蛋白和基因重组鲨肝生长刺激因子作为潜在的基因工程创新药物,在 863 计划的支持下,正在进行临床前试验;构建了可能用于海洋药物生产的大型海藻表达系统。但总的来讲,我国的研究是跟踪多,原始创新少,基础积累薄弱,应用急于求成,特别需要海洋生物基因的功能验证模式和表达应用体系。

第一节　海洋生物基因资源的特点

海洋生物基因资源是指分布于海洋中的基因资源。与陆地生物基因资源相比,海洋生物基因资源除了具有复合性、不可再生性、不均衡性和价值潜在性外,还有其独有的特点,包括海洋生物基因资源的多样性、独特性和开发困难性。

一、海洋生物基因资源的多样性

与陆地生物相比,海洋生物更具有多样性。生活在海洋中的生物约有 40 万种,占全部生物的 80% 以上,无论是在数量上还是在种类上都远远超过陆地生物。在目前所发现的 34 个动物门类中,海洋生物就占了33 个门类,且其中有 15 个门类的动物只能生活在海洋环境中。每种海洋生物都承载着特有的基因信息,海洋是蕴藏基因资源的巨大宝库。

生物的进化历程和海洋的特殊环境共同决定了海洋生物基因资源的多样性。一方面,生命起源于海洋,地球上现存生物的共同祖先就生活在海洋中。基因也最早产生于海洋,并不断地得到增加和丰富,然后随着生物的登陆而扩展到陆地上。因此,海洋中保存着许多古老的基因资源,并拥有丰富的新基因资源。另一方面,特殊的海洋环境造就了种类繁多、丰富多彩的海洋生物。海洋中有高山、丘陵和峡谷等复杂地貌,而且海底还具有低光照和高压等特征,这些复杂的环境使得海洋生物进化产生了特有的适应能力,从而大大增加了海洋生物基因资源的多样性。

二、海洋生物基因资源的独特性

某些基因资源仅存在于海洋生物之中,这种海洋生物基因资源的独特性是由特殊的海洋环境所决定的。海洋生境具有高压、高盐、少光照、潮汐海流、寡营养等特点，而且海洋还存在高温、低温等极端环境，远比陆地环境复杂多变。海洋生物在极端环境因素的自然选择下，适应产生了一系列结构新颖、作用机制特殊并具有潜在应用前景的功能基因，形成了独特的生理生化过程和特殊的物质、能量代谢途径。

三、海洋生物基因资源的开发困难性

开发海洋生物基因资源的难度远高于陆地生物，这种开发困难性主要在于难以全面获取海洋生物基因资源，以及海洋生物基因资源开发与利用技术平台的限制。

长期以来，人们对地球上自然资源的开发利用一直以陆地资源为主，忽略了海洋资源，对海洋环境及海洋生物资源的认识十分有限。海洋生物生活在海水介质中，但由于海洋环境的高盐、高压、缺氧、低光等特殊条件之限制，目前的科技及装备水平尚不能完全满足人们采集、培育、养殖和认识海洋生物的需要。相关研究表明，深海海底也生活着大量生物，而且这些生物的形态和生理生化等特征可能完全不同于陆地与海表的生物。要全面认识、开发和利用这些海底生物的基因资源，我们还需大力发展海洋科技及装备水平。

基于海洋生物及海洋环境的独特性，目前以陆地生物的成熟基因资源为基础的开发与利用平台通常不能完全适用于海洋生物。为更好地开发海洋生物基因资源，首先需要研发适用于海洋生物功能基因研究的配套技术，如基因组学的功能基因高效挖掘技术，特殊活性蛋白的筛选、验证和分析技术，以及功能蛋白的高效表达和规模化制备技术等。

第二节　海洋生物基因资源的研究现状

种类繁多的海洋生物是一座巨大的基因资源库，迅速发展的海洋

生物技术为海洋生物基因资源研究提供了重要支撑。随着一系列海洋生物基因组计划的完成和生物信息学技术的飞速发展,对海洋生物基因资源的发掘也从单一基因跨入了组学水平。大规模、高通量地发掘蕴藏于海洋生物中的基因资源并开展功能基因相关研究,已成为海洋生物技术的前沿领域之一。探索和利用海洋生物基因资源,能够定向设计优良性状,培育优质、高产、抗逆的养殖新品种,从根本上解决海水养殖生物"质""量"和"病"的问题,并且还能开发高端海洋生物基因工程产品,应用于工业、农业、医疗卫生和环保等领域。

海洋生物功能基因的研究,是目前国际海洋大国争夺海洋生物资源的焦点之一。欧盟、美国、日本、加拿大、澳大利亚纷纷斥巨资加入海洋生物基因资源的研究行列,引发了一场海洋生命科学技术竞赛。美国等海洋科技强国已经完成了大部分海洋生物门类代表物种的基因组测序,这些被测序的物种包括大西洋真鳕、佛罗里达文昌鱼、紫色球海胆、海蠕虫、太平洋侧腕水母等。通过对基因组的深入分析,这些国家获得了对应物种的基因资源,并对其进行了功能注释和开发利用。据不完全统计,目前全世界已经从海洋生物中发现了约为人类基因数目两倍的全新基因。发掘和利用各种海洋生物基因资源,特别是新基因资源,并将其用于生产药物和高附加值产品,可谓备受关注。海洋生物丰富且特殊的基因资源,为基因工程产品的开发提供了充足的源动力。我国在海水养殖重要生物基因资源研究方面已经跃居世界领先水平,从养殖鱼虾贝藻中克隆获得了大量的功能基因,包括与生长抗逆和品质等经济性状相关的基因,如抗菌肽、天然抗性相关巨噬蛋白、细胞因子、干扰素调节因子、抗病毒蛋白、成肌因子、生长因子等。这些基因的获得为解析重要经济性状的决定机制,并进一步利用生物技术开发海洋动植物优良品种奠定了重要基础。2015 年,世界最大的海洋基因库落户青岛。自此,在海洋生物基因组测序方面,我国也已跨入了国际先进行列。中国科学院海洋研究所完成了国际上第一个海洋软体动物长牡蛎的基因组测序,发现了抗逆相关基因的大扩张,从而揭示了牡蛎抗逆性状和贝壳形成的分子机制。中国水产科学院黄海水产研究所完成了半滑舌鳎的基因组测序。目前,即将完成或正在进行基因组测序的海洋生物物种还包括大黄鱼、凡纳滨对虾、孔扇贝和海带等。尽管在海洋生物基因资源的研究方面已经取得了不少成就,但与国外发达国家相比,我国仍有不少差距。我们的当务之急是要充分利用海洋生物基因组学和生物信息学等前沿学科的重大成就,围绕海洋生物功能基因发现、活性筛选和功能验证,发掘功能明确、可重组表达、有潜在应用前景的全长功能基因序列,对重要基因进行重组表达和功能验证,建立具有海洋特色的表达系统和生物反应器技术,发展并完善海洋生物基因资源开发的核心前沿技术。

第三节 海洋生物基因资源的开发利用

基因资源是海洋生物资源开发利用的核心内容。海洋生物种类繁多,生活环境复杂,蕴含丰富的基因资源,相关基因产品在食品、医药、化工、农业、环保、能源和国防等许多领域日益彰显出巨大的应用潜力,为解决世界面临的蛋白质缺乏、能源紧张、环境污染和重大疾病等问题提供了重要参考。海洋生物基因资源的多样性和独特性使得其能满足人们的多方面需求,提高人们的生产和生活水平。世界各沿海国家都已经意识到海洋生物基因资源的重要性,纷纷加快了开发利用海洋生物基因资源的步伐。海洋生物基因资源的开发利用水平不仅体现了各国的生物技术综合实力,更标志着综合国力的强弱。

近年来,围绕海洋生物基因资源开发利用的国际竞争日趋激烈,各国政府纷纷加强了对重要海洋生物基因资源的开发和利用技术之研发。我国在海洋生物功能基因的开发利用方面已经迈出了坚实的一步,取得了一些成果。我国从控制海洋生物生殖、生长、抗病和抗逆等主要经济性状的基因克隆、鉴定和功能分析入手,解析重要经济性状和重要生命现象的分子机制,建立以分子标记和基因转移为主的分子育种技术,并结合传统的选育技术,为海水养殖优良品种培育提供了有力手段。此外,我国的科研人员已经克隆出海蛇毒素、海葵毒素、水蛭素等一批功能基因,重组芋螺毒素、别藻蓝蛋白和鲨肝生长刺激因子可以作为潜在的基因工程的药物。同时,海葵强心肽、重组鲨肝刺激物质类似物、低温脂肪酶等十余种海洋生物基因工程产品已经进行中试规模制备,重组鲨肝刺激物质类似物等三个基因工程产品基本完成了临床前成药性评价研究。这些潜在的产品如成功进入市场,将产生巨大的经济效益。

大力发掘和合理利用海洋生物基因资源,尤其是开展与重要生产性状或特殊生理代谢过程相关的功能基因研究,建立和完善海洋生物基因资源发掘利用的关键技术,发掘筛选出具有工业、农业及医药应用前景的功能基因,开发具有我国自主知识产权的海洋基因工程新产品,不仅是更深层次地探索海洋生命奥秘之基础,更是我国海洋生物资源可持续利用的根本方略和必然趋势。

第四节　海洋生物基因资源的应用领域

一、海水养殖核心种质基因组学

陆地农业已经跨越了机械化、育种、化肥使用、生物技术等几个阶段,而海洋生物种质资源则是"蓝色农业"的基础。所谓核心种质,就是核心样品,即用最小的样品来最大程度地代表多样性。海水养殖核心种质基因资源的研究与利用,应该以资源为基础,以基因为核心,以品种和产品为载体。根据国际上重要的海洋生物基因组计划和我国海洋生物基因组研究的最新进展及面临的紧迫形势,笔者提出四点建议:第一,积极参与国际海洋生物基因组计划,避免被动;第二,有计划地对我国海水养殖核心种质和海洋药源生物独立开展基因组学研究;第三,构建海洋生物后基因组学研究的技术平台,确保基因资源的开发、保护和利用;第四,建立 GM(遗传修饰)动物的环境安全评估体系。

由于过度捕捞、海区污染、环境恶化等因素,我国的海洋鱼类资源面临着枯竭的危险。例如,我国带鱼的最高年产量曾达到 50 万吨,占世界总产量的 70%,但近年来的产量不断下降,并出现了小型化现象。我国应该加强重要海水养殖鱼类的遗传多样性与基因资源研究,选择重要的海水养殖鱼类进行基因组学和比较基因组学研究,从而使我国实现由水产大国到水产强国的跨越。

二、海洋极端环境基因资源的应用

深海生物的研究不仅具有科学意义,而且具有实际应用价值。由于深海生物在人工培养上存在难度,因此基因资源的应用就显得格外重要。特别是深海极端基因资源的研究和利用,对于揭示生命起源的奥秘,探究海洋生物与海洋环境相互作用下的特有生命过程和生命机制,以及发挥基因资源在工业、医药、环保和军事等方面的用途,都具有十分重要的意义。我国应当建立完备的研究条件和实验体系,构筑自己的深海极端微生物菌种资源库,培养一批高素质人才,获得拥有自主知识产权的成果,在国际竞争中争取主动。

据估计,深海未知生命有 1000 多万种,我们目前已在热液区发现了 300 多种新物种。研究热液区的嗜热微生物,对于认识生命起源具有十分重要的意义,并且嗜热微生物还是热稳定酶和浸矿菌的重要来源。极端微生物在极端环境下的代谢特征,为人类了解生命起源、生命本质和生命极限,以及开发新型药物和生物制品提供了机遇。其中,对极端微生物特征蛋白质结构和功能的认识是关键。

除了微生物以外,海洋甲壳动物也是极端环境中的重要类群。开展与海洋甲壳动物生长、蜕皮、生殖、性别控制、渗透压及体色调节相关的神经多肽基因之研究,对于阐明海洋极端环境生物之特异性适应机理,开发丰富的海洋极端环境之基因资源,以及推动海洋经济甲壳类养殖业的发展,均具有十分重要的意义。

极端酶对环境友好催化具有十分重要的作用,而嗜冷酶能起到在工业加工中降低能耗的作用。

三、水生生物基因资源的应用

水生生物转基因技术的发展,推动了快速生长、抗逆、抗病转基因鱼研究,转基因鱼生物反应器研究,以及转基因鱼生物安全研究。快速生长转基因鱼的饵料转换效率可提高 6.3%—7.9%,用于生长的能量提高 4%—6%,特定生长率 SGRg 提高 19.0%—25.0%,鱼体干物质含量提高 1.6%,蛋白质含量提高 2.2%—2.6%,脂肪含量下降 4.1%—15.0%。科学家对转基因鲤鱼的繁殖力、存活力、食性、摄食能力以及对种群动态组成的影响进行了系统研究,提出利用三倍体、育性控制和基因流阻断来确保生态安全。

基于海水鱼转基因技术的特点科学家通过利用"全鱼"载体构建快速生长和抗冻转基因海水鱼的实践,提出了需要解决的主要技术问题,包括定点整合、可控表达以及安全性和伦理问题等。

鱼类病害已经成为制约养殖业可持续发展的瓶颈。2003 年,养殖鱼类病害造成的直接经济损失为 85 亿元。以基因转移和分子标记为主体的分子育种技术,结合传统的选育技术,为海水养殖抗病品种培育提供了有力手段。此外,鱼类胚胎干细胞培养和基因定点转移技术,以及抗病品种培育的分子标记辅助育种技术,也取得了长足发展。

目前,海洋生物天然产物受到人们的格外关注,我们应该重视学科交叉,组成科研攻关团队,构建药用海洋生物资源种质库,打造海洋生物天然产物分离纯化和活性筛选的技术平台,逐步完善海洋天然产物化合物数据库,定位与生物活性相关的分子标记,克隆可以药用的功能基因,开创具有海洋生物特色的表达系统和生物反应器技术,为开发海洋生物活性产物提供充足的支撑。

在国际上,基因工程药物产业必将得到飞速发展。因此,开发具有中国自主知识产权的基因工程药物就显得十分迫切。其中,海洋生物基因工程药物具有诱人的前景。

四、海洋生物资源的可持续利用

我国的水产养殖业在国民经济中占有重要地位。2003 年,水产品出口净收入占农产品出口净收入的 50%,但经审定的水产良种只有 46种,良种覆盖率仅为 16.2%。海洋生物具有生物种类、生态习性和繁殖特点的多样性,我国应加强海水养殖生物繁育与主要经济性状基因表达调控的研究,克隆与生长、抗逆和品质质量性状相关的基因。同时,我国应加强海水养殖生物的遗传改良与新品种培育研究,重视选择育种和标记辅助育种的工作,将免疫与病害防治作为重点,特别要重视特异性或非特异性免疫增强剂和基因工程疫苗的应用潜力。

五、海洋生物基因资源研究和利用的其他关键问题

养殖生物的病害已经成为制约海水养殖业健康发展的瓶颈,SARS和禽流感病毒的流行已经为我们提供了前车之鉴。为此,开展海洋重要病原微生物的基因组和功能基因组学研究已成为当务之急。从分子水平和作用机理上阐明病原微生物的致病机制,是有效预防和治疗疾病、阻断疾病的传播和扩散之前提。

我们要加强对严重危害我国海水养殖业的主要病原细菌的全基因组学研究,以确定新的致病性相关功能基因,了解病原细菌的生物学、生理学特征,以及细胞与宿主机体的相互作用等分子机理,为我国的海水养殖病害诊断与高效防治技术提供有力支持。

近岸养殖海域是微生物学研究的薄弱环节,其所关联的食品安全、公共防疫和国家安全问题逐渐突显出来,因此海洋烈性病原微生物的负向基因资源研究应得到重视。我们应分析我国近年来发生的食物安全和抗生素残留事件,选择典型敏感海域进行试点,开展海洋生态基因组学研究,发掘有自净化作用的关键微生物(或基因)资源,并针对国家安全和公共防疫,建立生物安全监控和预警系统。

第二章　海洋药物资源

海洋药物研究经历近半个世纪的探索和发展,已经获得了许多宝贵的经验和丰富的研究资料。特别是近年来生物技术的迅猛发展,为海洋药物开发提供了新的研究方法、研究思路和发展方向。现代的化学研究方法与多种生物技术越来越紧密地结合在一起,这已成为当今海洋药物研究发展的主流,并且是今后数十年的海洋药物研究之主要趋势。

海洋药物是指从海洋生物中提取有效成分,利用现代生物技术制成海洋生物化学药品、保健品和基因工程药物,包括基因、细胞、酶、发酵工程药物、基因工程疫苗、新疫苗;药用氨基酸、抗生素、维生素、微生态制剂药物;血液制品及代用品;诊断试剂;血型试剂、X光检查造影剂、用于病人的诊断试剂;用于动物肝脏制成的生化药品等。海洋生物医药是我国的海洋战略性新兴产业之一。近年来,随着海洋生物医药发展进程的加快、国内医药需求的扩大以及对药品质量要求的提高,我国海洋生物医药的市场规模不断增加,成为近十年来海洋产业中增长最快的领域。数据显示,2017年,我国海洋生物医药产业的增加值为385亿元,预计2018—2022年的平均复合增长率约为12.37%,2022年的产值将达700亿元。

第一节　中国古代海洋药物资源的应用状况

中国将海洋生物用作药物的历史可以追溯到3600年前。彼时,沿海居民最初认识了可供食用的海洋生物,并发现了其药用价值,开始了海洋药物的医疗实践。与陆地中药一样,先民们经过长期的实践积累,将某些海洋生物及矿物直接用作药物,这些药用经验逐渐积淀在历代经典著作(特别是医药典籍)中。

历代主要医药典籍记载的海洋药物情况
(引自《海洋天然产物与药物研究开发》)

朝代	代表典籍	首次记载的药物	记载数	新增数
先秦时期	《山海经》	鲑鱼(河豚)、虎蛟(虎鲨)、文鳐鱼、紫鱼(鲚鱼)、人鱼(儒艮)、鳠鱼、飞鱼(燕鳐鱼)、滕鱼(青滕鱼)	8	8
春秋战国	《五十二病方》	牡蛎、盐	2	2
秦、汉	《神农本草经》	海藻、龟甲、乌贼骨、海蛤、蟹、贝子、马刀、朴硝、大盐、卤碱、青琅		
三国两晋南北朝	《名医别录》《本草经集注》	昆布、石帆、干苔、紫菜、魁蛤、石决明、鳗鲡鱼、食盐、芒硝	23	10
	《雷公炮炙论》	腽肭脐(海狗肾)、珍珠	25	2
唐代	《新修本草》	珊瑚、石燕、鲛鱼皮、紫贝、甲香、珂	29	6
	《食疗本草》	鹿角菜、紫菜、干苔、鲨、鲈鱼、蚶、蛏、淡菜、石首鱼、鲟鱼、鲥鱼、比目鱼、鲚鱼、鯷鲦鱼、车螯、海月、虾	26	17
	《本草拾遗》	石栏干、晕石、碧海水、盐胆水、越王馀箅、石莼、海根、马藻、海蕰、甲煎、海獭、璚瑶、鲮鲗、文鳐鱼、牛鱼、海豚鱼、杜父鱼、海鹞鱼齿、鲻鱼、鱼鲊、鱼脂、鲙、昌侯鱼、鱼虎、鲼鱼、鳅鱼、鱼尾鱼、地青鱼、鲋鲥鱼、邵阳鱼、蝤蛑、蝤蛑、拥剑、蟛蚏、海马(水马)、齐蛤、寄居虫、蛤蜊、蟛蜞、海螺、青蚨、蜡、蓼螺、蛇婆、担罗、大红虾鲊、蟯蟥	75	49

续　表

朝代	代表典籍	首次记载的药物	记载数	新增数
宋代	《开宝本草》	石蟹、鲻鱼	29	2
	《本草图经》		35	
	《经史证类备急本草》		116	
	《大观经史证类类备急本草》	车渠、石蚕、浮石、无明粉、马牙硝、石燕、水花、郎君子、海蚕沙、蚌蛤、海带、鹊梅	116	14
	《本草衍义》	青琅玕、玳瑁、乌贼鱼、鲛鱼	22	4
明代	《御制本草品汇精要》		89	
	《本草纲目》	石鳖、海蚕、石花菜、龙须菜、舵菜、龙涎、勒鱼、鳡鱼、章鱼、鲙残鱼、盐蟹汁、石劫、海镜、海燕猾	151	15
	《食物本草》	裙带菜、鱼、银鱼、水晶鱼、鲈子鱼、鰕虎鱼、尤头鱼、璜(瑰)鱼、君鱼、鹿子鱼、羊肝鱼、子鱼、柔鱼、鼋鼍、鼍、海狮、吐铁、海参	156	18
清代	《本草纲目拾遗》	鹧鸪菜、麒麟菜、红海粉、西楞鱼、带鱼、海龙、海牛、西施舌、对虾、禾虫、海狗油、鲥鱼鳞、河豚目、鲨鱼翅、乌鱼蛋、白皮子(海蛇肉)、蛏壳、蚌泪、干虾、虾米、虾子、虾酱		

　　先秦时期的《山海经》记载了 20 种海洋生物,主要是海洋鱼类,其中有治疗疾病作用且现代能考证出其物种的海洋药物就有 8 种。约在公元前 3 世纪左右,著名医学经典《黄帝内经》中就有"以乌贼骨做丸,饮以鲍色汁治血祛"等记载。中国最早的药典《神农本草经》记载,海洋药物 13 种,包括牡蛎、海藻、海蛤、文蛤、大盐、卤碱、青琅、马刀、蟹和贝子等,许多记述成为传世之宝,如"海藻疗瘿"是世界上最早的关于海藻

疗效之记载。三国两晋南北朝时期的《名医别录》和《本草经集注》收录了海洋药物 23 种,比《神农本草经》新增收了 10 种。唐代出现了官修本草,海洋药物研究因此也得以兴盛。例如,《新修本草》收录了海洋药物 29 种,比《名医别录》和《本草经集注》增收 6 种。特别是《本草拾遗》,其收录的海洋药物达到 75 种,新增收海洋药物 49 种,对后世海洋药物研究的发展具有重大影响。宋代是海洋药物研究的另一个大发展时期。《本草图经》收录了海洋药物 35 种,兼有图文 22 种,图 35 幅;《大观经史证类备急本草》收录了海洋药物 103 种,加上部位药 13 种,共 116 种,新增 14 种。在唐代与宋代的基础上,海洋药物研究在明代有了进一步的发展。《御制本草品汇精要》收录了海洋药物 89;集古代中华本草大成的《本草纲目》收录了海洋药物 111 种,加上部位药 40 种,共 151 种,新增 15 种;《食物本草》收录了海洋药物 100 种,加上部位药 56 种,共 156 种,新增 18 种,是记载海洋药物数量最多的古代典籍。清代的海洋药物研究又有了新的发展,《本草纲目拾遗》收录了海洋药物 33 种,新增 10 种,并新增部位或加工药 12 种。从秦汉到清代,海洋药物从《神农本草经》原始收载的 13 种发展为 110 余种,如按照不同物种及其药用部位分别计算,则累计达 207 种。海洋药物作为中国医药宝库的重要组成部分,为中华民族的繁衍生息作出了重大贡献。

第二节　中国现代海洋药物资源的应用状况

在几千年的临床实践基础上,自 20 世纪后半叶以来,随着中药及现代海洋药物研究的迅速发展,海洋药用生物资源及其活性物质的研究取得了长足进步,被认识和收录的海洋药用生物种类明显增加,在中药资源中占据重要地位。例如,《全国中草药汇编》(1975 年)收录中草药 4000 余种,其中包括海洋药物 166 种;《中草药大辞典》(1977 年)载药 5767 味,其中包括海洋药物 144 种(128 味);《中华本草》(1999 年)收录海洋药物的数量达到 612 种。

中国的海洋药用生物资源分布于整个中国海域,包括渤海、黄海、东海和南海,并覆盖辽宁、河北、天津、山东、江苏、上海、浙江、福建、台湾、广东、香港、澳门、海南、广西等14个省市和特别行政区共58个县的海岸带与滨海湿地。中国海区已经记录了海洋生物22561种,隶属于5个界,44个门,显示出丰富的物种多样性。在海洋药用生物资源中,大多数种类为中国所特有,有些是世界珍稀物种,这为现代海洋中药和海洋药物研究提供了独特的资源基础。除历代本草记载的药物外,现代药物研究又筛选发现了一批具有开发价值的药用生物资源。特别是自1970年代以来,现代天然产物化学、药物化学和药理学的研究涉及了许多古人未曾涉猎的资源领域。截至2008年,中国已记录的海洋药物及已进行现代药理学、化学研究的潜在药物资源已达684味,包括植物药205味,动物药468味,矿物药11味,涉及海洋药用动植物1667种(植物272种,动物1395种),另有矿物18种。目前,我国的药用动植物及矿物总数已达到1685种。在海洋药用生物资源中,主要有15个生物门类(植物7个门,动物8个)的共1667个物种。其中,脊索动物门最多,达547种;软体动物门次之,有480种。特别地,现代海洋药物研究的热点生物种类也不在少数,如珊瑚礁生态系的柳珊瑚、软珊瑚有33种,红树林生态系的红树植物有23种,显示出广阔的药用前景。这些药用生物资源分布在广阔的海域,物种数呈由北向南递增的趋势。有些药用生物资源为各海区的特有种,包括黄渤海特有种82种,东海特有种22种,南海特有种480种;有些药用生物资源为多海区分布种,包括黄海、渤海、东海分布种71种,东海、南海分布种251种;有些药用生物资源为广布种,达249种;另有洄游、迁徙及滨海湿地等物种共544种。需要说明的是,目前所知的海洋药用矿物较少,仅有食盐、咸秋石、石燕、石蟹、浮石、朴硝、芒硝、玄明粉等。

此外,海洋有毒生物也是重要的药用资源。中国已记录的海洋有毒生物达600多种(多为有毒动物),绝大多数尚未开发成为药物,但其所具有的特异化学结构和独特生物活性,显示出广阔的开发应用前景。

中国海洋药物资源现状（王长云等 2019 年）

	门 Phylum	中国海记录物种数 Species recorded in the China Seas	药用资源 Medicinal resoures	
			药物数 No. of materis medica	药用物种数 No. of medicinal species
海洋藻类植物药 Marine algae materia medica	蓝藻门 Cyanophyta	131	6	14
	药藻门 Rhodophyta	576	48	99
	硅藻门 Bacillariophyta	1351	2	8
	褐藻门 Phaeophyta	260	23	45
	绿藻门 Chlorophyta	193	10	24
滨海湿地植物药 Shore marsh plant materia medica	蕨类植物门 Preridophyta	11	1	1
	被子植物门 Angiospermae	400	115	81
海洋动物药 Marine animal materia medica	海绵动物门 Porifera	106	1	9
	腔肠动物门 Coelenterata	1304	31	117
	环节动物门 Annelida	972	5	14
	软体动物门 Mollusca	2902	124	480
	节肢动物门 Arthropoda	3809	33	125
	棘皮动物门 Echinodermata	624	20	99
	尾索动物门 Urochordata	125	4	4
	脊索动物门 Chordata	3617	250	547
矿物药 Mineral materia medica	矿物 minerals		11	18
合计 Total			684	1685

第三节 中国海洋生物医药产业的发展

一、海洋生物医药产业的定义

海洋生物医药业(Marine Biopharmaceutics Industry)是指从海洋生物中提取有效成分,利用生物技术生产生物化学药品、保健品和基因工程药物的生产活动,包括基因、细胞、酶、发酵工程药物、基因工程疫苗、新疫苗、菌苗;药用氨基酸、抗生素、维生素、微生态制剂药物;血液制品及代用品;诊断试剂;血型试剂、X光检查造影剂、用于病人的诊断试剂;用动物肝脏制成的生化药品等。

二、海洋生物医药产业分类

海洋生物医药产业的分类

类别名称	说明
海洋生物医药业	指以海洋生物为原料或提取有效成分,进行海洋药品与海洋保健品的生产加工及制造活动
海洋生物药品制造	指以海洋动植物为原料,利用生物技术制造药品的活动,如藻酸双酯钠
海洋化学药品制剂制造	指直接用于人体疾病防治、诊断的海洋化学药品制剂的制造
海洋中药饮片加工	指对采集的海洋动植物中药材进行加工、处理的活动
海洋中成药制造	指以海洋动植物为原料,直接用于人体疾病防治的传统药的制造。
海洋保健营养品制造	指从海洋生物中提取有效成分,加工生产制造海洋保健营养品的活动,如深海鱼油、螺旋藻等
其他海洋保健品制造	—

数据来源:产研智库

三、中国海洋生物医药产业的发展特征

(一) 从浅海走向深海

目前,我国已知的药用海洋生物约有 1000 种,分离得到天然产物数百个,制成单方药物十余种,复方中成药近 2000 种。南极冰藻在低温、高盐、强紫外线的特殊环境下生长,虽然个头很小,每个直径仅 10 微米左右,但是其中可能蕴含着有助于提高人体免疫力的活性物质。从沿海、浅海延伸到深海和极地,是当今海洋生物药物研究开发的一个趋势。针对近海生物的研究,国内外已经很多了,发现新的活性物质的概率比较小。因此,当前的研究重点转为极地、深海等极端环境中的生物。海洋蕴藏着极为丰富的生物资源,有着取之不尽的药源,是一座很大的医药宝库。由于人们看好其发展前景,因此对海洋新药的研究与开发,越来越受到世界各国的高度重视,现在已形成了新医药研究与开发的一个新领域,成为制药产业的热点。

以高新技术为标志的海洋生物医药产业,从诞生之日起就注定要借助海洋科技的发展来不断壮大自己。我国对海洋药物的系统研究始于 20 世纪 70 年代。1997 年,国家开始针对海洋生物领域启动海洋高技术计划。之后,一批批海洋生物技术重大项目相继启动,海洋药物的研究与开发取得长足进步。近年来,我国的海洋生物医药研究逐步走向规范化,形成了以上海、青岛、厦门、广州为主体的四个海洋生物技术和海洋药物研究中心。在沿海省市,从事海洋天然药物研究的机构多达数十家。

我国的海洋药物研究有着自己的鲜明特点,即以传统海洋生物的功效为启迪,研制开发现代药物。我国应用海洋生物来防治疾病的历史相当悠久,积累了很多宝贵的经验。从《山海经》、《神农本草》到《本草纲目拾遗》,我国先后收集到的海洋中药达 100 多种。例如,据历代本草典籍记载,昆布具有消痰、软坚散结等功效。现代医药研究表明,从昆布、海带等主要原料中提取的褐藻酸,能够防治心脑血管疾病。受此启发,中国海洋大学等单位联合研制出了国家级新药藻酸双酯钠,其

不仅能够解决心脑血管问题,还可治疗肾炎等疾病。

经过多年的探索和发展,我国海洋生物医药的研发取得了丰硕成果,已知药用海洋生物约有 1000 种,分离得到天然产物数百个,制成单方药物十余种,复方中成药近 2000 种。目前,海洋药物的应用领域不断扩大,显示出广阔的市场前景。

(二)从技术迈进市场

海洋生物医药技术的日渐成熟及成果的不断涌现,使越来越多的企业从中看到了巨大的商机。

虾壳、蟹壳、鱼骨、鱼鳞、鱼内脏……这些在福建沿海十分常见的海洋生物废弃物,被石狮华宝海洋生物化工公司拿来变废为宝,陆续研发并规模生产了海洋生物医药保健品 30 多种,成为世界上最大的 N—乙酰氨基葡萄糖系列衍生物的专业化生产基地。石狮华宝海洋生物化工公司日产氨基葡萄糖系列产品 10 吨,产品全部出口欧盟、美国、日本等地的市场,占全国同类产品出口额的 50% 以上。

进入新世纪之后,海洋生物医药产业的发展非常迅速。2014 年,我国的海洋生物医药产业全年实现增加值 258 亿元,比 2013 年增长了 27.8%。伴随着蓝色经济热潮的兴起,山东、广东、江苏、福建等沿海各省纷纷加大了对海洋生物医药产业的投入,将其作为蓝色经济的增长点去加速推动。随着国家生物产业基地落户青岛,青岛市崂山区经过几年的培育和发展,已拥有海洋生物相关企业 100 余家,海洋生物产业年产值每年在以平均 30% 的速度增长,已逐渐形成了以黄海制药为龙头,以华仁药业和爱德检测等为中坚的梯次发展的企业队伍,迅速构建了以海大兰太等 20 余个大项目为代表的海洋生物医药产业带。

江苏省从 1997 年建立第一个省级海洋药物研究开发中心起,就将海洋药物作为开拓海洋新兴产业的重点。海洋药物研发中心与省内的海洋经济开发区和科技兴海示范基地联动,在海洋药物的开发和成果转化方面发挥了积极作用。

第四节　发掘新的海洋药用生物资源

海洋是一座十分巨大的、有待深入开发的生物资源库,环境的多样性决定了生物的多样性及化合物的多样性。当前,发掘新的海洋生物资源,已成为海洋药物研究的一个重要发展趋势。

一、海洋微生物资源

海洋微生物的种类高达 100 万种以上,它们的次生代谢产物之多样性也是陆生微生物所无法比拟的。但是,能人工培养的海洋微生物只有几千种,占比不到总数的 1%。目前,以分离代谢产物为目的而被分离培养的海洋微生物更少。微生物可以经发酵工程而大量生成发酵产物,从而使药源得到保障。此外,海洋共生微生物有可能是其宿主中的天然活性物质之真正产生者,具有重要的研究价值。

二、海洋罕见的生物资源

生长在深海、极地以及人迹罕至的海岛上的海洋动植物,含有某些特殊的化学成分和功能基因。在水深 6000 米以下的海底,科学家曾发现过具有特殊生理功能的大型海洋蠕虫。在水温 90℃ 的海水中,仍有细菌存活。因此,对这些生物的研究将成为一个新的方向。

三、海洋生物药用基因资源

海洋生物的活性代谢产物是由单个基因或基因组编码、调控和表达获得的,获得这些基因预示着可以获得这些化合物。开展海洋药用基因资源的研究对开发新的海洋药物有着十分重大的意义。海洋动植物基因资源主要是活性物质的功能基因,如活性肽、活性蛋白等;海洋微生物基因资源主要是海洋环境微生物基因及海洋共生微生物基因。

四、海洋天然产物资源

针对海洋天然产物,历经数十年的研究,科学家已经积累了相当丰富的研究资料,为海洋药物的开发提供了科学依据。科学家对已获得的上万种海洋天然产物进行多靶点和新模型的筛选,以发现新的活性;对已获得的海洋天然产物进行结构修饰或结构改造;采用组合化学或生物合成技术,衍生更多的新化合物,并从中筛选出新的活性成分。

第五节　海洋药物研究的几个重点领域

目前,在海洋药物的开发研究领域,走在前列的是美国、日本等科技发达国家,对海洋药物的研究在我国尚是一个方兴未艾的领域。仅从科研经费的投入,便可看出美国等发达国家对海洋药物研究的重视。美国国家研究委员会和国立癌症研究所每年用于海洋药物开发研究的经费各为5000多万美元;近年来,美国健康研究院(NIH)的海洋药物资金增长幅度已达11%以上,与合成药、植物药基本持平;日本海洋生物技术研究院及日本海洋科学和技术中心每年用于海洋药物开发研究的经费约为1亿多美元;欧共体海洋科学和技术计划每年用于海洋药物开发研究的经费约为1亿多美元。海洋药物的研究和开发已向产业化发展,世界海洋生物的总产值于1969年为130亿美元,于1982年为3400亿美元,于1992年为6700亿美元,于2000年达到约1.5万亿美元。

我国的海洋天然产物研究起始于上世纪70年代,至今已有40多年的历史。曾陇梅等学者对我国南海的珊瑚类动物进行了较系统的化学成分研究,于1985年发现了具有双十四元环的新型四萜。上世纪90年代以后,海洋天然产物的研究获得了迅猛发展,科学家对我国海洋中的海绵、珊瑚、棘皮类动物、草苔虫、海藻及海洋微生物进行了广泛的研究。迄今已得到研究的海洋生物估计约有 500 多种,申请获得的发明专利约 50 余件,多种海洋药物获得新药证书或进入临床研究。海洋天然产物、海洋多糖、海洋微生物和海洋生物技术的研究,成为我国海洋药物研究的四大重点。随着海洋药物的快速发展,许多省市的重点院校均成立了相应的海洋药物研究机构和学术团体,每年均召开各种类型的海洋药物学术研讨会。国家自然科学基金、国家 863 高技术研究发展基金以及各省市的重点基金,都逐年加大了对海洋药物的资助。有的院校设立了海洋药物专业,培养海洋药物的专业人才。目前,全国已逐步形成了一个集教学、科研、生产为一体的较系统的海洋药物发展体系。海洋药物的研究事业正方兴未艾,其在我国的药学研究和生物技术研究领域占有越来越显著的地位。

有关资料显示,我国目前已有六种海洋药物获国家批准上市,即藻酸双酯钠、甘糖酯、河豚毒素、角鲨烯、多烯康、烟酸甘露醇等。另有十种获健字号的海洋保健品也已问世。我国正在开发的抗肿瘤海洋药物有 6-硫酸软骨素、海洋宝胶囊、脱溴海兔毒素、海鞘素、扭曲肉芝酯、刺参多糖钾注射液和膜海鞘素等,但其长期疗效还有待进一步观察。此外,我国尚有多个拟申报一类新药的产品要进入临床研究,如新型抗艾滋病海洋药物 911、抗心脑血管疾病药物 D-聚甘酯和 916、治疗肾衰的国家二类新药肾海康等。

一、海洋抗癌药物研究

海洋抗癌药物研究在海洋药物研究中一直起着主导作用,科学家预言,最有前途的抗癌药物将来自海洋。研究人员,现已发现,在当前的海洋生物提取物中,至少 10% 具有抗肿瘤活性。美国每年有 1500 个海洋产物被分离出来,1% 具有抗癌活性。目前,至少已有 10 种以上的海洋抗癌药物进入临床或临床前研究阶段。

扩大海洋生物的活性筛选,继续寻找高效的抗癌化合物并直接用于临床或作为先导物进行结构改造,开发新的高效低毒的抗癌成分,将成为海洋抗癌药物研究的发展趋势。

二、海洋心脑血管药物研究

目前,科学家已研究出多种药物可有效预防和治疗心脑血管疾病,如高度不饱和脂肪酸具有抑制血栓形成和扩张血管的作用,现已有多种制剂用于临床。有些海洋生物毒素不仅有强心作用,而且有很强的降压作用,河豚毒素的抗心率失常作用目前得到较多研究。此外,藻酸酯钠类、螺旋藻类对高血脂和动脉粥样硬化也有良好的预防和辅助治疗作用。

三、海洋抗菌、抗病毒药物研究

与海洋动植物共生的微生物是一种丰富的抗菌资源,日本学者发现约27%的海洋微生物具有抗菌活性。

四、海洋消化系统药物研究

多棘海盘车中分离的海星皂甙及罗氏海盘车中提取的总皂甙均能治疗胃溃疡,后者对胃溃疡的愈合作用强于甲氰咪胍。壳聚糖的羧甲基衍生物(商品名为"胃可安胶囊")治疗胃溃疡的疗效确切,治愈率高,已进入临床研究。大连中药厂配合中药制成的"海洋胃药"应用于临床,已取得较好的效果。

五、海洋消炎镇痛药物研究

从海洋天然产物中分离的最引人注目的活性成分是 manoalide,它是磷酸酯酶 A2 抑制剂,在上世纪 80 年代中期就已被当作一种典型的抗炎剂在临床试用。

六、海洋泌尿系统药物研究

褐藻多糖硫酸酯是一种水溶性多糖聚，具有抗凝血、降血脂、防血栓、改善微循环、解毒、抑制白细胞及抗肿瘤等作用，临床用于治疗心脏、肾血管病，特别对改善肾功能，提高肾脏对肌酐的清除率尤为有效。褐藻多糖硫酸酯在国内外首先用于治疗慢性肾衰，对挽救尿毒症患者有明显疗效，且无毒副作用。该药现已按国家二类新药获准进入临床研究，商品名为"肾海康"。

七、海洋免疫调节作用药物研究

海洋天然产物是免疫调节剂的重要来源。具有免疫调节活性的角叉藻聚糖，是来自大型海藻的硫酸化多糖的一大类成分，被广泛用于肾移植的免疫抑制剂和细胞应答的修饰剂。

八、其他海洋药物研究

神经系统药物、抗过敏药物等研究亦取得不少成果。海洋是新种属微生物的生存繁衍地，我们从众多的新种属微生物中，可以培养出一系列高效的抗菌药物，如来源于多种链霉菌的 Teleocidin 就是一种强抗菌药物。海洋毒素是海洋生物研究中，进展最为迅速的领域，多数海洋毒素具有独特的化学结构。由于许多高毒性的毒素是以针对生物神经系统或心血管系统的高特异性作用为基础的，因此这些毒素及其作用机制是发现新神经系统或心血管系统药物的重要导向化合物和线索，并且它们也可以作为寻找新农药的基础。现已发现的海洋毒素之化学结构大致可以分为聚醚类化合物、含氮化合物、溶血糖脂类、记忆丧失性氨基酸贝毒、酯溶性酚类和含磷化合物。

九、海洋功能食品的研究开发

功能食品被誉为"21 世纪食品",其代表了当代食品发展的新潮流。功能食品之所以具有生理调节功能,是因为它含有各种各样的生理活性物质,这种生物活性物质是陆生生物所不可比较的。如何对海洋生物中的活性成分进行深加工,以制成风味独特和保健功效显著的海洋功能食品,是当前的一个重要开发研究领域。这些活性成分包括牛磺酸、鱼油不饱和脂肪酸和磷脂、甲壳素和壳聚糖、活性多糖、维生素、膳食纤维、矿物元素等。

海洋功能食品的发展趋势是针对常见病、多发病和疑难病,运用多学科交叉的现代高新技术方法,尽可能保留海洋生物的天然特点和营养成分,研究开发高技术含量、高水平、高效益的海洋功能食品新产品。

第三章　海洋中药资源

中药作为中国的传统药物,由于其独特的医药理论和医疗实践,在世界医药史上占据着极其重要的地位,几千年来为中华民族乃至全人类的生命健康作出了卓越贡献。海洋中药作为中药的重要组成部分,在防病、治病中发挥了重要作用。近年来,海洋中药的研究开发受到医药界的广泛关注,迎来了大好的发展机遇。海洋中药的研究开发满足了国家创新药物的重大战略需求,具有良好的国际国内发展环境。从全球范围来看,大半个世纪以来,国际社会已从海洋生物中发现了近3万种海洋天然产物,并于20世纪60—70年代开发出3种海洋药物。经过大半个世纪的积累,国际社会近十年来又开发出5种海洋药物。反观中国现代海洋药物研发的现状,虽然在国家各类科技计划的支持下,取得了一定的成绩,但是与国际海洋药物研发水平还有较大差距,与中国生物医药业的需求尚有很大的距离。中国拥有丰富的海洋生物资源,具有独特的中医药理论体系,海洋中药应该成为中国海洋药物研发的特色。有鉴于此,发扬传统中医药理论,研究开发现代海洋中药,具有极其重要的科学价值和现实意义。

第一节　海洋中药的发展历程

公元前1027年,姬周于《尔雅》中设置了虫、鱼、鸟、兽、畜等五章,这是对动物的最早记录。《诗经》记载了动植物药 160 种,其中涉及鱼类 18 种,包括鲨、鳣(zhān)、鲔(wěi,现代的鲟鱼)。春秋战国时期,不少药物已应用于临床,医家对其功效、作用和毒副作用等进行了较为详细的描述。《皇帝内经》载:"以乌贼骨为丸,饮以鲍汁治疗血枯。"《山海经》记录了包括海洋药物在内的动物药 67 种,并特指出"鱼(河豚鱼)食之杀人"。

东汉时期的《神农本草经》载药 365 种,其中涉及海洋药物约 10 种,包括牡蛎、海藻、乌贼骨、海蛤、文蛤、大盐、卤碱、蟹等。书中关于中药的用法、配伍、制剂、禁忌、功用和主治等都有论述,至今仍有一定的实用价值。例如,将牡蛎列入上品之中,认为其具有养生、治病的作用;记载了海藻性味咸寒,主治瘿瘤结气,颈下核、痈肿癥(zhēng)瘕(jiǎ)坚气等。

从魏晋到南北朝,本草著作对海洋药物的数量、炮炙等之记录又有了一定的发展。公元 470 年,南朝刘宗时的《雷公炮炙论》对一些海洋药物的炮制方法进行了阐述,如"凡使(石决明)先去上粗皮,用盐并东流水于大磁器中煮一伏时,漉出,拭干,捣为末,研如粉,却入锅子中,再用五花皮、地榆、阿胶三件,更用东流水于磁中,如此淘之三度,待干,再研一万匝,方入药中用"。公元 502 年,南朝陶弘景的《本草经集注》在对《神农本草经》之后的药物进行总结之基础上,新增药物 365 种,其中包括海洋药物鳗和干苔等。

公元 657—659 年,长孙无忌主持修编《新修本草》,其中载药 850 种,新增的海洋药物有珊瑚、鲛(鲨)、珂(凹线蛤蜊)、紫贝蛤等。公元 739 年,陈藏器的《本草拾遗》新增海洋药物海蕴(海藻的一种)、石莼、鲳鱼、杜父鱼、海马等海洋药物 20 余种,使得海洋药物的数量增至 60 种。同时期,李珣撰写了《海药本草》,该书新增的海洋药物不多,但是对海洋药物进行了较为详尽的阐述,如"海藻主宿食不消,瘫痈,脚气奔豚"。1061 年的《嘉祐补注本草》新增的海洋药物有海带、石蟹、鲈鱼、淡菜、车螯、珍珠、玳瑁等。公元 1098 年,唐慎微撰写了《经史证类备急本草》,其中亦有新增海洋药物。公元 1056 年,明代李时珍的《本草纲目》记载了药物 1518 种,新增药物 374 种,书中有关海洋药物的收载论述和附录、方剂也很丰富。据统计,《本草纲目》记载了藻类 14 种,无脊椎动物约 30 种,鱼类 29 种,爬行动物 8 种,新增 3 种,其他还包括盐胆水、石鳖等。公元 1765 年,赵学敏的《本草纲目拾遗》收录了《本草纲目》未收载的中药,新增的海洋药物有沙蚕、海参、海龙等 11 种。

近代的《全国中草药汇编》收录了海洋药物 166 种,《中草药大辞典》亦收录了海洋药物 144 种。总之,经历了 2000 余年的发展,海洋药物的收载才 170 余种。相比于陆地药物,人类对海洋生物的认识还远远不够。2009 年,《中华海洋本草》发布,其全面系统地反映了海洋药物应用、研究的历史和发展,也客观展现了海洋药用资源的现状,可为海洋中药及现代海洋药物的研究和开发提供基础性科学资料,是海洋药物领域首部具有系统性、科学性、先进性和实用性的大型工具书。《全国中草药汇编》收录了海洋药物 613 味,涉及药用生物以及具有潜在药用开发价值的物种 1479 种,精选 3100 余个历代典籍中的古方,而且为了体现海洋中药的发展,该书还特别记载了现代药物化学、药理学的验证结果。此外,《全国中草药汇编》反映了现代海洋药物研究的热点领域,记载了 300 余株的典型海洋微生物及其次级代谢产物的生物学、化学、药理学等信息,这些信息为未来海洋药物的研究开发提供了基础资料。

第二节 部分典籍收录的海洋药物

目前,《全国中草药汇编》收录了海洋动物药 47 种;《中药大辞典》收录了海洋动物药 97 种;《中药辞典》收录了海洋动物药 164 味,共 178 种;《中国中药资源志要》收录了药用动物 414 科,涉及 879 属,共 1590 种;《全国中草药名鉴》收录了动物药 1630 余条(403 科),共 708 种;《中华本草》收录了海洋药用动物 501 种,海洋动物药 209 种;《中国药用动物志》收录了海洋药用动物 260 种;《动物本草》收录了海洋药用动物 71 种,海洋动物药 317 种;《中国海洋药物词典》收录了海洋动物药

1431 种;《中国海洋湖沼药物学》收录了海洋药用动物 455 种,海洋动物药 175 种;《中华海洋本草》收录海洋动物药 397 味;历年各版《中国药典》所收录的海洋动物药材共有 10 种,主要包括瓦楞子、石决明、牡蛎、玳瑁、珍珠、珍珠母、海马、海龙、海螵蛸以及蛤壳。

《中国药典》是我国药物记载的最高法定依据。从历年各版《中国药典》对动物药——尤其是海洋动物药——的收录情况来看,相关的质量标准项目少而简单。由于海洋动物药的来源存在限制,其质量标准的整体研究情况与陆源中药相比差距较大,列入的大多数品种仅涉及性状外观鉴别,基本未涉及显微鉴别薄层色谱法专属鉴别、含量测定项(壳类动物药除外)以及通识项、检查项。纵观各品种的质量标准在药典中的变化情况,我们能够发现,各版《中国药典》所收录的动物药及其制剂中的专属鉴别和含量测定项有所增加,但一些比较成熟、稳定的化学鉴别与含量测定方法尚未得到应用。

海藻

> 来源:本品为马尾藻科植物海蒿子或羊栖菜的干燥藻体。

> 鉴别:取本品 1 克,剪碎,加水 20 毫升,冷浸数小时,滤过,滤液浓缩至 3—5 毫升,加三氯化铁试液 3 滴,生成棕色沉淀。

> 炮制:除去杂质,洗净,稍凉,切段,晒干。

> 性味与归经:味苦、咸,寒,归肝、胃、肾经。

> 功能与主治:软坚散结、消痰、利水,用于瘿瘤、瘰疬、睾丸肿痛、痰饮水肿。

> 用法与用量:6—12 克。

昆布

➤ 来源：本品为海带科植物海带或翅藻科植物昆布的干燥叶状体。

➤ 炮制：除去杂质，漂净，稍晾，切宽丝，晒干。

➤ 性味与归经：未咸，寒，归肝、胃、肾经。

➤ 功能与主治：软坚散结、消痰、利水，用于瘿瘤，瘰疬，睾丸肿痛，痰饮水肿。

➤ 用法与用量：6—12 克。

➤ 贮藏：置干燥处。

瓦楞子

➤ 来源：本品为蚶科动物毛蚶、泥蚶或魁蚶的贝壳。

➤ 炮制：瓦楞子洗净，干燥，碾碎；煅瓦楞子时，取净瓦楞子，照明煅法煅至酥脆。

➤ 性味与归经：味咸，平，归肺、胃、肝经。

➤ 功能与主治：消痰化瘀、软坚散结、制酸止痛，用于顽痰积结、粘稠难咳、瘿瘤、瘰疬、胃痛泛酸。

➤ 用法与用量：9—15 克，宜先煎。

牡蛎

➤ 来源：本品为牡蛎科动物长牡蛎、大连湾牡蛎或近江牡蛎的贝壳。

➤ 炮制：牡蛎洗净,干燥,碾碎;煅牡蛎时,取净牡蛎,照明煅法煅至酥脆。

➤ 性味与归经：味咸,微寒,归肝、胆、肾经。

➤ 功能与主治：重镇安神、潜阳补阴、软坚散结、收敛固涩,用于惊悸失眠、眩晕耳鸣、瘰疬痰核、癥瘕痞块、自汗盗汗、遗精崩带、胃痛泛酸。

➤ 用法与用量：9—30克,先煎。

海马

➤ 来源：本品为海龙科动物线纹海马、刺海马、大海马、三斑海马或小海马的干燥体。

➤ 炮制：除去灰屑,用时捣碎或碾粉。

➤ 性味与归经：味甘,温,归肝、肾经。

➤ 功能与主治：温肾壮阳、散结消肿,用于阳痿、遗尿、肾虚作喘、跌扑损伤,外治痈肿疔疮。

➤ 用法与用量：3—9克,外用适量,研末敷患处。

➤ 贮藏：置阴凉干燥处,防蛀。

海风藤

➤ 来源：本品为海龙科动物刁海龙、拟海龙或尖海龙的干燥体。

➤ 炮制：除去灰屑，用时捣碎或切段。

➤ 性味与归经：味甘，温，归肝、肾经。

➤ 功能与主治：温肾壮阳、散结消肿，用于阳痿遗精、瘰疬痰咳、跌扑损伤，外治痈肿疔疮。

➤ 用法与用量：3—9 克；外用适量，研末敷患处。

海螵蛸

➤ 功能与主治：止带、制酸、敛疮，用于溃疡病、胃酸过多、吐血衄血、崩漏便血、遗精滑精、赤白带下、胃痛吞酸，外治损伤出血、疮多脓汁。

➤ 用法与用量：5—9 克；外用适量，研末敷患处。

➤ 贮藏：置干燥处。

石决明

> 来源：本品为鲍科动物杂色鲍、皱纹盘鲍、羊鲍等的贝壳。

> 炮制：石决明除去杂质，洗净，干燥，碾碎；煅石决明时，取净石决明，照明煅法煅至酥脆。

> 性味与归经：味咸，寒，归肝经。

> 功能与主治：平肝潜阳、清肝明目，用于头痛眩晕、目赤翳障、视物昏花、青盲雀目。

> 用法与用量：3—15 克，先煎。

> 贮藏：置干燥处。

海蜇

> 来源：本品为根口水母科动物海蜇及黄斑海蜇的口腕部。

> 炮制：捕得后，将口腕部加工成海蜇头或者腌制海蜇头。

> 性味归经：味咸，性平，归肝、肾、肺经。

> 功能与主治：清热平肝、化痰消积、润肠，用于肺热咳嗽、痰热哮喘、食积痞胀、大便燥结、高血压病。

> 用法用量：内服，煎汤，30—60 克。

蚶

➢ 来源：本品为蚶科动物魁蚶、泥蚶、毛蚶等的肉。

➢ 炮制：捕得后，洗净，沸水略煮，去壳取肉用。

➢ 性味归经：味甘，性温，归脾、胃经。

➢ 功能与主治：补气养血、温中健胃，用于痿痹、胃痛、消化不良、下痢脓血。

➢ 用法用量：内服，煎汤，10—30克。

淡菜

➢ 来源：本品为贻贝、厚壳贻贝和翡翠贻贝的肉。

➢ 采集加工：全年可采，捕得后，取肉，鲜用或加工为淡菜干。

➢ 性味归经：味甘，咸，性温，归肝、肾经。

➢ 功能与主治：补肝肾、益精血、消瘿瘤，用于虚劳羸瘦、眩晕、盗汗、阳痿、腰痛、吐血、崩漏、带下、瘿瘤。

➢ 用法用量：内服，煎汤，15—30克；或入丸、散。

江珧柱或干贝

➢ 来源：本品为江珧科动物栉江珧的后闭壳肌。

> 采集加工：全年都可捕捉；捕得后，剖取肉柱，鲜食或加工为干制品，俗称"干贝"。

> 性味归经：味甘、咸，性平，归脾、肾经。

> 功能与主治：滋阴补肾、调中消食，用于消渴、小便频数、宿食停滞。

> 用法用量：内服，煮食，适量。

蛤蜊

> 来源：本品为蛤蜊科动物四角蛤蜊的肉。

> 采集加工：四季均可采捕；捕得后，用沸水烫过，剖壳取肉，鲜用或晒干。

> 性味归经：味咸，性寒，归胃、肝、膀胱经。

> 功能与主治：滋阴、利水、化痰、软坚，用于消渴、水肿、痰积、癖块、瘿瘤、崩漏、痔疮。

> 用法用量：内服，煮食，50—100克。

蛏肉

➤ 来源：本品为竹蛏科动物缢蛏的肉。

➤ 采集加工：全年可以捕捉，捕得后，剥去外壳，洗净，鲜用或晒制为蛏干。

➤ 性味归经：味咸，性寒，归肝、肾经。

➤ 功能与主治：补阴、清热、除烦，用于产后虚损、烦热口渴、盗汗。

➤ 用法用量：内服，煎汤，30—60 克。

鲍鱼

➤ 来源：本品为鲍科动物杂色鲍、皱纹盘鲍、耳鲍、羊城鲍的肉。

➤ 采集加工：捕得后，剖取其肉，鲜用或加工制成鲍鱼干。

➤ 性味归经：味甘、咸，性平。

➤ 功能与主治：滋阴清热、益精明目，用于劳热骨蒸、咳嗽、青盲内障、月经不调、带下、肾虚小便频数、大便燥结。

➤ 用法用量：内服，煮食或煎汤，适量。

甲香

➢ 来源：本品为蝾螺科动物蝾螺、夜光蝾螺、节蝾螺、金口蝾螺的厣。

➢ 采集加工：四季可采。

➢ 性味归经：性味甘、寒，无毒。

➢ 功能与主治：主治目痛累年，取汁洗之；煮食治心痛。

➢ 用法用量：内服，煎汤，5—15 克；磨水冲服，3—9 克；外用，适量，煅研末撒或调敷。

海螺

➢ 来源：本品为骨螺科动物脉红螺、皱红螺或其他类似螺类的鲜肉。

➢ 性味归经：味甘，性凉，归肝经。

➢ 功能与主治：清热明目，用于目痛、心腹热痛。

➢ 用法用量：内服，煮食或煎汤，30—60 克。外用，适量，取汁合药点眼。

枪乌贼

➤ 来源：本品为枪乌贼科动物中国枪乌贼及其近缘动物的全体。

➤ 采集加工：四季均可采捕，渔民多用钓具或张网捕捉，捕得后，鲜用或加工制成鱿鱼干。

➤ 性味归经：味甘、咸，性平。

➤ 功能与主治：祛风除湿、滋补、通淋，用于风湿腰痛、下肢溃疡、腹泻、石淋、白带、痈疮疖肿、病后或产后体虚、小儿疳积。

➤ 用法用量：内服，煮食，50—100克。

梭子蟹

➤ 来源：本品为梭子蟹科动物三疣梭子蟹的全体。

➤ 采集加工：春、秋季捕捞，洗净，鲜用或晒干。

➤ 性味归经：味咸，性寒。

➤ 功能与主治：滋阴养血、解毒疗伤，用于血枯经闭、漆疮、关节扭伤。

➤ 用法用量：内服，适量，煅存性研末；外用，适量，捣敷或煎汤洗。

鲨鱼肉

➢ 来源：本品为皱唇鲨科白斑星鲨、灰星鲨、白斑色鲨等的肉。

➢ 采集加工：四季可捕，捕得后，除去皮和内脏，取肉鲜用或晒干。

➢ 性味归经：味甘、咸，性平，归脾、肺经。

➢ 功效：补虚、健脾、利水、祛瘀消肿，用于久病体虚、脾虚浮肿、创口久不愈合、痔疮。

➢ 用法用量：内服，煮食，100—200 克。

鲟鱼

➢ 来源：本品为白鲟科动物白鲟和鲟科动物中华鲟的肉。

➢ 性味归经：味甘，性平，归肺、肝经。

➢ 功能与主治：益气补虚、活血通淋，用于久病体虚、贫血、血淋、前列腺炎。

➢ 用法用量：内服，煮食，50—100 克。

蛇鲻

➢ 来源：本品为狗母鱼科动物多齿蛇鲻、长蛇鲻等多种蛇鲻的肉。

➢ 采集加工：四季均可捕捞，捕得后，去鳞片及内脏，鲜用或晒干。

> 性味归经：味甘，性平。

> 功能与主治：健脾补肾、缩尿，用于小儿麻痹后遗症、遗尿、夜尿多。

> 用法用量：内服，煮食，适量。

海鳗

> 来源：本品为海鳗科动物海鳗的全体。

> 性味归经：味甘，性温，归肺、肝、肾经。

> 功能与主治：补虚损、润肺、祛风通络、解毒，用于病后或产后体虚、遗精、贫血、神经衰弱、气管炎、面神经麻痹、骨节疼痛、急性结膜炎、疮疖、痔瘘。

> 用法用量：内服，炖食，适量；外用，适量，鲜血涂，或将鲜血滴于吸水纸上，阴干，贴敷。

蓝点马鲛

> 来源：本品为鲅科动物蓝点马鲛的肉。

> 采集加工：常年可捕捞，捕得后，除去内脏洗净，鲜用或晒干。

> 性味归经：味甘，性温。

> 功能与主治：滋补强壮，用于病后及产后体虚、早衰、神经衰弱。

> 用法用量：内服，煮食，50—100 克。

鲳鱼

➤ 来源：本品为鲳科动物银鲳及其近缘种的肉。

➤ 采集加工：常年可捕捞，捕得后，除去内脏，洗净，鲜用。

➤ 性味归经：味甘，性平，归脾、胃经。

➤ 功能与主治：益气养血、舒筋利骨，用于主消化不良、贫血、筋骨酸痛、四肢麻木。

➤ 用法用量：内服，煮食或炖服，30—60克。

河豚

➤ 来源：本品为鲀科动
物弓斑东方鲀、虫纹东方鲀、暗纹东方鲀及同属动物的肉。

➤ 采集加工：四季可捕
捉，捕得后，去净内脏、血、皮、头，取净肉，鲜用或晒干。

➤ 性味归经：味甘，性温，有毒，归肝、肾经。

➤ 功能与主治：滋补肝肾、祛湿止痛，用于主阳痿、遗尿、眩晕、腰膝酸软、风湿痹痛、皮肝瘙痒。

> 用法用量：内服，久煮食（2个小时以上），适量。

海龟

> 来源：本品为海龟科的海栖龟。

> 性味归经：味甘，性平，归肝、肾、心三经。

> 功能与主治：滋阴补肾、润肺止咳，用于肝硬化、慢性支气管炎、哮喘、目赤肿痛、关节痛、痢疾、便血、水火烫伤。

> 用法用量：内服，板和掌，炖煮成胶状或浸酒，适量；龟肉，多油部分加水炼油，拌饭；蛋，煮粥或冲酒；外用，龟油适量，涂敷。

玳瑁

> 来源：本品为海龟科动物玳瑁的背甲。

> 采集加工：将捕获的活玳瑁倒挂悬起，用沸醋泼之，使其背部鳞片剥落，去除残肉，洗净。

> 性味归经：味甘、咸，性寒，归心、肝经。

> 功能与主治：平肝定惊、清热解毒，用于热病高热、神昏谵语抽搐、小儿惊痫、眩晕、心烦失眠、痈肿疮毒。

> 用法用量：内服，煎汤，9—15克，或磨汁，亦可入丸、散；外用，适量，研末调涂。

龙涎香

➢ 来源：本品为抹香鲸科动物抹香鲸的肠内异物（如乌贼口器和其他食物残渣等）刺激肠道而成的分泌物。

➢ 采集加工：捕杀后，收集肠内分泌物，经干燥后即成蜡状的硬块；其肠中分泌物也能排出体外，漂浮于海面，可从海面上捞取。

➢ 性味归经：味甘、酸、涩；性温，归心、肝、肺、肾经。

➢ 功能与主治：化痰平喘、行气散结、利水通淋，用于喘咳气逆、胸闷气结、症瘕积聚、心腹疼痛、神昏、淋症。

➢ 用法用量：内服，研末，0.3—1 克。

石首鱼

➢ 来源：本品为石首鱼科动物大黄鱼、小黄鱼的肉。

➢ 采集加工：在鱼汛期捕捞，捕得后，除去肉脏，洗净，鲜用或冷藏。

➢ 性味归经：味甘，性平，归脾、胃、肝、肾经。

➢ 功能与主治：益气健脾、补肾、明目、止痢，用于主病后或产后体虚、乳汁不足、肾虚腰痛、水肿、视物昏花、头痛、胃痛、泻痢。

➢ 用法用量：内服，煮食或炖食，100—250 克。

第五单元
海洋矿产资源

海洋矿产资源是指储存于海洋水体中且天然产出的固态、液态、气态物质的富集体,该富集体是在经济上具有开采价值,在技术上具有利用价值的无机体或有机体。对海洋矿产资源的分类,主要依据的是矿产本身所具有的特点,以及人类开采利用的目的。根据矿产资源为人类提供的物质、能量属性,海洋矿产资源分为提供燃料的能源资源和提供原料的物质资源两大类;从适应现今工业生产体系的角度来划分,海洋矿产资源分为金属矿产资源和非金属矿产资源;根据海洋分区原则,海洋矿产资源可以分为海水矿产、海滩矿产、大陆架矿产、洋底表层沉积矿产、海底硬岩矿产;根据海洋构造环境原则,海洋矿产资源分为被动大陆边缘矿床、大洋环境形成矿床、俯冲带有矿床;根据前人对海洋资源分类概况的总结,海洋矿产资源可以分为滨海砂矿、海底热液矿床、洋底多金属结核、海底富钴结壳、海底磷矿床、海洋可燃矿产或油气资源。根据法国石油研究院的估算,全世界海洋的石油可采储量为1350亿吨。根据美国专家的统计,世界有油气的海洋沉积盆地面积为2639.5万平方千米。我国邻近海域的油气储藏量为40亿至50亿吨。目前,亚洲一些国家还发现了许多海底锡矿,已发现的海底固体矿产有20多种。我国大陆架浅海区广泛分布有铜、煤、硫、磷、石灰石等矿产资源。总之,从海岸到大洋、从海面到海底,均分布有丰富的海洋矿产资源,其是人类可利用的重要物质原料。

第一章　海洋矿产资源概述

第一节　矿产资源的基本概念

矿产资源是一种自然资源。矿产资源是指赋存于地球内部或地壳上及其水体中的，天然产出的固态、液态、气态物质的富集体，该富集体是在经济上具有开采价值，在技术上具有利用价值的无机体或有机体。

海洋中的矿产资源不仅包括通常意义的固体矿产，还包括以固态、气态和液态等形式溶于水体中并具有开采价值的无机矿物质或有机矿物质。

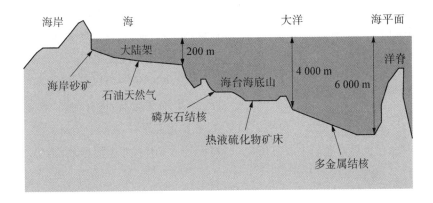

海底矿产资源,即赋存于海底表层沉积物和海底岩层中的无机矿藏,以及赋存于海底沉积层中的天然气水合物和大洋洋底的多金属结核,其形成时间为中新世至今。海山区的富钴结壳和磷块岩主要形成于新生代中晚期,而赋存于大洋中脊的硫化物矿床和海滨砂矿的主要成矿期为第四纪。海底矿产的形成经历了漫长的地质年代,不仅数量大,而且种类多、分布广,不可忽略的是其中的大多数种类是不可再生资源。

第二节 矿产资源的种类

对矿产资源进行分类,主要是为了便于人们加深对各种矿产的认识,并为生产实践和科学研究服务。矿产资源分类的主要依据是矿产本身所具有的特点,以及人类开采利用的目的,从矿产资源为人类提供的物质、能量属性来看,矿产资源可分为两大类,即提供燃料的能源资源和提供原料的物质资源。

燃料矿产(能源矿产)包括化石燃料与核燃料。化石燃料包括煤炭、石油、天然气以及天然气体水合物等;核燃料包括核裂变燃料核聚变燃料。

原料矿产包括金属原料与非金属原料。金属原料包括黑色金属(指铁和加入铁中能冶炼成不同的合金钢的那些金属,如铁、锰、铬、镍、钼、钨等);与有色金属(如铜、锡、铅、锌、锑、汞、金、银等);非金属原料包括建筑材料、化工原料和其他工业原料,如金刚石、宝石等。

从适应现今工业生产体系的角度来看,矿产资源可以分为金属矿产与非金属矿产。金属矿产包括黑色金属、有色金属、稀有金属、放射性金属等;非金属矿产包括化石燃料、各种化工原料、建筑材料等。

在世界矿业的生产总值中,燃料大约占 70%,非金属原料大约占 17%,金属原料约占 13%。

第三节　矿产资源和现代社会

　　矿产资源从被人类利用那天起,就一直是人类社会发展所不可或缺的重要组成部分,其是人类从事生产建设的物质基础。随着人口的增长和生产的发展,人类需要更加充分合理地开发利用矿产资源,使其持久地发挥最大的经济效益,为人类社会的发展提供长久的支持。

人类社会发展与矿产资源的关系

人类社会的历史发展时期		反映当时社会生产技术水平的特征矿产
旧石器时代 新石器时代 青铜器时代 铁器时代 蒸汽、原子 和电子时代	产业革命时期 技术革命时期 新技术革命时期	可制作石器的各类岩石 岩石、陶土、玉石等 铜、锡、铅、铁、金等 铁、铜、金、锡、银等 煤、铁等 石油、铜、铝、镍等 稀有金属、稀土、放射性元素等

一、矿产资源和社会生产生活

　　矿产资源为社会生产提供了原料和能源。矿产资源从被人们利用的那一天开始,就在人类的生产活动中占有重要位置。从历史的发展来看,新石器时期是人类学会冶金的开端。此后,人类社会生产进入青铜器时代。自那时起,从矿产中提取金属材料在人类社会的发展中成为一项重要的推动性因素。在具有悠久历史的国家,铜矿多数被开采殆尽,这足以证明古代社会的发展对像铜这样的金属材料之高度依赖。18世纪,人类进入工业时代。随着热机的应用,大量由钢铁制造的机械成为工农业生产的重要动力,一个国家的钢铁产量往往代表了这个国家的工业发展水平;同时,燃料矿产开始代替风能、水能和畜力等自然力,满足了人类几乎全部的能源需求。

原料矿产资源的开发生产,很大程度上也依赖能源矿产的生产。矿产资源的品位和开发生产时所消耗的能量之间具有一种非线形的关系,当矿石的品位低于某一个程度时,耗能就会大增(这种在耗能上发生转折突变的品位,称为临界品位)。随着陆地富矿越来越少,开采矿产资源的耗能也会越来越高。因此,越来越多的国家将海洋视为重要的资源库,投入了越来越多的人、财、物。

二、世界矿产资源前景

原料矿产是社会生产的重要物质基础。截至目前,全球已发现矿产近 200 种。其中,较为丰富矿产种类的有铝、钴、铬、钒等,其静态储量的保证年限在 132~312 年之间;较为紧张的矿产种类有铜、铅、锌、镁等,其静态储量的保证年限在 30 年左右。因此,在不远的将来,矿产对世界经济发展的保证能力是非常脆弱的。

第四节　我国的海底矿产资源

目前,我国已经发现各类矿产 162 种,有 148 种矿产已探明了储量,共计有能源矿产 6 种,金属矿产 54 种,非金属矿产 85 种,水气矿产 3 种。其中,探明储量排世界第一位的有 12 种,排世界第二位的有 7 种,排世界第三位的有 3 种。尽管如此,我国矿产资源的人均占有量仅为世界平均占有量的 40% 左右。虽然我国有一大批矿产资源的储量较为丰富,在世界范围内占据优势,但是也有一些重要的矿产资源储量严重不足,如农业需要的钾盐、冶金工业需要的铬铁矿、贵金属铂族元素矿等。后备探明储量不足的有石油、天然气、铜、铁等,在 45 种主要矿产中占了一半。据有关部门预测,随着中国工业化和城市化水平的不断提高,到 2030 年,中国的石油需求量将达到 6.44×10^8 吨,对进口石油的依赖度将达到 65%。

我国的海底矿产资源具有以下主要特点:

一、种类繁多

我国海域处在太平洋的西北边缘,南北纵跨 7 个纬度,大陆海岸线和岛屿海岸线总长为 32000 千米。我国的海岸既有基岩海岸,又有砂质海岸与淤泥质海岸;既有珊瑚海岸,又有红树林海岸。不同的海岸类型对于海滨和海底矿产资源的形成与富集均有着较大的影响,因此我国海底矿产资源的种类非常繁多。

二、海底地貌类型齐全

我国的海底地貌类型齐全,除海岸阶地、大陆架、大陆坡外,还有海槽、海盆、海山等不同的地貌类型单元。由于南海海盆深度大,又有铁、锰、镍、铜、钴等金属,因此形成了在其他海域很少见的锰结核。同时,南海的海山较多,从而为富钴结壳的形成创造了条件。

三、海底地质构造控制着海底矿产分布

从地质构造来看,渤海、黄海、东海、南海都是中、新生代时形成的海盆。库拉板块与太平洋板块向亚洲板块俯冲,让中国大陆受到强烈挤压,引起地幔物质运动,从而形成东部总体隆起的构造格局,并且使古代以来的长期南北分异之构造格局,转变为与板块俯冲基部平行的北东向构造格局,形成了一系列与此构造带相一致的隆起带和沉降带,这些都从宏观上控制了海底矿产的形成。隆起带是内生矿产形成的地带,它对海滨砂矿等资源的富集起着较大作用;沉降带是海洋石油和天然气形成的良好区域;局部海底扩张的地带,如冲绳海槽、南海中央海盆等,是海底热液矿床形成的地区。

构造、地貌和海岸类型的多样性,决定了我国的海底矿产资源种类繁多,大多数矿种在我国海域都有发现。因此,开发海底矿产资源将对我国的现代化建设产生重要影响。

第二章 海底石油天然气

第一节 石油天然气的概况

天然气是石油的主要类型,处于地下储集层条件时,溶解在原油内,在常温和常压条件下呈气态,其中也包括一些非烃组分。广义上来说,天然气除了以碳氢化合物组成的可燃气体外,凡由地下产出的任何气体都可被称为天然气,如二氧化碳气、硫化氢气等。我国习惯上将天然气分为气层气、伴生气和凝析气三种。

海上油气资源丰富

气层气也称气田气,是指在地层中呈气态单独存在,采出地面后仍为气态的天然气。例如,我国四川庙高寺等地及陕甘宁盆地中部的天然气均属于气层气。气层气的甲烷含量一般在 90％以上,其他组分为乙烷、丙烷,以及二氧化碳、氮、硫化氢和稀有气体(氦、氩、氖等)。

伴生气也称油田气,是指在地层中溶解在原油中,或者呈气态与原油共存,随原油同时被采出的天然气。例如,我国大庆、胜利等油田所产的天然气中,大部分是伴生气。华北油田向北京输送的天然气中,也有一部分是经过净化处理的伴生气。伴生气中的甲烷含量一般为65％—80％,此外还有相当数量的乙烷、丙烷、丁烷,甚至更重的烃类。

凝析气是指在地层中的原始条件下呈气态存在,在开采过程中,因压力降低而凝结出一些液体烃类(通常叫作凝析油)的天然气。例如,我国新疆柯克亚的天然气就属于凝析气。华北油田向北京输送的天然气中,除前面提到的伴生气外,还有相当一部分是经过净化处理的凝析气。凝析气的组成大致和伴生气相似,但是它的戊烷、己烷以及更重的烃类含量比伴生气要多,一般经分离后可以得到天然汽油甚至轻柴油产品。

天然气液是天然气的一部分,从分离器、天然气处理装置的内部回收得到。天然气液包括(但不限于)甲烷、乙烷、丙烷、天然气汽油和凝析油等,也可能包含少量非烃类。

凝析油是指凝析气田天然气凝析出来的液相组分,又称天然气油。凝析油的主要成分是 C5 至 C8 烃类的混合物,并含有少量的大于 C8 的烃类,以及二氧化硫、噻吩类、硫醇类、硫醚类和多硫化物等杂质,其馏分多在 20—200℃。

第二节　石油天然气的属性

天然气是以气态碳氢化合物为主的混合物,包含甲烷、乙烷、丙烷、丁烷等,以及少量的二氧化碳、一氧化碳、氮气、氢气等。天然气一般无色无臭,可以燃烧,是重要的能源和化工原料。

　　根据成分特征,我们将天然气分为干气和湿气。一般来说,天然气中的甲烷含量在90%以上的是干气;甲烷含量低于90%,而乙烷、丙烷等烷烃的含量在10%以上的是湿气。

　　不同于石油液化气,天然气是蕴藏在地层内的可燃性气体,主要是低分子烷烃的混合物,可分为干气天然气和湿气天然气。干气的成分主要是甲烷,而湿气除含大量甲烷外,还具有较多的乙烷、丙烷和丁烷等。液化石油气是指在炼油厂生产的——特别是催化裂化、热裂化、焦化时——所产生的气体,经压缩、分离而得到的混合烃,主要成分是丙烷、丙烯、丁烷、丁烯等。

第三节　石油天然气的用途

　　石油和天然气是宝贵的燃料与化工原料。人类对石油和天然气的开采与利用可谓历史悠久。早期对石油的利用只是从中提炼煤油、润滑油等一般产品,许多重要的成分被弃之不用。随着科学技术的发展,对石油和天然气的加工逐步深入,各种成分得到综合利用。目前,石油制成品主要有三大类,即燃料、工业油脂以及有机化工原料。

一、燃料

丁烷气喷火枪

　　汽油、柴油和煤油等现代化工业的动力燃料,是目前从石油中提炼的最大宗产品。相等重量的石油,其发热量相当于煤的2倍,因此由石油制成的燃料应用广泛,消耗量也很大。绝大部分现代化的交通工具,甚至一些探索太空的火箭,使用的都是石油制成的燃料。在电力行业,石油也是最重要的燃料。1995年,石油和天然气在能源消费结构中所占的比例为 62.8%。在很大程度上,石油天然气的供应状况决定了现代工业的发展速度。今后,在世界范围内,作为燃料消耗的实用化天然气可能会有少许下降,但在我国,石油天然气的比例将从目前的 1/3 左右逐步上升。

二、工业油脂

从石油中提炼出的润滑油,是各种机械与仪表在运转时不可或缺的润滑剂。在一些现代科学技术领域中,具有耐高温、高压、高真空以及耐低温、耐辐射等特殊性能的润滑剂和密封材料,也大多从石油中提炼。

三、化工材料

石油化工产品的种类非常多。以美国为例,由石油提供的有机化工原料占全部有机化工原料的 90% 以上。综合利用石油和天然气,可以得到许多重要的有机化工原料,包括"三烯"(即乙烯、聚乙烯和丙烯)、"三苯"(即苯、甲苯和三甲苯)、乙炔等。用这些原料可以制成合成纤维、合成橡胶、塑料、合成氨、染料、炸药、石蜡等多种产品。在生活中,传统的动植物纤维在相当程度上为石油合成纤维所取代,人们常用的化妆品中也少不了从石油中提取的成分。现在,从石油天然气中获取的产品总计可达几千种,而且这一数字还在增加。

四、其他用途

在建筑行业,从石油中提取的沥青可以用作筑路材料、填料、密封材料等;在农业领域,油气资源不仅能够为生产提供能源,还能提供地膜、各种化学肥料、植物生长促进剂、家畜家禽肥壮剂和各种农药等必不可少的生产资料。在目前的科研水平下,经过微生物的发酵,石油甚至可以合成蛋白质,因此其用途在将来还将进一步得到拓展。

由于石油产品用途广泛，加上石油化工行业产值高、利润大、制成品价格低廉等特点，现代社会对石油的需求有增无减，石油工业和与其相关的工业部门，包括石油天然气的开采、炼油、石化和火力发电产业等，已经发展成为现代工业的主体。石油、天然气的运输量在海运总量中也占到 40% 左右。英国石油专家彼德·R. 奥德尔曾经说过："无论按照什么标准衡量，石油工业都堪称世界上规模最大的行业，它可能是唯一牵涉到世界每一个国家的一种国际性行业。"

石油价格的波动会影响到世界经济

石油价格的变动往往会牵动世界经济的起伏。1973 年和 1979 年爆发的两次石油危机都曾给当时的世界经济以极大的冲击，导致金融市场动荡，经济危机四起，政治、社会混乱。从某种意义上说，石油和天然气是支撑着现代社会与现代文明的骨干资源。

第四节　石油天然气的形成

一、生成油气的原始物质

动物和植物死亡后，其遗体的碎片和沉积物一起被埋藏，这些被埋藏的动植物有机质就是生成油气的原始物质，也称为生油母质。生油母质的主要成分是干酪根。根据沉积物中有机质的 H/C 原子比和 O/C 原子比，干酪根可以分成三种类型，用罗马数字表示，分别命名为 I 型、II 型和III型干酪根。富含生油母质的岩石被称为烃源岩，其主要为泥岩碳酸盐岩。烃源岩的品质取决于所含有机质的数量和有机质的类型。一般来说，只要泥岩的有机质丰度大于 0.5%，碳酸盐岩的有机质丰度大于 0.1% 或 0.3%，就均为有效烃源岩。盆地内烃源岩的有机质丰度和品质，是决定该盆地的油气资源潜力之关键因素。

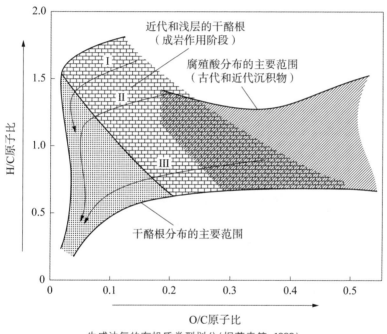

生成油气的有机质类型划分(据蒂索等,1989)

二、烃源岩的沉积环境

从有机质到石油，其间经历了一个不断地失去氧、增加氢、富集碳的过程，这属于还原反应过程。也就是说，烃源岩的沉积环境不仅要有丰富的有机质沉积，而且沉积下来的有机质又不能遭受氧化，这样沉积物中的有机质在进一步的埋藏演化过程中，才能形成大量的油气，从而满足形成油气藏的条件。

烃源岩是富含有机质的沉积岩,而且往往是富含有机质的暗色泥岩或碳酸盐岩。浅海、海湾、潟湖、三角洲等海相环境,以及水体较深的湖泊、沼泽等陆相环境,都是烃源岩的有利沉积环境。这些环境水面平静,年平均温度高、日照充足,适宜于生物生存,特别是有助于微生物的繁殖。再加上这些沉积环境受陆源供应影响大,沉积速率、埋藏速率快,有利于生物遗体的保存,使其免遭氧化。

值得一提的是,得益于地质历史的海陆变迁,在现代海洋所覆盖的地下,形成了很多陆相含油气盆地,如我国的渤海海域含油气区的油气就是陆相断陷盆地形成的。

三、油气的生成过程

实验表明,石油在成因上同有机质具有密切联系。在生活的有机体中,科学家发现过烃类有机化合物;动植物体内的有机物质(如蛋白质、碳水化合物、脂肪等)可以变成类似石油的液态烃类等,此结论也已获得证实。现在,人们已经知道生成石油和天然气的原始物质以低等微生物为主,兼有动物和植物。在埋藏过程中,这些生物的遗骸不断地失去氧,并且增加碳、氢,从而逐渐变成了石油和天然气。

富含生物有机质的沉积物在沉积后,由于沉积作用的继续,盆地持续沉降,富含生物有机质的沉积物之埋藏深度逐渐加大。随着埋藏深度的加大,温度压力逐渐升高,沉积物及其所含的有机质发生复杂的物理与化学变化。有机质的热演化就形成了油气。有机质热演化到能生成油气被称为"成熟",有机质大量生成油气的埋藏深度被称为"生油门限深度",相应的温度被称为"生油门限温度"

不同盆地的地温梯度不同,从而导致烃源岩进入大量成油期(门限深度)的早晚也不同。法国石油研究院的 P. Albrecht(1969)研究了喀麦隆杜阿拉盆地上白垩统洛格巴巴页岩中的烃类生成与地下温度、埋藏深度之关系并指出,在深达 370 米时,有机质开始大量转化为石油,成熟温度为 65℃,地层时代距今约 7000 万年;当深度达 2200 米时,生油量达最高峰,即为主要生油期或生油窗,地温 90℃;至 3000 米后,生油作用趋于停止。

在不同地区的不同层系中,由于地质条件的差异,成熟点的成熟温度有所区别。一般来说,在地温梯度分别为 2℃/100m,3℃/100m,4℃/100m 的地区,其成熟点相应地约在 3000 米、1800 米和 1300 米。由此可见,在地温梯度较高的地区,有机质不需埋藏太深就可能成熟转化为石油。中国渤海湾盆地冀中、黄骅坳陷的下第三系沙河街组(距今 2500 万年至 3000 万年)成熟点深度约在 1500 米,成熟温度 66.8℃;主要成油带在 2700 米至 3200 米,温度超过 108.8℃。法国巴黎盆地下托尔阶(距今 1.8 亿年)的成熟温度为 60℃;美国洛杉矶和文图拉盆地的中新统至上新统(距今约 1000 万年)的成熟温度为 14.5℃。

第五节　石油天然气的勘探与开采

一、海洋油气勘探的任务及阶段划分

开发利用海洋油气资源的第一个阶段是勘探,海洋油气勘探的任务就是寻找海底的地下石油或者天然气。海洋油气资源勘探具有高风险、高成本、高回报的特点,为规避风险、节约成本、实现高回报,海洋油气勘探多采用分阶段、循序渐进的勘探方法。海洋油气勘探一般分为普查、详查、初探和详探四个阶段。

普查的任务是在大范围的区域内,确定什么地方含油气的可能性最大,这是勘探工作的第一步。通常,普查工作要进行区域性的地质调查、地球物理勘探(以重力、磁力和电法勘探为主),并利用航空遥感等技术手段,研究分析盆地面貌、岩层、构造等地质特征。对这个阶段所获得的各种资料进行综合分析,就可以固定整个沉积盆地的范围、沉积岩层分布,大致了解盆地的地质构造情况,对盆地的油气远景做出评价,并指出油气聚集的有利区带。

详查阶段的任务是在普查所指出的油、气聚集远景区内,集中力量进行更详细的调查,寻找有利于油、气聚集的地质构造。详查阶段通常以地震勘探为主,并配合进行更细致的重力和磁法勘探。通过这些地球物理方法,我们可以查明和圈定远景区内的地质构造带之范围与形态。有时,我们也可以布置少量探井进行钻探。

初探是在详查所确定的含油、气希望最大的地质构造上,部署一定数量的探井,进行钻探。本阶段的任务是对贮油、气层的地层性质,构造类型,油、气田的边界及钻井的条件做出初步评价,并提出详探方案。

详探是在初探的基础上,合理地加密探井井数,以求更详细地掌握含油、气地区的地质构造,了解岩层分布变化规律,探明油气藏的边界,油、气藏的能量形式,以及油、气层的物理性质、厚度、压力、生产能力,从而圈出可供正式开采的贮量面积,为制定油气田的合理开发方案提供依据。

二、石油天然气的开采

(一) 海上采油(气)

在钻井结束后,工作人员在井口中下入套管,做好采油(气)的准备工作。采油(气)就是把原油或天然气从储油层中沿油井提升出井口。一般有下列几种采油(气)方法:

1. 自喷采油

自喷采油是依靠储油层的天然能量,将原油(天然气)从储油层驱入井底,沿油井自行喷出井口,但当天然能量不足时,这种方法就不能继续使用。

2. 人工采油

人工采油法包括杆式泵抽油、气举采油等。

杆式泵抽油是人工采油最常用的方法,其系统不需要高压气体或液体,安全性好,适用于单井或分散的多井区域,但适用深度有限。

气举采油是先将天然气在井外进行压缩,然后注入井底附近油管内的静止原油中。原油中的气泡体积扩大、原油密度减小,从而使液柱重量减小,自然的地层压力就可以把混有气泡的原油压出井口来。然后,工作人员将气体从原油中分离出来,并使其进行再循环。注入油管的气体量由气举阀来控制。

(二) 油气处理

在油气采集场所,从总管汇送出的流体是原油、天然气和污水的混合体。在送往加工处所之前,我们必须将这种混合体进行分离处理。一般从油井流出来的混合流体要先经过分离器,再经过脱水器,最后进入贮油罐,并且在达到外运标准后,经海底油管或运油船送出。

经分离器得到的天然气,由涤气器加以净化,再通过缓冲器减压,大部分可经海底输气管线或运天然气船送出,小部分不符合外运标准的废气则点火烧掉。经分离得到的污水,通过污水处理系统,达到排放标准后,就地排放于海中

有的处理系统有 1 个小分支,这是因为从沉降罐和电脱水器中排出的污水还含有一小部分原油。这一部分污水要先进入污水处理设备,使含在污水中的原油被分离出来,再经污油泵加压,把它打回沉降罐,经净化后才能弃于海中。这样一来,既回收了污水中所含的原油,又防止了海水污染。

按照作业在海上进行还是在陆地进行,海洋石油天然气的集输系统可分为全陆式集输系统、半海半陆集输系统和全海式集输系统。

(三) 海洋石油(天然气)的存储

为了暂时贮存原油(天然气),我们需要在海上油田设置贮油(气)罐,但不同类型的贮油(气)罐在容量和构造上有很大区别。在海上油田的油气集输过程中,贮油(气)罐起着很重要的作用,因为油轮输油的间断性和油田生产的连续性之间总会产生矛盾。在风暴天气,油轮更难以按期往来,可是油田不能因此而停产,这就要求贮罐有足够的贮量。贮量的大小首先和油田产量有关,并同时受到距岸远近、油轮大小等运输条件的影响。我们曾遇到通过由于海上油田的油罐贮量太小,从而导致被迫停产等船的时间竟占去总日数的 40%。

海上贮油罐的造型多种多样。例如,1969 年,中东的迪拜在离海岸 90 千米的海上油田锚定了一个这样的水下储油罩,即在海滨专门建了一个大坑,在这个大坑中安装起了一个 15000 吨重的钟形钢罩,并通

过船台入水,经一条支运河拖入公海,离船坞 120 千米。在那里,"钟罩"被置于水深 47 米处。这个壳形容器底的内径为 82 米,上顶竖管直径为 9 米;水下容器总高度为 61 米,有 14 米的本体高出水面。这个水下储油罩在建造 5 年后被投入使用,其应用油水、水油排挤原理进行工作,储油量为 84000 吨。有些重力式海洋石油平台本身就可以储油达十几万吨。

第三章 未来新能源——可燃冰

第一节 可燃冰概述

在变幻莫测的海洋深处蛰伏着一种可以燃烧的白色结晶物质,它就是可燃冰。在能源危机日益加重的今天,能源困局已成为人类社会发展的绊脚石,发展探索新能源的任务迫在眉睫。在这种状况下,可燃冰无意间进入了人们的视野,为人类未来的新能源之路带来了一线曙光。

可燃冰

20世纪60—90年代,科学家在南极冻土带和海底发现了一种可以燃烧的"冰",这种环保能源一度被看作是替代石油的最佳选择,但由于开采困难,其一直难以被真正应用。然而,随着科技水平的日新月异,以及人们对可燃冰的全面了解,相信我们在不远的将来会取得重大突破。

世界上绝大部分的可燃冰分布在海洋里。据估算,海洋里的可燃冰资源量是陆地上的100倍以上。据最保守的统计,全世界海底的可燃冰所储存的甲烷总量约为1.8亿亿立方米,约合1.1万亿吨。数量如此巨大的能源是人类未来的希望,是 21 世纪具有良好前景的后续能源。

可燃冰被西方学者称为"21 世纪能源"或"未来新能源"。迄今为止,在世界各地的海洋及大陆地层中,已探明的可燃冰储量相当于全球传统化石能源(煤、石油、天然气、油页岩等)储量的两倍以上。其中,海底可燃冰的储量够人类使用 1000 年。科学研究表明,仅在海底区域,可燃冰的分布面积就达 4000 万平方千米,占地球海洋总面积的 1/4。目前,世界上已发现的可燃冰分布区多达 116 处,其矿层之厚、规模之大,是常规天然气田所无法比拟的。

可燃冰的学名为"天然气水合物",是在一定条件下,由气体或挥发性液体与水相互作用所形成的白色固态结晶物质。可燃冰实际上并不是冰,而是水包含甲烷的结晶体,因为凝固点略高于水,所以呈现出特殊的结构。

由于天然气水合物通常含有大量甲烷或其他碳氢气体,极易燃烧,外观像冰,所以被人们通俗、形象地称为"可燃烧的冰"。可燃冰的主要成分是甲烷与水分子,又称"笼形包合物",它燃烧产生的能量比同等条件下的煤、石油、天然气所产生的能量多得多,而且在燃烧以后几乎不产生任何残渣或废弃物,污染比煤、石油、天然气等要小得多。可燃冰被能源科学家看作是最环保的化石气体。经过燃烧后,可燃冰仅会生成少量的二氧化碳和水,但能量是普通天然气的 2—5 倍。

因此,从 20 世纪 80 年代开始,美、英、德、加、日等发达国家纷纷投入巨资,相继开展了本土和国际海底的可燃冰调查研究与评价工作。同时,美、日、加、印度等国已经制定了勘察和开发天然气水合物的国家计划。特别是日本和印度,在勘查和开发天然气水合物的能力方面已处于领先地位。

第二节　可燃冰的形成

形成可燃冰的主要气体为甲烷,甲烷分子含量超过 99％的天然气水合物通常被称为"甲烷水合物"。

可燃冰主要附存于陆坡的沉积岩

可燃冰是自然形成的，它们最初来源于海底的细菌。海底有很多动植物的残骸，这些残骸在腐烂时产生细菌，细菌排出甲烷。当正好具备高压和低温的条件时，细菌所产生的甲烷气体就被锁进水合物中。

可燃冰大多分布在深海底和沿海的冻土区域，这样才能保持稳定的状态。然而，可燃冰的形成必须具备三个基本条件：一是温度不能太高；二是压力要足够大，但不需太大，0℃时，30个大气压以上就可生成；三是地底要有气源。

可燃冰受特殊性质和形成时所需条件的限制，只分布于特定的地理位置和地质构造单元内。一般来说，除在高纬度地区出现的与永久冻土带相关的可燃冰外，在海底发现的可燃冰通常存在于水深300米以下，主要附存于陆坡、岛屿和盆地的表层沉积物或沉积岩中，也可以散布于洋底，以颗粒状出现。

从地球构造的角度来看，可燃冰主要分布在聚合大陆边缘大陆坡、被动大陆边缘大陆坡、海山、内陆海及边缘海深水盆地和海底扩张盆地等构造单元内。据估计，陆地上20.7%和大洋底90%的地区，具有形成可燃冰的有利条件。绝大部分的可燃冰分布在海洋里，资源量是陆地上的100倍以上。在标准状况下，1单位体积的天然气水合物分解，最多可产生164单位体积的甲烷气体，因此可燃冰在未来是一种重要的潜在资源。

从物理性质来看,可燃冰的密度接近并稍低于冰的密度,剪切系数、电解常数和热传导率均低于冰。可燃冰的声波传播速度明显高于含气沉积物和饱和水沉积物,中子孔隙度低于饱和水沉积物。以上这些差别是以物探方法识别可燃冰的理论基础。

第三节　可燃冰的缺点

可燃冰虽然为人类开辟了广阔的新能源前景,但是它也给人类的生存环境也带来了严峻的挑战。在天然气水合物中,甲烷的温室效应远远高于二氧化碳。如果温室效应过于严重,那么必然造成异常气候和海面上升,它们将给人类的生存带来很大的威胁。另外,全球海底可燃冰中的甲烷总量远远高于地球大气中的甲烷总量,一不小心就可能让海底可燃冰中的甲烷气逃逸到大气中,后果真的是不堪设想。另外,固结在海底沉积物中的水合物,如果条件发生了变化,甲烷气体就会从水合物中释出,从而导致沉积物的物理性质发生改变,这必将极大地影响海底沉积物所开采出来的可燃冰特性,最终导致海底软化,出现海底滑坡,毁坏海底工程设施,严重的话还会危害海底输电或通信电缆和海洋石油钻井平台等设施的安全,后果非常严重。

一般情况下,可燃冰呈固态,不会自喷流出。但是,如果将可燃冰从海底一块块搬出,那么在搬运的过程中,甲烷就会挥发殆尽,并可能带来严重的大气污染。为了获取这种清洁能源,世界上的许多国家和地区都在研究天然可燃冰的开采方法,目的是既保证开采的质量,更保证开采的安全。

其实,可燃冰的开发利用属于世界性的难题。通过研究,科学家发现,开发可燃冰具有非常高的危险性。如果开采不当,必然会导致灾难性后果,不仅会造成严重的温室效应,而且还可能引发一系列的开采事故,严重威胁人类的生命财产安全。所以,在开采过程中,一定要谨慎行事。

开发可燃冰具有非常高的危险性

第四节 可燃冰的主要分布

可燃冰广泛分布在大陆、岛屿的斜坡地带，活动和被动大陆边缘的隆起处，极地大陆架，以及海洋和一些内陆湖的深水环境。

可燃冰广泛分布在岛屿的斜坡地带

在能源严重短缺的今天，气水合物的地位尤为突出，这是因为地壳浅部 2000 米以内存在着大量甲烷，且气水合物的分布是全球性的，在地壳内有一个气水合物形成稳定带。

一、麦索雅哈河—普拉德霍湾—马更歇三角洲—青藏高原全球陆地气水合物形成带

陆地上,具有适合可燃冰形成的温度和压力条件的地理环境是高纬度永久冻结层(包括永冻区浅海地带)。永久冻土区包括格陵兰和南极冰川覆盖层下部,俄罗斯北部、西伯利亚和远东,加拿大马更歇三角洲,美国阿拉斯加北部斜坡,以及中国青藏高原。冻结层的最大厚度可达 1800—2000 米,最常见的是 700—1000 米;在永久冻土区,气水合物可以在地面以下 130—2000 米的深度存在。陆地的地温剖面表明,气水合物可能存在的深度是 200 米,全球陆地可燃冰存在的可能性区域包括从麦索雅哈河流域到俄罗斯北部和东北部,从普拉德霍湾到整个阿拉斯加北部斜坡,从马更歇三角洲到北美北极圈,以及青藏高原永久冻土区域。

二、北冰洋—大西洋—太平洋—印度洋全球海洋气水合物形成带

海洋底是可燃冰形成的最佳场所,海洋总面积的 90% 具有形成气水合物的温压条件。海底沉积物和成岩作用所形成的天然气,几乎全部以水合物形式保存在沉积物中,而不是分散在海水中。全球海洋可燃冰存在的可能性形成带包括北极海底永冻区的气水合物形成带、大西洋气水合物形成带、太平洋气水合物形成带和内海气水合物形成带。

过去对海洋气水合物中的甲烷资源量之估计,由于不同推测者的估算差异很大,因此资源量估计值的区间很宽。气水合物中的天然气量主要取决于以下五个条件,即气水合物分布面积、储层厚度、孔隙度、水合指数及气水合物饱和度。

为此,学者们对各国的甲烷资源量做了大量深入的研究。美国学者估计美国大陆边缘的气水合物中含有 7.2×10^4 立方米的甲烷气。俄罗斯学者估计,俄罗斯远东和南部海底气水合物储量中的可开采天然气达 1×10^2—5×10^2 立方米,其中的 60% 集中在鄂霍茨克海和日本

海。日本学者估计,日本海及其周围有 6×10^{12} 立方米的甲烷水合物。在海洋沉积物中,甲烷的富集程度与陆地普通气藏的甲烷丰度相比,有过之而无不及。如果沉积物的孔隙(孔隙度达 20%)全部被气水合物充填,那么 1 立方米的沉积物可聚集 30—36 立方米的天然气。在大陆斜坡和陆隆区,只有 60% 的地区(即 3.22×10^7 平方千米的地区)具备形成可燃冰的条件(合适的温度和压力以及富集的天然气);在洋盆和深海沟地区,具备这种条件的地区约为 5.67×10^7 平方千米;在大陆架,具备这种条件的地区为 1.1×10^7 平方千米。假如 1 立方米的沉积物可聚集 10—30 立方米的天然气,那么每平方米的海底就含气 2×10^3—5×10^3 立方米。假设天然气的排出因数为 0.7,则大陆斜坡和陆隆区的排气潜量约为 2.97×10^6 立方米;大洋盆地和深海地区的排气潜量约为 5.49×10^6 立方米。这样,整个海底可燃冰形成带的甲烷潜量就高达 8.5×10^6 立方米。

全世界范围内,陆上气水合物中的天然气为数十万亿立方米,海洋气水合物中的天然气为数千万亿立方米。以上两项之和是世界常规天然气探明储量(1.19×10^4 立方米)的几十倍。目前,对全球气水合物中的甲烷资源量较为一致的评估是将近 2×10^6 立方米。如果这个估算正确,那么气水合物中的甲烷总含量则是当前已探明的所有燃料化石矿产(煤、石油、天然气)总含量的 2 倍。

第四章　滨海砂矿

第一节　滨海砂矿概述

滨海砂矿是分布于现今海岸低潮线以上,具有工业价值的各种有用矿物。

滨海砂矿的形成需要有较好的物源条件(即成矿母岩)。中国具有工业价值的滨海砂矿中的重要矿物,主要来自沿岸出露的印支燕山期中酸性岩浆岩,前古生代、早古生代变质岩,以及部分第三纪、第四纪基性喷发岩。这些陆地含矿母岩经风化剥蚀,以及河流和海水的动力搬运,富集形成砂矿。

滨海砂矿的种类很多,通常可分为非金属砂矿、重金属砂矿、宝石及稀有金属砂矿三大类,每大类砂矿包含若干品种。滨海砂矿具有分布广泛、矿种多、储量大、工业品位要求低、开采方便、选矿简易、投资小等优点。在海底矿产资源的开发中,滨海砂矿的产值仅次于海底石油。据统计,世界上96%的锆石、90%的金刚石和

滨海砂矿

金红石、80％的独居石和30％的钛铁矿都来自滨海砂矿,故许多国家十分重视滨海砂矿的开发和利用。世界上有三十多个沿海国家早已在开发利用滨海砂矿资源,且均取得了较好的经济效益。泰国、马来西亚和印度尼西亚等国的滨海砂锡矿,曾是这些国家的重要出口物资。滨海砂矿用途很广,在冶金、农业、环保、通信、食品和建材等部门具有广阔的应用前景。

海砂是一种重要的海洋生态环境要素,它与海水、岩石、生物以及地形、地貌等要素一起构成了海洋生态的平衡。合理地开发利用海砂能够服务于经济建设,促进海洋经济的发展,但盲目地、非科学地开采会导致资源的枯竭,破坏生态环境,乃至影响整个海洋资源的可持续利用。

第二节　滨海砂矿的形成

一、滨海砂矿的物质来源

滨海砂矿,也称为碎屑沉积矿产、漂砂矿产或砂积矿产。形成滨海砂矿的物质来源主要有以下几种:由河流携带入海的重矿物;近岸的原生矿床或含矿岩浆岩、沉积岩和变质岩,经浪蚀和风化后所分离出的矿物,如超基性岩石中的铂族矿物,花岗岩中的铌铁矿、钽铁矿、锆石、曲晶石、独居石,榴辉岩中的金红石,刚玉等,都是滨海砂矿的重要物质来源;古老砂矿经河流或拍岸浪的冲刷,被搬运入海而形成滨海砂矿。

二、滨海砂矿的形成过程

滨海砂矿的形成过程包括物源的风化、流水的搬运、富集等。

陆上岩石或矿床在地表遭受风化作用时,矿石和岩石崩解,其中易溶和密度小的被搬运走了,遗留的难溶和密度大的则形成残积砂矿;冲刷作用和重力作用使这些矿物沿海底的坡面移动和分布,从而形成坡积砂矿。

在被流水搬运时,这些碎屑矿物由于相对密度不同而产生了分选作用。轻者搬运距离较小,而重者较大。它们被携带到河口、岸边,与近岸带的物质在一起经受波浪、海流、潮汐,其中大的和重的物质聚集在海滩上,形成滨海砂矿。由于海水的作用,较重的金属矿物常常富集在洼陷中。环境能级较低的地方,也往往会产生砂矿的富集。由于分选和富集作用,这些矿物逐渐富集形成冲积砂矿。基于拍岸浪的作用,被带入海中的高密度矿物集中于海岸边,形成重砂矿物的堆积体,其中最富的砂矿常产于潮间带或拍岸浪带。滨海砂矿的矿体常呈狭窄的长条状,沿着现代海滩延伸数十千米,有时甚至可达数百千米,但是含矿层厚度逐渐向海洋方向减少。

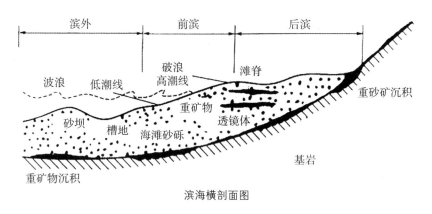

滨海横剖面图

三、影响滨海砂矿床形成的因素

(一)母岩类型

海岸及入海水域的母岩类型是影响滨海砂矿形成的首要因素。通常,岩浆岩的有用矿物丰度最高,变质岩次之,沉积岩最差。母岩中的有用矿物丰度越高、岩体的补给面积越大、母岩的剥蚀越深,形成砂矿的可能性就越大。

(二)风化作用

海岸带附近的岩石和矿床由于物理与化学的风化作用而崩解,然后通过地表水流、海流和海浪的搬运与沉积作用才形成滨海砂矿。风化作用的方式首先决定于气候条件。在干旱的海岸地区,物理风化作用较强,物源充足,但是地面水活动较弱,因此碎屑物质的分选及搬运较差,不易形成砂矿;在温暖潮湿地区,化学风化作用较强,碎屑物质一般较细小,且地表水活动较强,因此分选性也较好,容易富集形成砂矿床。其次,海浪作用较强的岸边,易于发生母岩的风化崩解。同时,海水的磨蚀作用使岩石被冲刷成细小碎屑物,从而有利于形成砂矿。此外,风化作用的强弱还与地形地貌和植被有关。

(三) 分选作用

风化产物经过河流、冰川、风和浪的搬运作用,都可以形成机械沉积物。对于滨海砂矿床的形成而言,冰川和风的作用是次要的,河流和海浪的搬运与沉积作用才是主要的。

除了直接破坏海岸并使岩石崩解外,海浪对沉积物的运移也非常重要。曾经有人观测到,在克里米亚沿岸,砾石在 1 级浪时每昼夜沿海岸移动 6 米,在 6 级浪时每昼夜沿海岸移动 65 米。在开阔大洋的某些沿岸地区,沉积物的移动速度更快,如在美国太平洋沿岸,砾石移动速度达到每昼夜 900 米。在随着水流移动时,较轻的沉积物移动得快和远一些,较重的沉积物移动得慢和近一些,这就是分选作用,即大的和重的沉积物聚集在海滩,形成滨海砂矿。在水流的作用下,不稳定的化学风化产物(如黏土矿物)以及源岩的其他风化产物有选择地从较重和较稳定的砂矿中分离出来,前者以悬浮体的形式随流水漂走或顺流被搬运入海,后者则因粒径和密度而经常富集在河、海的洼陷中。在砂矿物源靠近海洋的地区,搬运作用通常使砂矿被运移到海滩带,并可能被搬运到滨外环境。例如,康沃尔锡矿区的细粒锡石曾被有选择地冲蚀出靠近海岸的旧矿坑,而后又被挟带到河流系统中,最后沉积在河口和科尼什半岛周围的海滩上。砂矿一旦进入滨海环境,浅海沉积作用就会控制砂矿的分布。不过,多数有经济价值的重砂矿床不会被搬运到距其源地 15 千米以外的地方。

(四) 地貌条件

地貌条件直接影响到物质的风化、搬运和沉积。在陡峻的岩岸和岬角地区,水的搬运和剥蚀能力加强,切割作用强烈,可提供较多的碎屑物质,且颗粒较粗;而在地势平缓的滨海平原地区,只能提供少量的细粒碎屑物质。因此,上述两种地貌单元均不利于砂矿形成。形成滨海砂矿最有利的地貌条件是河口和海湾地区。

(五) 矿物的性质

在风化和海蚀过程中,如果矿物的化学成分容易分解或溶解进入海水中,那么这些矿物就不可能形成砂矿;相反,矿物的化学成分稳定性越强(抗蚀性强),则成矿的可能性就越大。矿物的机械稳定性与耐久性强,矿物的相对密度大,则砂矿的形成就更为容易。

常见的最稳定矿物有板钛矿、镁质石榴子石、铬尖晶石、金红石、电气石、黄玉、尖晶石、锆石、刚玉、金、铂和金刚石等;次稳定的矿物有锡石、锐钛矿、钛铁矿、赤铁矿、榍石、钛磁铁矿、钙钛矿、磁铁矿、独居石、磷钇矿、蓝晶石、十字石及石英等;中等稳定的矿物有钙铁质石榴子石、褐帘石、磷灰石、透辉石、阳起石、透闪石、绿帘石、钨铁锰矿、钙钨矿等。

第三节　我国滨海砂矿的分布

我国的滨海砂矿以海积砂矿为主,其次为海/河混合堆积砂矿,多数矿体以共生、伴生组合形式存在,砂堤和砂嘴是滨海砂矿赋存的主要地貌单元。中国的滨海砂矿主要分布在胶东、辽东地台隆起区和华南褶皱带两大地质构造单元的滨海地带。国外已在 60 米水深的浅海开采砂矿,而中国的浅海砂矿尚待进一步的深入调查和研究。1983—1984 年,原地质矿产部广州海洋地质调查局与亚洲近海矿产资源联合勘查协调委员会(CCOP)合作,在粤东红海湾开展砂锡矿调查;1988年,该局再次与 CCOP 合作,在粤西阳江电白浅海开展稀土砂矿调查;1991 年,原地质矿产部青岛海洋地质研究所与 CCOP 合作,在山东北部海域开展砂金矿调查。

我国浅海,特别是南海,蕴藏有丰富的重砂矿床。

据谭启新和孙岩(1988)的研究,我国海区的砂矿异常区有如下特点：

第一，砂金矿主要分布在渤海的莱州湾东部，磁铁矿分布在南黄海和东海，独居石（磷钇矿）分布在南海，金红石（锐钛矿）分布在南黄海和南海，石榴子石在渤海、北黄海、东海和南海都有分布。

第二，矿体形态以条带状、椭圆状、斑块状和不规则状等为主，面积不等，一般为数十至数百平方千米，少数为上千余平方千米。

第三，水深一般小于 200 米，多在 50 米以内，部分小于 20 米。

第四，异常及高异常区的沉积物类型主要为细砂、粉砂，部分为中粗砂、泥质砂、含结核砂和含砾砂等。

第五，所处地貌单元有冲刷槽、沙脊群、水下沙坝古河谷、三角洲、海湾、浅滩、潮流辐射脊、水下岸坡、水下阶地、古滨海平原等。

第六，砂矿物质来源以陆源为主，包括来自陆地、岛屿和海底不同时代的各类基岩侵蚀物；在海流、波浪、沿岸流、潮流等海洋动力因素的作用下，砂矿物质在有利的地形、地貌部位富集；在富集过程中，海洋水动力因素起着重要作用。

第四节　我国滨海砂矿的开发现状

目前，我国已开采的滨海砂矿床约有三十多处，但均属于小规模开采。开采者既有国家，也有集体和个人。在开采过程中，普遍存在着采富不采贫（即倾向于开采富集度高的矿床，摈弃那些品位较低的贫矿）的现象，采矿工作多处于粗放型阶段，采矿、选矿的技术水平普遍不高，明显落后于发达国家。在采矿过程中，开采者只采选其中的某一种或某几种矿物，其他的一些有用矿物多被废弃，从而导致这些矿砂不能物尽其用。砂矿床多以共生、伴生的形式存在，如果只采选其中的一种，其他有用的矿种势必遭到破坏。此外，有些开采者不懂砂矿的成因机理，在采砂过程中不分青红皂白，一律将所采砂矿当普通建筑材料使用或卖掉，从而造成了巨大的资源浪费，使国家蒙受了不小的损失。总体而言，我国滨海砂矿的开发主要存在以下问题：

第一,由于采选方式不当,很多有用的矿种被废弃,资源浪费的现象很严重,且这种浪费现象在我国的南方沿海砂矿分布区屡屡发生。

第二,开采无序、无度,对海洋环境造成了一定的影响。在一些区域的砂矿开采过程中,开采者只顾追求自身利益的最大化,不注意海洋生态环境的保护,乱采、乱挖、乱堆海砂,不仅破坏了当地的自然景观,而且对所开采地的海洋生态系统造成了一定的影响。

第三,海域产权界定不明确,缺乏规范管理,部门之间常有矛盾发生。在采矿过程中,由于开采不当,开采者与当地渔业部门、旅游部门及海岸带的管理部门时常发生矛盾。

因此,我们迫切需要完善海域的使用管理制度,加强执法监督,以规范无序、无度的开采行为。

第五章　大洋多金属结核

第一节　多金属结核概述

多金属结核也称锰结核,主要呈黑色和黑褐色。其中,含铁量高者常呈淡红褐色,而富锰者则为金属墨色。结核中的矿物质呈非晶质或隐晶质。

20世纪60年代以来的调查发现,世界所有的大洋底都有多金属结核分布,并且以太平洋底最为丰富。多金属结核是一种铁、锰氧化物的集合体,含有锰、铁、镍、钴、铜等二十多种元素。目前,世界各国,特别是美、俄、日、法、德等先进的工业国,率先进军海底,占领地盘。世界各大洋所储藏的多金属结核约有3万亿吨,其中锰的储量可供世界用18000年,镍的储量可供世界用25000年,经济价值很高。

多金属结核是20世纪70年代才被大量发现的一种深海矿产,其几乎已成为深海的一种标志性矿产。从宏观的地形地貌上看,无论是在深水(4500米以下)的海底丘陵区、海山区,还是盆地区和海台区,结核均有分布,分布的典型水深为5000米。

众所周知,对事物的命名是要遵循一定原则的,矿物的名称是根据其物质成分、元素含量和形态特征来确定的。我们在文献中常常见到锰矿球、锰结核、铁锰结核、结核、多金属结核等名词,但它们实际上是同一种东西,即多金属结核。矿物名称的沿用和演变也反映出认识事物的一般规律,即从简单到复杂,由表征到内涵。多金属结核最早被称为锰矿球,是因为当初的测试技术落后,主要测出其锰元素含量较高(约占 25%),且呈球状。科学家后来发现,所有这些锰矿球都有一个核心,所以将其称为锰结核。在锰矿球中,铁元素的含量也较高,有的学者便认为,应将其称为铁锰结核。20 世纪 80 年代初,科学家对锰结核的化学成分进行分析,发现其组成元素并非仅有锰、铁,还有铜、钴、镍、铅、锌、银和其他微量元素,以及稀土元素等六十余种金属元素。于是,一些学者提出,将这种矿物称为多金属结核更为确切。1982 年以来,联合国国际海底管理局的有关文件一直采用多金属结核这一名称。

第二节 多金属结核的成分特征

结核是一座迷宫,用火眼金睛也未必能识庐山真面目,人们难以辨清其物质组成。因此,我们还得借助一些现代化仪器,如偏光显微镜、反光显微镜、透射电镜、X 射线衍射、X 荧光光谱、电子衍射、电子探针、红外光谱和穆斯堡尔谱等,对结核进行观察和测试,以揭开其物质组成的奥秘。通过科学家的研究、探索,我们现在已基本搞清了结核的物质组成。

结核由核心和壳层两大部分组成。壳层是主体,它将核心层层包裹起来。早在 19 世纪 70 年代,英国海洋学家默里和列玛德首次在大洋底的结核内发现了第三纪的鲨鱼牙齿和宇宙尘。随后的一个世纪,一些科学家对结核的核心物质继续进行观察和研究。随着测试技术的发展,并且经过科学家的艰辛努力,我们基本揭开了核心的秘密。结核的核心是很复杂的,可以说,在海洋中,几乎所有的质点都可作为核心。

根据结核成因和性质,核心大致可以分为四类:

(1) 生物核心,包括鱼类牙齿、生物骨刺,以及各种浮游生物和底栖生物的化石等。

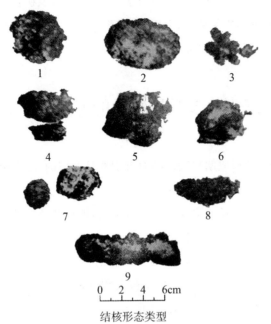

结核形态类型

1—球状结核；2—椭球状结核；3—连生体结核；4—盘状结核；
5、6—碎屑状结核；7—杨梅状结核；8—菜花状结核；9—板状结核

（2）岩石核心，包括火山岩和沉积岩的岩屑、火山玻璃、黏土、砂粒等。

（3）矿物核心，包括铁锰氧化物（老结核）、钙锰矿、硅铝酸盐矿物（如蒙脱石、沸石、伊利石、石英、长石等）等。

（4）陨石核心，从宇宙空间降落到海洋中的玻璃陨石、铁质陨石和宇宙尘等。

结核由核心和壳层两大部分组成。壳层是主体，它将核心层包裹起来。结核的壳层物质是隐晶质，甚至是非晶质，因此用肉眼无法鉴别。通过各种高、精、尖仪器的综合分析，我们才最终弄清结核壳层的物质构成。结核的壳层主要由锰的氧化物和氢氧化物（简称锰矿物）、铁的氧化物和氢氧化物（简称铁矿物）及硅酸岩矿物（统称脉石矿物）三大部分组成。其中，锰矿物的种属非常复杂，有二十余种，我们至今还未完全研究清楚，中国的大多数文献只确认了其中两个种属，即钡镁锰矿（todorokite）与水钠锰矿（birnessitevernadite）。

钡镁锰矿又称钙锰矿。俄罗斯学者普遍认为,该矿物主要包括布赛尔矿型、布赛尔矿Ⅱ型、铝土矿、混层矿物(包括黏土矿、布赛尔矿混层、布赛尔矿型与Ⅱ型混层等)和钙锰矿。

第三节　多金属结核的形成及分布

既然结核的形成期与沉积物的沉积期是对应的,那么两者在空间上也应该是对应的。更有趣的是,科学家已经证实,大洋沉积物的沉积速率约比结核的生长速率要高几个数量级,那么结核按理应被深埋在沉积物之中了。但是,事实上,绝大部分的结核赋存在沉积物表面。这是一个科学难题,迄今尚无完全令人满意的答案。一些学者认为,结核之所以始终位于沉积物之上,免受被沉积物掩埋之灾,可能与生物活动、底层流的作用和沉积物的静压作用三个因素有关。

第一,生物活动。海底照相和海底拖网显示,大洋底栖息着大量生物,包括爬行动物、钻孔动物、浮游动物,以及附着于结核表面的固着生物。目前发现的鱼类、海蛇类、海参类、虾类、尤介虫类和蠕虫类等对结核的扰动,均可以从生态学角度得到解释。洋底鱼类在其活动过程中,免不了与结核接触,特别是结核表面附着的一些微生物,是鱼类觅食的对象。当浮游生物推撞结核时,结核就会移动或翻动,其结果是周围的沉积物充填了结核原位的孔穴,使结核置于沉积物表面。当一些底栖爬行动物在结核下部觅食微生物或小型生物时,结核会向上翻动或出现侧向移动。

爬行动物实际上起到了类似于楔子的作用,而底层沉积物作为楔子进入结核底部,从而使结核上托。此外,在表层沉积物中,还有钻孔动物(如蠕虫类、节肢动物)。当钻孔动物在沉积物表面觅食时,有可能碰到结核的底部,从而将结核向上推动。通过上述生物活动的作用,结核受扰动后,被托置于沉积物之上。事实上,按东太平洋海盆沉积物的沉积速率推算,如果一个直径为3厘米的结核被埋需要一万年时间,且假定生物的一次扰动可以将结核上推3毫米,那么只要一千年被扰动一次,结核就完全可以始终停留在沉积物表面。

第二,底层流的作用。结核的形成过程,始终受到南极底层流的影响。底层流的变化具有周期性,当其径流强或受到湍流作用时,结核会移动,甚至翻动。通过水动力的筛选,结核会始终保持在沉积物表面。

第三,沉积物的静压作用。沉积物的成岩固结过程受到静压作用的影响,从而生成一股上顶的力量。同时,由于沉积物的间隙逐渐缩小,孔隙水被向上挤压,因此结核能上浮并保存于沉积物表面。

多年的调查和研究发现,世界各个大洋的洋底都有结核分布。但是,结核主要富集在太平洋,特别是中太平洋和东太平洋海盆,而且主要集中在北纬 6°—20°之间。

通常,结核在洋底呈三种状态,即埋藏型、半埋藏型和露出型。其中,半埋藏型为主流,其次为露出型,埋藏型相对较少。所谓埋藏型,是指结核全部被表层沉积物掩埋,埋深一般不超过 20 厘米;所谓半埋藏型,是指结核一半埋在沉积物之下,一半与水接触;所谓露出型,是指结核置于表层沉积物表面,除底面外,全部同海水接触。

从宏观的地形地貌来看,无论是在深水(4500 米下)的海底丘陵区、海山区,还是盆地区和海台区,结核均有分布。上述各类型的结核可以共居一地,但是往往有主次之分,即丘陵区以菜花状结核为主(以东太平洋海盆的丘陵区最为典型),其他类型的结核相对较少;海山区以碎屑状结核为主,其次为连生体结核;而杨梅状结核(埋藏型)几乎仅出现于深水盆地区。此外,盆地区还有球状结核、椭球状结核和盘状结核等。

从微观地貌上看,结核的分布也具有明显的规律性,即从海山到丘陵再到深水盆地,结核的平均丰度由高变低;同一个海山的不同地形坡度,对结核的富集也有影响。对东太平洋海盆的统计表明,地形坡度为 5°—10°,结核的平均丰度最高;地形坡度小于 5°,结核的平均丰度适中;地形坡度大于 10°,结构的平均丰度最低。

第四节　多金属结核的应用

一、结核的基本用途

结核是极为有用的矿产资源,至少含有六十多种金属元素,但其中的铜、镍、钴和锰四种金属最有经济价值,因为它们是现代化工、电子、能源、机械、钢铁、运输工业的重要原材料。在对矿产供应的保证程度之分析中,哈格里夫斯(Hargrea-vesfromson)估算了部分金属的战略重要性。结果表明,在 25 种战略意义最大的矿产中,锰位列第二,钴位列第三,铜位列第四,镍位列第十一。由此可见,上述四种主要金属元素的战略地位是十分重要的。

二、结核的蕴藏量

在世界三大洋中,结核均有分布。据统计,海底面积的约 15% 为结核所覆盖。太平洋、印度洋和大西洋的结核覆盖面积分别为 2.3×10^4 平方千米、1.5×10^6 平方千米与 8.5×10^6 平方千米。其中,结核在太平洋中的分布面积最广,并且东太平洋海盆 CC 区(北纬 7°—15°,西经 114°—158°)最丰富,分布面积达 6×10^6 平方米,总的结核资源量约为 1.5×10^{10} 吨。若按可采率 20% 计算,则能生产出 2.1×10^8 吨干结核,可供 27 家公司开采 25 年。这个资源量是惊人的。在 2.1×10^9 吨干结核中,我们可获得铜(品位 1%)2.1×10^7 吨、镍(品位 1.3%)2.7×10^7 吨、钴(品位 0.22%)4.6×10^6 吨、锰(品位 25%)5.28×10^8 吨。

1965 年,梅罗(Mero)根据 54 个结核样品、39 张海底照片、10 个抓斗采样及 62 个岩芯,估算出整个太平洋海域的结核蕴藏量约为 1.5×10^8 吨。1976 年,阿切尔(Archer)搜集了所有与大洋有关的 1523 个观测站的数据,算出结核的总资源量约为 7.5×10^{10} 吨;同年,霍尔舍(Helser)估算出结核总量为 7×10^{10} 吨。

近十多年来的调查表明，上述各学者的统计数据可能都偏大了些。但是，我们从中可知大洋结核资源量之巨大。何况，结核现在每年还在以 1×10^7 吨的速度继续生长着。

三、到大洋中去开采结核资源是必然趋势

人类赖以生存的地球，其陆地面积仅占总面积的 1/3。虽然大陆上的矿产资源相当丰富，但是经过人类的长期开采，资源的储存量已一天天减少。矿产资源的成矿时间是以百万年、千万年，甚至亿年来计算的。所以，陆地矿产是不可再生的。科学家早已提出警告，进入 21 世纪的，人类将面临着人口、环境和资源三大困境，而其中的资源紧缺是最难以克服的。显然，大陆资源枯竭的问题日趋严峻。向海洋索取资源，已成为当务之急。近二十年来，各国不惜投入巨大的资金和人力，对结核进行研究。为此，1974 年至 1984 年，美国的四个矿业财团投入了 2 亿美元；1970 年至 1981 年，法国投入了 7 亿法郎（约 1 亿美元）；日本于 1981 年制订了九年计划，研究费达 8000 万美元；1974 年以来，德国在十年间投入了 1 亿马克（约 5800 万美元）；1985 年至 1990 年，印度投入了 3 亿美元；韩国于 1984 年投入了 3000 万美元；中国自 20 世纪 80 年代介入这一领域以来，投入的资金不少于 6000 万美元。显然，开发大洋结核资源，指日可待。至于什么时候开发才比较合适，这取决于多种因素，诸如国际市场对金属的需求程度、世界经济的发展态势、世界各国（和财团）之间的争夺程度、陆地相应矿床的储量和市场金属价格、相关国际海底环境条例的制定和完善等。

第六章 资源开发与环境问题

第一节 海洋资源开发

在世界上的主要经济发达国家抢先占领有利的海上经济地位,将海洋作为未来经济的热点和增长点之形势下,我们应当奋起直追。除国家要做好战略规划和部署之外,我们至少还应当做到:

第一,制订规划,保护资源,合理开发利用。我们既要有长远设想,也要有近期安排,统一规划、统一管理,有计划、有步骤地组织生产,以杜绝采富弃贫、采易弃难、采浅弃深的状况所造成的资源浪费和环境污染。

第二,提高调查程度,寻找新矿源,探明更多的储量。资源储量的多少是经济发展快慢的主要因素之一,我们要加强对矿床成因、成矿条件、富集规律和沉积特点的研究,扩大找矿方向和调查范围,开展国际合作,引进先进技术和设备,深化和扩大海上调查工作。

第三,扩大生产,更新设备,提高经济效益。为了扩大生产规模、增加产量,国家应适当拓宽矿山建设的投资、融资渠道,提高自动化程度和机械化作业水平,提升劳动生产率。

第四,加强探、采、选、冶各环节的研究,实现综合利用,增加经济效益。国家应建立专门的专业技术队伍,适当引进先进技术装备,扭转技术落后的局面,最大限度地利用海底矿产资源。

第二节　与资源开发有关的环境问题

　　任何事物都有两面性,在大洋底采矿也不例外,它虽能解决陆地矿产不足的问题,但也有可能给海洋环境带来负面的影响,从而破坏海洋生态平衡。因此,在研究海底采矿的同时,科学家也投入了一定的精力来研究未来海洋采矿对海底环境造成的影响。这种影响包括海底地貌的改变、生物群及其栖息地的破坏,以及对维护生态系统所必需的物理过程之损害。如果将矿石运到陆地进行加工,那么在环境、经济和社会活动等方面也会对当地居民造成影响。

　　早在 1975—1981 年,美国在东太平洋海盆 CC 区进行了一项大规模的试验,研究的重点对象是采矿、矿石处理过程中的释放物对海水透光层的影响。

　　1983 年初,美国联合组织了研究计划,研究内容主要是采矿对底栖生物的潜在影响。近些年来,德国、法国、美国、日本、"海金联"(IOM)等国家和联合团体都单独或联合进行了有关海底采矿对海洋环境影响的试验。1994—1995 年,中国广州海洋地质调查局与"海金联"合作,分别在东太平洋海盆的中国开辟区和"海金联"开辟区内,进行了生态地质剖面的研究。

一、浅海采矿的环境问题

　　浅海采矿所造成的环境危害可能比深海采矿更大。滨海区和海滩上的砂石、砾石与砂矿的开采,会扰动近海环境平衡,并引起邻近海岸区的剥蚀。此外,近海沉积物的搬运会增强,因此为了保证航海安全,可能需要重新绘制水深图。至于鱼类产卵场的扰动,则可能是近岸浅海采矿所引起的另一个问题。

　　采矿的其他影响包括水下电缆和输油管道的扰动,以及拖网场的破坏(留下一些矿坑和巨砾,使得拖网无法进行)。近岸采矿对海滩的娱乐场地所产生的影响,也必须被纳入考量。为补偿近海砂石和砾石的开采而加速发生的海滩剥蚀,以及砂矿开采所引起的矿渣和废石向岸之输送,对于有旅游价值的海区来说危害甚大。英国皇家委员会在批准某项采矿工程之前,要对这些问题进行评估,其他国家也有类似的程序。

二、深海采矿的环境问题

金属泥的开采过程可能会涉及船上的浮选,并需要将矿渣排回水深超过 400 米的海区。在红海试验期间,科学家对 1000 米深的矿渣羽状云进行了监测。随着时间的延续,这些矿渣云慢慢地扩散开。现在,人们正在就这类矿渣处理的机理对环境可能造成的影响进行深入研究。在重新沉降的过程中,沉积物可能会发生某些溶解,但效果很微弱。锰结核与海水处在平衡状态,因此其带上来的结核碎屑的溶解作用是很微弱的。

与结核开采有关的环境研究已持续了多年,目前的结果表明,采矿所造成的扰动与自然过程相比是很小的,不可能对环境造成危害。

三、采矿对生物的综合影响

(一)海底底栖生物

在开采海底矿产时,集矿头和采矿车将严重破坏表层沉积物,而沉积物是底栖生物赖以生长、活动的场所,特别是在沉积物表层 1 厘米以内,底栖生物最为集中。不论是在深海平原、海底丘陵,还是在海山区,采矿活动都将对目前已发现或尚未发现的生物赖以生存的环境造成破坏。例如,在多金属结核区的采矿,可能会破坏大部分微小线虫和多毛类蠕虫的种群,以及甲壳形原生动物(有孔虫)的生存环境。富钴结壳区的采矿活动肯定会对底栖生物造成影响,那些能游动和能爬行的动物会暂时迁离开矿区,以免遭受厄运,但那些固着在岩石和富钴结壳上的生物却很难逃生。一些先进的国家,如德国、美国和日本等,已在多金属结核矿区海域进行了海底搅动试验,研究了采矿对底栖生物的影响程度。对富钴结壳区的扰动试验未见报道。

(二)浮游生物

若采用连续斗链系统,直接通过水体来提升海底矿产,则大量的沉积物将会被携带进水体里面,水压或气压系统将把沉积物排放到水面。J. 拉韦尔和 E. 奥兹图尔古特两位科学家曾研究、分析过海洋管理公司于 1978 年在太平洋进行标准采矿所获得的沉积物(混浊物),他们认为在采矿过程中,这些沉积物羽状体排出扩散于长达 100 千米、宽达 10—20 米的海水中。仅仅在 80—100 小时内,羽状体便导致海水的光照强度大幅度下降。至于光照度下降是否会影响浮游生物的活动,尚待研究。上部水层的初级生产力可能会降低只是问题的一个方面,另一个方面是混浊物中的丰富营养物质也可能有助于生产力的增加。

如果在船上加工矿石,那么大量尾矿会被注入海中,从而导致公害,因为尾矿中的一些有毒元素会威胁海洋生物的安全。

利用海洋矿产资源为人类服务是必然趋势,但保护地球的自然环境和生态平衡,也是保障人类生存的基本要求之一。

第六单元
物理海洋

对于我们来说，一望无际的海洋是神秘的。海里面的水是怎么运动的？深海里是怎样的光景？台风为什么总是从海上来？……从接触海洋开始，人类就一直在探索海洋，海洋中至今仍有很多有趣的现象等待着人们去解释。物理海洋学是现代海洋物理学中最早发展起来的一个分支学科，其研究内容最为广泛，是探索海洋、开发海洋的基础学科之一。物理海洋学主要研究发生在海洋中的流体动力学和热力学过程，其中包括海洋中的热量平衡和水量平衡；海水的温度、盐度、密度等海洋水文状态参数的分布和变化；海洋中各种类型和各种时空尺度的海水运动，如海流、海浪、潮汐、内波、风暴潮、海水层结的细微结构和湍流等。研究物理海洋，你将能找到很多问题的答案。

第一章 物理海洋概述

第一节 物理海洋学的发展现状和趋势

20世纪60年代以来,现代科学技术的迅速发展推动了海洋物理要素调查监测技术的进步和研究设备的先进化,浮标技术、遥感技术和先进调查船的广泛应用,有力地促进了物理海洋学的研究进程。20世纪70年代,苏联应用资料浮标以及装备先进的调查船,在大西洋东部发现的中尺度涡旋,是物理海洋学研究中的重大发现。对中尺度涡旋变化规律的研究和掌握,对于了解海洋水文物理现象而言具有重要的意义。进入21世纪后,物理海洋学的研究热点主要有海洋热盐结构、海水大尺度运动等。

第二节 我国近代以来的物理海洋学研究

我国近代以来的物理海洋学研究总体不多,发展速度相对较慢,以下事例对物理海洋学的学科发展具有一定的推动作用。

1909年成立的中国地学会从地学的角度出发,对海洋地理、海洋地质、海产生物和海洋气象等进行研究,并通过其会刊《地学杂志》宣传海洋科学和知识。

1914 年创办的中国科学社,为促进我国近代海洋科学的发展作出过积极的贡献。

1922 年,海军部设立海道测量局,我国的海道测量工作开始起步。建于 1928 年的青岛观测台海洋科,是我国第一个海洋水文气象和生物观测研究机构。中国科学社筹建的青岛水族馆也由该科管理。海洋科主办了《海洋半年刊》刊物。

1937 年下半年至 20 世纪 40 年代末,我国的海洋科学研究绝大部分陷于停顿状态。

20 世纪 50 年代初期,我国对海洋水文开展了调查研究。1953 年,在赵九章教授的指导下,有关单位在青岛市小麦岛建立了我国第一个波浪观测站。

1958—1960 年,国家科委海洋组组织全国 60 多个单位,进行了全国海洋综合调查。

1960 年,地质部第五物探大队与中国科学院海洋研究所协作,开始在渤海海域进行以寻找石油资源为目标的海洋地球物理调查。

1976—1980 年,国家海洋局根据我国第一次远程运载火箭试验的要求,在太平洋中部特定海区进行了综合调查。

1978—1979 年,国家海洋局等部门参加了第一次全球大气试验,在中太平洋西部进行调查和试验。

1980—1985 年,国家海洋局等部门组织了我国沿海 10 个省市进行全国海岸带和滩涂资源综合调查。1983 年,国家海洋局进行了北太平洋锰结核调查和南海中部综合调查。

1984 年,我国首次派出南极考察队,进行南大洋和南极大陆科学考察。同年,中国科学院南海海洋研究所对南沙群岛邻近海域进行了综合考察。

除上述大型海洋考察活动外,我国从 20 世纪 50 年代开始,还定期进行海洋水文标准断面调查和海道测量,并组织了中美长江口海洋沉积合作调查、海底电缆路由调查等。近年来,随着我国综合国力的提高和科技水平的进步,对海洋探索的步伐日益加快,越来越多的科考船和科考航次投入到海洋探索中,为揭秘海洋世界与开发海洋资源提供助力。

第三节 物理海洋学的研究内容

海洋是个巨大的立体空间,海洋中发生的各种现象和过程极其复杂,时空尺度千差万别。物理海洋学研究,除了部分可以在实验室进行外,其余都需要在海洋中开展。海洋水深浪大,环境条件严苛,对研究技术的要求日益提高。

物理海洋学的传统研究内容是海浪、潮汐和海流,但随着科学技术的发展,一个以遥感、遥测、遥控自动化和电子计算机等技术为基础的海洋探测系统迅速发展起来,包括海表卫星遥感技术、海底声学测量技术、海洋浮标技术、深潜观测技术等在内的立体海洋探测体系已初步形成。近二十年来,物理海洋学一直重视对海洋自身的各种物理现象和过程的研究,并不断取得进展,在界面过程与大气关系的研究方面取得了许多成就。这些研究进展和成就丰富了物理海洋学的知识体系。

第四节 研究物理海洋的目的

海洋科学的研究目的,就是通过观察、实验、比较、分析、综合、归纳、演绎以及科学抽象方法,揭示海洋系统的结构和功能,认识海洋中的各种自然现象和过程之发展规律,并利用这些规律为人类服务。物理海洋是海洋科学的基础学科之一,是进一步深入研究海洋的必要工具。

此外,地球是一个庞大的系统,海洋中发生的各种自然过程,在不同程度上与大气圈、岩石圈和生物圈都有耦合关系,并且同全球构造运动以及某些天文因素(如太阳黑子活动、日地距离、月地距离、太阳和月球的起潮力等)亦密切相关。这些自然过程本身也相互制约,彼此间通过各种形式的物质和能量循环结合在一起,构成一个具有全球规模的、多层次的海洋自然系统。正是这样一个系统,决定着海洋中各种过程的存在条件,并制约着它们的发展方向。

一、预报

我们研究自然规律,目的是对未来的状况做出预测,掌握规律,从而更好地依赖自然来生活。自第一次接触海洋开始,人类就知道了大海的多变性,它是食物的源泉,是贸易、航行和繁荣的载体。但是,大海还有另一面,就是可以在没有任何警告的情况下夺取人类的生命和财产。当海洋携带着巨大的能量侵袭而至,对于我们而言,最好的防御方法就是避其锋芒。想做到这一点,我们就必须学会预测,事先得知这种侵袭将于何时何地出现。海洋环境预报和气象预报水平是海洋科学技术进步的重要标志。各国都将掌握海洋环境与气象要素的变化规律和预报,作为海洋开发计划的重大研究课题之一。

海洋环境和气象预报工作的发展有以下三个特点:

(一)建立能适应实时预报海洋环境状况的自动化预报服务系统

这个预报服务系统包括自动化、立体化的海洋环境监测网,以及电子化、自动化的资料处理和传递通讯网。海洋气象环境的预报内容有潮汐预报、海浪预报、天气预报、灾害预报等。

1980年,美国在完成自动化程度较高的预报服务系统(AFOS)的基础上进一步完善技术。苏联也曾经提高观测及资料整理的自动化程度,在船舶水文气象站安装自动遥测设备,并计划在远东建立灾害天气传播的自动化系统和警报系统,以及自动化的资料整理机构。

(二)统计——动力学预报方法的研究和数值预报模式将高速发展

由于观测技术和装备的自动化、电子化、立体化,海洋水文气象要素的观测资料大量积累,加上与海洋科学有关的学科——天气学、气象学、数理统计学和应用数学等的迅速发展,海洋水文气象预报理论与数值预报模式得到发展。海洋数值预报模式仍将成为提高海洋预报能力的有效工具。

（三）气象导航

气象导航，即最佳航线预报，不仅能保证船舶航行安全，而且能收获巨大的经济效益，因此其越来越受到世界航运界的欢迎，许多商业性的水文调查公司、气象预报公司和气象导航服务公司也应运而生。

二、开发海洋

（一）渔业资源开发

我国近代著名实业家、教育家张謇提出"渔权即海权"，表明海洋渔业是一个国家重要的经济产业。在海洋农牧化的过程中，物理海洋在海洋渔业中的重要性也愈发凸显。上升流出现的地方往往有着肥沃的渔场；洄游性鱼类的迁徙与海流密切相关；海水的温度、盐度对海洋生物资源的生长起着至关重要的作用……这些例子展现了学科交叉的成果。因此，只有掌握好海洋科学知识，才能更好地开发渔业资源。

（二）能源利用

海洋占据了地球表面 70％以上的面积，吸收了来自太阳的巨大能量，这些能量变成咆哮的海浪与吹拂的海风。传统能源日趋枯竭，环境污染问题恶化，新能源开发迫在眉睫。目前，人们已经进行或完成了尝试，开始对海洋上的清洁能源加以利用。

1. 风能

风能是一种分布广泛的清洁能源，目前的运用较为广泛。海上风电有风速大、静风期少等优点。20 世纪 90 年代，欧洲开始建设海上风电场，并一直走在全球海上风电开发的前列。截至 2014 年底，世界海上风电装机总量约 8759 兆瓦，其中 91％分布在欧洲。我国于 2007 年安装了首个海上试验风机平台，并在"十二五"规划中制定了到 2015 年建成 5000 兆瓦海上风电的目标。截至 2015 年底，我国已完成安装海上风机总装机容量超过 1000 兆瓦，在建 2300 兆瓦，待开工 1240 兆瓦。

2. 潮汐能

潮汐发电与普通水利发电的原理类似，即通过出水库，在涨潮时将海水储存在水库内,以势能的形式保存,然后在落潮时放出海水,利用高低潮位之间的落差,推动水轮机旋转,带动发电机发电。我国的潮汐发电行业不仅在技术上日趋成熟,而且在降低成本、提高经济效益方面也取得了较大进展,已经建成一批性能良好、效益显著的潮汐电站。

3. 波浪能

相比于风能与太阳能技术,波浪能发电技术要落后十几年。但是,波浪能有其独特的优势,即波能的能量密度高,是风能的 4—30 倍。奥克尼海浪发电试验场是世界上第一个专门为海浪发电研究和测试而建立的基地。在那里,技术人员可以对各种海浪发电机进行测试,并可以将海浪发电机生产的电能通过电缆输到岸上,并入电网。

除此之外,还有海洋石油、天然气、可燃冰、矿产资源勘探等新能源类型。在这些资源开发活动中,物理海洋学将面对更高的要求,学科今后的发展,也在很大程度上取决于海洋开发的需要。

第二章　海洋环流

海流指的是海水从一个地方流动到另一个地方,水量可以很大,也可以很小;流动可以在海洋表面进行,也可以在海洋深处进行。海流现象的成因可能很简单,也可能极其复杂。简而言之,海流就是运动的水团。

庞大的海流占据了海洋表面的大部分区域,这些海流将热量从温暖的地方输送到寒冷的地方。风带大约将总热量的2/3从热带输送到极地,而海洋表层流输送剩余的1/3。最终,来自太阳的能量驱动了表层海流,且它们紧密对应于全球的主要风带分布。因此,海流运动帮助史前人类完成了穿越海盆的旅行。海流也通过影响微生物藻类的生长来影响表层的大量生物群,微生物藻类是大部分食物链的基础。在大洋上表层中,驱动海洋的强迫力主要包括风、热通量和淡水通量,它们是海洋环流的基本作用力。

局地表层流会影响沿海大陆的气候。冷海流在大陆西侧流向赤道,形成干旱的气候条件;而暖海流在大陆东侧流向极地,形成温暖,湿润的气候。例如,海流使得北欧和冰岛具有温和的气候条件,而在同纬度大西洋沿岸的北美地区则比较寒冷。此外,海水在高纬度地区下沉,形成深层流,帮助调节整个地球的气候。

第一节　海流的成因和组成

按产生原因,海流大致可分为三类,即风海流、梯度流和补偿流。风海流是在风力作用下形成的;梯度流是海洋中的密度水平分布不均或其他原因所导致的水平压强梯度力产生的流动;补偿流是海水从一个海区大量流出,而另一个海区的海水流来补充,从而形成的。补偿流既可以在水平方向上发生,也可以在垂直方向上发生。在垂直方向上的补偿流叫上升流或下降流。实际上,基于单一原因而产生的海流极少,大部分海流往往是几个原因共同作用的结果,但也有主次,如近海以潮流为主,外海以风海流和梯度流为主。

在海洋学中,我们常常依据本身的温度高于还是低于它所流过海区的温度,将海流分为暖流和寒流。风海流、地转流等叠加的合成海流可以分解为周期性海流(潮流)和非周期性海流(余流)。

按深度划分,海流有表层流与底层流。表层海流是对我们影响最大,也是最易研究的海流。按照位置不同,表层流有很多名称。

一、副热带涡流

副热带涡流包括北大西洋副热带流涡、南大西洋副热带流涡、北大西洋副热带流涡、南太平洋副热带流涡和印度洋副热带流涡(主要在南半球)。某种海流之所以被称为副热带涡流,是因为每个涡流的中心位置正好与副热带所在的南北纬30°的位置一致。每个副热带涡流通常由四个主要的海流融合组成。例如,北大西洋流涡由北赤道流、湾流、北大西洋流和加纳利海流组成。

副热带流涡和表层流

太平洋	北太平洋流涡	大西洋	北大西洋流涡	印度洋	印度洋流涡
	北太平洋流		北大西洋流		南赤道流
	加利福尼亚海流		加纳利海流		阿古拉斯海流
	北赤道流		北赤道流		西风漂流

续　表

太平洋	大西洋	印度洋
黑潮（日本）	墨西哥湾流	西澳大利亚海流
南太平洋流涡	南大西洋流涡	其他主要海流
南赤道流	南赤道流	北赤道流
东澳大利亚海流	巴西暖流	赤道逆流
西风漂流	西风漂流	卢因海流
秘鲁海流	本格拉海流	索马里海流
其他主要海流	其他主要海流	
赤道逆流	赤道逆流	
阿拉斯加海流	弗罗里达海流	
亲潮	东格陵兰海流	
	福克兰海流	
	拉布拉多海流	

二、赤道流

南半球的东南信风和北半球的东北信风在驱动热带的水体运动时所形成的海流被称为赤道流，它沿赤道向西流动，构成了副热带涡流的赤道边界流。这样的海流，根据它们相对赤道所处的位置，分为北赤道流和南赤道流。

三、西边界流

当到达海盆的西边界后，赤道流无法穿越陆地，因此必须转向。科里奥利效应使得这些海流离开赤道成为西边界流，从而成为副热带流涡的西边界。西边界流的得名是因为这些海流总是沿着海盆的西边界流动。

四、南北边界流

在纬度30°—60°之间的区域，盛行西风，在南半球是西北风，在北半球是西南风。这些西风使得表层海水横贯海盆向东流动。在北半球，这些海流成为副热带涡流的北部分支，称为北边界流；在南半球，它们是副热带涡流的南部分支，称为南边界流。

五、东边界流

海流贯穿海盆回流时，在科里奥利效应和陆地的阻挡下，转向赤道，沿海盆的东边界形成副热带涡流的东边界流。东边界流包括加纳利海流和本格拉海流，它们来自水温较低的高纬度地区，将冷水携带到低纬度地区。

六、赤道逆流

大量的海水被南北赤道流向西输送。艾克曼输送和科里奥利效应在赤道两侧的变化，使得近赤道区域的表层海水出现辐散，形成了一支向东流回的海流。这支海流被称为赤道逆流，它的流幅很窄，在相邻的表层赤道流之间，并按与赤道流相反的方向流动。

七、副极地涡流

西风盛行所引起的向东流动的南北边界流，最终流入副极地纬度带（南北纬60°附近）。在那里，它们受极地东风的影响而向西流动，构成副极地涡流。副极地涡流与相邻的副热带涡流在旋转方向上正好相反。副极地涡流要比副热带涡流小，数量也更少。

第二节　海流的测量

海流由风场或密度分布驱动，移动的气团（特别是全球的主要风带系统）产生风生流，风生流引起海水的水平运动。由于主要发生在海洋表层,因此这些海流又被称为表层流。另一方面,密度流引起海水的垂直运动,这是海洋深层水团充分混合的原因。有些表层地区的海水因低温或高盐度而密度增加,因此会下沉到表层以下。这些较重的水团下沉并在表层以下缓慢扩展开来,所以被称为深层流。

一、表层流的测量

表层流很少以同样的方向和速率流动很久,所以测量平均流速很难,但全球所有的表层流都存在一些共性,即表层流可以直接或间接地测量。

(一)直接法

有两种主要的直接测流方法。一种是将漂浮装置释放到海流中,并随时间跟踪它。科学家通常使用无线传输浮瓶或其他装置,但其他意外释放的物品也能成为很好的漂流计。另一种方法是使用测流仪器,如旋转海流计,旋转装置可拖挂在船尾,通过减去船的速率来确定海流的真实速率。

(二)间接法

我们可以使用三种不同的方法来间接地测量表层流。水流平行于压强梯度,所以第一种方法是确定穿过海洋某区域内部的密度分布和相应的压强梯度。第二种方法是使用雷达高度计(发射到太空的地球观测卫星)来确定海洋表面的凹凸度,因为这些凹凸是海底形状和海流的一种反映。根据这些数据,科学家可以绘制动力地形图来展示表层流的方向和速度。第三种方法是使用多普勒海流计传输低频声信号穿过海水,再由海流计测量声波进入水团和被水中粒子反射回的频率位移来确定其流动。

任何漂浮物都可以充当临时漂流计,只要知道这个漂浮物是从哪里入海的,又是在哪里被取回的即可。科学家可以推测漂浮物的路径,从而为确定表层流的运动提供参考信息。如果漂浮物进入海洋和离开海洋的时间可以确定,那么我们就可以计算出海流的速率。海洋学家很久之前就已使用漂流瓶(漂浮的装有信息的瓶子或海洋中随波逐流的无线传输装置)来追踪海流的运动。

船上的货物掉入海洋后,许多物体无意中就变成了漂流计。实际上,全球每年约有 10000 个船运集装箱落入海洋。例如,"耐克"跑鞋和五颜六色的浴盆玩具使得人们增进了对北太平洋海流运动的了解。

1990 年 5 月,汉莎运输公司的集装箱货船在从韩国到华盛顿西雅图的途中,遇到了一次严重的北太平洋风暴。该船当时运载着 12.2 米长的矩形集装箱,多数集装箱在航行中放置于船的甲板上。在这次风暴中,甲板上有 21 个集装箱掉入海中,其中有 5 个装着"耐克"跑鞋。这些跑鞋漂浮在海上,并随北太平洋海流向东漂移。半年内,成千上万的跑鞋在阿拉斯加州、加拿大、华盛顿州和俄勒冈州沿岸被冲上岸边,距离它们的落水点约有 2400 千米。还有一些跑鞋出现在加利福尼亚州的北部海滩。两年后,一些跑鞋竟然漂到了夏威夷岛的北部。

尽管这些跑鞋在海上漂浮了很久,但是它们的形状仍然良好,且仍然可以穿用(除掉油污和附着的藤壶后)。因为鞋子未被绑在一起,所以有些流浪者捡到的单只或两只鞋并不匹配。这些跑鞋当时的零售价约为 100 美元,因此许多人通过在报纸上刊登广告或参加当地的旧物交换市场来寻找配对的鞋子。

在海边流浪者(如同灯塔守护者)的帮助下,这些跑鞋的发现地点、发现数量等信息被收集起来。根据跑鞋上的序号,工作人员可以追踪到它是从哪个集装箱掉落的。结果表明,在掉入海里的 5 个集装箱中,4 个集装箱有鞋子散落,而另一个则是整体下沉。这样,最多有 30910 双跑鞋散落到了海中。大量瞬间释放的漂浮物帮助海洋学家完善了对北太平洋海流的计算机模拟。在这些跑鞋落海之前,海洋学家有意释放的漂流瓶最多也只有约 30000 个。尽管这些跑鞋只有 2.6% 被找到,但是也比海洋学家释放的漂流瓶 2.4% 的回收率要高。

1992 年 1 月,另一艘货船也因遭遇风暴而在"耐克"跑鞋落水地点的北边丢失了 12 个集装箱。其中 1 个集装箱装有 29000 个包裹,物品是能漂浮的塑料浴盆玩具,包括蓝色乌龟、黄色鸭子、红色海豚和绿色青蛙。装有这些玩具的塑料包粘在硬纸板上,但研究表明,在海水中浸泡 24 个小时后,粘胶就已失效,所以有超过 100000 件玩具散落到了海水中。

10 个月后,这些漂浮的浴盆玩具在阿拉斯加州东南部被冲上岸,从而验证了计算机的模拟结果。模拟结果显示,只要这些玩具能够浮在海面,它们将继续在阿拉斯加海流的携带下,散布到整个北太平洋。例如,有些玩具已经踏上了去南美洲的航程,而有些则已经在去北冰洋的航程上。在那里,它们有的被截留,有的则随着北冰洋的浮冰被散布到北大西洋。目前,这些玩具已在英国沿岸和北美东部的整个海盆沿岸被人们找到。

二、深层海流的测量

深层流的所在位置较深,因此与表层流相比更难测量。科学家通常使用被深层流携带的浮标来绘制深层流的地图。2000 年,人们启动了一个海洋计划(称为 ARGO),它是一个自动剖面浮标的全球阵列,这些浮标呈垂直运动并能测量 2000 米以上的海水温度、盐度和其他特性。布放后,每个浮标都下沉到某个特定的深度,在 10 天内漂浮并收集数据,然后上浮到海面,传输关于浮标位置和海洋变量的数据,这些数据在数小时内就会被绘制为公开发布的产品。每个浮标在传输完数据后,再次下沉到预定深度,开始另一次 10 天的漂浮,以收集更多的数据,然后再上浮。目前为止,全球已有超过 3500 个浮标在海洋中进行测量工作。这项计划的目的是让海洋学家建立一个海洋预测系统(就像陆地上的天气预测一样),进而追踪气候变化所引起的海洋特征之变化。

其他测量深层流的技术还包括识别深层水团特有的温盐特性和追踪化学示踪物。有些示踪物会被海水自然吸收,有些则是人为添加。一些有用的示踪物也不是故意被添加到海中的,包括氚(20 世纪 50 年代末和 60 年代初的核弹试验所产生的一种氢的放射性同位素)和含氢氟烃(消耗地球臭氧层的氟利昂和其他气体)。

第三节　海流与气候

表层海流会直接影响相邻陆地的气候。例如,暖流会使附近的空气变暖。这些暖空气能容纳大量的水汽,从而使得更多的水汽进入大气。这些暖湿气流进入大陆上空时,便会形成降雨。存在暖流的大陆边缘,气候通常是湿润的。美国东海岸存在一支暖流,这有助于解释为什么该区域的夏季湿度非常高。

相反,寒流使得附近的空气变冷,而冷空气的水汽含量较低。干冷空气到达陆地上空时,降水也会减少。所以,存在寒流的大陆边缘,气候通常是干燥的。加利福尼亚沿岸存在一支寒流,这是该地区非常干旱的部分原因。

湾流的热力效应影响深远。湾流不仅使美国东海岸的气温变暖,也使北欧温度上升(与大气中的热量互相协调)。所以,在横跨大西洋的不同纬度上,欧洲的温度要比北美的温度高很多,前两者因为湾流将热量输送到了欧洲。西班牙和葡萄牙与新英格兰在同一纬度,但前两者有温暖的气候,而新英格兰则以严冬而闻名。由于湾流的存在,北欧的增暖高达 $9℃$,这足以使高纬度的波罗的海港口常年不冻。北纬 $20°$ (古巴所在纬度)到北纬 $40°$ (费城所在纬度)的北美东部海岸,海面温度存在 $20℃$ 的差异;而在北大西洋东部,相同纬度之间的差异只有 $5℃$ 。这很好地解释了湾流的调节作用。在北大西洋西部,向南的拉布拉多寒流经常吹过格陵兰西部的冰山,从而使得加拿大沿海的海水变得非常寒冷。在北半球的冬季,向南的加那利海流使得非洲北部沿岸的海水变得很冷,甚至比佛罗里达沿岸和墨西哥湾的水温还要低很多。

第四节　海流与渔场

上升流是指营养盐丰富的深层冷水垂直运动到海面;下降流是指

表层水垂直运动到海洋深层。上升流将冷水携带至表层。这些冷水营养丰富,生产力高(出现大量微生藻类),催生了大量像鱼和鲸那样的海洋生物。另一方面,下降流虽与表层较低的生产力一致,但却携带了深游生物所需要的溶解氧。

秘鲁流携带大量的冷水,是历史上公认的全球最富饶的渔场之一。南美洲西海岸的沿岸风所引发的埃克曼输送,使得水体向离岸方向运动,从而促使营养丰富的冷水上涌。上开流增大了生产力,引来了大量的海洋生物,包括被称为秘鲁鳀(鳀鱼)的银色小鱼(这种鱼在秘鲁和厄瓜多尔沿海尤为常见)。鳀鱼为许多较大的海洋生物提供了食物,成就了秘鲁于 19 世纪 50 年代建立的商业捕鱼业。南美洲沿海的鳀鱼如此充足,以至于秘鲁于 1970 年成为了世界上最大的海鱼捕捞国,其最高产量达到 1230 万吨,约是全球海鱼捕捞总量的 1/4。

其他海流(如深水海流等)也推动着地球这个大系统的运转,等待着人们去探索。

第三章　海浪

　　加州中部海岸半月湾的马弗里克,是全球闻名的冲浪地点,它与半月湾的距离约为0.5千米。那么,是哪些因素使得它成为全球最大的冲浪地点的呢? 因素之一是,马弗里克处在一个特殊的地理位置,海浪的折射导致此处聚集了大量的海浪能量。因素之二是,这一地点直接延伸到北太平洋,有大家熟知的冬季风暴和巨浪。因素之三是,海岸线突然自深处上升到易淹没的浅滩岩石礁,从而使得海浪在很短的距离内达到极高的高度。以上这些因素与较低的海洋温度、无形的水下巨石、大鲨鱼的出没等一起,令这一景点一直为勇敢冲浪者所钟爱。冲浪比赛每年都会在这里举行,并且摄影师们常常能捕捉到那些勇敢冲浪者在全球最极端海浪上的瞬间。

第一节　海浪的成因

　　海浪有多种成因,但大多数海浪是风生浪,即吹过海面的风引发的海浪。一般的风生浪比较小,因此释放的能量比较温和,但海洋风暴会使得海浪达到极高的高度。当这些大型海浪向海岸传播时,通常会造成毁灭性的影响,或是形成独特的景观。

　　波也是一种浪,所有的波都由扰动引起,我们称引起这些扰动的力为扰动力。比如,向平静的河中投石会产生波纹,这些波纹会向各个方向传播,而能量的释放是所有波动形成的原因。类似于向潮中抛投石子所引起的涟漪,海浪也会向各个方向传播,只不过尺度更大。

不同密度的流体运动也会形成波动,这些波动会沿着两种不同流体间的界面(边界)运动。比如,空气和海水是两种不同的流体,海浪可以在它们之间的界面处产生。在水与水之间的界面,不同密度水体的运动生成内波。由于内波是在不同密度水体的交界面处生成的,因此它们和密度跃层有关。内波比表面波更大,高度甚至会超过 100 米。潮汐运动、浊流、风应力和船只的经过,都会引起内波。内波对潜艇危害很大,若一艘潜艇在其最大下潜深度时恰好遇到了内波,则可能会被带入超过其承载力的位置,从而遭到损坏。

有些物体进入海洋时也会形成波浪。比如,海岸滑坡或大海冰突然掉入海中会引起波浪,这些波浪通常被称为飞溅浪。产生大浪的原因之一,是海水在海盆中的上升和下降运动。这一过程会向整个水柱释放大量的能量(风生浪主要影响表层水),主要例子有水下崩塌(浊流)、火山爆发和断层滑动,由此产生的海浪被称为地震波或海啸。所幸的是,海啸的发生频率并不高,但一旦发生,就会在沿海地区造成洪涝灾害。

潮汐也是波动的一种形式,主要由月亮的引力而引发(太阳的引力也起部分作用)。潮汐是普遍存在并可预测的。

人类活动也可引起波浪。船只经过海面时留下的尾迹也是一种海浪。事实上,小船常沿大船的尾迹航行,并且这种尾迹也是海洋生物的游乐场所。

总之,海浪是基于某种能量的释放而形成的,大部分海浪是风生浪。

第二节　风生浪的发展

风生浪的整个生命周期包括在海洋中的风区生成,在开阔水域的运动,以及无论是在大洋还是在近岸,当它破碎和能量释放后的消失。

一、毛细波、重力波和"风区"

风吹过海面时,会产生压力和应力,从而使得海面变形,形成 V 形波谷的圆波。圆波的尺度很小,波长不超过 1.74 厘米,这些波被称为涟漪或毛细波。

毛细波进一步发展时,海面会呈粗糙状。粗糙的形状有利于海水捕获风应力,从而使得海面和风的相互作用加强。随着更多的能量进入海洋,重力波得到发展。重力波是一种对称波,其波长超过 1.74 厘米,通常是其高度的 15—35 倍。当有额外的能量进入时,波高的增长速度远超过波长的增长速度。如此,波峰会变得更加陡峭,波谷会变得更加平缓,这种波形也被称为余摆线波。风输入能量会增大波高、波长和波速。波速等于风速时,波高和波长不会变化,因为这时并没有能量输入,海浪达到最大尺寸。

英国海军上将蒲福拟定的风级和海况的关系,描述了各个风级下的海面情形。

蒲福风级和海况

蒲福风级	名称	风速(千米/小时)	海面情形
0	无风	<1	海面如镜
1	软风	1～5	海面有鳞状波纹,波峰无泡沫
2	轻风	6～11	微波明显,波峰光滑未破裂
3	微风	12～19	小波,波峰开始破裂,泡沫如珠,波峰偶泛白沫
4	和风	20～28	小波渐高,波峰白沫渐多
5	清风	29～38	中浪渐高,波峰泛白沫,偶起浪花
6	强风	39～49	大浪形成,白沫范围增大,渐起浪花
7	疾风	50～61	海面涌突,浪花白沫沿风成条吹起
8	大风	62～74	巨浪渐升,波峰破裂,浪花明显成条沿风吹起

续　表

蒲福风级	名称	风速(千米/小时)	海面情形
9	烈风	75～88	猛浪惊涛,海面渐汹涌,浪花白沫增浓,减低能见度
10	暴风	89～102	猛浪翻腾波峰高耸,浪花白沫堆集,海面一片白浪,能见度减低
11	狂风	103～117	狂涛高可掩蔽中小海轮,海面全为白浪掩盖,能见度大减
12	飓风	118	空中充满浪花白沫,能见度恶劣

二、充分发展的风浪

针对给定的风速,下表列出了最小的风区和风的持续时间,超过这些数值的海浪将不会增长。海浪之所以不能增长,是因为其达到了被称为充分发展的风浪的平衡条件。海浪在这种条件下不能继续增长,因为由于重力作用而丢失的能量(破碎成白沫)和风输入的能量达到了平衡。下表列出了充分发展的风浪的平均特征,包括最高10%的海浪高度。

各种风速下充分发展的风浪所需要的条件和海浪的特征

条件			形成的海浪			
风速(千米/小时)	风区(千米)	持续时间(小时)	平均高度(米)	平均波长(米)	平均周期(秒)	最高10%的海浪(米)
20	24	2.8	0.3	10.6	3.2	0.8
30	77	7.0	0.9	22.2	4.6	2.1
40	176	11.5	1.8	39.7	6.2	3.9
50	380	18.5	3.2	61.8	7.7	6.8
60	660	27.5	5.1	89.2	9.1	10.5
70	1093	37.5	7.4	121.4	10.8	15.3
80	1682	50.0	10.3	158.6	12.4	21.4
90	2446	65.2	13.9	201.6	13.9	28.4

三、涌浪

海区内生成的海浪向边缘运动时,风速会逐渐变小,因此海浪最终的速度会超过风速。

出现这一现象时,海浪的波陡降低并变成长峰波,也称涌浪。涌浪是从源区离开的均匀且对称的海浪,其在行进过程中几乎不损失能量,只是将从一个海区吸收的能量释放到另一个海区。

涌浪跨海区传播这一规律,解释了海岸处"无风三尺浪"的原因。

波长越长,海浪行进的速度越快,进而能更快地离开海区。紧随其后的是波长稍短、波速稍慢的波列。这种从长波(快波)到短波(慢波)的演进过程,描述了波的弥散现象,即多种波长的波在海区共存。在深水区,波速依赖于波长,所以长波会领先短波。从海区到分布均匀的涌浪出现的距离,被称为衰减距离,这一距离可达数百千米。

第三节　海浪的预报

海浪的预报一直受到人们的重视。在二战期间的诺曼底登陆前夕,盟军在伦敦的海军气象中心成立了涌浪预报科,对诺曼底海滩的风浪和激浪进行预测,并最终定在了 6 月 5 日行动。当他们在海滩上着陆时,波浪刚好减小到可控范围内,指挥官们就趁这个时机发动了攻击。即便这样,海浪仍然不时地盖过登陆艇,全副武装的士兵动弹不得,只能任其摆布,这让登陆艇很难将士兵放到海滩上。登陆本身就是一项很艰难的任务,更不用说还有海浪的影响。不仅船只要避开潮间带布下的水下障碍,士兵也还要躲开德国人的火炮。海浪使得许多特别设计的水上坦克下水即沉,也使得水下爆破障碍更加困难。但是,如果选择在海浪条件更恶劣的情况下行动,不管是英吉利海峡还是诺曼底岸滩,各个方面都会比现在更困难,甚至会引发灾难性的后果。此外,后期海上物资的高效运输,也归功于准确的海浪预报。

第二次世界大战之后,海浪预报的其他功能也应运而生,包括为海上的商船规划安全的航行路线、保护石油平台和其他离岸设施、避免岸线侵蚀、保证游船乘客及数量激增的沿岸游客的安全等。新的海浪预报方法引起了科学家们对这一领域的兴趣,并且吸引了其他研究人员的参与。与早期的波浪研究不同,新的波浪科学更多地依靠观测,使用最新研制的仪器来测量海浪,并运用新的数学方法来统计复杂的海浪数据。

运用数学方法进行波浪分析和预报非常复杂,不仅要用水动力方程来描述波浪运动的复杂物理过程,还要用先进的统计方法对成百上千的随机单波组合进行有意义的描述。更为复杂的是,这些单波之间还有相互作用。至今,仍然没有公认的对风浪产生原理的完整解释,但这并不妨碍海浪预报模式的发展。经过数十年的缓慢发展,海浪预报模式已经从最初的利用海浪分析数据进行单一统计,发展到如今的利用水动力方程组来解释海浪运动的物理本质。

随着技术的发展,海浪预报遇到一个问题,即预报某一特定海域的波浪时,不仅仅需要当地的风场,还需要与之息息相关的全球风场。随着全球天气预报模式的出现,这一问题迎刃而解,其预报的风场可以驱动全球海浪模式。这种波浪模式需要通过波浪观测数据来进行校准和验证。这些观测数据可以通过浪浮标和由其他测量波高与波向的传感器所组成的观测网络来获得。此种海浪模式是全球海洋观测系统的另一组成部分。全球波浪测量还可以通过卫星雷达完成。这些数据对于测试和校正全球水动力波浪模式是非常有用的,也可以作为实时信息提供给船员和岸边居民。

当前,最先进的全球海浪模式属于第三代模式,如美国国家海洋与大气总署的 WAVEWATCH II 模式,其在美国国家环境预报中心得到了发展和应用,以及欧洲中尺度气象预报中心所使用的 WAM 模式。第三代海浪模式详细地描述了与海况发展相关的所有物理机制。如果能够从改进的气象预报模式中得知更为准确的风场,那么这些海浪模式的准确度也将得到大幅度提高。

第四节　大浪

在海浪预报中,仍有一个问题没有解决,即没有模式能够算出真正的大浪。根据 1900 年的美国海军水文信息通报,风生浪的浪高理论上不超过 18.3 米(60 英尺),这也被称为"60 英尺定律"。尽管有人宣称观测到了更高的海浪,但是美国海军认为这已被人为夸大,而夸大极端天气情况下的浪高是可以理解的。多年来,"60 英尺定律"一直被当作事实而为人们所接受。1933 年,科学家在 152 米长的美国海军军舰"拉马波号"上进行了仔细的观测,证实了"60 英尺定律"是错误的。军舰在从菲律宾驶往圣迭哥时,于西太平洋上遭遇了台风,风速达 108 千米/小时。在台风的驱动下,海面生成了对称、均匀且周期为 14.8 秒的海浪。由于"拉马波号"军舰随海浪的行进方向航行,因此船员可以准确地测量海浪的主要物理特征。船员利用军舰的尺寸(包括观测仪的视高),通过几何关系,计算出海浪高达 34 米,比 11 层楼还要高,这一高度也是被人们正式认可的最大风生浪高度,打破了此前 18.3 米的纪录。尽管"拉马波号"完好无损,但是在恶劣天气下航行的其他船只却没有这么幸运。事实上,由于大浪的影响,每年都会有几条船在海上消失。

疯狗浪是单独的、自发的巨大海浪,可以达到巨大的高度,常在普通海浪很大时出现。

在浪高 2 米的海洋中,可能会突然出现高达 20 米的疯狗浪。疯狗浪有时也被称为巨浪、怪物浪或畸形波,这些海浪具有不同寻常的高度或不规则的形状,个体海浪的高度超过最高海浪高度平均值的 2 倍。水手常将疯狗浪的波峰形容为"水山",而将其波谷形容为"海洞",这种波浪有可能引发很大的灾难。

由于其规模和破坏力,疯狗浪常在文学作品和电影中出现,有些疯狗浪甚至会威胁到石油钻井平台和海上的船舶。

在开阔的大洋中,1/23 的海浪会超过平均高度的 2 倍,1/1175 的海浪会超过平均高度的 3 倍,1/30000 的海浪会超过平均高度的 4 倍。因此,滔天巨浪的出现概率很小。然而,疯狗浪确实会出现。例如,2001 年,卫星连续三周都观测到了疯狗浪。可见,发生疯狗浪的概率要比人们所认为的高。全球范围内,各地超过 25 米高的疯狗浪不少于 10 个。海浪可被卫星监测,但我们仍然很难预测何时、何地会出现疯狗浪。例如,2000 年,美国国家海洋和大气局高达 17 米的调查船"巴耶纳号"在远离加利福尼亚海岸的平静海区调查时,因遭遇 4.6 米高的疯狗浪而沉没。所幸的是,船上的三人顽强地生存了下来。

　　全球每年会失踪 1000 多艘各种大小的船只,人们怀疑疯狗浪是导致这些船只失踪的原因。尽管如此,科学家仍缺乏关于疯狗浪的详细测量数据,因为疯狗浪的出现很偶然,而且颠簸的船只很难完成测量任务。

　　理论上,疯狗浪的成因主要是多个波同相叠加所造成的相长干涉,所以其会呈现为非常大的海浪。疯狗浪通常也会在锋面附近和岛屿或沙洲的顺风区发生。对 2008 年在太平洋导致日本渔船倾翻的海浪条件之模拟表明,疯狗浪可因普通海浪的低、高额成分相互干涉,进而把能量带入某个较窄的频带而形成。

　　强大的洋流汇集并增强对向来的涌浪时,也会促成疯狗浪。非洲东南沿海的"狂野海岸"就具备这样的条件,阿古拉斯海流与南极大浪在那里相遇,形成的疯狗浪可能会直接冲撞船头,并突破其结构承载能力,从而使得更大的船舶沉没。

第四章　潮汐

　　海洋潮汐是海水因受引潮力作用而产生的海洋水体的长周期波动现象，它在重直方向表现为潮位升降，在水平方向表现为潮流涨落。潮汐与人类的多种活动有密切的关系。

　　人类很早就知道了潮汐和月球有密切的关系。在中国古代，早晨海水上涨的现象叫作潮，黄昏海水上涨的现象叫作汐，故合称潮汐，或称海潮。中国汉代的王充（27—97年）在《论衡》一书中指出，"涛之起也，随月盛衰，大小调损不齐同"。这段话在一定程度上说明了潮汐和月球的关系。北宋燕肃（约961—1040年）指出，潮汐变化"随目而应月……盈于期望……虚于上下弦"。燕肃对海潮进行了长达十年的观察，并计算出高潮时刻与月中天时刻的关系，至今仍有参考价值。除了中国以外，其他一些国家对潮汐也有种种记述。

　　到了17世纪，英国科学家牛顿（1643—1727年）根据他提出的万有引力定律，对潮汐进行了科学的解释。至此，用引潮力来说明潮汐的原因为大家所接受。继牛顿之后，伯努利和拉普拉斯分别建立了潮汐的静力学和动力学的基础理论。此后，不少学者继续对潮汐进行理论研究。到19世纪60年代末，开尔文、达尔文等人提出了潮汐分析和预报方法，并得到广泛应用，潮汐学由此形成。

第一节 潮汐的原因

目前,较为常见的解释是太阳和月球对地球的引力导致了海洋潮汐。这是最简单直接的理解。更全面地说,潮汐是地球的引力与地球、月球和太阳的相对运动共同施加于地球的合力所引起的。

牛顿计算了地球、月球和太阳之间的引力,从而使得人类了解了物体在轨道上绕对方运动的原因。牛顿定律同样适用于解释潮汐现象,引力和运动也对地球上的每个水粒产生影响,进而形成潮汐。牛顿的万有引力定律说明,地球上的每个物体都需要相同的向心力,以保持它的圆形路径。物体和月球之间的引力提供了向心力,而每个物体到月球的距离是不同的,所以给物体的引力也不同(提供的力和所需要的力并不相同)。这种引力和向心力的差别产生了微弱的合力,而合力在地表水平方向的分量就是引潮力。

引潮力使得海水同时形成两个隆起,一个在近月点,另一个在远月点。近月点隆起产生的原因是引力大于所需要的向心力,相反,远月点隆起产生的原因是向心力大于引力。虽然合力在地球两侧的方向相反,但大小相等,因此隆起的大小也相等,进而导致了潮汐,因此潮汐也被称为潮隆。理想状态下,近月点和远月点的两个潮隆,会使地球上所有点(极点除外)每天经历两次高潮。

事实上,日月引力施加到任何具有流动能力的物体上时,都会产生潮汐。例如,一个游泳池中都会存在极小的潮汐。大地和大气也会出现潮汐,大气中的潮汐(大气潮)会高达几千米,并受太阳热量的影响;地球内部的潮汐(固体潮汐或地球潮汐)会使得地壳出现可测量的拉伸,通常只有几厘米高。近年来,人们认为地球潮汐是使得某些弱断层发生震动的原因。

第二节 潮汐的基本概念

一、潮汐过程

潮汐是海水受到月球和太阳等天体的引力而发生的运动。月球和太阳相对于地球的运动都有周期性,故潮汐也有周期性。当潮位上升到最高点时,称为高潮或满潮;在此刻前后的一段时间,潮位不升也不降,称为平潮;接着潮位开始降落,当它降到最低点时,称为低潮或干潮;在此刻前后的一段时间,潮位又不升不降,称为停潮;停潮之后,潮位又开始上升,如此循环。平潮和停潮的时间长短都因地而异。平潮的中间时刻为高潮时,当时的潮位高度为高潮高;停潮的中间时刻为低潮时,当时的潮位高度为低潮高。相邻的高潮和低潮的潮位高度差,称为潮差。从低潮至高潮的过程,称为涨潮;从高潮至低潮的过程,称为落潮。涨潮阶段的潮差为涨潮差,时间间隔为涨潮时;落潮阶段的潮差为落潮差,时间间隔为落潮时。

二、潮汐不等现象

因为月球、太阳和地球三者的相对位置不断变化,所以潮汐的过程每天都不同。月球和太阳对地球的引潮力,有时互相增强,有时互相削弱,从而使潮高和潮时都随之发生变化。主要的潮汐不等现象有半月不等、月不等、赤纬不等和日不等四种类型。

(一) 半月不等现象

农历每月的朔(初一)和望(十五或十六),月球、太阳和地球的位置大致处于一条直线上,月球的引潮力和太阳的引潮力具有大致相同的方向,它们所引起的潮汐相互增强,此时的潮差最大。这种极大值每半个朔望月出现一次,此时的潮汐被称为大潮。大潮过后,潮差逐渐减小,在农历每月的上弦和下弦时,日月的引潮力方向接近垂直,相互削弱的效果最大,故潮差达到极小值,相应的潮汐被称为小潮,小潮也是半个月出现一次。这种大小潮更替的现象被称为半月不等。

(二)月不等现象

月球绕地球公转的周期为 27.5446 天。在一个公转周期中,月球从近地点运动到远地点,再回到近地点。在这一过程中,月球产生的引潮力也发生相应的变化,而由此原因导致的潮差变化,被称为潮汐的月不等现象。

(三)赤纬不等现象

由于月球轨道面与地球赤道面斜交,因此月球的赤纬不断变化。在每个回归月中,月球半个月处于赤道面以北,半个月处在赤道面以南。其间,相应的潮汐变化被称为赤纬不等现象,周期为半个回归月(13.6608 天)。

(四)日不等现象

每天的高潮差和低潮差都不同,高潮时和低潮时也不同,此种现象被称为日不等现象,周期为 27.3216 天。

第三节 潮汐的分类

大洋潮汐是在月球与太阳的引潮力作用下产生的强迫振动,在地转和地形的影响下形成各自的旋转潮波系统。沿海的潮汐主要是由大洋的潮波传入所引发的。在地转和地形的影响下,各海区形成了各自的潮波系统。潮汐现象可以看成是由很多周期不同且振幅各异的分潮组合而成,因此潮波系统的形成很复杂,大致可分为以下几种类型:

一、半日潮

半日潮在一个太阴日(24 小时 25 分钟)中有两次高潮和两次低潮,相邻的高潮或相邻的低潮的潮高大体相等,如中国的厦门和塘沽的潮汐。

二、混合不正规半日潮

混合不正规半日潮在一个太阴日中有两次高潮和两次低潮,但两次高潮或相邻的低潮的潮高不等,涨潮时和落潮时也不等,如中国台湾地区的马公和安平等地的潮汐。

三、全日潮

全日潮在每半个月中有连续 7 天以上在一个太阴日内出现一次高潮和一次低潮,少数几天潮差较小,而且呈现出半日潮现象,如中国的秦皇岛、北海和涠洲岛等地的潮汐。

四、混合不规则全日潮

混合不规则全日潮在半个月内的大多数时间为不正规半日潮,少数几天在一个太阴日内会出现一次高潮和一次低潮,如中国海南的榆林和凌水湾等地的潮汐。

中国沿海的潮汐类型的分布,是由主要潮波系统的分布决定的。一般来说,除南海外,中国沿海的大部分潮汐为半日潮,南海大多为混合潮,而北部湾海区的固有振幅周期接近 24 小时,因此其是世界上最典型的全日潮海区。

第四节　潮汐的预报

在海洋工作中,我们经常需要知道某处未来一段时间内的潮水情况;在日常生活中,如旅游时,潮汐情况可能也用得着。目前,我们通过网络搜索潮汐表,就可以很方便地查找到未来一段时间的潮汐情况。

潮汐表　　数据仅供参考

潮时（Hrs）	01：26	08：32	14：36	20：57
潮高（cm）	368	81	380	177

时区：-0800（东8区）潮高基准面：在平均平面下241 cm

塘沽2019-06-16潮汐表曲线图

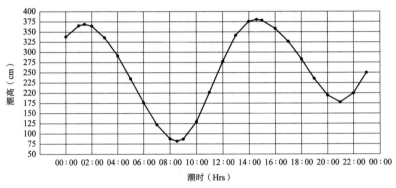

每日潮汐波动示意图（图片来源于中国海事服务网）

　　那么,预报员是怎样对潮汐进行预报的呢? 潮汐预报的内容包括逐日的高潮和低潮高度及出现时刻。预报员根据拟预报海区的实测潮汐资料进行潮汐调和分析,求得各个分潮的调和常数,用以推算将来一定时间内的各个分潮的变化情况,再将各分潮叠加,即求得将来一定时间内的潮位变化,据此就可以进行潮汐预报。按照预报精度要求的不同,预报员可以采用短至一个月,长至一年以上的潮汐连续观测资料来求取调和常数,对分潮的类型和数目也可以仅选用几个主要分潮或选用几十个甚至上百个分潮。

　　为了反映预报海区的具体地形和气象对潮汐的影响,在潮高预报模式中,除了天文潮外,还应增加一些反映气象因素与季节变化的气象潮和浅水效应的浅水分潮。此外,为了提高潮汐预报的精度,对一些非周期性的水位变化,如风暴潮引起的增减水现象,要结合短期的突变气象因素进行风暴潮预报。

　　潮汐预报方法有非调和分析法、调和分析法和感应法等。

第五节　潮汐的影响

一、潮汐引发漩涡

海洋中的漩涡虽然常常仅在影视作品中出现,但是其是实际存在的,而且许多漩涡的产生与潮汐有关。漩涡是指快速旋转的水体,也称涡旋,它在某些沿海受限水道处由反向潮流促成。漩涡最常发生于两个具有不同潮汐周期的较大水体通道的连接处。两个水体不同的潮汐高度使得水能够快速通过该通道,而水冲过通道时,会受到浅海处海底地形的影响(引起湍流)和反向潮流旋转的影响,从而生成漩涡。两个水体的潮高差异越大,水体通道越窄,潮流引起的漩涡就越大。由于漩涡的流速高达 16 千米/小时,因此会导致船舶在很短的时间内失控。

世界上最有名的一个漩涡是大漩涡,它出现在挪威西海岸附近的极寒水道中。这个漩涡与另一个出现在墨西拿海峡(分隔意大利大陆和西西里岛的海峡)的著名漩涡一样,形成了极具破坏性的漏斗状水体,能毁灭大量的船只并夺取大量船员的生命,以至于成为了古代传说的素材,尽管现在它们已经不像传说中那么致命。苏格兰西海岸、缅因州和加拿大新不伦瑞克省之间的芬迪湾以及日本四国岛的周边,也存在其他知名的漩涡。

二、潮汐对生物的作用

在美国加利福尼亚南部的海域有一种利用潮汐进行繁殖的鱼——银汉鱼。每年的 3 月至 9 月(即最大的潮汐出现后不久),银汉鱼会出现在沙滩上并埋下鱼卵,其是世界上唯一能完全脱离海水产卵的海洋鱼类。

混合潮出现在南加利福尼亚和下加利福尼亚州的海滩,大多数太阴日(24 小时 50 分钟)都有两次高潮和两次低潮。夏季,较高的高潮在夜间发生，晚上高潮变高，因此晚上最大的大潮会接近并侵蚀海滩上的沙子。最大的大潮出现后，夜晚的高潮会逐渐消失，直到小潮来临时，沙子会沉积在沙滩上。

高潮达到峰值后3—4天的晚上，银汉鱼才会产卵，以确保鱼卵会在高潮开始消退的晚上能够沉积在沙中并掩埋。沙中的受精卵在产卵后约10天就开始孵化。此时，下一次大潮即将到来，海滩的沙子将再次被侵蚀，暴露的受精卵在高潮到来时破裂，并在再次位于海水中后约3分钟开始孵化。试验表明，银汉鱼的受精卵要到海浪侵蚀时才开始孵化。

银汉鱼随合适的高潮上岸后，马上开始排卵，这一过程会持续1—3小时。银汉鱼的产卵通常会在开始约1小时后达到高峰，此后会持续30分钟到1小时。此时，海滩上可能会有成千上万条银汉鱼。在这一过程中，雌性（体形大于雄性）会在海滩上快速移动。如果没有雄性接近，雌性会返回海水中而不产卵；若有雄性接近，则雌性会将其尾巴钻进沙子而只露出头部。雌性继续扭动，将卵排放在海面以下的5—7厘米深处。雄性包围雌性的身体，并将精液排放到雌性的身上。之后，精液会留在雌性的身上，使卵子受精。产卵结束后，两条鱼会随下一次潮波返回海中。较大的雌性在每次产卵期间能排出高达3000个卵子，这些卵子是在两周长的潮间期排出的。鱼卵着床后，雌性的体内开始生成另一些鱼卵。生成的这些鱼卵将在下次大潮来临时排出。早春，只有较大的鱼开始产卵，但到5月时，即使是1岁的雄性也会具备产卵的条件。年幼的银汉鱼生长很快，到1岁左右并能产卵时，会有约12厘米长。银汉鱼通常会生长两三年，但我们也能看到生长4年的银汉鱼，其年龄可通过体形大小来确定。在第一年的快速成长后，银汉鱼的后续成长非常缓慢。事实上，在6个月的产卵期，它们不会生长。银汉鱼的鳞片上长有标记，我们可以通过这些标识来确定其年龄。

目前，人们还不了解银汉鱼的产卵活动与潮汐一致的具体原因。但有研究表明，银汉鱼能够感知潮汐所引发的海平面之上升和下降。当然，事关繁殖生存大计，因此必然存在准确的探测机制使银汉鱼可以获知潮汐情况。

第六节　潮汐能的利用

历史上,海洋潮汐一直是能量的来源。例如,12 世纪,人们就开始使用潮汐推动的水轮来加工谷物和切割木头;17 世纪和 18 世纪,波士顿的很多面粉都出自潮汐推动的磨坊。

今天,人们已认识到潮汐能是一种洁净的、可再生的、具有巨大潜力的能源。建造潮汐发电厂的初期成本要比建造常规热电厂的成本高,但运行成本较低(因为它不使用任何化石燃料或放射性物质)。

但潮汐发电也存在一个缺点,即潮汐的周期性使得我们只能在一天内的部分时间发电。人类按照太阳的活动周期工作和生活,但潮汐却是按月球的活动周期消长的,两者重叠的时间不多,因此可以利用的能量较少。潮汐能必须输送到人们工作与生活的地点,而这种电能输送的成本非常高。电能可以存储起来备用,但这种变通方案也存在技术方面的问题。

要有效地利用潮汐发电,涡轮机(发电机)需要以恒定的速度运行,但由于潮汐在两个方向(涨潮和落潮)流动,因此很难维持恒定的速度。为此,需要设计出涨潮和落潮均能驱动的涡轮机。

潮汐发电的另一个缺点是,对生态环境会造成一定的影响。潮汐发电厂会改变潮流的正常流动,进而影响那些依赖于这些海流来捕食或迁移的海洋生物。

尽管潮汐发电有明显的缺点,但是人们仍然成功地建设了几个沿岸潮汐发电厂。

潮汐可通过如下两种方式得到利用:第一,海湾和河口后面堤坝内的潮水驱动涡轮机发电;第二,穿过狭窄水道的潮流驱动水下枢轴涡轮发电。

在全球范围内,只有少数小型潮汐发电厂仍然利用沿海堤坝内的海水发电。自 1967 年起,法国北部拉兰斯河河口的一个潮汐发电站开始运行,河口面积约 23 平方千米,潮差为 13.4 米,可以利用的潮汐能随盆地面积的增大而增加,并随潮差的增大而增加。发电大坝建在河口上游 3000 多米的位置,以免受风浪破坏。发电大坝长 760 米,宽约两车道,水通过大坝时,可使 24 个发电机组工作。峰值运行时期,每个机组的发电量为 10 兆瓦,合计发电量为 240 兆瓦(每兆瓦电量足以满足 800 个家庭的电能需求)。

加拿大新斯科舍省于 1984 年建造了一座小型潮汐发电厂,该发电厂坐落于全球潮差最大的芬迪湾,发电量为 20 兆瓦。发电厂位于芬迪湾的支流安纳波利斯河河口,这里的潮差为 8.7 米。

英国也计划在具有世界第二大潮差的塞文河河口建设世界上最大的潮汐发电厂,其大坝长 12 千米,发电量为 860 万千瓦。

第五章　海气相互作用

地球最显著的一个特点，是海洋和大气（以下简称海气）呈现为一个相互依存的系统。海气系统的观测表明，一个要素的变化将导致另一个要素也产生变化。此外，该系统的两个部分是通过复杂的反馈循环相互联系的，有的反馈过程加强变化，有的则消除变化。例如，海洋中的表层流是地球大气层直接作用的结果；相反，某些大气中的天气现象则是海洋作用的体现。要了解大气和海洋现象，必须考虑二者之间的相互作用。

太阳能加热地球表面，催生大气风场，而风场又驱动海洋中的大部分表层流和波动。因此，太阳辐射能是大气和海洋运动的保障。事实上，太阳辐射的变化是驱动全球海气系统的发动机，其造成压力和密度差，并促成大气和海洋中的环流与波动。大气和海洋利用水的高比热容不断交换能量，进而形成全球气候形态。

天气的周期性极端事件（如干旱和强降水），与海洋状态的周期性变化相关。例如，早在20世纪20年代发生的厄尔尼诺现象，被认为与全球灾难性的气候事件相关，但目前还不清楚的是，海洋的变化是否会引起大气的变化，进而导致厄尔尼诺事件。

海气相互作用对全球气候变暖同样有重要意义。最近的大量研究已经证实，由于人为排放二氧化碳和其他吸收大气热量的气体，大气正在经历前所未有的变暖。大气的热量向海洋传递，进而改变海洋的生态系统。

第一节 大气环流形态

一、环流

赤道上空的大气受热较多,使得空气膨胀,并因密度减小而上升。空气上升时,由于压力较低,因此发生扩散并变冷。空气中所含的水气冷凝,在赤道区域以雨的形式降落。在此过程中产生的干气团向北或向南运动,大约在南北纬30°附近冷却。这一气团比周围空气的密度大,于是开始下降,完成循环。这一环流圈的称为哈德莱环流,它是以英国著名气象学家乔治·哈德莱(1685—1765年)的名字命名的。

除了哈德莱环流,两个半球在纬度30°到60°间存在费雷尔环流,在纬度60°到90°间存在极圈环流。费雷尔环流以美国气象学家威廉·费雷尔(1817—1891年)的名字命名,他发现每个半球的大气三圈环流形式不仅仅受太阳加热的差异驱动。如果仅受太阳加热的驱动,那么空气将会以相反的方向循环。类似于连锁齿轮的移动,费雷尔环流的运动方向与相邻两个环流圈的运动方向一致。

二、气压

密度较大的冷气团向地面移动,产生高压。南北纬30°附近的空气下沉所形成的高压区被称为副热带高压;同样,两极地区的空气下沉所形成的高压区被称为极地高压。

那么,高压区域会经历什么样的天气呢? 因为下沉的空气相当干燥,且往往在其自身重压下变暖,所以这些区域通常会是干燥、清澈、晴朗的,但不一定温暖(如两极)。

密度较小的暖气团离开地面向上运动,产生低压。因此,上升气流在赤道地区形成低压带,称为赤道低压;在南北纬60°附近称为副极地低压。由于上升气流逐渐冷却且不能保存水蒸气,因此低压区的天气以多云、多雨为主。

三、风带

环流圈最下方的部分,即最接近于地面的部分,形成了世界上最主要的风带。大量空气在地表从副热带高压带向赤道低压带运动,构成信风。这些风向长期稳定,表明风是按照既定路线吹的。如果地球不自转,那么风将只按南北方向吹。在北半球,由于科里奥利效应,东北信风右偏,从东北方向吹向西南方向;在南半球则正好相反,由于科里奥利效应,东南信风左偏,从东南方向吹向西北方向。

部分空气在副热带地区下沉,沿地球表面向高纬度地区运动,形成盛行西风带。由于科里奥利效应,盛行西风在北半球变成从西南方向吹向东北方向,在南半球变成自西北方向吹向东南方向。

在两极地区,空气背离高压移动,产生极地东风带。科里奥利效应在高纬度地区的影响最大,所以极地东风偏转强烈。极地东风带在北半球自东北方向吹,在南半球自东南方向吹。当极地东风连接到副极地低压带(南北纬60°)附近的盛行西风时,密度较小的盛行西风暖空气上升到密度较大的极地东风冷空气之上。

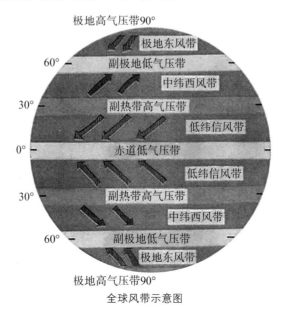

全球风带示意图

四、边界

紧贴赤道的两个信风带之间的边界被称为赤道无风带,因为很久以前,那里无风使帆船前行,所以船只有时会滞留数天或数周。这种情况很不幸,但并无生命危险,因为每日的阵雨为船员提供了充足的淡水。目前,气象学家称这个区域为热带辐合带(ITCZ),因为它是在南北半球信风辐合处的热带区域。

信风和盛行西风之间的边界(在南北纬30°的中心)被称为副热带无风带。这些地区空气下沉,形成高压(与副热带高压相关),呈现出干燥、晴朗的天气。由于空气下沉,副热带无风带存在轻微但可变的地表风区。

风带和边界的特点

区域(北纬或南纬)	风带或边界的名称	气压	特点
赤道区域(0°—5°)	赤道无风带	低	方向不定的微风;多云、多雨;飓风滋生地
5°—30°	信风带	—	稳定的强风,通常为东风
30°	北大西洋无风带	高	方向不定的微风;天气干燥、晴朗;世界上的主要沙漠地带
30°—60°	盛行西风带	—	通常为西风
60°	极锋	低	方向不定的风;全年多云、多风暴
60°—90°	极地东风带	—	干冷风,通常为东风
极点(90°)	极地高压	高	方向不定的风;天气晴朗、干燥、温度较低;寒漠

第二节 海洋上的天气

一、海风和陆风

影响局地风的其他因素有海风和陆风,尤其是在沿海地区,当等量的太阳光照射到陆地和海洋时,由于陆地的热容量较低,因此其受到加热的程度要比海洋约多 5 倍。在下午时分,陆地上密度较低的暖空气上升,上升气流在陆地上形成一个低压区,拉动较冷的空气从海洋向陆地流动,形成所谓的海风。到了夜晚,地表的冷却速度比海洋快约 5 倍。密度较大的冷空气下沉,形成高压区,促使风从陆地吹向海洋,引发陆风,且这种现象在傍晚和清晨时分最为显著。

二、风暴

在纬度较高和较低的地区,天气几乎没有日变化,但有较小的季节变化。因为赤道无风带的空气流动方向很明显是向上的,所以赤道地区通常是温暖、潮湿、无风的。中午时段的降雨在赤道很常见,并且即使是在所谓的干燥季节期,南北纬 30°—60°也常有风暴出现。

风暴是大气中的强力扰动,其特点是大风、降水并常伴有电闪雷鸣。由于大陆气压系统的季节性变化,高低纬度地区的气团可能会向中纬度地区流动,从而与中纬度地区的气流相遇并形成强大的风暴。气团是空气中体积较大的大气组合体,它有明确的发源地和明显的特征。一些气团起源于大陆,因此干燥;但大部分气团起源于海洋,是潮湿的。一些气团是冷的,另一些气团则是暖的。

第三节　台风

热带洋面上存在着一种逆时针方向旋转(赤道以南为顺时针旋转),且中心附近最大风速达 6 级(10.8 米/秒)或以上的大气涡旋,统称为热带气旋。不同海域的强热带气旋有不同的名称,西北太平洋和南海上的称为台风,东北太平洋、大西洋和墨西哥湾上的称为飓风,北印度洋(包括孟加拉湾和阿拉伯海)上的称为特强气旋性风暴,西南印度洋上的称为热带气旋,东南印度洋和西南太平洋上的均称为强热带气旋。虽然名称因地而异,但是这些大气涡旋的本质是相同的。

无论叫什么,这种气旋都极具破坏力。台风的破坏性主要源自大风和强降雨所引起的洪水。风暴潮造成了大多数台风对沿海地区的破坏。事实上,风暴潮引发了与台风相关的90%的死亡。台风在海洋上空发展时,其低压中心在水中形成"矮山"。台风跨海盆移动,"矮山"也随之移动。随着台风逼临近岸浅水区,大量抬升的、风驱动的水逐渐形成,这种水就是风暴潮。风暴潮可以高达12米,从而导致近岸海平面高度急剧增加,形成大风浪,对沿海低洼地区造成巨大破坏。

一、台风的形成

热带的海洋是台风的起源地,形成台风海域的洋面温度一般超过26℃。在台风的形成条件中,最主要的是比较高的海洋温度与充沛的水汽。当温度较高的海域正好碰上了大气发生的扰动时,大量气体开始上升,在海面上形成低压。这时,上升海域的外围空气会源源不断地补充到低压区,并因地球自转的关系而使流入的空气像车轮那样旋转起来。上升的水汽冷却、凝结、放热,又助长了底层空气不断上升,从而使海面气压更低,空气旋转更加猛烈,逐渐形成了台风。值得注意的是,水汽是台风形成与发展的主要原动力。没有这个原动力,台风即使已经形成,最终也将消散。

二、台风的预报

热带气旋是地球上最具破坏性的自然灾害之一。全球每年约有80个热带气旋在洋面上生成,全球有50多个国家的约5亿人口受到不同程度的影响,不同海域都曾出现过热带气旋所引发的大灾难。2004年3月,很少出现强热带气旋活动的南大西洋生成了一个飓风,使巴西遭受重创。2005年8月,著名的5级飓风Katrina袭击了美国路易斯安纳州,并将一座名为new Orleans的城市淹没。

我国是世界上受台风影响最严重的国家之一,平均每年有9.3个台风登陆,对人民的生命财产安全造成巨大威胁。例如,2009年8月,超强台风 morakot 先后登陆我国的台湾地区和福建省,台湾阿里山的日降雨量达到 1623.5 毫升。台风引发了洪水和泥石流,村庄被吞没,酿成大灾。2010 年,超强台风 megi 移入南海后减速直流,并折向北登陆中国台湾,致使苏花公路塌方,造成 38 名大陆游客和台湾同胞遇难。台风之灾连年不断,因此加强台风研究,提高预报能力,是具有重要意义的工作,而如何提高台风预报的准确率也是科学界持续关注的重要课题之一。

(一)路径预报

对于防台减灾而言,我们首先需要知道台风未来途经的区域,而这主要取决于台风的移动路径(一般用 3 小时或 6 小时间隔的各台风中心位置连线来表达),因此台风路径预报是防台减灾的首要问题。随着沿海经济的快速发展和城市化进程的加快,精确的台风路径预报显得越发重要。尤其是在台风可能侵袭的情况下,路径预报更是人员撤离和财产保护的重要科学依据。台风路径预报的偏差会导致风雨强度和分布以及风暴潮增水等预报的失准,甚至会直接使得预报失败。

在地面天气图上,台风环流的平均半径为数百千米,属于中尺度天气系统,其运动一方面会受到环境场中的更大尺度(数千千米)气压系统之影响,另一方面也会受到台风内部更小尺度(数千米到数十千米)系统的影响。正如河流的运动受河岸和河床等边界的影响一样,台风的移动也会受到下垫面(海表、陆表)状况、地形(如山脉)等因素的影响,因此台风的路径预报涉及多方面的问题。

基于观测手段和资料的不断丰富,如各种遥感卫星、多普勒天气雷达和 GPS(全球定位系统)下投式探空仪观测等设备及数值天气预报模式的发展,尤其是模式分辨率的提高、模式中物理过程的改进和资料同化技术应用的日益成熟,台风的路径预报水平在过去二十多年里取得了长足进步。随着沿海经济和城市的快速发展,精确的台风路径预报为台风影响下的人员疏散撤离和财产保护提供了科学的指导。台风路径预报中的难点之一,是预报近海台风是否转向,包括转向的时间以及转向的位置等。台风转向预报的偏差会导致台风暴雨、大风和风暴潮等预报的失准,甚至会直接使得预报失败。

（二）强度预报

台风强度预报的对象，是近中心的最大平均风速或台风中心的最低气压。在过去的二十年间，各海域的台风强度预报能力之提升十分缓慢。全球各台风预报中心在业务中使用的强度客观预报方法包括外推、统计动力和数值天气预报方法，而一些强度预报指标也会被应用。目前，最优的选择是统计和统计动力类预报方法。台风强度的业务预报是预报员在这些客观预报方法和预报指标分析的基础上，结合经验进行分析判断的过程。

统计预报方法除考虑气候持续性因子外，还引入当前和前期的大气环境因子、洋面温度因子以及卫星图像因子来建立预报模型。将天气因子用于建立台风强度统计预报模型的早期工作开始于 20 世纪 80 年代，主要的影响因子包括环境风垂直切变、副热带高压，高空槽等。基于洋面温度计算得到的最大可能强度，对未来台风的强度变化有很好的预示作用。目前，上海台风研究所的西北太平洋台风强度统计预报方案将西北太平洋海域分成三个子域（远海、华东近海和华南近海），并基于气候持续性因子、洋面温度因子和天气学因子分别建立了适用于各子域的预报模型。

台风强度的统计动力预报方法是以数值天气预报模式为依托，考虑未来大气环境和海洋状况的变化来建立预报模型。此类方法一般都假定数值天气预报模式可以准确地预知未来大气环境的变化，而且对台风未来移动路径的预报也是准确的。最具代表性的是美国国家飓风中心的台风强度统计预报模型。我国于 1995 年提出了首个台风强度统计动力预报方法，后人对该方法进行改进后，重新建立了预报模型，并一直在业务预报中使用。

第四节　厄尔尼诺现象

厄尔尼诺一词来自于西班牙语，是圣婴的意思，秘鲁、厄瓜多尔一带的渔民用其来称呼一种异常的气候现象。

秘鲁的居民早就知道,在少数年份,有一支暖流会降低沿岸的鱼产量。鳗鱼数量的减少不仅会导致海洋捕捞业减产,而且会使诸如海鸟、海狮和海豹这样的以鳗鱼为食的海洋生物数量减少。这支暖流也会引起天气的变化(通常是强降水),甚至会出现来自热带群岛近赤道地区的漂浮椰子这样的趣事。刚开始,这种现象被称为充沛年,因为额外的降水使得贫瘠土地上的植物快速生长。但这种曾被视为幸事的现象,不久之后就变成了与生态和经济灾难相关的事件。

这支暖流经常在圣诞节前后出现,于是遭受天灾的渔民将之命名为上帝之子——圣婴(厄尔尼诺)。19世纪20年代,沃克首次意识到,伴随着这支暖流,大气气压场呈东西向的跷跷板状态,他称这种现象为南方涛动。今天,人们将海洋和大气效应的共同影响称为厄尔尼诺——南方涛动(ENSO),它交替出现冷暖位相,并造成显著的环境变化。后来,在科学上,此词语用于表示发生在秘鲁和厄瓜多尔附近几千公里的东太平洋海面的温度异常增暖现象。当这种现象发生时,大范围的海水温度可比常年高出3—6℃。太平洋广大水域的水温升高,改变了传统的赤道洋流和东南信风,导致了全球性的气候反常。

一、ENSO 暖位相

ENSO暖位相,即厄尔尼诺。南美洲沿岸的高压减弱,使得沃克环流中的高压区和低压区间的差异减小,而这反过来又使得东南信风减弱。在厄尔尼诺现象非常强烈时,信风实际上是反向吹的。在没有信风的情况下,太平洋西边堆积的西太平洋暖池水便开始流回南美沿岸,从而形成一支贯穿赤道太平洋的暖水。这支暖水通常在厄尔尼诺年的9月开始流动,12月或来年1月到达南美洲。在强或很强的厄尔尼诺现象期间,秘鲁海岸的水温要比正常年份高10℃。此外,由于沿岸暖水的热膨胀,平均海平面能上升20厘米。

暖水使得穿过赤道太平洋的海表温度增加,从而导致热带太平洋岛屿的珊瑚大面积死亡。此外,许多其他的生物也会受到暖水的影响。到达南美洲沿岸后,暖水会沿美洲西海岸向北和向南运动,增加那里的平均海平面高度和生成于东太平洋的飓风数量。

暖水横跨太平洋的流动,也使得表层暖水和深层冷水之间的倾斜温跃层变平,东西向更加平缓。在秘鲁沿岸地区,上升流会为表层带来更暖的、缺乏营养的水。实际上,暖水沿南美洲沿岸的堆积,有时候会引发下降流。由于生产力减弱,该区域的海洋生物也显著嫌少。

暖水向东运动穿过太平洋,低压区也随之移动。在强厄尔尼诺现象中,低压区会穿越整个太平洋,并停留在南美洲上空。低压使得南美洲沿岸的降水大幅增加;相反,高压出现在印度尼西亚,为其带去了干旱的气象状况,并且也为澳大利亚北部带去了干旱。

二、ENSO 冷位相(拉尼娜现象)

在某些情况下,与厄尔尼诺现象相反的情形会在赤道南太平洋区域盛行,即 ENSO 的冷位相或称拉尼娜现象。拉尼娜现象与正常状态相似,但比标准状态更强,因为横跨太平洋的气压差更大。如此大的气压差引发了更强的沃克环流和更强的信风,它们反过来又增强上升流,使得东太平洋温跃层更浅。于是,一支比常态更冷的水便开始沿赤道南太平洋延伸。拉尼娜现象通常伴随厄尔尼诺现象发生。例如,1997—1998 年的厄尔尼诺现象之后,紧接着发生的拉尼娜现象持续了好几年。1950 年以来,厄尔尼诺现象和拉尼娜现象交替出现的状况,通过多元 ENSO 数得到了展现。ENSO 指数是利用包括大气压、风和海表温度的大气与海洋因子,通过加权平均计算得到的。正 ENSO 指数表示厄尔尼诺现象,负 ENSO 指数表示拉尼娜现象。

三、厄尔尼诺现象的发生频率

过去 100 年的海表温度记录显示,整个 20 世纪,厄尔尼诺现象平均 2—10 年发生一次,但分布极不规律。例如,在某些年代,厄尔尼诺现象每隔几年就发生一次,而在另一些年代,厄尔尼诺现象发生仅发生了一次。通常,厄尔尼诺现象会持续 12—18 个月,且随后会紧接着出现拉尼娜现象,后者通常也会持续类似的时间。然而,也有些厄尔尼诺现象和拉尼娜现象会持续数年。

最近,从南美洲的一个湖泊中获得的沉积物,提供了连续10000年的关于厄尔尼诺现象发生频率的记录。这一沉积物显示,在之前的7000—10000年,每个世纪最多发生5次强厄尔尼诺现象。后来,厄尔尼诺现象的发生频率逐渐增加,并在1200年以前(与欧洲中世纪早期一致)达到顶峰,大约每3年发生一次。如果按照湖底沉积物所观测到的趋势继续发展下去,科学家预言,22世纪早期,厄尔尼诺现象的发生频率会进一步增加。

随着全球变暖的加剧,厄尔尼诺现象(特别是强厄尔尼诺现象)的发生频繁可能会更高。例如,20世纪的两次最强厄尔尼诺现象发生在1982—1983年和1997—1998年。据推测,增加的海温会触发更频繁和更强的厄尔尼诺现象,但这一状态也可能只是一个长期自然气候循环的一部分。目前,海洋学家已经意识到了一种被称为太平洋年代际振荡(PDO)的现象,它可持续20—30年,并且好像对太平洋的海表温度有影响。对卫星观测数据的分析表明,从1977年到1999年,太平洋处于PDO的暖位相,且目前正处于冷位相时期,这可能会抑制未来数十年的厄尔尼诺现象之发生。

四、厄尔尼诺现象和拉尼娜现象的影响

温和的厄尔尼诺现象只对赤道南太平洋区域有影响,而更强的厄尔尼诺现象会对全世界的天气形态造成影响。较强的典型厄尔尼诺现象会改变大气急流,并在全球大部分地区引发异常的天气,气候有时比正常更干旱,有时比正常更湿润,气温也会比正常更暖和更冷。目前,我们还很难准确地预报厄尔尼诺现象对某一区域的天气之影响。

极端厄尔尼诺现象会引发全球洪涝、干旱、火灾、热带风暴,并对海洋生物产生影响。这些天气扰动也会影响农作物的产量。虽然严重的厄尔尼诺现象通常与众多的灾害相关,但是它们也会使某些地区受益。例如,在大西洋,热带飓风的形成通常会抑制某些区域的干旱,为那里

带去更多的降水，从而使太平洋适应暖水的生物得以拙壮成长。

拉尼娜现象所引发的海表温度和天气现象变化，与厄尔尼诺现象相反。例如，在厄尔尼诺年，印度洋季风比正常更干燥；而在拉尼娜年，其却比正常更湿润。

五、近代厄尔尼诺现象的例子

近代的例子表明，厄尔尼诺现象的影响力是变化的。例如，1976年冬，一次中等强度的厄尔尼诺现象与加利福尼亚北部最严重的干旱一同发生，这表明厄尔尼诺现象并非总是给美国西部带来强烈的降水。同年冬天，美国东部地区也经历了破纪录的低温天气。

（一）1982—1983 年的厄尔尼诺现象

1982—1983 年，科学家记录到了最强的厄尔尼诺现象，它造成了全球性的影响。不仅热带太平洋异常增暖，而且暖水沿北美西海岸流动，对海表温度的影响向北扩散到阿拉斯加。此外，当时的海面高度也比正常高（由于海水的热膨胀），形成的高海浪对沿海建筑物造成了破坏，增强了海岸腐蚀。同时，美国上空急流的摆动比正常情况下更加偏南，这便引发了一连串的强风暴，使得整个美国西南部的降水比正常情况下多出 3 倍。增加的降水引起了严重的洪涝灾害和地质滑坡，以及洛基山脉高于正常年份的降雪量。阿拉斯加和加拿大西部出现了相对暖和的冬天，美国东部也遭遇了 25 年来最暖和的冬天。

南美西部经历着超强度的厄尔尼诺现象。正常情况下应该干旱的秘鲁却出现了高达 3 米的降水量，造成了极端的洪涝和地质滑坡。海表如此长时间的高温，使得赤道太平洋的珊瑚礁大量死亡。沿南美西海岸地区，依赖于高生产力水提供食物的海洋哺乳动物和海鸟都跑到了其他地方或死亡。例如，在 1982—1983 年的厄尔尼诺现象期间，加拉帕戈斯群岛有超过一半的海狗和海狮被饿死。

法属波利尼西亚在 75 年里都未遭受过飓风，但在 1983 年却经历了6 次飓风。夏威夷的考艾岛经历了极为少见的飓风。同时，欧洲却经历了极为寒冷的天气。在其他地方，如澳大利亚、印度尼西亚、中国、印度、非洲和美洲中部,干旱现象极为普遍。1982—1983 年的厄尔尼诺现象造成了全球超过 2000 人的死亡,以及至少 100 亿美元的财产损失。

(二)1997—1998 年的厄尔尼诺现象

1997—1998 年的厄尔尼诺现象比正常情况早发生了几个月,并在 1998 年 1 月达到峰值。南方涛动和赤道太平洋海表增暖的量值,一开始就与备受关注的 1982—1983 年的厄尔尼诺现象一样强。然而,1997—1998 年的厄尔尼诺现象在 1997 年的最后几个月,即 1998 年初再次增强之前的几个月,是减弱的。1997—1998 年的厄尔尼诺现象之影响主要体现在热带太平洋。在那里,东太平洋的表层海水温度比正常平均值高 4℃,某些区域甚至比正常平均值高 9℃,而西太平洋高压所带来的干旱使得印度尼西亚发生了难以控制的森林火灾。在中美和北美的西海岸,偏暖的海水也导致了墨西哥沿岸的飓风数量增加。有研究指出,1998 年的中国长江特大洪水也与 1997—1998 年的厄尔尼诺现象有关。

六、厄尔尼诺现象的预测

1982—1983 年的厄尔尼诺现象未被人们预测到,其直至快要达到峰值时,才被人们意识到。由于它造成了全球性的影响且破坏严重,人们于 1985 年发起了热带海洋—全球气(TOGA)计划,旨在研究厄尔尼诺现象是如何发展的。TOGA 计划的目的,是在厄尔尼诺现象期间监测赤道南太平洋,以使科学家能够模拟和预测未来的厄尔尼诺现象。这个为期十年的计划通过观测船来研究海洋,分析从自动感应浮标获取的表层和次表层数据,并借助卫星来监测海洋状况,从而构建计算机模型。

这些模型使得科学家提前一年对厄尔尼诺现象进行预报成为可能。TOGA 计划结束后,热带大气和海洋(TAO)计划(由美国、加拿大、澳大利亚和日本发起)继续使用 70 个浮标来监测赤道太平洋,从而提供有关热带太平洋的实时信息并在网上发布。尽管已经强化了监测,但是人们仍不了解厄尔尼诺现象的触发机制。

第六章 海岸

沿海地区是人类的聚集地之一,一般拥有适宜的气候、食物、交通和商业环境。海浪无时无刻不在撞击海岸,并释放海洋传来的能量,因此海岸是不断变化的,有些地方发生侵蚀,有些地方发生堆积。

第一节 海岸的组成

海滨是指最低潮位(低潮)和陆侧受风浪影响的最高海拔间的地带。海滨的宽度从几米到几百米不等。海滨分为前滨和后滨。后滨位于高潮线以上,这一地带通常只在风暴潮期间才被海水淹没;前滨位于高潮线和低潮线之间。海滨线随潮沙往复迁移,是海水的边界。从低潮线到低潮碎浪带是内滨。内滨从不出露,但受触底海浪的影响。低潮碎浪带之外是滨外带,这一区域的海水较深,海浪很少作用到底部。

海岸是海滨向岸延伸至仍可见到海洋特征的地带,宽度可能不足千米,也可能达数十千米。海岸线是海滨与海岸的分界线,是海滨最高风浪影响的向陆极限。

海滩是海滨地带的一个沉积区域,由因受海浪作用而沿海蚀台地(平缓的海浪侵蚀表面)运移的沉积物组成。海滩可以从海岸经内滨延伸至碎浪带。

海滩的组成与沉积物来源有关。当沉积物来自海滩上的悬崖或附近的沿岸山脉时,海滩主要由这些岩石矿物颗粒组成,粒度相对较粗;当沉积物主要来自远距离搬运而来的河流沉积时,海滩的沉积物较细。通常,淤泥质海滩沿海滨发育,因为只有黏土粒级和粉砂粒级的沉积物才容易输运入海,而其他海滩主要由生物组成。由于附近没有山脉或其他岩石矿物的来源,因此,许多海滩是由贝壳碎片、破碎珊瑚及生活在沿岸水域的生物进散组成。开阔大洋中的许多火山岛屿上的海滩,由覆盖全岛的黑色或绿色玄武质熔岩组成。在低纬度地区,也有部分海滩由来自环绕岛屿的珊瑚礁的粗粒碎屑物组成。

无论海滩由什么组成,形成海滩的物质不会一直停留在同一个地方。相反,沿海滨线翻腾的海浪一直在不停地运移这些物质。因此,海滩可以被视为是沿岸运移的产物。

第二节　海岸的分类

在海岸的发育过程中,除波浪作用外,潮汐、海流、海水面的变动、地壳运动、地质构造、岩石性质、原始地形、入海河流以及生物等因素也具有一定的影响。海岸类型是十分错综复杂的,到目前为止,还没有一个统一的海岸类型划分系统,不少分类仅仅依据个别因素得出的。

按成因,我们可以将海岸分为侵蚀型海岸、堆积型海岸和平衡型海岸。按物质组成,我们可以将海岸分为基岩海岸、砂砾质海岸和泥质海岸。按陆地地貌,我们可以将海岸分为平原海岸、山地丘陵海岸和生物海岸。所谓生物海岸,是指主要由生物体构成的海岸,最常见的是红树林海岸和珊瑚礁海岸。一般来说,基岩海岸都是上升型海岸和侵蚀型海岸,砂质海岸和泥质海岸则视具体情况而定,可能属于堆积型海岸或平衡型海岸。

为了避免繁琐的分类,这里试以成因为主,将中国的海岸概括为四大类型,即侵蚀为主的海岸、堆积为主的海岸、生物海岸和断层海岸。

一、侵蚀海岸

　　受侵蚀而来的沉积物沿海岸输运,并在海浪能量低的地方沉积下来,从而形成侵蚀海岸。尽管所有海滨都会经历一定程度的侵蚀和沉积,但是研究人员通常仍能识别出它们的类型。侵蚀海岸具有发育良好的典型海蚀崖,它们通常出现在构造隆升的区域,如美国太平洋沿岸。

　　由于折射作用,海浪的能量会在突出的陆地岬角处聚集,因此到达海湾沿岸的能量相应减少。因此,岬角会不断地遭受侵蚀,从而导致海岸线后退。

　　海浪持续撞击岬角的基部,并逐渐破坏其上部,最终形成海蚀崖。海浪可能会在海蚀崖的底部形成海蚀洞。

　　由于海浪持续撞击岬角,海蚀洞可能会贯穿到另一侧形成开口,成为海蚀拱,一些海蚀拱大到可以让船只安全地通过。随着进一步的侵蚀,海蚀拱的顶端最终会坍塌,形成海蚀柱。地岸侵蚀的速率取决于海浪冲击的角度、潮差大小和沿岸基岩成分。只要相对海平面未发生变化,海蚀崖就会持续侵蚀,直到海宽度足以阻止海浪到达海蚀崖。侵蚀下来的物质将从高能区被搬运到低能区。

二、堆积海岸

　　堆积海岸的浅海和海滨平原都由细粒泥沙组成,坡度极小,海岸的冲淤较易变化。当海岸带有大量泥沙供给时,海岸线就迅速淤长;而当河流泥沙供给中断时,平原海岸质地软的淤泥粉沙受海水浸泡后极易受到破坏,海岸会崩塌后退,所以岸线很不稳定。

　　堆积海岸的巨量泥沙主要是由河流供给的,我国著名的多沙河流——黄河流经黄土高原,冲刷、搬运了大量黄土物质,在下游堆积形成了辽阔的华北平原。同时,每年有十几亿吨的黄土物质输入渤海。渤海西岸有了如此丰富的泥沙补给,淤泥浅滩不停地淤高增宽。加之黄河曾多次改道,数次夺淮河河道注入黄海,所以江苏沿海也堆积了很宽的淤泥浅滩。

(一)沙嘴

沙嘴是海湾湾口附近,随着沿岸漂移方向,从陆地向深水延伸的脊状线性沉积体。由于水流运动,沙嘴的尾部通常弯向海湾内

潮流或河流径流通常具有足够强的能量使得湾口保持开放。如果不是这样,那么沙嘴可能最终会跨越海湾延伸,并与陆地连接,形成一个分隔海湾与外海的拦湾坝或湾口坝。尽管拦湾坝是处于平均海平面上的高度不足 1 米的砂质堆积体,但是上面通常有永久性的建筑物。

(二)连岛沙洲

连岛沙洲是连接大陆和岛屿或海蚀柱的沙脊,其也可以连接两个相邻的岛屿。连岛沙洲形成于岛屿波影区垂直于入射波的平均方向。

堰洲岛(障壁岛)

(三)三角洲

三角洲是土壤肥沃,地势低洼、平坦,受周期性洪水作用的区域。三角洲的形成始于河流泥沙对河口的充填。随后,三角洲随着支流的形成而不断成长,支流是三角洲上呈指状辐射的分支河道。当指状分支太长时,支流就会被沉积物堵塞。在这一位置,洪水可以轻易地改变分流的河道,并向指状分支之间的低洼地区提供沉积物。当沉积过程

超过海岸侵蚀和输运过程时，一个像密西西比河三角洲这样的鸟足状三角洲就会形成。

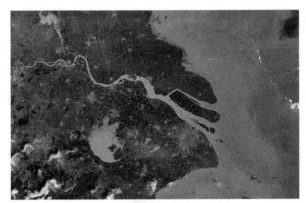

长江三角洲

三、生物海岸

在热带和亚热带的沿海，生物作用有时对海岸具有重要的影响。珊瑚礁海岸和红树林海岸。对岸线起到重要的保护作用。珊瑚礁受气候和自然和条件影响巨大。在我国，珊瑚礁基本分布在北回归线以南，因为水温低于16℃时，珊瑚礁会受到强烈的破坏。

红树林海岸

红树林是热带、亚热带特有的盐生木本植物群丛,生长在潮间带的泥滩上。

四、断层海岸

断层海岸是一种由坚硬岩石构成的海岸带,其是因地壳构造运动使海岸带的地表岩层发生巨大断裂而形成的。沿大断裂面上升的地块,常常表现为悬崖峭壁,而滑落下去的地块则成为深渊峡谷。

中国台湾东海岸是著名的断层海岸

中国的断层海岸,最为典型的是台湾地区东部的海岸。那里的断层海岸沿着台湾山脉的东部发生巨大的断裂,悬崖高耸入云,崖壁陡峭光滑、极难攀登,崖下是一条狭窄的白色沙滩,紧临着陡深的太平洋底。

第三节 海岸上的工程

因保护财产的需要,沿海居民会不断改造沿海沉积物的侵蚀/堆积。为保护海岸不受侵蚀或防范泥沙沿海滩的运动而修建的建筑物,被称为加固构筑物。加固构筑物的形式多种多样,但它们通常会引发可预测但不需要的结果。

一、拦沙坝和拦沙坝阵

　　一种常见的加固构筑物是拦沙坝(丁坝)。拦沙坝垂直于海岸线，用于阻止沿岸输沙。建造拦沙坝的材料多种多样，最常见的是一种被称为乱石的大块岩石材料。有时，拦沙坝也由结实的木桩建成(类似于修入大海的围栏)。

　　尽管拦沙坝在其上行海岸阻止了泥沙，但下行海岸会立即发生侵蚀，因为应该出现在拦沙坝下行海岸的泥沙淤积在了上行海岸。为了减少侵蚀，人们可以在下行海岸再建造一条拦沙坝，而它也又会导致下行海岸的侵蚀。缓解海滩侵蚀而修建的多条拦沙坝，形成了拦沙坝群。

　　拦沙坝(或拦沙坝阵)真的在海滩上保存了更多的泥沙吗？事实上，泥沙最终会迁移到拦沙坝的末端，所以海滩上的沙并未增加，只不过分布发生了改变。在采用适当的工程措施前，我们应充分考虑区域输沙量和季节性海浪活动，从而保证泥沙运移的平衡。然而，许多地区为了固定泥沙，过多地使用了拦沙坝，从而导致了很多严重的侵蚀问题。

二、防波堤

　　另一种加固构筑物是防波堤。与拦沙坝类似，防波堤也垂直于海岸修建，常用材料为岩石。防波堤的作用首先是保护海港入口不受海浪的冲击，其次才是捕获泥沙。因为防波堤常在靠得很近的地方成对修建，而且很长，所以与拦沙坝相比，它更容易引起明显的上行海岸沉积和下行海岸侵蚀。

三、防浪堤

　　防浪堤是一种平行于海岸线修建的加固构筑物，其作用是防止海浪直接侵袭后面的港湾。但是，防浪堤阻挡了搬运泥沙的海浪，海水流速减慢,泥沙沉降而聚集。最后,泥沙围绕防浪堤运移,并填充港湾。如果任其发展,防浪堤最终会与连岛沙洲连接。此外,上游的堆积影响到了泥沙的平衡,下游面临严重的侵蚀。人们常通过疏浚的方法来弥补,即从防浪堤后面挖掘泥沙,抽送到下游海岸,以补充侵蚀的海滩。当人类活动干扰到沿海地区的自然过程时,人们就必须付出努力来改变海岸环境,进而弥补所犯下的错误。

第七单元
海洋调查与勘测技术

21世纪是海洋的世纪,历史的经验和教训告诉我们,向海则兴、背海则衰。海洋问题是关系国家发展的战略问题,海洋战略决定着国家海洋事业的兴衰与成败。中国正处在实施海洋强国战略的重要机遇期和挑战期,既要把握住良好的发展机遇和环境,也要面临各种风险和挑战。实施海洋强国战略,促进中国从海洋大国向海洋强国转变,是建设新时代中国特色社会主义的重要一环。中共中央总书记、国家主席习近平同志多次强调:"一定要向海洋进军,加快建设海洋强国。"

作为海洋科学技术的重要组成部分,海洋地球物理探测技术借助现代化的测量仪器,通过各种测量手段,对海洋底部的地形、地质状况、水深、海洋生物资源、磁力与重力性质等进行现代化测量,在维护海洋权益、开发海洋资源、预警海洋灾害、保护海洋环境、加强海洋国防建设等方面起着十分重要的作用。要建设海洋强国,发展海洋经济,维护海洋权益,就必须着力强化海洋地球物理探测技术,发展海洋探测科技,从而更加深入地探测海洋、了解海洋、监测海洋。

近年来,随着电子、材料和计算机科学的发展,海洋地球物理探测技术取得了长足的进步,仪器的灵敏度和探测精度不断提高。同时,海洋地球物理探测技术在近海工程中得到了新的应用,汲取了一些成功的经验。本单元介绍了单波束、多波束、侧扫声呐、浅地层剖面仪、磁力仪、重力仪、地震仪、激光测深技术等不同海洋地球物理探测技术的发展状况,阐述了其工作原理和方法、国内外研究现状等内容,展示了不同的搭载平台,呈现了物理海洋观测技术以及当前国际海洋观测技术的主要发展方向,陈列了国内主要的科考船并详细讲解了"淞航号"及其所搭载的主要科考设备。

第一章　海洋测绘技术

第一节　单波束技术

20 世纪 20 年代,单波束回声探测仪问世,为进一步开展海洋考察工作提供了技术支持。单波束技术的出现,是海洋测深技术的一次飞跃,其优点是速度快、记录连续。有了单波束回声探测仪,才有了今天真正意义上的海图,这对于人类认识海底世界而言具有划时代的意义。

单波束回声测深仪的工作原理,是在测深过程中采用换能器,垂直向下发射短脉冲声波。当这个脉冲声波到达海底时,会发生反射、投射和散射,其中的反射声波返回声纳,被换能器接收。因此,水深值由声波在海底间的双程旅行时间和水介质中的平均声速确定,即

$$D_{tr} = \frac{1}{2}Ct$$

上述公式中,D_{tr} 为换能器与海底间的距离,C 是水体的平均声速,t 是声波的双程旅行时间。上述水深值 D_{tr} 为换能器到水底的距离,再加上换能器吃水深度改正值(ΔDd)和潮位改正值(ΔDt),我们就能得到实际水深 D,即

$$D = D_{tr} + \Delta D_d + \Delta D_t$$

单波束测深的特点是波束垂直向下发射并接收反射回波,因此声波旅行中没有折射现象,或者说折射现象可忽略不计(因入射角垂直向下,近于零)。反射波能量占回波能量的全部或绝大部分,其回波信号检测方法只需使用振幅检测法即可。测深过程采取单点连续的测量方法,其测深数据分布特点是沿航迹数据密集分布,而在测线间没有数据。在数据处理成图过程中,为解决测深数据分布不均问题,均采用数据网格化内插的方法来预测测线间数据空白区的水深变化情况和趋势。

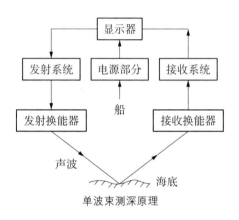

单波束测深原理

单波束测深属于线状测量,当测量船在水上航行时,船上的测深仪可测得一条连续的剖面线(即地形断面)。根据频段个数,单波束回声测深仪分为单频测深仪和双频测深仪。单频测深仪仅发射一个频段的信号,仪器轻便;而双频测深仪可发射高频、低频信号,利用其特点可测量出水面至水底表面与硬地层面的距离差,从而得到水底淤泥层的厚度。

传统的单波束回声测深仪有两个缺点:其一,仅采样测线上的点,对海底信息的反映比较粗糙,无法探测到尺度小于测线间的微地形;其二,通过网格化内插不仅会产生假地形,而且也会使测线上已经探测到的小尺度微地形通过内插平滑而受到歪曲、夸大或抑制;其三,波束宽度较大,在复杂地形测量时,深度误差较大。尽管多台单波束回声测深仪相对于单台的测量效率和测点密度有了提高,但设备笨重、横向扫幅小,对海上自然条件要求高。单波束同声测深仪因为具备价格便宜、工作方便等优势,当前依然在河道与浅海测量中被广泛应用。下图为常见的几类单波束测深仪,一般重量较轻,携带较为方便。

SonarMite-DFX 双频便携	Micron Echo 测深仪	Echotrac CVM 测深仪	SonarMite 便携式测深仪
Bathy15000C 双频测深仪	SDE-18+ 测深仪	SDE-28S 单频测深仪	Hydrobox 测深仪
Bathy500MF 单频测深仪	Bathy500 DF 双频测深仪	SM-5 手持式测深仪	SM-5A 便携式测深仪

常见单波束测深仪

第二节　多波束技术

　　20 世纪 70 年代,多波束测深系统问世,这是一场革命性的变革,其深刻地改变了海洋调查方式及最终的成果质量。多波束测深系统是一种可以同时获得多个(典型 256 个)相邻窄波束的回声测深系统。与传统的单波束测深系统每次测量只能获得测量船垂直下方一个海底测量深度值相比,多波束测深系探能获得一个条带覆盖区域内多个测量点的海底深度值,实现了从"点—线"测量到"线—面"测量的跨越,其技术进步十分显著。

单波束　　　　　　　　　多波束

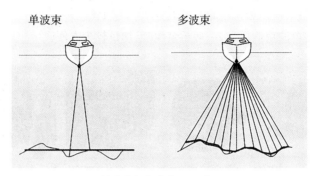

单波束与多波束原理对比

一、多波束技术的工作原理

多波束测深系统是一种多传感器的复杂组合系统,是现代信号处理技术、高性能计算机技术、高分辨显示技术、高精度导航定位技术、数字化传感器技术及其他相关高新技术等多种技术的高度集成。自 20世纪 70 年代问世以来,多波束测深系统就一直以系统庞大、结构复杂和技术含量高著称。多波束测深属于面状测量,它能一次给出与航迹线相垂直的平面内成百上千个测深点的水深值,所以能够准确、高效地测量出沿航迹线一定宽度(3—12 倍水深)内,水下目标的大小、形状和高低的变化。与单波束回声测深仪相比,多波束技术的系统组成和水深数据处理过程更为复杂。

多波束换能器基元的物理结构是压电陶瓷,其作用在于实现声能和电能之间的相互转化,而换能器也正是利用这点来实现波束的发射和接收。多波束测深仪发射的不只是一个波束,而是具有一定扇面开角的多个波束,发射角由发射模式参数决定。

除多波束测深仪本身外,进行测量时还需要外部辅助设备,包括姿态仪、电罗经、表层声速仪、声速剖面仪和 GNSS 定位仪等,以提供瞬时的位置、姿态、航向、声速等信息。

多波束系统是由多个子系统组成的综合系统。对于不同的多波束系统,虽然单元组成不同,但是大体上可分为多波束声学系统

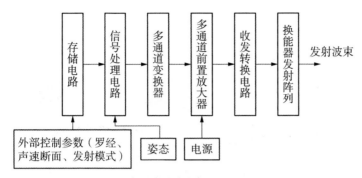

多波束波速发射原理图

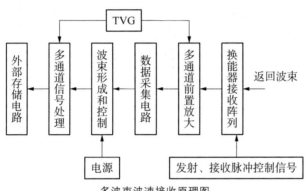

多波束波速接收原理图

(MBES)、多波束数据采集系统(MCS)、数据处理系统和外围辅助传感器。

　　其中,换能器为多波束的声学系统,负责波束的发射和接收;多波束数据采集系统完成波束的形成,将接收到的声波信号转换为数字信号,并反算其测量距离或记录其往返程时间;外围辅助设备主要包括定位传感器(如GPS)、姿态传感器(如姿态仪)、声速剖面仪(CDT)和电罗经,主要实现测量船瞬时位置、姿态、航向的测定,以及海水中声速传播特性的测定;数据处理系统以工作站为代表,综合声波测量、定位、船姿、声速剖面和潮位等信息,计算波束脚印的坐标和深度,并绘制海底平面或三维图,用于海底的勘察和调查。

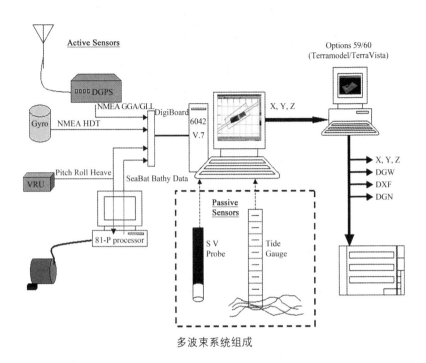

多波束系统组成

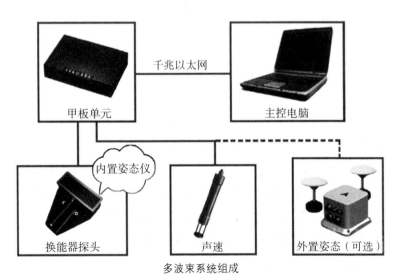

多波束系统组成

利用多波束探测海底沉船

二、国内外研究现状

多波束测深系统的研制工作起源于 20 世纪 60 年代,当时是美国海军研究署资助的军事研究项目。1962 年,美国国家海洋与大气管理局(NOAA)在"Surveyor 号"上进行了新问世的窄波束回声测深仪(NBES)海上实验。1976 年,计算机处理及控制硬件应用于多波束系统,从而产生了第一台多波束扫描测深系统,简称 SeaBeam。该系统有 16 个波束,横向测量幅度约为水深的 0.8 倍。当水深在 200 米左右的大陆架边缘时,海底的实际扫海扇面宽度约为 150 米;当水深为 5000 米左右时,海底的实际覆盖宽度约为 4000 米。

二十世纪八九十年代,各种各样的浅、中、深水多波束系统陆续问世。尽管只经过了短短三十年的发展,但是多波束测深技术的研究和应用已达到了较高的水平。特别是近十年来,随着电子、计算机、新材料和新工艺的广泛使用,多波束测深技术已取得了突破性的进展,主要表现在精度、分辨率更高,集成化与模块化技术更好,设备体积越来越小。

自多波束测深技术问世以来,有些国家已经计划把所有的重要海区都重新测量一遍。正因为多波束条带测深仪与其他测深方法相比有很多优点,所以仅仅二十多年时间,世界各国便开发出了多种型号的多波束测深系列产品,并相继研制了几种类型的多波束测深系统,最大工作深度 200—1200 米,横向覆盖宽度可达深度的 3 倍以上。

国内最早的多波束测深系统研制开始于 20 纪 80 年代中期,由中国科学院声学研究所和天津海洋测绘研究所联合研制多波束测深系统。这是我国最早的多波束测深系统尝试,但由于当时技术条件的限制而未能实际投入应用。"八五"期间,基于国防战略战术和海洋经济长期发展需要的考虑,国家把多波束带条测深仪的研制工作列入国家重点攻关科研项目,由哈尔滨工程大学水声研究所承担,研制了 HCS - 017 型条带测深仪。1997 年 10 月,该测深仪在东海于"东调 223 号"军舰上完成试验。到 20 世纪 90 年代初,国家有关部门从国防安全和海洋开发的战略需要出发,委托哈尔滨工程大学主持,海军天津海洋测绘研究所和原中船总 721 厂参加,联合研制了用于中海型的多波束测深系统,该系统是用于大陆架和陆坡区测量的中等水深多波束测深系统。

在"十一五"期间的 863 计划、国家自然科学基金等项目的支持下,2006 年,哈尔滨工程大学成功研制了我国首台便携式高分辨浅水多波束测深系统,测量结果满足 IHO 国际标准要求。目前,哈尔滨工程大学已拥有不同技术指标和特点的 HT - 300S - W 高分辨多波束测深仪、hT - 300s - P 便携式多波束测深仪、HT - 180D - SW 超宽覆盖多波束测深仪三种机型。2013 年,国内首套"系列化浅水多波束测深系统"参展中国海洋学会年会暨国际海洋技术与工程设备展览会,受到国内用户的认可和国外参展商的关注。

2007 年,科技部"十一五"国家 863 计划"深水多波束测深系统研制"项目立项。中国科学院声学研究所、中国船舶重工集团公司第七一五研究所、国家海洋局第二海洋研究所等单位经过六年多的工作,项目于 2014 年 4 月通过验收。项目成功研制了具有自主知识产权的全海深多波束测深系统样机,安装在中国科学院南海海洋研究所的"实验 3"船上,投入实际应用。系统的主要技术指标为探测水深 20—11000 米,波束数 289 个,波束宽度 $1° \times 2°$,最大覆盖宽度 6 倍水深,具备发射三维姿态稳定和接收横摇稳定功能。科学家利用该系统获得了 6000

米深海域底地形图,并且经过内符合试验验证,系统精度在 65°覆盖以内能达到约 0.96％水深的精度(95％置信度)。项目突破了发射波束姿态稳定实现、大角度扫描平面阵设计与加工、多通道发射接收电子系统一致性保证、声呐阵内嵌式安装及降噪等关键技术,形成了测深声呐技术的研发团队,所取得的成果对发展我国的海洋声学技术起到了积极的推动作用。

第三节　侧扫声呐

侧扫声呐也称旁侧声呐、旁扫声呐,它的出现可追溯到第二次世界大战后期,但直到 20 世纪 50 年代末才用于民用,20 世纪 60 年代初出现了商用设备。20 世纪 60 年代末,侧扫声呐的概念开始为全世界所接受。我国从 20 世纪 70 年代开始组织研制侧扫声呐,经历了单侧悬挂式、双侧单频拖曳式、双侧双频拖曳式等类型的发展过程。由中科院声学所研制并定型生产的 CS‐1 型侧扫声呐,其主要性能指标已达到了世界先进水平。

一、侧扫声呐的工作原理

侧扫声呐系统基于回声探测原理进行水下目标探测,其通过系统的换能器基阵,以一定的倾斜角度、发射频率,向海底发射具有指向性的宽垂直波束角和窄水平波束角的脉冲超声波,声波传播至海底或海底目标后发生反射和散射,又经过换能器的接收基阵接收,再经过水上仪器的处理,通过显示装置显示数据和记录器储存数据。侧扫声呐有许多种类型,根据发射频率的不同,可以分为高频、中频和低频侧扫声呐;根据发射信号形式的不同,可以分为 CW 脉冲和调频脉冲侧扫声呐;另外,还可以划分为舷挂式和拖曳式侧扫声呐,单频和双频侧扫声呐,单波束和多波束侧扫声呐等。

侧扫声呐的左右两条换能器具有扇形指向性。当换能器发射一个声脉冲时,可在换能器左右侧照射一窄梯形海底。当声脉冲发出之后,声波以球面波方式向远方传播。在碰到海底后,反射波或反向散射波沿原路线返回到换能器,距离近的回波先到达换能器,距离远的回波后到达换能器。一般情况下,正下方海底的回波先返回,倾斜方向的回波后到达。这样,发出一个很窄的脉冲之后,收到的回波是一个时间很长的脉冲串。硬的、粗糙的、突起的海底回波强,软的、平坦的、下凹的海底回波弱。被突起海底遮挡部分的海底没有回波,这一部分叫声影区。这样,回波脉冲串各处的幅度大小不一,回波幅度的高低包含了海底起伏软硬的信息。一次发射可获得换能器两侧一窄条海底的信息,设备显示成一条线。工作船向前航行,设备按一定时间间隔进行发射/接收操作。设备将每次接收到的数据显示出来,就得到了二维海底地形地貌的声图。声图以不同颜色(伪彩色)或不同的黑白程度表示海底的特征,操作人员借此就可以知道海底的地形地貌。

二、侧扫声呐的主要性能指标

侧扫声呐的工作频率基本上决定了其最大作用距离。在相同的工作频率下,最大作用距离越远,其一次扫测所覆盖的范围越大,扫测的效率就越高。脉冲宽度直接影响距离分辨率。一般来说,宽度越小,距离分辨率就越高。水平波束开角直接影响水平分辨率,垂直波束开角影响侧扫声呐的覆盖宽度。开角越大,覆盖范围就越大,声呐正下方的盲区就越小。波束平面垂直于航行方向,沿航线方向束宽很窄,开角一般小于 2°,以保证有较高的分辨率;垂直于航线方向的束宽较宽,开角约为 20°—60°,以保证一定的扫描宽度。

侧扫声呐的工作频率通常为几十千赫到几百千赫,声脉冲持续时间小于 1 毫秒,仪器的作用距离一般为 300—600 米,拖曳体的工作航速 3—6 节,最高可达 16 节。进行快速大面积测量时,仪器使用微处理机对声速、斜距、拖曳体距海底高度等参数进行校正,得到无畸变的图像,拼接后可绘制出准确的海底地形图。从侧扫声呐的记录图像上,科学家能判读出泥、沙、岩石等不同底质。利用数字信号处理技术所获得的小视野放大图像,能展示目标的细节。下图为侧扫声呐探测到的图像,依次为岛礁、鱼排、人工鱼礁。

侧扫声呐探测图像

三、侧扫声呐的系统组成

侧扫声呐的基本系统组成一般包括工作站、绞车、拖鱼、热敏记录器或打印机(可选件)、GPS 接收机(可选件)及其他外部设备等。

工作站是侧扫声呐的核心,它控制整个系统的工作,具有数据接收、采集、处理、显示、存储及图形镶嵌、图像处理等功能。工作者由硬件和软件两部分组成,硬件主要包括一台高性能的主计算机及接收机,软件包括系统软件和应用软件。

绞车是侧扫声呐必不可少的设备,由绞车和吊杆两部分组成,其主要的作用是对拖鱼进行拖曳操作。绞车有电动、手动和液压等几种型号,它们各有利弊,可以根据实际的使用环境来选择。一般来说,在进行浅海小船作业时,可以选择手动绞车,体积小、质量轻、搬运方便,而且不需要电源;在进行深海大船作业时,可以选择电动或液压绞车。液压绞车收放比较方便,但价格一般都比较贵,电动绞车在性能价格比上有一定的优势。拖曳电缆安装在绞车上,其一头与绞车上的滑环相连,另一头与侧扫声呐的鱼体相连。拖缆有两个作用:第一个作用是对拖鱼进行拖曳操作,保证拖鱼在拖曳状态下的安全;第二个作用是通过电缆传递信号。

侧扫声呐的拖鱼是一个流线型稳定拖曳体,它由鱼前部和鱼后部组成。鱼前部由鱼头、换能器舱和拖曳钩等部分组成;鱼后部由电子舱、鱼尾、尾翼等部分组成。尾翼用来稳定拖鱼,当它被鱼网或障碍物挂住时可脱离鱼体,收回鱼体后可重新安装尾翼。拖曳钩用于实现拖缆和鱼体的机械连接与电连接。根据不同的航速和拖缆长度,工作人员会将拖鱼放置在最佳工作深度。

四、国内外研究现状

计算机处理技术的快速发展和应用,有效地推进了侧扫声呐探测技术的发展,催生了一系列以数字化处理技术为基础的数字化侧扫声呐设备,进而使得侧扫声呐技术发展到一个全新的阶段。美国 Klein 公司近年研发的 Klein5000 系列深海多波束侧扫声呐系统采用波束控制和数字动态聚焦技术,探测同时生成数个相邻的平衡波束,可以实现高速拖曳,并全覆盖地获得高分辨率的地貌图像信息。2008 年,法国 IXBLUE 公司推出了第一款商业化的高性能合成孔径声呐系统 SHADOWS,这意味着声呐制造技术迈向了一个更高的台阶。

国内侧扫声呐系统的研制开始于 20 世纪 80 年代中期,华南工学院林振辘等研制的 SGP 型高分辨率侧扫声呐系统,工作频率为 190 千赫和 160 千赫,作用距离最大为 400 米。1996 年,中国科学院研制成功 CS－Ⅰ型侧扫声呐系统,该系以 100 千赫和 500 千赫双频分时工作,低频作用距离 500 米,高频作用距离 100 米,较好地解决了侧扫声呐分辨率和作用距离间的矛盾,作用距离指标超过同类双频侧扫声呐指标,进入世界先进产品行列。"十五"期间,国家 863 计划海洋资源开发技术主题启动了"高分辨率测深测扫声呐"和"浅水高分辨率测深测扫声呐系统研制"研发课题。2006 年,深水 HRBSSS 声呐系统在南海 3800 米水深试验成功,该系统的工作频率为 150 千赫,发射波形为线性调频,覆盖宽度测深 2×300 米,侧扫 2×400 米,重直航迹分辨率 5 厘米,最大工作水深 6000 米,可检测多目标。2007 年,浅水 SBSSSKKliein22000 型侧扫声呐系统进行了同区比测,结果基本一致,该系统与深水系统的声学性能指标基本相同,只是工作水深为 300 米。以上两套系统的测深精度均达到了 IHO 标准。

合成孔径成像声呐实现了水下地形地貌和水下目标的高分辨率成像,各项技术指标与国外相当。此外,相控阵三维声学摄像声呐顺利完成湖上试验,能够就一维、二维和三维静态目标实现清晰成像,并能够对湖底地形进行三维重建和动态拼接。

目前问世的新型侧扫声呐为高分辨率测深侧扫声呐,简称为HRBSSS 声呐(HighResolutionBathymetricSideScanSonar)。HRBSSS声呐分辨率高、体积小、重量轻、功耗低,且声呐阵沿载体的长轴安装,特别适合于安装在 AUV、HUV、ROV、拖体和船上。高分辨率测深侧扫声呐因具有较高的分辨率和测深精度,可以用于水下目标的探测。利用 HRBSSS 的测量数据计算波束在海底投射点地理坐标的过程,与多波束的数据处理过程相似。通过该处理,科学家可以获得密集的海底点的三维坐标。利用这些点的坐标,科学家可以绘制海底等深线图或构造海底 DEM。

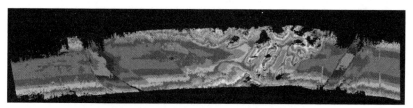

高分辨率侧扫声呐实测得出三维等深线图

第四节　浅地层剖面仪

浅地层剖面仪,又称浅地层地震剖面仪、浅层剖面仪,是一种走航式探测水下浅部地层结构和构造的地球物理方法,其探测记录海底浅地层组织结构,并以垂直纵向剖面图形来反映相关情况。浅地层剖面仪具有良好的分辨率,能够高效率地探测海域的海底浅地层组织结构。现代浅地层剖面仪对水下地层的垂直分辨率可达 0.1 米,穿透深度在砂质海底可达 10 米,在泥质海底可达 100 多米。浅地层剖面仪已成为浅剖地质探测的必备装备。

浅地层剖面技术起源于 20 世纪 60 年代初期。20 世纪 70 年代以来,随着近海油气资源的大规模开发,各种近岸水上工程建设项目的不断增加,以及各种地质灾害与地质现象的频繁发生,这种海底探测设备的重要性越来越为人们所熟知。海底浅地层剖面仪的主要应用领域包括海底石油及矿物勘探、海洋地质和地貌调查研究、海洋工程勘察、海底环境调查等。

浅地层剖面勘测是一种基于水声学原理的连续走航式探测水下浅部地层结构和构造的地球物理方法。利用浅地层剖面仪,科学家可以有效获知海底以下的浅部地层结构和构造,并分析出海底以下存在的灾害地质因素,如埋藏古河道、浅层气、浅部断层、软弱地层和浅部基岩等。近年来,尽管浅地层勘测技术取得了长足进步,但是由于勘察过程受诸多因素的影响及其所具有的多解性特征,浅地层剖面施测仍需要尽量与钻孔相配合,才能取得良好的勘察效果。因此,了解浅地层剖面勘测的影响因素、声学剖面类型及其地质解释,并在人工判读过程中尽可能消除环境因素的影响,对正确和准确地识别海底状况是非常有意义的。下图为常见的浅地层剖面仪换能器。通常底层越厚,需要的换能器就越多。

浅地层剖面仪

一、浅地层剖面仪的基本原理

海底浅地层剖面仪的工作方式与测深仪相似,工作频率较低。测深仪只能测量换能器到海底的水深,而浅地层剖面仪不仅能测量换能器到海底的水深,还能探测换能器垂直下方的海底深度,反映海底地层的分层情况和各层地质的特征。浅地层剖面仪的换能器按一定时间间隔垂直向下发射声脉冲,声脉冲穿过海水并触及海底后,部分声能反射回换能器,另一部分声能继续向地层深层传播。同时,回波陆续返回,声波传播的声能逐渐损失,直到声波能量耗尽为止。海底浅地层的分辨率可分为垂直分辨率和水平分辨率。分辨率是指两层面之间能分辨的最小间隔,即能分辨为两个界面的最小间距。

地层声速因不同的沉积物而存在区别,几种常见的沉积物声速如下表所示:

常见的沉积物参数表

沉积物类型	平均直径（毫米）	组成（%）			沉积物密度（×10³千克/立方米）	孔隙度（%）	纵波速度（厘米/秒）
		砂	粉砂	粘土			
粗砂	0.53	100	0	0	2.03	38.6	1836
细砂	0.153	88.1	6.3	7.1	1.98	43.9	1742
粉砂	0.09	83.9	13.1	2.9	1.91	47.4	1711
粘土质粉砂	0.006	6.1	59.2	34.8	1.43	75	1535
粘土	0.0015	0.6	20.7	78.9	1.42	77.5	1491

二、影响浅地层剖面仪测量的环境因素

海底地质是砂、岩石、珊瑚礁和贝壳等类型,将严重制约声波穿透深度。

汽水界面能将发射的声能几乎全部反射,几乎无发射声波能触及目标。

如果采用船尾拖曳换能器,那么我们应该使换能器避开船的尾流区。一般方法是使换能器入水深度加深,或者拖缆加长。

在系统带宽范围内的外界声源信号,都可能干扰信号图像,如电噪声、水噪声、船只机械噪声、沿岸工程噪声等。

船速和航向不稳定得造成船只摇摆，从而使拖鱼不能保持平稳状态，导致图像不良。

涌浪会使船只摇摆，从而使拖鱼不稳定。

对浅层剖面声图的解释，是综合知识的积累，包括仪器性能、仪器的正确使用方法、水声物理、海洋物理、测绘方法、海洋地质等。此外，海洋的实际工作经验也是很重要的。声呐的声图图像解释的困难之处在于，声呐的声图是依据反射信号强弱，用像素点的灰度强弱来反映的，而这种图像反映目标真实形状的效果是很差的。多种因素的影响导致不可能形成真实的目标图像，因此声图图像的解释存在多值性。在这种情况下，解释只有排除各种干扰因素，才能得到正确的结果。

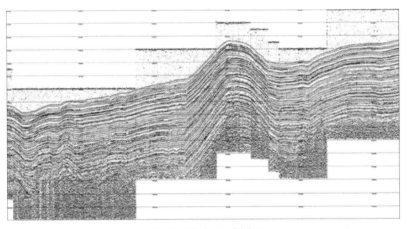

5500 米深海浅地层剖面图

第二章 海洋勘察技术

第一节 磁力仪

磁法勘察一直是地球物理调查的重要内容,特别是在海洋地球物理调查中,由于海上地震勘察耗资巨大,大面积的地震调查比较困难,因此磁法勘察就更为重要。当前,世界各国对海洋调查越来越重视,磁法勘察仪器也得以快速发展。磁力仪按工作原理可以分为质子旋进式、欧弗豪塞(Overhauser)式和光泵式三种不同类型。经过几十年的发展,海洋磁力仪在灵敏度、分辨率和精度等方面有了很大提高,并出现了多种类型的海洋磁力梯度仪。

一、磁力仪的工作原理

质子旋进式磁力仪和光泵式磁力仪是磁力仪的两种基本类型,但它们的工作原理完全不同;欧弗豪塞式磁力仪是对质子旋进式磁力仪的发展,并不是磁力仪的一种独立类型。

标准质子旋进式磁力仪的原理框图如下图所示,其传感器内装有少量富质子(氢原子核)的液体(如煤油或甲醇)。在这些富含氢原子核的液体中,其他分子的电子轨道磁矩、自旋磁矩及原子核自旋磁矩都成

对地彼此抵消,只有氢原子核的自旋磁矩没有抵消。在外磁场为零时,
氢原子的磁矩是任意取向的。如果在液体的周围加有强大的人造磁场
(由线圈产生),此磁场将引起液体内大多数质子的自旋方向偏向一方,
自旋轴都将转至人造磁场方向上定向排列。如果人造磁场突然消失,
那么这时氢原子将在原有的自旋惯性力和地磁场力的共同作用下,以
相同相位绕地磁场方向进动,即质子旋进。质子旋进的初始阶段因相
位相同,显示出宏观的磁性,它周期性地切割在容器外的线圈,产生电
感应信号,其频率和质子旋进的频率相同。基于热搅动的作用,进动的
一致性将下降,从而导致电感应信号随之急剧下降,因此要在信噪比较
高的时候,也就是衰变的前 0.5 秒,测量质子旋进频率。

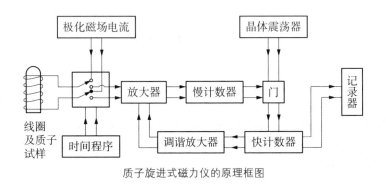

质子旋进式磁力仪的原理框图

欧弗豪塞式磁力仪是在上述质子旋进式磁力仪的基础上发展而来
的一种磁力仪。尽管仍基于质子自旋共振原理,但是欧弗豪塞式磁力
仪在多方面与标准质子旋进式磁力仪相比有很大改进。

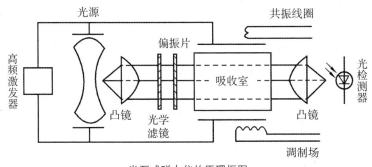

光泵式磁力仪的原理框图

光泵式磁力仪建立在塞曼效应的基础之上,上图为光泵式磁力仪的原理框图。装有碱金属蒸气的容器(吸收室)是光泵式磁力仪的核心部件。光源发出的光线经过透镜、滤镜和偏振片后,形成红外圆偏振光并随即通过吸收室,光束之后聚焦在一个红外光检测器上。红外圆偏振光进入吸收室后,光子将撞击到碱金属原子。如果碱金属原子拥有相对于光子合适的自旋方向,那么光子将被捕获,并使得碱金属原子从一个能级跃迁到另一个高能级,光束强度也会被削弱。

第二节　重力仪

一、海洋重力测量概述

海洋重力测量是在海上测定重力加速度的工作。按照施测的区域,重力测量可分为海底重力测量(沉箱法和潜水法)、海面(船载)重力测量、海洋航空重力测量和卫星海洋重力测量。

海底重力测量与陆地重力测量类似,是将重力仪安装在浅海底固定地点或潜水器上,用遥测装置进行测量;海面重力测量是将仪器安装在航行的船上,在计划航线上连续进行观测,因此仪器除受重力作用外,还受船只航行时的很多干扰力之影响,如径向加速度、航行加速度、周期性水平加速度、周期性垂直加速度、厄缶效应等。海洋航空重力测量既方便又迅速,可进行大面积测量,对广阔的海洋重力测量数据的获取具有重要的作用。卫星测高技术在海洋测量中的应用,极大地丰富了海洋重力数据的获取方法。利用卫星手段来获取海洋重力资料的精度和分辨率越来越高,与海洋重力仪所达到的精度和分辨率间的差距越来越小。

海洋重力测量为研究地球形状与精化大地水准面提供了重力异常数据,为地球物理和地质方面的研究提供了重力资料。在军事方面,海洋重力测量可为空间飞行器的轨道计算和惯性导航服务,提高远程导弹的命中率;在国民经济领域,海洋重力测量能够高效、准确地获取战略矿藏,加速对海洋矿产资源的勘探和利用;在领土权益维护方面,海洋重力测量能助力确定领海基点/基线、国际海域专属资源区域划界等重大海权维护工作;在军事导航中,海洋重力测量能获得航行所处位置的重力异常,自主匹配定位导航;在海战场建设领域,海洋重力测量能提供完备、有效的战场重力信息数据支持。

二、海洋重力仪的基本原理与分类

用于地球重力场的场强要素测定的仪器被称为重力仪。按测量目的分,在某一点上测量该点绝对重力值的仪器被称为绝对重力仪;用来测定两点之间重力差的仪器被称为相对重力仪。在工作时,海洋重力仪受动态外部环境的影响很大,如扰动加速度、C效应、厄厄效应等。

按照原理、结构和使用方法,海洋重力仪可分为杠杆型海洋重力仪、重荷置于弹簧上的海洋重力仪、振弦型海洋重力仪、石英扭丝型海洋重力仪、强迫平衡海洋重力仪等。按照用途和工作特点,海洋重力仪大致可以分为绝对重力测量仪、野外观测重力仪、动态重力仪及固体潮和地震预报台站观测重力仪四类。绝对重力仪除精度在不断提高外,还正在向小型、轻便和高效率的方向发展。目前,我国的绝对重力测量已进入世界先进行列。

动态重力测量主要是在运动着的载体上所进行的连续重力测量,如海洋船载重力测量、航空重力测量等。动态海洋重力仪主要有美国重力WoodHole海洋研究所的VSA重力仪和Bell航空公司海洋研究所的Bell重力加速度计,以及日本的TSSG弦丝重力仪等。

三、国内外研究现状

中国的海洋重力仪主要有HSZ-2型石英海洋重力仪、Zy-1型振弦式海洋重力仪、ZYZY型远洋重力仪、CHZ型海洋重力仪、DZy-2型海洋重力仪等。

20世纪90年代以后,由于多种原因,国内的相关研究基本停止。近几年来,国内正在兴起对无源导航技术的研究,重力仪的研究也被众多学者提到重要的位置。

国外的高精度海洋重力仪已进入产业化阶段,但先进发达国家封锁重力探测装备技术,因此国内应用单位主要依靠进口。

在水下航行器安全航行、精准导航以及对地球科学资源进行勘探等需求的指引下,我国海洋重力测量系统的研发在五十多年的时间里发展迅速,在理论创新、硬件研制、数据处理等方面获得了长足进步。

目前,国外相对重力仪的动态重复精度能达到0.25毫伽,国内相对重力仪的动态重复精度能达到1毫伽,海洋重力测量方面的差距依然存在。为早日打破国外海洋重力测量系统垄断国内市场的局面,我们应不断强化国产海洋重力仪的综合性能。

第三节　地震仪

一、海底地震勘察技术概述

海底地震勘探技术是海上地震勘探技术的一种,同样由震源和采集器组成。海底地震勘探技术大都采用非炸药震源(以空气枪为主),震源漂浮在接近海面的位置,由海上调查船拖曳,而采集器则陈放到海底来接收震源发出并经过海底底层反射的纵横波信号。海底地震勘探技术的特点是在水中激发与接收,激发与接收的条件单一,可进行不停船的连续观测。检波器最初使用压电检波器,现在发展到压电检波器与振速检波器组合使用。海底地震勘探技术又可分为海底电缆勘探技术(OCEANBOTTOMCABLE,以下简称OBC)和海底地震仪勘探技术(OCEANBOTTOM-SEISMO-METER,以下简称OBS)。OBC是将采集电缆沉入海底,调查船拖曳震源在海面上放炮;OBS是将海底地震仪陈放到海底,调查船拖曳震源在海面上放炮。OBC的优点是全波场采集;成像效果更好,地层层次清楚、形态可靠;消除鬼波影响,环境噪音低。但是,OBC 的应用难度大、成本高,主要应用于海上油田储油区的扩展调查等快速收回投资的项目。OBS 是由海底天然地震研究发展起来的,它的特点是广方位角、全波接收,现在逐渐应用于海底石油勘探和新能源勘探开发。

20 世纪 60 年代,美国军方为观测海底核试验位置而研制了世界上第一台海底地震仪,由陆地检波器电缆发展而来的浅水底电缆被应用于陆上浅水区和海上滩涂区的地震油气勘探。20 世纪 60 年代末,西方国家的海洋计划开始实施,科学家们着手研究海洋地壳地幔结构、板块俯冲带、海沟海槽演化动力学等课题,研制出功能多样、技术先进、能够被广泛应用到海洋地球科学研究中的海底地震仪。海底地震仪长期位于海洋深处,接收天然地震或人工触发地震的波动,从而使科学家们对大洋中脊和海沟俯冲带的地壳结构有了新的认识,发现了快速扩张的洋中脊与慢速扩张的洋中脊结构之不同。同时,海底地震仪也被用于研究天然地震的地震层析成像以及地震活动和地震预报等。随着工业化的迅猛发展,西方主要经济体对石油的需求加大,更精确的油气勘探调查也向深海方向发展,高分辨率、广方位角、全波接收的海底地震仪被应用到海上油田储油目标区块的精细调查和深海油气调查中。近年来,美国、日本等国家将海底地震仪应用到了新型能源——天然气水合物的调查研究中。随即,德国、法国、挪威、意大利等国家也相继推出了新型的海底地震仪产品,并实现了商业化发展。

二、海底地震仪的基本原理

海底地震仪(oceanbottomseismometer,OBS)是一种将检波器直接放置在海底的地震观测系统。在海洋地球物理调查和研究中,海底地震仪既可以用于对海洋人工地震剖面的探测,也可以用于对天然地震的观测。海底地震仪的探测和观测结果既可以用于研究海洋地壳和地幔的速度结构及板块俯冲带、海沟、海槽演化的动力学特征,也可以用于研究天然地震的地震层析成像。目前,美国、英国、日本等国家已纷纷投入大量人力与物力进行海底地震仪的研制和应用研究。在我国,虽然曾有部分单位通过国际合作等方式开展过少量的人工剖面探测方面的工作,但总体来说,这方面的工作尚处于起步阶段,我国的OBS观测系统仍处于研制和试验阶段。

各国和各地区研制的OBS观测系统是不同的,但其总体构件和工作原理差异不大。OBS观测系统由几个相互关联的单元或组件构成:一是传感单元,传感器单元由3个正交的地震检波器和1个任意的水中检波器组成,3个4.5赫兹的L-15B型地震检波器中有2个为水平向,1个为垂直向。二是信号调节和暂时存储器单元,为避免假频干扰,来自传感器的信号在放大后必须经低通滤波处理,然后由一个三级增益范围的放大器和一个24位模数转换器将滤波后的模拟信号转换为数字信号,达到126分贝的总动态范围。三是记录单元,在给定的时间间隔里或者当暂时存储器被填满时,传感器可以将数据从暂时存储器通过SCSI接口传送到较永久性的数字记录装置里。四是控制单元,OBS观测系统是由一个CPU-8088板上的80C88微处理器控制的,这块板上还包含了一个小RAM、一个存储了控制软件的可编程存储器(EPROM)、串行与并行接口和一个晶体控制的实时时钟。微处理器控制了全部的数据采集过程,并按照一个预先给定的程序来放置仪器。处理软件可以选择包含一个事件检测算法,它以一个长期与短期信号电平的比较为基础来检测地震事件。五是释放单元,OBS观测系统采用了两个独立的解脱功能,以确保即使在其中之一失效的情况下,仍可将固定架上的仪器松脱。六是仪器仓,全部电子组件安装在一个直径43厘米的玻璃球里,它相当于一个压力舱,用万向支架固定的地震检波器被牢固地安装于球内底部。这个球被放进一个半球状的塑料安全帽里,然后用三根橡皮绳固定在一个钢固定架上。如果使用一个水中地震检波器,那么它将被安装在球的外面,用防水电缆与一个穿过球体的接头相连。

根据穿透深度、垂直分辨率与子波频率,地震可以分为天然地震、传统地震、高分辨率地震和甚高分辨率地震。按作业方式,地震可以分为拖曳地震(包括海面拖曳和近底拖曳)和海底地震。

三、国内外研究现状

日本在近 20 年的研究中取得了一系列成果：在鸟取近海这个过去被认为是从来不会发生地震的地区得到了许多微震记录；通过洋底远距离爆破试验得到的海底地壳地震波衰减数据，证明了海底地壳中的地震波的衰减非常小，而海底岩石圈的 Q 值明显较高。

1987 年，苏联在地中海东部进行的海底地震仪实验结果表明，大多数地震都发生在地壳中，这与以前的地震发生在深部地幔中之观点是相反的。

由于国外对我国海洋拖曳地震调查设备并没有完全禁运，仅是对大深度和小道距实行禁运，因此国内使用的传统地震勘探技术基本是从国外引进，仅有天津远海声学有限公司、中海油田服务股份有限公司等单位提供国外拖曳阵的维护与小道距电缆的生产。2012 年 6 月 19 日，国家 863 计划重点项目"深水高精度地震勘探技术"通过国家验收。经过多年来的努力攻关，科学家研发出了一整套包括装备、处理、解释和配套软件系统的海上高精度地震技术体系。高精度地震拖缆采集装备是目前国际上最先进的海上地震勘探装备。课题研究所形成的海上地震勘探采集装备——"海亮"地震采集系统，填补了国内空白，其整体性能达到了国际先进水平。该系统已于 2008 年起投入工程勘察生产，并先后于 2008 年、2010 年和 2012 年在南海与渤海实施现场试验，进行了二维、三维地震资料采集，获取了良好数据。"十二五"期间，"深水高精度地震成套技术"和"深水海底地震勘探技术"被认定为重大项目。

"十五"期间，863 计划下的"近海工程高分辨率多道浅地层探测技术"课题开始了高分辨率浅地层多道地震勘探技术的研究工作。"十一五"期间，"深水高分辨浅地层探测技术"课题的研究工作由浅水向深水发展，开展了高能固体的复合开关重复脉冲电源等研究工作，研发了 120 道高分辨率数字地震采集仪、采集缆和 10000 焦等离子体震源，适合 50—3000 米水深，穿透可达 400 米，分辨率

1 米左右。

　　"九五"期间,中国科学院地质与地球物理研究所开始海底地震仪的研究。"十五"期间,863 计划启动"海洋岩石三维地震成像技术"课题,研制出宽频带大动态三分量数字记录海底地震仪,工作频带 2—100 赫兹,动态范围 120 分贝,工作深度 3000 米。2009 年,中国地震局地震预测研究所和北京港震机电技术有限公司联合研制的宽频带海底地震仪在南海试验成功,工作频带 40 赫兹,灵敏度 1000 伏特(米·秒)。"十一五"期间,广州海洋地质调查局和中国科学院地质与地球物理研究所联合研制出高频海底地震仪(HF‐OBS),频带在 0—200 赫兹之间,于 2009 年在南海北部陆坡进行应用试验成功。

第四节　激光测深技术

一、激光测深的基本原理

　　激光测深的基本原理与双频回声测深相似,即从飞机上向海面发射两种波段的激光,一种为红光(波长为 1064 纳米),另一种为绿光(波长为 523 纳米)。红光被海水反射,绿光则透射到海水里,到达海底后被反射回来。这样,两束光被接收的时间差等于激光从海面到海底传播时间的两倍,我们由此可以算得海面到海底的深度。

　　不同的机载激光测深系统所发射的红光和绿光的波长稍有不同。机载激光测深系统的最大探测深度,理论上可以表示为:

$$L_{max} = \frac{\ln(P'/P_B)}{2\Gamma}$$

　　上述公式中,P 是一个系统参量,定义为 $P' = PL \cdot \rho \cdot A \cdot E/\pi H2$;PB 为背景噪声功率(W);Γ 为海水有效衰减系数。

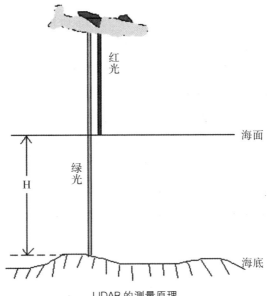

LIDAR 的测量原理

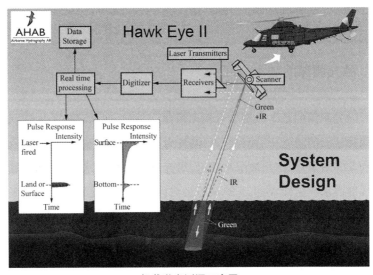

机载激光测深示意图

目前,机载激光测深系统的测深能力一般都在 50 米左右,测深精度在 0.3 米左右。

激光测深系统一般由六大部分组成,即测深系统(DSSS)、导航系统(NSS)、数据处理分析系统(DPSS)、控制—监视系统(CNSS)、地面处理系统(GPSS)、飞机与维修设备。

二、机载激光测深系统的发展历程

机载激光测深雷达系统的发展可以归纳为四个阶段,即原理探索、逐步发展、实用化以及商业化。我国在该领域的研究起步较晚,大部分还处于试验阶段,目前还没有商业化的系统面世。

(一) 起步阶段

激光雷达用于海洋探测研究起源于20世纪60年代的美国,这一阶段主要是激光测深技术机理的研究,以美国、加拿大、澳大利亚为代表。1968年,HIckman和Hogg搭建了世界上第一个激光水深测量系统,论证了蓝绿激光探测水下目标的可行性。随后,美国海军推出了机载脉冲激光测深系统,并搭载于直升机上进行测深试验。1971—1974年,NASA研制出了机载激光水深测量仪,继而推出了具有扫描和高速数据记录能力的机载海洋激光雷达系统。在美国取得初步成果的同时,加拿大遥感中心也于20世纪70年代末成功研制了机载激光水深测量系统MK-1和二代系统MK-2。与此同时,澳大利亚电子实验室应军方要求,于1972年开始激光测深技术研究,并于1976年成功研制出非扫描的WRELADS-1试验系统。之后,澳大利亚电子实验室又推出了具有全方位扫描、数据记录和定位能力的WRELADS-2系统。可见,在这一阶段,除了AOL和WRELADS-2外,大多数的机载激光测深系统都不具备扫描和高速数据记录功能。

(二) 初期发展阶段

20世纪80年代,机载激光雷达测深技术得到了进一步发展。美国等起步较早的国家在前期研究的基础上,各自研制出了具有扫描、定位和高速数据记录功能的二代测深系统,不仅可以测深,而且可以测绘海底地貌。

(三) 实用阶段

20世纪90年代,机载激光测深系统逐步进入实用化阶段,一些国家或机构之间开始采取合作共赢的方式来开展研究。这些系统大多在第二代系统的基础上，增加了 GPS 定位功能，并且具备了自动控制航线和飞行高度的功能。

（四）商用阶段

20 世纪 90 年代末开始，机载激光测深系统进入商业化应用阶段，系统的采样频率得到进一步提高，固体激光器和双波长系统（1064 纳米和 532 纳米）极大增强了系统的探测能力，而且系统的体积、重量和能耗均有所减少，机动性和续航时间提升。目前，比较先进的商业化系统有 SHOALS3000T 和 HawkEyeIII 等。以 HawkEyeIII 为例，该系统可以非常容易地安装在飞机上，具备航线规划软件和数据自动后处理程序，可以同时采集水深和地形数据，实现陆地和海面的无缝测量。

第五节　不同搭载平台的介绍

按照测量载体，海底地形地貌探测技术可以分为船载测量（常规船舶与无人船）、机载与星载测量、水下自主航行测量、海底原位观测等类型。

船载探测是最直接的海底地形地貌探测方式，水深测量是最核心的船载地形地貌探测工作。水深测量从早期的测深杆、锤、绳等原始方式，发展到目前的声光电等多种探测手段。由于光波、电磁波在水中衰减很快，而声波在水中能远距离地传播，因此船载声学探测仍是海底地形地貌探测的主要方式之一。全球导航卫星系统（globalnavigationsatellitesystem，GNSS）的定位导航，是水上较为准确、高效的定位导航方式。利用"GNSS + 探测仪"进行水深测量最为常见，其基本原理是，测量载体在 GNSS 导航仪的辅助下，获取测区内测点的瞬时平面坐标，并利用探测设备获得相应位置处的水深值、反射强度或者海底影像。

目前，除传统的测量船外，基于无人船的自主测量平台技术也是一种重要的海底地形地貌探测手段。尤其是在浅水区、岛礁区、危化品区等常规测量船难以进入的区域,我们需要借助无人船进行测量。无人船平台可以搭载浅水多波束、侧扫声呐、单波束、ADCP 等常规的测量仪器,也可以通过与母船联合作业的模式进行协同作业,从而大幅提升在浅水区的作业效率。近几年来,国内外在自动化采集领域有了长足的发展,相继出现了由高精度全球卫星定位技术、超声波自动避障技术、实时远程数据链路技术、复合材料技术等融合制造的智能无人船,并搭载有不同种类的有效探测工具,实现了数据的自动化获取。无人船平台具有无人遥控、GPS 自动导航、自主航行、自动避障等功能,可以在视距外作业。工作时,相关人员只需将作业水域的地图在基站上下载好,在地图上或者通过坐标输入规划好的测线,然后将任务发送给无人船,无人船即可开始工作。在测量过程中,相关人员可以通过远程桌面等方式调整多波束测深系统等仪器的参数,测量数据及无人船摄像头的拍摄画面均可通过系统自带的宽带专网实时回传,15 千米内可传输带宽达 2 兆/秒。国内主要有珠海云洲智能科技有限公司、武汉楚航测控科技有限公司和武汉劳雷绿湾船舶科技有限公司在研制无人遥控测量船;国际上,美国、英国、德国等国家也有少量的水底地貌测绘无人船。

机载 LIDAR 测深技术的基本原理是在飞机上发射两种激光束,分别测量飞机到海面和海底的高度,从而得到水的深度。其一般可测深度为 30—50 米,精度为 ±0.1—0.2 米,适用于大面积浅水(特别是海底能见度较好的水域)的水深测量。机载激光传感器受其质量、体积等指标的限制,需搭载有人驾驶固定翼飞机,因此测量成本较高。目前,机载激光传感器的主流型号主要包括加拿大的 Larse5500 和澳大利亚的 LADS 等。

鉴于星载卫星的测高及遥感手段精度较差,而机载 LIDAR 测深系统价格昂贵,且受飞机机种、飞行高度、潮位时机、机动灵活性等方面的限制,因此采用超低空无人机进行滩涂及岛礁地形测量成为上述手段的有效补充。无人机航空摄影测量技术是指,利用轻型无人机搭载高分辨率数字彩色航摄相机获取测区影像数据和测量状态等参数,通过数据传输储存技术将以上参数传送到地面控制系统中,在数字摄影测量工作站上进行图像处理分析。获得无人机的 GPS/POS 数据及相机参数后,工作人员就可以通过几何关系来提取立体像对中地物点的高程信息,速度与传统方法相比大大提高。无人机技术采用基于最小二乘理论的滩涂测绘系统检校技术,借助于高精度空三加密,采集精度相对较高的高程信息,利用二次内定向方法进行平差,得到满足海洋滩涂变化态势监测分析使用的 DEM。该手段可以获取滩涂及岛礁 1∶2000 的地形图,但水深反演能力较差。目前,在条件较为良好的情况下,无人机滩涂及岛礁测量精度可以满足 1∶1000 的测图精度需要。

无人机具有空域申请手续简单、机动性强、维护操作简便、可在云层下实施航拍、风险小、低空高分辨率等优点,是获取小范围内的大比例尺数据之有效手段,目前被广泛应用于海况应急监测、不可达海域的地图数据获取、大比例尺测图与地图数据获取、海域地图局部更新、小范围三维模型建立等诸多领域。

除水面测量船和无人船外,水下机器人也是一种重要的海底地形地貌测量运载器,在海底精密探测方面有常规测量所无法替代的优势,于大洋中脊和海底峡谷的测量中已得到较为广泛的应用。近年来,基于海底观测网的海底原位在线长期监测正处于快速的发展中,可以实现海底地形地貌、海底灾害、海洋生态等方面的在线观测。水下机器人是一种可以在水下运行,并能够独立完成特定功能的机械设备,通常可以分为水下自治潜器(AUV)、载人潜器(HOV)、遥控潜器(ROV)和水下滑翔机(glider)等。这些水下机器人是一种移动平台,可以搭载多波束测深等探测设备,有效开展海底地形地貌调查。

在海底设置一些监测传感器,通过海底光缆和接驳盒把这些传感器连接起来,即可形成一个海底观测的网络。与传统的船载探测模式相比,海底探测网可以实现实时在线长期探测及监测海底地形地貌与其他海洋环境的变化,在民用和军用方面均有广阔的应用前景。该技术在我国正在快速发展,将是未来海底探测与监测的一种重要手段,国内外比较有代表性的海底观测网络有水下水声监测网系统、地震海啸监测网系统、海洋生态监测网系统、东北太平洋时间序列海底网、欧洲海底观测网等。

第三章　国内科考船介绍

第一节　国内科考船的现状

近几年,我国不断加强海洋科学考察船的建设与发展,并持续提升设备的技术水平,使我国的科考船向综合性、现代化和大型化方向发展。本节主要针对典型的海洋科学考察船进行介绍。

"雪龙号"极地考察船

一、"雪龙号"极地考察船

"雪龙号"极地考察船,简称"雪龙号"(英文名:XueLong),是中国第三代极地破冰船和科学考察船,由乌克兰赫尔松船厂于1993年3月25日建造完成,为维他斯·白令级破冰船。"雪龙号"于1993年从乌克兰进口后,按照中国的需求进行了改造。"雪龙号"是中国最大的极地考察船,也是中国唯一能在极地破冰前行的考察船。"雪龙号"耐寒,能以1.5节的航速连续冲破1.2米厚的冰层(含0.2米雪)。

1994年10月,"雪龙号"首次执行南极科考和物资补给运输任务至2014年7月,"雪龙号"已6次赴北极执行科学考察与补给运输任务,足迹遍布五大洋,创下了中国航海史上的多项新纪录。

二、"雪龙2号"极地破冰船

"雪龙2号"极地破冰船

"雪龙2号"为中国新一代极地科考船,总重为13990吨,总长为122.5米,型宽为22.3米,结构吃水为8.3米,装载能力约为4500吨,最大航速为16.8节,可搭载科考人员和船员共90人,续航力为20000海里,自持力在额定人员编制情况下可达60天。

"雪龙2号"将加装智能机舱,这是我国首次在科学考察船上配套智能机舱系统,也是我国首次在电力推进船舶中加装智能机舱。智能机舱加装工程主要包括柴油机健康管理、电力推进健康管理、辅助系统健康管理和智能机舱集成平台四个部分。交船时"雪龙2号"将获得CCS智能机舱(i-shipM)标志，通过感知平台建设与数据分析来实现机舱智能化，为船员提供机舱状态、健康情况、辅助决策等信息，降低船员劳动强度，提高船舶运营效能。

"海洋地质八号"三维物探船

三、"海洋地质八号"三维物探船

"海洋地质八号"是国内第一艘完全拥有自主知识产权的三维物探调查船。该船于2017年10月14日完成试航，于2017年11月28日交付。

"海洋地质八号"的总长为88米，宽为20.4米，型深为8米，结构吃水为6.2米，最大航速为15.4节，在经济航速12.1节下的续航力为16000海里。该船的整个电站采用"四台主发电机+一台停泊发电机组"模式，系统性能可靠稳定，可保障船舶在任何航行条件与工况下的用电需求。五台发电机组均采用双层隔振技术，实船测试下的振动数据均低于船级设定的舒适性标准COMF(NOISE3)和COMF(VIB3)。

"海洋地质八号"适用于全球海域，冰区加强B级，是世界上第一艘6缆高精度短道距地震电缆三维物探船，引进了国际上最先进的高分辨短道距三维地震测量系统，实现了6缆(可拓展为8缆)高精度短道距地震电缆三维(四维)地震作业能力。同时，通过配置国际先进的地球物理装备,"海洋地质八号"可以满足全海域水合物调查、区域地质调查和重点海域油气资源调查等任务的需要。

"嘉庚号"科学考察船

四、"嘉庚号"科学考察船

"嘉庚号"为广船国际有限公司为厦门大学建造的全球顶级科考船。"嘉庚号"的总长为77.7米,型宽为16.24米,设计吃水为5.2米,满载排水量为3450吨,最大航速不小于14节,续航力不小于10000海里,载员为54人。

在动力推进方面,"嘉庚号"配置了AFE有源前端驱动的综合电力推进系统,设双轴双定距桨、双襟翼舵、1台艏侧推、2台艉侧推,具备DP1级动力定位能力。在水下辐射噪声控制方面,"嘉庚号"满足DNVGL的SILENTA+S指标。为控制噪声,通过低噪螺旋桨设计、低速超静音推进电机选型,以及低噪音变频风机、专业消音器与消音百叶窗的三重控制,"嘉庚号"能够满足CCS最高的振动舒适度等级要求,全船80%的船员住舱空气噪声仅45分贝左右。同时,"嘉庚号"还配备了声呐自噪声监控系统。

在科考方面,"嘉庚号"设置了专属洁净实验室,建立了集成采水器、绞车和集装箱式实验室的可移式船载痕量金属洁净水样采集及分析测试系统,并且在国际上首次于升降鳍板上设置走航超洁净(痕量金属无沾污)海水采集系统。

五、"科学号"海洋科考船

　　"科学号"海洋科考船由中国科学院海洋科学研究所制造，具有全球航行能力及全天候观测能力，是中国国内综合性能最优的科考船。"科学号"的总长为99.8米，船宽为17.8米，型深为8.9米，最大航速可达15 节，排 水 量 约 为 4600

"科学号"海洋科考船

吨，总吨位为4711吨。"科学号"海洋科考船将重心放在西太平洋及周边海域的科考，可为中国提供海洋地质、生物与生态、大气等方面的综合科学考察信息。这艘先进的科考船，还将成为中国的深海远洋科考探测研究平台。

六、"向阳红 10 号"科考船

"向阳红 10 号"科考船

　　"向阳红 10 号"科考船是一艘集多学科、多功能、多技术手段为一体,满足深海海洋科学多学科交叉研究需求的现代化海洋科学综合考察船,能够开展近海、大洋和深海的物理海洋、海洋地质、地球物理、海洋生物、海洋化学、海洋气象等方面的综合海洋环境调查、探测及取样和现场分析工作,是国家深海及洋区的海洋科学基础研究与高新技术研发的海上移动实验室和试验平台之一。

第二节 "淞航号"科考船

上海海洋大学远洋渔业资源调查船"淞航号"是农业部第一艘服务于渔业调查的科考船,也是我国渔业调查功能最强、吨位最大的科考船。"淞航号"的航区为国际无限航区,船型为钢质、长艏楼结构、艉滑道船型,设有全景式驾驶室,由柴油机驱动,配备有德国进口垂直式电力推进装置。"淞航号"调查船的总长为85米,水线长为81米,船宽为14.96米,型深为8.7米,设计吃水为4.8米,结构吃水为5.35米,满载排水量为3180吨,最大航速为15节,经济航速为12节,续航力为10000海里,自持力为60日。"淞航号"可以开展中层和底层拖网、金枪鱼延绳钓和灯光鱿鱼钓三种类型的作业,以适应不同渔业资源生物学特性的调查,为开展不同渔具渔法的研究提供基础保障。此外,"淞

"淞航号"科考船

航号"配备了海洋生物、水文生化、调查监控和通用等实验室及艉部露
天甲板调查作业区。

　　"淞航号"以开展远洋渔业资源公益性调查为主要目标,在总体性
能和功能及技术装备方面达到了国际先进、国内领先的水平,符合高可
靠性和高安全性要求。

满载排水量	3271.4 吨
船长	85 米
型宽	14.96 米
型深	8.71 米
满载吃水	4.95 米
经济航速	12 节
最大航速	15 节
续航力	10000 海里
自持力	60 日
定员	59 名
工作甲板面积	200 平方米
实验室总面积(室内)	208 平方米
探测海域	全球无冰洋区

　　"淞航号"科考船的实验室总面积约为 208 平方米,室内鱼处理间
面积为 92.5 平方米,可以提供充足的海洋理化试验、声学评估试验和
海洋生物试验所需的实验室空间。

室内实验室	面积
海底探测实验室	15.7 平方米
通用实验室	27.1 平方米
恒温实验室	10.4 平方米
海洋生物实验室	28 平方米
甲板工作实验室	13.7 平方米
水文生化实验室	41.9 平方米

续　表

室内实验室	面积
声学仪器舱	13.8 平方米
船载卫星遥感调查实验室	4.8 平方米
CTD 调查实验室	15.9 平方米
样品储存间	8.5 平方米
样品库	28.7 平方米

"淞航号"配备的 20T 尾 A 架主要用于拖网作业及 6000 米水文绞车取样调查；EK80 及 SU93 是声学探鱼仪，主要作用是探测鱼群密度、鱼群深度、移动速度等数据指标，从而有利于定位捕捞；浮游生物采集网（6000 米）主要用于深海生物采样，以分析不同水深的浮游生物组成；600 米水下机器人用于表层鱼群集群查看及水下生物观测；CTD 专业折臂吊用于 6000 米水深的水质采样调查；多波束系统可以探测7000 米以内的水下地貌情况，便于进行海底环境调查研究。

"淞航号"的主要航行海域在北太平洋、东南太平洋（秘鲁外海）和西南大西洋（阿根廷外海）等海域，按无限航区设计。"淞航号"主要承担金枪鱼、鱿鱼、竹荚鱼及南极磷虾等重要远洋渔业资源的调查研究任务；国家有关远洋渔业资源和新渔场开发的任务；我国远洋捕捞中底拖网、变水层拖网、金枪鱼延绳钓、灯光鱿鱼钓以及新的作业方式的研究工作；大洋环境的观测和遥感数据接收分析工作；大洋深海生物和地质地貌调查研究工作；以及海洋大气环境组成成分的研究任务。

第三节　"淞航号"调查船的主要科考设备

"淞航号"目前具备气象、水文、生物等方面的科考功能，配置了专用单波束测深系统 1 部、EM302 深水多波束测深仪 1 部、全海洋浅地层剖面仪 1 部、船载声学多普勒流速剖面仪 1 台、5 吨 A 型吊架 1 台、6000 米 CTD 绞车 1 部、CTD 专用伸缩吊 1 部、CTD911 采样器、1500

米底栖生物绞车 1 部、6000 米钢缆绞车 1 部、船尾 20 吨 A 型吊架 1
台、水下机器人 1 台、单鳍板升降鳍 1 套、多频分裂波束声学探鱼系统
(EK80)和全方位探鱼声呐系统(SU93)1 套、卫星遥感系统 1 套、黑碳
气溶胶测量仪(AE-33)1 台、船载大气汞测量工作站 2 台、水下浮游生
物快速照相系统 2 台、浮游生物连续采集网 2 台、大体积水样抽滤系统
1 部、走航式表层温盐连续自动测量系统等目前最先进的科考仪器设
备,可以进行水文、底栖生物、浮游生物、海洋气象、海洋大气监测等方
面的调查取样。

一、海洋水文声学探测系统

(一) 单波束测深系统

　　单波束测深仪等声呐仪器,是当前最为有效的水声探测设备。为
保证成果质量,定期计量检测这些设备的探测性具有重大意义。其中,
声源级、频率和波束角属于重要的声学检测指标,其检测通常需要在消
声水池中进行,以避免池壁反射所产生的反射波和直达波的叠加对测
试精度造成干扰。

换能器实样示意图

(二) EM302 深水多波束测深仪

　　多波束测深系统,又称为多波束测深仪、条带测深仪或多波束测深
声呐等。康斯伯格(Kongsberg)生产的 EM302 多波束测深仪是用来测

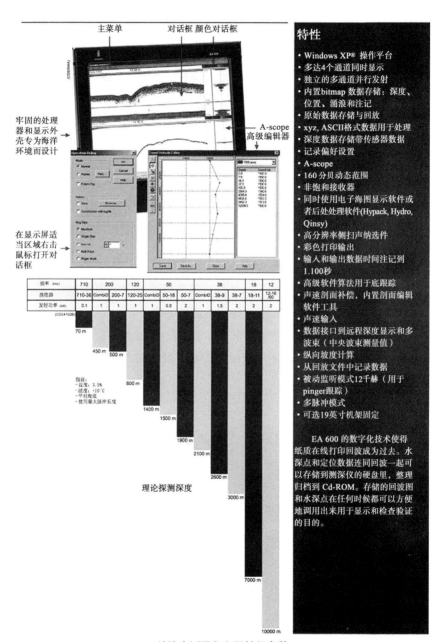

理论探测深度

单波束测深仪主要性能参数

特性

- Windows XP® 操作平台
- 多达4个通道同时显示
- 独立的多通道并行发射
- 内置bitmap 数据存储：深度、位置、涌浪和注记
- 原始数据存储与回放
- xyz, ASCII格式数据用于处理
- 深度数据存储带传感器数据
- 记录偏好设置
- A-scope
- 160 分贝动态范围
- 非饱和接收器
- 同时使用电子海图显示软件或者后处理软件(Hypack, Hydro, Qinsy)
- 高分辨率侧扫声纳选件
- 彩色打印输出
- 输入和输出数据时间注记到 1.100秒
- 高级软件算法用于底跟踪
- 声速剖面补偿，内置剖面编辑软件工具
- 声速输入
- 数据接口到远程深度显示和多波束（中央波束测量值）
- 纵向坡度计算
- 从回放文件中记录数据
- 被动监听模式12千赫（用于pinger跟踪）
- 多脉冲模式
- 可选19英寸机架固定

    EA 600 的数字化技术使得纸质在线打印回波成为过去。水深点和定位数据连同回波一起可以存储到测深仪的硬盘里，整理归档到 Cd-ROM。存储的回波图和水深点在任何时候都可以方便地调用出来用于显示和检查验证的目的。

量全球除了最深海沟以外的所有洋区的精密海底成图和高清晰海底成像系统。整套系统成本适中,性能可靠,使用操作简便。在 2—3000 米的相对浅水区域,EM302 的性能比 Kongsberg 的全海洋多波束测深仪 EM122 更好,并且其换能器体积更小,更适合体形较小的大洋科考船。EM302 的 30 千赫多波束测深系统应用于高分辨率、高精度的海底制图,其探测距离最深可达 7000 米。与传统的单波束测深系统每次测量只能获得测量船垂直下方的一个海底测量深度值相比,多波束探测系统能获得一个条带覆盖区域内多个测量点的海底深度值,实现了从"点—线"测量到"线—面"测量的跨越,其进步意义十分突出。与单波束回声测深仪相比,多波束测深系统具有测量范围大、测量速度快、精度和效率高等优点,它将测深技术从点、线扩展到面,并进一步发展为立体测深和自动成图,特别适合进行大面积的海底地形探测。多波束测深系统主要用于全覆盖高精度水深的测量,能够获得高清晰度的海底地形地貌信息。

工作频率	30 千赫(26—34 千赫)
脉冲模式	CW 和 FM
测深量程	10 到 7000 米
距离采样率	＞4.5 千赫(17 厘米)
最大扫宽	8000 米(−30 分贝);5.5 倍水深(直至 1500 米);140°扇面覆盖
发射 ping 率	最大 10 赫兹,实际取决于声波在水中传播的来回时间
TX 发射波束宽度	0.5°、1°或者 2°
RX 接收波束宽度	1°、2°或者 4°
波束数量	288(1°、2°接收)/144(4°接收)
水深点数量	432(1°、2°接收)/216(4°接收)
双条带	每一次 ping 中在横向上生成两个条带
水深点数量	在高密度模式下高达 864 个(双条带)
波束稳定	yaw(10°)、roll(15°)、pitch(10°)稳定
波束脚印形状	等角、等距或者混合模式

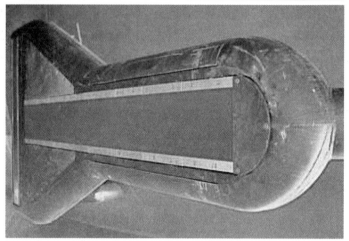

EM302 船底安装示意图

（三）全海洋浅地层剖面仪

康斯伯格（Kongsberg）生产的 TOPASPS18 浅地层剖面仪基于参量阵型的发射天线（换能器）而设计，这个设计可以从一个很小的换能器面积上获取高指向性、低频的波束。系统能够电子地补偿船只的涌浪、横摇和纵摇运动，还可以在一个高达 90°的横向范围内进行顺序扫描探测，一次就可以生成一个浅地层条带，从而创建一个三维的海底剖面立体图像。浅地层剖面系统主要用于揭示海底面以下的沉积地层，以此来划分地层层序，从而研究调查区的浅部地层结构、时空格架、发育历史及海侵海退、古气候变化等信息。

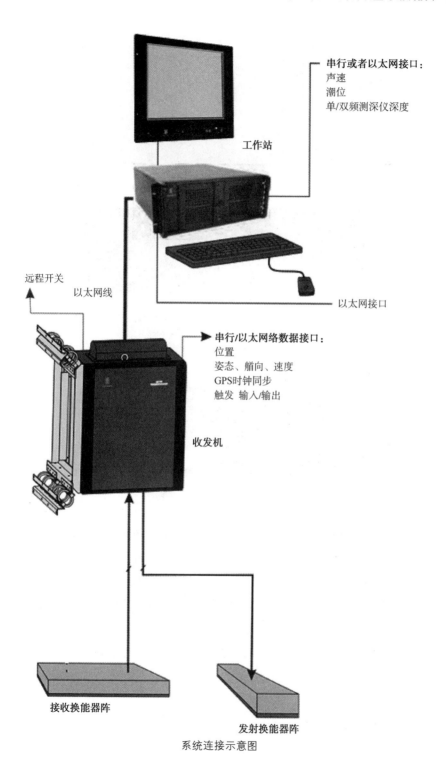

串行或者以太网接口：
声速
潮位
单/双频测深仪深度

工作站

远程开关

以太网线

以太网接口

串行/以太网络数据接口：
位置
姿态、舷向、速度
GPS时钟同步
触发 输入/输出

收发机

接收换能器阵

发射换能器阵

系统连接示意图

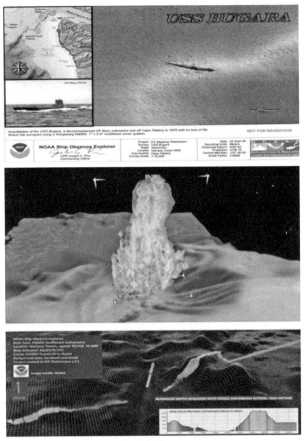

为成像效果图

TOPASPS18 是一套适用于 20 米到全海洋深度的高空间分辨率浅地层剖面系统,通过两个高能主频(18 千赫左右),在水体中生成了高达＋80％相对带宽的低频信号。参量阵声源的优势是工作的低频信号没有明显的旁瓣。换能器安装在船底,不用在工作时释放和回收拖鱼,从而节省了作业时间,并且能获得高精度定位的数据结果。同时,TOPASPS18 改善了船的机动性,在一个低噪声的船上,可以用 14 节的船速来获取高质量的剖面结果。

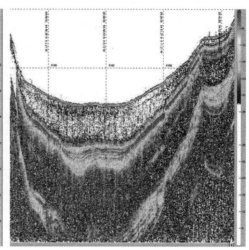

浅剖成像效果图

（四）船载声学多普勒流速剖面仪

船载声学多普勒流速剖面仪是物理海洋学家进行海洋调查所必备的仪器设备，也是近十年才开发出来的新型设备，它能在短时间里测出大面积的海流，效率非常高。一台声学多普勒流速剖面仪能够替代几十甚至上百台老式的海流计，可以进行大量程的深水海流剖面测量。

声学多普勒流速剖面仪是一种利用声学多普勒原理，能够在船舶走航条件下测量不同深度层（最多达 128 层）海流流速与流向的系统。该系统采用了宽频带脉冲编码发射技术和脉冲相关信号处理技术（专利），仪器的测流精度大大提高（长期准确度为 $1\% \pm 0.5$ 厘米/秒），并且其可以利用控制软件实现宽带/窄宽转换功能，OS－38K 的最大测流深度可达 1000 米，OS－150K 的最大测流深度可达 400 米。

OS 系列的 APCP 换能器由几百个陶瓷换能器单元组成，呈平面型，通常装在带声窗的水箱中，内装有温度传感器。换能器背面装有一个波束形成器，它利用相控阵原理，将多个换能器单元的信号合成为与垂线夹角呈 30°的 4 个波束。与传统的海流计相比，TRDI 特有的相控阵专利技术的应用使换能器从 4 波束凸型变为平面阵。OS 系列的 ADCP 换能器在减少尺寸和重量的同时，能够获取更大的量程范围，量程最大可达 1000 米,跟踪深度可达 1700 米。

ADCP 的测流原理,是测定声波入射到海水中微颗粒后发生的后向散射在频率上的多普勒频移,从而得到不同水层水体的运动速度。当声源与散射体之间有相对运动时,接收器接收到的散射声波的频率与声源的固有频率不一致,若它们相互靠近,则接收频率高于发射频率,反之则低,这种现象被称为多普勒效应,接收频率与发射频率之差被称为多普勒频移。

	OS-38K 多普勒声学测流仪	OS-150K 多普勒声学测流仪
中心频率	38.4 千赫(带宽 6% 或 12%,可选)	150 千赫(带宽 6% 或 12%,可选)
波束数	由波束形成器产生 4 个波束	由波束形成器产生 4 个波束
波束角	与垂线夹角 30°	与垂线夹角 30°
波束宽	3.8°	3.8°
换能器布局	平面型结构,船体安装式	平面型结构,船体安装式
水层流速测量长期精度	1% ±0.5 厘米/秒	1% ±0.2 厘米/秒
最大剖面深度	窄带模式:800—1000 米 宽带模式:600—730 米	窄带模式:375—400 米 宽带模式:325—350 米
盲区	10 米	2 米
深度单元数	1—128 个	1—128 个
深度单元长度	16 米、24 米或自选	4 米、8 米或自选
精度	1% ±0.5 厘米/秒	1% ±0.2 厘米/秒
最大深度	1700 米	600 米
最小深度	40 米	2 米

(五) 走航式声学多普勒海流剖面仪

美国亚奇科技公司(Rowe Technologies Inc,简称 RTI)生产的 ADCP/DVL 将最新的声学多普勒声呐和灵活多用途系统创新性地融合在了一起,从而能够高效优质地测量水体流速剖面和水中载体的对

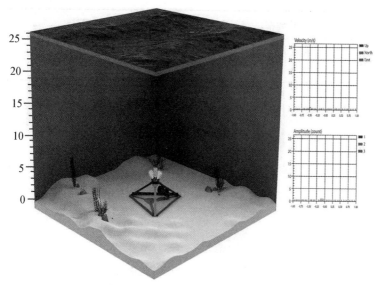

多普勒流速剖面仪工作原理示意图

底速度。该系统采用了 TRDI 公司的宽带专利技术,测验速度快,准确度高,重复性好,非常容易获得满意的流量数据。海洋中存在大量的散射体,包括气泡、悬浮泥沙颗粒、浮游生物、鱼虾等,只要 ADCP 向海水介质发射声波,这些散射体就会对声波产生散射,从而形成体积混响。ADCP 就是接收散射体产生的体积混响信号,并分析体积混响信号的多普勒效应,从而测量不同深度层的海流流速与流向。

工作频率	300 千赫
换能器类型	活塞式
声学波数	4 波束,波束角 20°
耐压深度	6000 米
测量范围	宽带模式为 126 米,大量程模式为 165 米
流速范围	±5 米/秒(默认);±20 米/秒(最大);
流速精度	水流速的 ±0.5％ ±5 毫米/秒
流速分辨率	1 毫米/秒
深度层面数	1—128

续　表

工作频率	300 千赫
垂直分辨率	等同深度单元
发射频率	2 赫兹

走航式声学多普勒海流剖面仪

二、绞车及绞钢机系统

(一) 6000 米 CTD 绞车和 CTD 专用收放吊

CTD 绞车用于操控直径 9.53 毫米的缆绳,CTD 缆绳通过安装在船舶舷侧的 CTD 专用收放吊来布放和回收 CTD 采水器。CTD 绞车由挪威 Rapp 公司供货。CTD 绞车和 CTD 专用收放吊固定安装在船上。CTD 绞车的规格按照招标要求设计制造,即由变频调节的电动马达提供交流动力,并且配备排缆设备、储缆绞车、导向轮和安装基座等满足系统正常工作所需的组成部分。舷侧 CTD 专用收放吊可以配合 CTD 绞车,实现 CTD 采水器的吊放和回收,其由挪威 Triplex 公司供货。

CTD 绞车的主要组成部分

组成部件	功能
储缆绞车	储缆绞车是缆绳的储存设备
缆	缆的主要作用是承载负载张力,CTD 缆同时具有传输电源或信号的作用;绞车上的缆在出厂前会受到有效保护

续　表

组成部件	功能
滑环	滑环是实现绞车外部电源和信号与光电缆之连接的必要部件
终端受力器	终端受力器即承重头,科考设备通过承重头与铠装缆连接
排缆器	排缆器是将缆绳绕缠或放出储缆绞车的设备
控制器	控制器用于控制操控系统设备的动作,分为本地控制器、作业控制室控制器、无线遥控(与CTD专用收放吊共用)等
滑轮组	滑轮组用于缆绳的导向

CTD专用收放吊的组成及功能

组成部件	数量	功能
整体钢结构	1套	舷侧CTD专用收放吊的基本结构
液压伸缩缸	1组	用于CTD专用收放吊的伸展/回缩以及伸缩臂的下探等
伸缩臂	1套	CTD专用收放吊的结构部件,用于延长伸缩吊臂的伸展长度
滑轮	1套	用于缆绳的导向
导接头	1个	用于CTD采集系统的止荡
控制器	1套	包含本地和无线控制两种方式,控制器用于操控CTD伸缩吊

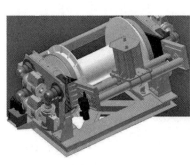

CTD绞车和CTD收放吊示意图

(二）6000 米水文绞车

绞车系统包括 1 台 6000 米水文绞车、1 条 6000 米进口钢缆、1 套动力驱动系统（含变频器及驱动系统）、1 台本地控制台、1 台远程控制台、1 套转向滑轮组、备品备件及其他辅助设备。控制台上装有液晶显示屏，能显示速度、长度、张力等信息，并具有绞车速度、方向等控制功能，整体系统满足 6000 米水深深海调查正常作业的需要。

水文绞车的性能参数

底层线拉力及速度	12 吨,0—33 米/分钟
中层线拉力及速度	6.3 吨,0—63 米/分钟
顶层线拉力及速度	4.8 吨,0—90 米/分钟

缆的性能参数

缆在空气中的重量	1.25 千克/米
使用环境温度	−50℃—100℃
缆的推荐弯曲直径	440 毫米
缆的破断力	239 千牛

为 6000 米水文绞钢机到库实样图

(三) 绞钢机系统

"淞航号"配有 2 台中层拖力为 20 吨的液压绞纲机,每台绞纲机配有一根 3500 米长的 24 毫米高强度钢丝绳。每台绞纲机由 1 个大卷筒、1 个闭式齿轮箱、2 个径向柱塞变量液压马达、1 个大卷筒排绳装置、1 个支架和 1 个箱体组成底座体,借助液压马达通过闭式齿轮箱传动。卷筒一侧带手动刹车和远程液压带式刹车,刹车带不含石棉材料。另外,液压马达为高扭矩变量轴向柱塞液压马达,品牌是西班牙的IBERCISA。绞纲机的控制方式为机旁操作控制和远程集中控制。拖网绞纲机的手动操纵阀由比例阀和操作手柄组成,用以控制绞纲机的收缆与放缆。操纵阀选用进口配件。

额定工作负载	200 千牛(中间层)
公称速度	约 70 米/分钟(中间层)
绞纲机具有双速工作模式:	
低速为	中层拉力 200 千牛,0—71 米/分钟
高速为	中层拉力 80 千牛,0—166 米/分钟
压力需求	约 230 百帕
流量需求	约 765 升/分钟
绞车外形尺寸	≤3080 毫米(长)×3050 毫米(宽)
具备 1.1 倍瞬时超载能力。	
制动负载	550 千牛
出绳方向	上出绳
刹车型式	远程液压刹车和手动操作

缆直径	Φ24 毫米(钢丝绳)高强度钢丝缆
缆长	3500 米/条
缆的允许误差	4%
最小破断力	580 千牛

缆直径	Φ24 毫米（钢丝绳）高强度钢丝缆
缆的捻向	右捻
单位重量	2.94 千克/米
抗拉强度	2160 牛/平方毫米
缆表面处理	镀锌防腐蚀处理，内部压实并能充分润滑，满足海洋环境的使用要求

绞钢机应用实例图

（四）1500 米底栖生物和采取泥合用绞车

1500 米底栖生物和采取泥合用绞车系统是专为海洋环境设计的一体式、电动变频、无极变速的海洋水文测量仪器投放和回收的收/放缆系统，整体采用模块化安装与开放式设计。系统为 PLC 控制，具有简单实用、维修和维护方便、操作灵活轻便等优点。系统中的卷筒可无级调速，便于控制运动的平稳性和微动性，刹车的制动性能可靠。系统的主控制台具有收放、调速、手控排缆等功能，无线控制器具备收放、调速、急停等功能。

绞钢机应用实例

外形尺寸	1950 毫米(宽)×2800 毫米(深)×1950 毫米(高),除绞车结构件外,其余紧固件均为不锈钢材质
设备毛重	约 3200 千克(不含缆)
容缆量	Φ10 钢丝绳,1500 米
缆规格	Φ10 毫米(外径),400 千克/千米(水中近似重量)
卷筒规格	Φ500 毫米(直径)×600 毫米(宽度)×900 毫米(法兰直径)
最大拉力	底层≤1500 千克力,顶层≤1095 千克力
最大线速度	底层≤46 米/分钟,顶层≤62 米/分钟,可无极变速
驱动方式	变频电动(变频电机带空间加热器)
绞车功率	30 千赫/交流电压 380 伏/3 相/50 赫兹
排缆方式	跟踪式自动寻位或可编程控制电动排缆系统,直角式出缆
控制方式	PLC 方式控制,可本机控制,亦可无线控制及远程控制
控制内容	系统能提供收/放缆长度、缆速、缆绳张力等信息并报警
报警信息	张力、缆速、余缆保护、过载、驱动器故障等

1500 米底栖生物绞车示意图

三、光谱探测采样系统

（一）海面高光谱辐射测量仪

海面高光谱辐照系统（HyperSAS）通过高精度高光谱测量方法来测定离水辐亮度（water-leaving spectral radiance）和下行辐照度（downwelling spectral radiance）。256 个通道的 HyperOCR 辐亮度与辐照度传感器安装在飞机和船舶之上，当处于海洋（或陆地）的表面之上时，可以同时对空中和海面进行测量。除此之外，HyperSAS 具备内置快门，以便准确地进行阴影校正。HyperSAS 采用了平面传感器（cosine），从而能够得到更准确和更高质量的数据。

工作人员可以选配 GPS 设备与 Satlantic 倾斜和方向传感器，为所获得的光学数据提供精确定位、地理参考资料和准确的时间标注。工作人员也可从选配辐射高温计（红外温度计），以测量陆地或海洋的表面温度。

HyperSAS 可沿着船舶的航迹对水色进行连续观测，也可以安装在海上观察平台进行长时间连续观察，或安装在航空器上通过遥感来观测水色。该系统尺寸小，重量轻，结构紧凑，便于安装。由 HyperSAS 系统测量的离水辐亮度和反射系数可用于计算多种海洋要素，其中包括溶解态有机物、悬浮物及表层叶绿素浓度。叶绿素是藻类

生物量的重要监测指标,科学家可以利用这些资料来估计浮游植物的
丰度和初级海洋生产力。HyperSAS的数据还可以用来校准和验证卫
星水色观测数据。如果在 HyperSAS 测量的同时采集表层水样,那么
在综合分析后,科学家可以建立海表生物的光学模型。

海面高光谱仪(加长电缆)	
2 个空气中高光谱辐照度传感器(Li, Lt),1/2FOV＝3 度	
倾斜和方向传感器	SAT‐THS
附件	SAS 安装架子(360°旋转,角度可调)
软件	SATVIEW, PROSOFT, SATCON
高光谱传感器的技术性能	
波长范围	305—1100 纳米,136 个通道
光谱采样	3.3 纳米/像素
光谱精度	0.3 纳米
光谱分辨率	10 纳米

(二) 水下高光谱辐射测量仪

水下高光谱辐射测量仪能在水中缓慢地做自由落体式下降,并通
过压力传感器及相关软件,提供离水辐射、遥感反射、能量通量、有效光
合辐射和漫衰减系数等数据。

高光谱吸收衰减系数测量仪 ac‐s 是著名的水体吸收衰减系数测
量仪 ac‐9 的升级版,在原位吸收和衰减系数的光谱分辨率上有了巨
大提升。ac‐s 设计轻便、精度高、稳定性好,在 400—730 纳米范围内
有 80 个波段输出,4 纳米的分辨率可以获取光谱的"指纹",并进行解
析分析。ac‐s 的光路长 25 厘米,即使最干净的水体也可以得到有效
测量。

光谱范围	400—730 纳米
带宽	15 纳米/通道
光路	10 厘米或 25 厘米
光束直径	8 毫米

光谱范围	400—730 纳米
线性	99％R2
输出波段	80—90 个
分辨率	4 纳米
准确度	±0.01 每米
动态范围	0.001—10 每米
输入	10 - 35VDC
输出	RS - 232、RS - 422 或 RS - 485
接头	MCBH6M
采样率	4 次扫描/秒
工作温度	0—30℃
工作水深	≤500 米
尺寸	直径 10.4 厘米,长度 79 厘米
重量	空气中为 5.45 千克,水中为 0.8 千克

水下高光谱辐射测量仪示意图

(三) 水下多光谱吸收/辐射测量仪

水下多光谱吸收/辐射测量仪(又称 AC‐S 水体固有光学特性测量仪)可以实现自由落体式的水色剖面测量,其可以连接一个分离式的浮筒,对海水近表面水层进行测量。该测量仪由美国 WETLabs 公司生产,能同时测量水体衰减系数和吸收系数,并可以提供 4 纳米的光谱分辨率,以及 400—720 纳米的光谱测量范围。仪器采用双路径并结合两个氩气填充的白炽灯泡,经过一个旋转扫描的线性可变滤波器来得到分散光谱。光经过 10 厘米或 25 厘米的水体传播后,分别由狭窄的孔径接收器与大面积探测器来接收得到衰减系数和吸收系数。

光谱范围	400—730 纳米
带宽	15 纳米/通道
光路	10 厘米或 25 厘米
光束直径	8 毫米
输出波段	80—90 个
分辨率	4 纳米
精度	450—730 纳米,典型 ± 0.001 每米,最大 0.003 每米
	400—449 纳米,典型 ± 0.005 每米,最大 0.012 每米
准确度	± 0.001 每米
动态范围	0.001 每米—10 每米
输入	10—35VDC
输出	RS - 232、RS - 422 或 RS - 485
接头	MCBH6M
采样率	4 次扫描/秒
工作温度	0—30℃
最大工作水深	500 米

DH4 数据采集装置

电池包

（四）甲烷测量仪

甲烷是我们的生存环境中最重要的气体之一。实际上，在我们日常生活的许多领域，对甲烷气体的监测是相当有必要的。CONTROS公司生产的 Hydro CTM/CH₄ 是一款独特的甲烷传感器，可以在空气中或水中使用，它解决了原位监测水中甲烷这一全球性的问题。该设备被广泛应用于海洋环境监测、环境水质和废水处理厂的监测、海洋管道检修、海底新石油和天然气矿的勘探等领域，可以探测海底或冻土中的天然气水合物。Hydro CTM/CH₄ 可以被 ROV/AUV 搭载进行水下检测或勘探，其采用高渗透性硅脂薄膜和非色散红外分光检测技术，对水体中溶解的甲烷进行检测，并将浓度值转化为输出信号。

甲烷测量仪示例图

四、海洋生物和鱼类调查系统

（一）多频分裂波束声学探鱼系统

多频分裂波束声学探鱼系统主要用于探测海洋生物的种类、种群数量、空间分布和迁徙动态，然后对回波信号进行处理，从而得出鱼类的分布范围和层位、族群大小、生物总量等分析数据。

（二）全方位探鱼声呐系统

全方位探鱼声呐系统可以通过声波来分析处理数据，从而获得长距离、大角度的海洋生物信息。渔用声呐由发射器、接收器、终端显示器、换能器基阵等组成，其工作原理与垂直探鱼仪相似。不同的是，垂

EK80 探鱼仪主机示意图

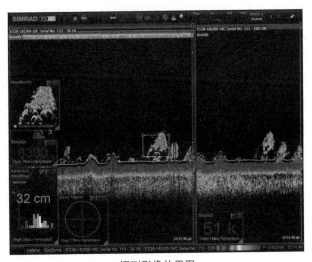

探测影像效果图

直探鱼仪只提供渔船垂直下方的鱼群信息，而渔用声呐能实现对渔船周围各个方向的探测，可以提供鱼群的方位、距离、深度、游速等多种信息，其作用距离要求尽可能远，分辨率要求尽可能良好。由于渔用声呐的声波传播途径比较复杂，受海况影响较大，且各种鱼群的集群性和对声波的反射特性又有很大差异，因此其结构要比垂直探鱼仪复杂得多。

目前,渔用声呐能达到的有效探鱼距离在浅海区一般为千米左右,在深海区可达数千米,其工作频率一般在 20—200 千赫之间。全方位探鱼声呐系统可以进行长距离的鱼群探测,从而能够有效地配合拖网等作业。

渔用声呐按不同的搜索方式可以分为如下几类:(1)单波束机械扫描声呐。此种声呐的搜索方式类似于探照灯,其利用换能器在水下做出回转、俯仰等机械动作,并通过一个窄波束,以步距扫描的方式来搜索渔船周围的鱼群。用这类声呐进行远距离、大扇区的目标搜索时,花费的时间较长,信号检测率低,漏测区大,不易跟踪目标。20 世纪 70 年代,在采用了波束稳定、信号贮存、平面显示等新技术后,此种声呐的性能有所改善。由于此种声呐价格便宜,因此现仍在不少作业船上得到应用。(2)多波束声呐。此种声呐在一定扇区范围内(一般为 60°—180°)形成多个波束,以检测整个扇区内的目标。与单波束机械扫描声呐相比,多波束声呐的搜索速度较快,获取的信息量较多,扇区内被测到的鱼群目标不易丢失。(3)电子扫描声呐。此种声呐的换能器通常被设计成圆柱阵(或圆柱/半球阵)。工作时,电子扫描声呐的换能器阵静止不动,设备通过电子开关和电子相控技术,向水平 360°全方向空间的一定范围发射声脉冲,然后利用换能器阵的部分基元形成一个窄接收波束,在水平方位快速旋转和俯仰。由于电子扫描速度比机械步距扫描速度快得多,因此搜索速度得到了大幅度提高。电子扫描声呐可以实现实时全景显示,从而能够获得更多的鱼群动态信息,便于对多个目标进行判别、选取和跟踪。但是,由于波束在空间快速扫描,所接收的回波能量有所损失,因此科学家又采用了多波束与电子扫描相结合的技术,将电子扫描声呐发展成为多波束扫描声呐。

工作频率	20—30 千赫,每档 1 千赫
探测范围	要求 150 米—4500 米
可调整倾斜角度范围	Tilt:−60°—10°,每档 1°
	Tip:10°—90°
发射模式	360°全向及 180°垂直

续　表

脉冲模式	CW(持续波)和双曲线 FM(调频)		
接收信道数	384		
增益功能	TVG(时间变化增益)、AGG(自动增益控制)和 RCG(接收器可控增益)		
数码滤波器	ping-to-ping 滤波器、噪音滤波器、海底回声干扰滤波器		
回声显示	颜色数：64	显示器分辨率：1280×1024 像素	
	色彩：弱、正常、强	调色板：设置	
波束	水平发射：360°	水平接收：8.5°—13°	
	垂直发射：4.9°—7°	垂直接收：5.3°—7.4°	
姿态补偿	横摇补偿：自动补偿，±20°	纵摇补偿：自动补偿，±20°	
	预留连接外围姿态补偿仪的接口		

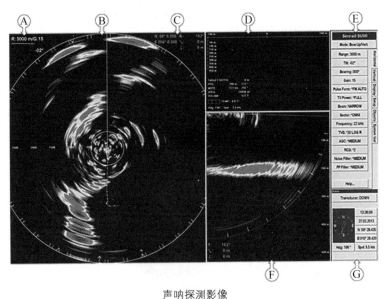

声呐探测影像

(三) 升降鳍系统

作为围井区域内的科考设备之载体，升降鳍系统通过伸出船底的方式，将科考设备送入探测和取样范围。科考仪器、超纯海水取样装置、声学装置、位置监测系统等科考设备安装在鳍板内，鳍板通过高分子材料艉艉限位滑板,在围井前后的导轨限制内滑动,以保证一定的水平平整度扭转/偏转下的垂向滑动。围井导轨采用三段式安装,由下至上依次是结构导轨、维修导轨与可拆导轨(铝合金)。结构导轨在鳍板工作位置室起主要的受力作用,维修导轨在维护鳍板底部的科考设备时使用,可拆导轨单独采用螺栓连接固定,针对鳍板滑块的更换而设置。鳍板滑块用螺栓固定在鳍板上,在更换滑块时,不需要将鳍板整体吊出围井,只需要拆掉围井内的可拆导轨,就能够方便更换好滑块。鳍板系统通过绞车和滑块组进行上下提升运动,提升绞车采用船用电梯等级,呈单卷筒型式。一个人工紧急手摇泵提升装置安装在泵组上,从而在绞车出故障的时候,工作人员可以通过手摇泵,将设备从工作位置提升至安全位置。

围井尺寸形式	3600 毫米(长)×2400 毫米(宽),围井高距基线 13700 毫米,最大吃水 4800 毫米
系统重量	不大于 15 吨(不包括围井本身及声学换能器的重量)
工作位置	鳍板底部伸出船底 2700 毫米
巡航位置	鳍板底部与船底平齐
检修位置	鳍板底部高于吃水线 1500 毫米,此空间用于维护鳍板底部的换能器

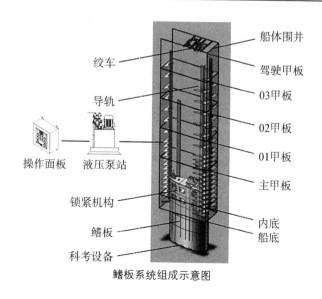

鳍板系统组成示意图

鳍板安装过程示意图

(四) 拖网监控系统

拖网监控系统通过声学手段,对网具拖网作业时在水下的各项参数进行实时测量,并记录存储。船舶监控系统配有监视单元、TE 软件,采用水密设计,符合海上全天候工作需要,在船舶和控制中心能同步实施观测。监控系统可以对所配置的所有传感器实现同步操作,能够接收所配置的所有传感器信号,并实时显示所配置全部传感器的监测数据。该系统具有良好的性能,能对网板与网具进行图形化处理,便于工作人员的观察分析。传感器采集的原始数据可以记录保存于监视单元中,不仅能实现回放,这能与其他通用数据处理软件实现转存处理。系统易于拓展和升级,与同系列传感器能较好地实现兼容。

固定式水听器可以接收系统所配备所有传感器的信号,并与监控系统实现有线传输,其安装在本船的升降鳍板上。固定式水听器可以在任何海况和作业条件下,无间断地接收所配置全部传感器的信号,不存在盲区。固定式水听器还配备有必需的电缆,从换能器连接至监控系统的安装位置。

网口监视传感器可以监测网口的高度、上纲和下纲的精确水深位置,以及拖网网具的翼端水平扩展距离。监测数据能在监视系统中得

到图像化处理,从而精确显示整个网口的形状。网口监视传感器的参数如下:

波束类型:窄波束	使用限深:1200 米
最大探测距离:300 米	续航能力:不小于 15 小时
探测分辨率:15—75 公分	信号传送频率:43.6—46.3 千赫
探测频率:97 千赫	传送波束角:70°
更新速率:1.3 秒/3.2 秒/4.2 秒 (三种模式可选)	最大有效通讯距离:2000 米
	充满电所需时间:5 小时

拖速传感器可以监测网具和水流的相对速度,以及网具对地的绝对速度。拖速传感器的参数如下:

量程:0—6 节(水平);0—3 节(垂直)	充满电所需时间:1.5 小时
精度:0.1 节	信号传输频段:38.9—43.4 千赫
更新速率:25 秒	声源级:183—189 分贝
续航能力:60 小时	波束角:55°
使用限深:1200 米	最大有效通讯距离:2500 米

渔获监测传感器用于指示网囊填充满度。渔获监测传感器的参数如下:

更新速率:2.5—30 秒	信号传输频段:38.9—43.4 千赫
续航能力:300—1500 小时	声源级:183—189 分贝
使用限深:1500 米	波束角:55°
充满电所需时间 1.5 小时	最大有效通讯距离:2500 米

网板传感器用于监测网板冲角、内外倾与前后倾角度、网板深度、网板所处水域水温、网板水平扩张距离,等且其监测功能被集成为一个传感器,便于在网板上安装。网板传感器的参数如下:

横向扩张量程：0—600 米	波束角：60°
横向扩张测量精度：测量值的 0.5％	触底传感器：
角度量程：－90°—＋90°	纵摇角度：－90°—＋90°
精度：±1°	信号传送频段：38.9—43.4 千赫
测深量程：300 米/600 米/ 1200 米/1800 米	最大传送距离：2500 米
精度：1 米	使用限深：1500 米
测水温量程：5℃—30℃	充满电所需时间：1.5 小时
精度：±0.15℃	网翼传感器
更新速率：3—20 秒	量程：0—350 米
续航能力：700 小时	精度：±0.5％
使用限深：1500 米	更新速率：3—20 秒
充满电所需时间：1.5 小时	续航能力：700 小时
信号传送频段：38.9—43.4 千赫	使用限深：1500 米
声源级：170—191 分贝	充满电所需时间：1.5 小时
波束角：55°	信号传送频段：38.9—43.4 千赫
应答器：	声源级：170—191 分贝
频率：144 千赫	波束角：55°
声源级：168—193 分贝	最大传送距离：2500 米

　　张力传感器用于监测水下纲索的张力,可安装于网板引纲与曳纲、网板叉链或手纲部位,测力装置和传感器之间配备有一定长度且便于脱卸和连接的数据线若干。张力传感器的参数如下：

最大量程：12 吨	充满电所需时间：1.5 小时
精度：±60 千克	信号传送频段：38.9—43.4 千赫
更新速率：3—20 秒	声源级：170—191 分贝
续航能力：700 小时	波束角：55°
使用限深：1500 米	最大传送距离：2500 米

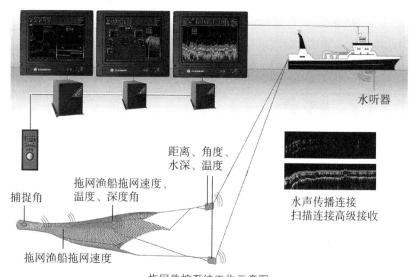

拖网监控系统工作示意图

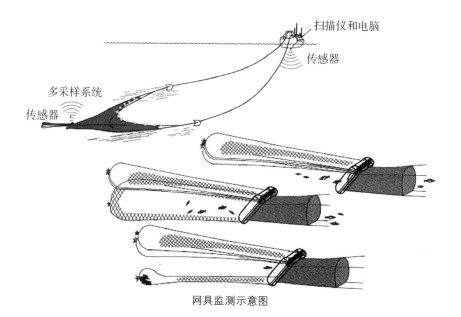

网具监测示意图

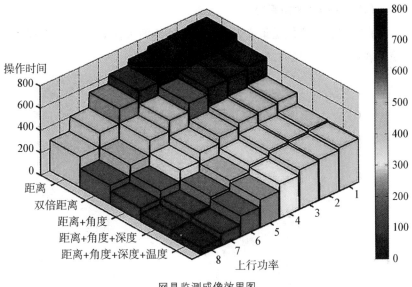

网具监测成像效果图

五、海洋大气环境监测及气象遥感系统

（一）卫星遥感系统

卫星遥感系统用于建立 X/L 波段的气象卫星数据接收硬件平台，是持续稳定的业务接收系统，能够生成各种海洋遥感卫星数据产品，以支持渔业资源的调查研究。卫星遥感系统由 X/L 波段接收天线组件、X/L 波段接收服务器、遥感数据处理系统、可视化显示系统等组成。

项目	要求值
天线尺寸	≤2.4 米
天线类型	抛物面或双曲面跟踪天线
天线增益	X band≥44dBic　L band＞30dBic
天线转动轴	3 轴
方位角范围	±180°
俯仰角范围	±90°
最大方位角速度	≥10.5°/秒
最大俯仰角速度	≥3.5°/秒
跟踪精度	≤0.03°
天线重量	包括支架和反射面＜200 千克

（二）自动气象站系统

自动气象站系统是集成多种气象传感器的可移动观测系统，能为使用者提供风速、风向、气温、气压等多项气象信息。

卫星遥感系统天线示意图

卫星遥感系统定位器示意图

卫星遥感系统反射面示意图

自动气象站系统的主要构成部件是 CR1000 系列数据采集器，它负责数据采集、数据存储、数据处理、通信等任务。采集器本身有 4M 的存储空间，可以长时间地记录数据。该观测系统采用了 Wind Observe 超声风速传感器、HMP155A 温度湿度传感器、CS106 大气压传感器等常规气象传感器，以及 12VDC 直流供电系统与组合安装平台。CR1000 数据采集器能够提供传感器测量、时间设置、数据压缩、数据和程序的储存与控制等功能。标准的 CR1000 数据采集器包含 2M 的数据和程序存储空间,CR1000 - 4M 有 4M 的存储空间。数据和程序保存在具有非易失性的闪存和内存里,锂电池装在内存和实时时钟上。当首选电池(BPALK, PS100)的电压降至 9.6 伏以下时,CR1000 也能够延缓执行操作,从而减少不准确测量的可能性。CR1000 可以通过外围设备得到扩展,从而形成一个数据采集系统;很多 CR1000 系统可以构建一个网络,从而形成当地或整个地区的监测网络。

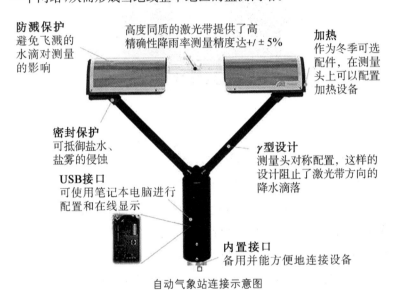

防溅保护 避免飞溅的水滴对测量的影响

高度同质的激光带提供了高精确性降雨率测量精度达+/±5%

加热 作为冬季可选配件,在测量头上可以配置加热设备

密封保护 可抵御盐水、盐雾的侵蚀

γ型设计 测量头对称配置,这样的设计阻止了激光带方向的降水滴落

USB接口 可使用笔记本电脑进行配置和在线显示

内置接口 备用并能方便地连接设备

自动气象站连接示意图

(三) 黑碳气溶胶测量仪

黑碳气溶胶测量仪利用黑碳气溶胶对光的吸收特性进行测量,仪器采用透光均匀的石英纤维膜采集大气气溶胶样品,并利用光学特性,对大气中的气溶胶粒径分布、黑碳及大气辐射传输进行监测。黑碳气溶胶测量仪通过连续采集滤膜上的颗粒物来测定光的衰减,并根据黑碳气溶胶在 370 纳米、470 纳米、520 纳米、590 纳米、660 纳米、880 纳米和 950 纳米波段对光的吸收特性和透射光的衰减程度来获得黑碳气溶胶的浓度。黑碳气溶胶的浓度主要是在 880 纳米波长处测得,多波段连续测量可以更好地获得气溶胶的光学特性、辐射传输量、排放源解析等多方面的信息。

黑碳气溶胶测量仪可以在平行滤带膜上,根据不同的颗粒物承载率来实现双点位采样,从而有效的避免了同一点位颗粒物的过载效应。由于颗粒物的过载效应会导致黑碳浓度计算的偏差,因此该技术有效地提高了测量和计算的精准度。

黑碳气溶胶测量仪

(四)船载大气汞测量工作站

船载大气汞测量工作站用于实时监测大气污染物 Hg 的含量,以及 SO_2、CO_2 和 CO 的浓度,并通过 SO_2、CO_2 和 CO 的含量来追踪大气中 Hg 的来源。RA - 915AM 分析仪用于对大气中的汞含量进行实时监测,其可以对大气及室内空气中的汞含量进行全自动连续测量。该系统可以实现无人值守运行,能够安装在监测屋内的 19 英寸机架上。

RA - 915AM 分析仪应用高频调制偏振光的塞曼原子吸收光谱(ZAAS - HFM)原理,利用汞原子蒸汽对 253.7 纳米共振发射线的吸收来进行分析。

RA - 915AM 采用高科技环境大气背景监测,适用于各类环境下的在线监测。

(五)海气边界层观测系统

海气边界层观测系统主要包含闭路潜热分析仪、全波长分量测量仪、多层整体空气动力测量系统、能见度仪和云高仪等设备,其是一套专门适用于海—气物质的能量交换海洋调查及科考的专业系统。系统配备有最先进的一体式高频测量涡动相关分析仪,主要用于观测风和物质浓度(三维风速、超声温度、二氧化碳浓度、水汽浓度、大气温度、大气压力等）；系统还安装有高性能的惯性导航设备，主要用于观测三维超声风速仪的姿态及运动速度（三维欧拉角、NED 三维运动速度、NED 坐标转化矩阵等），以消除三维超声风速仪测量的风速对船体运动的影响，从而将其还原为真实的三维风速；同时，系统可选配辅助观测验证设备，主要用于观测水平风速、风向、气温、相对湿度、净辐射、海表面温度、降水等多项指标。系统通过净辐射传感器和旋转遮光辐射仪来记录太阳辐射，并利用数据采集器进行数据的记录与传输。

海气边界层观测系统示意图

（六）温室气体观测系统

温室气体观测系统 CR3000 是一款结构紧凑、性能优良、运行可靠的数据采集器，由测量与控制设备、通讯端口、键盘、液晶显示器、供电系统以及带把手的轻质量外壳组成。与 CR1000 相比，CR3000 数据采集器配有数量更多的单端/差分通道、脉冲通道与电压激发通道，并且增加了电流激发通道。

CR3000 具有 CSI/O 和 RS－232 接口，支持 SDM 外围设备及 PakBus 与 ModbusRTU 协议，能够利用以太网、无线电、CDMA/GPRS 和卫星等多种通讯方式进行数据传输，也可以直接与计算机或 PDA 连接（需相关软件支持）。该数据采集器还可以选配带基座的一次性碱性电池或可充电锂电池为设备供电。CR3000 具有符合欧盟 CE 与 EMC 标准的过压保护功能，能够防止瞬时过大电流对设备造成的损害。

CR3000 是一款性能强劲的数据采集器，它可以在涡动协方差系统、专业级气象研究、农业研究、风力观测、交通工具测试、航空航天研究等高端领域得到广泛应用。CR3000 利用近红外激光,以 ppb 级的超高灵敏度和极低的漂移来同步测量大气中的 CO_2、CH_4、N_2O、NH_3 和 H_2O 等气体之浓度。

	CO_2	CH_4	N_2O	NH_3	H_2O
精度 (初始,1σ)	<600ppb +0.05% 读数	<10ppb +0.05% 读数	<25ppb +0.05% 读数	<5ppb +0.05% 读数	500ppm
精度 (1min,1σ)	<300ppb +0.05% 读数	<5ppb +0.05% 读数	<5ppb +0.05% 读数	<1ppb +0.05% 读数	250ppm
精度 (5min,1σ)	<200ppb +0.05% 读数	<5ppb +0.02% 读数	<5ppb +0.008% 读数	<1ppb +0.05% 读数	100ppm
确保精度 范围	3800—5000 ppm	1.5—12ppm	0.3—200ppm	0—300pb	0—3%
测量范围	0.02—2%	0.5—15ppm	0—400ppm	0—2ppm	0—7%
测量速率	<8s	<8s	<8s	<8s	<8s

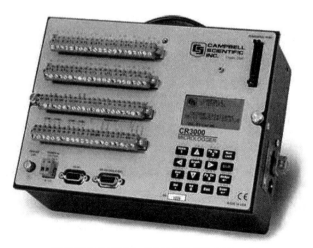

温室气体观测系统 CR3000 数据处理器示意图

（七）气溶胶质谱仪

大气气溶胶是固体和液体悬浮在空气中所形成的多相分散体系。大气颗粒物的粒径范围从10纳米以下到10微米以上不等,跨度超过3个数量级,且化学组成复杂,通常是自体分子(如海盐、灰尘、重金属、沙子)以及各类有机分子的混合体。由于气溶胶的来源相当广泛,且在空气中发生的反应复杂多样,因此单个颗粒之间的物理与化学性质往往差别很大。大气过程反应迅速,气溶胶的物理与化学性质可能会在短时间内发生变化,有时候变化的时间仅仅是几个小时或者几分钟。气溶胶质谱仪利用空气动力学,对进入仪器的粒子进行粒径测量,从而得到其粒径分布。气溶胶质谱仪主要用于监测大气中的气溶胶,以及识别污染物的排放源。

气溶胶质谱仪示意图

整体/不同类别颗粒物的粒径分布

颗粒物分类

颗粒物个数/某类颗粒物的比例随时间变化

颗粒物的混合状态

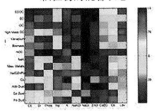

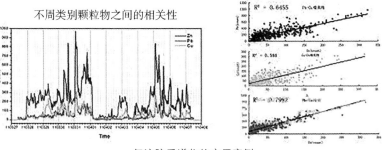

不同类别颗粒物之间的相关性

气溶胶质谱仪的应用实例

六、海洋水文采样检测系统

(一) 水下浮游生物快速照相系统

水下浮游生物快速照相系统通过数码相机传感器及 LED 探头,对浮游动物进行属级别的识别及拍照,其也可以进行连续观测,并在调查采样的同时来监测环境数据。

LOKI 浮游动物图像原位采集系统使用了数码相机传感器,是一种克服了常规浮游动物网采限制的新调查途径。带 LED 灯的探头提供的图像,增强了属级别的识别能力,并且具备高时空分辨率。数据的采集和运算通过一个千兆以太网相机来在线完成。

工作人员感兴趣的区域(AOI)可以从像幅中实时提取,并且与通过时间戳相关联的环境参数(如 CTD、荧光、溶氧等)一起保存到 SQL 数据库中。前端处理软件使得成像物体、提取的图片属性和环境参数的可视化变得简单。LOKI 适用于多种环境,有不同的版本用于垂直断面调查,且能够完成系泊操作。此外,采用同样的技术和软件的拖曳版本与新型的实验室设备马上也能投入应用。

主要技术参数:

(1) 闪光控制:700 瓦,20—2000 微秒

(2) 外壳:不锈钢或钛

(3) 最大深度:不低于 3000 米

(4) 相机传感器类型:2/3 英寸或 1.3 英寸 CCD,隔行或逐行扫描

（5）图像分辨率：1360×1024 或 2048×2048

（6）帧频：15—30fps

（7）闪光灯：高功率 LED,70.000 流明

（8）外壳：不锈钢或钛

（9）最大工作深度：3000 米

（10）图像分析软件,可以对浮游生物进行分类、鉴定,可鉴定到种

（11）自带浮游生物数据库

（12）电池包：48VDC,8AH(支持 2 小时的操作)

（13）数据调制解调器：传输距离不低于10000 米,速度不低于 1 兆/秒

（14）温度：测量范围：温度 − 2℃— + 36℃;精度：±0.001℃

（15）电导率：测量范围：0—70 西门子/米;精度：±0.001 西门子/米

（16）压力：量程：0—3000 米;精度：±0.01％满量程

（17）浊度：量程：0—2500FTU;精度：±0.1％

（18）光学溶解氧：量程：0—200％(0—40 毫克/升);精度：0.5％

（19）光合有效辐射：量程：0—10000 微摩尔;精度：±1 微摩尔

（20）流速传感器：量程：±2 米/秒;精度：±(0.8％读数＋0.8％F.S.)

（21）可以控制 HYDRO - BIOS 多通道采水器或浮游生物连续采样网

（22）网衣：MOnyl ® 材质,标准网孔大小为 300 微米(100—500 微米可选)

水下浮游生物快速照相系统实景图

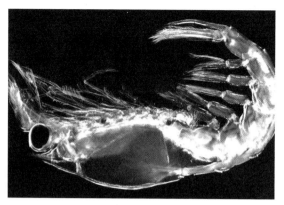

LOKI 浮游动物快速照相系统实例

（二）浮游生物连续采集网

德国 HYDRO - BIOS 公司的 Multi Net 浮游生物连续采样网是世界顶级的浮游生物自动采样器，它可以在连续的水层中进行水平采样和垂直采样。每个 Multi Net ® 安装有 5 只网袋，型号如下：Mini 型，0.125 平方米；Midi 型，0.25 平方米；Maxi 型，0.5 平方米；Mammoth 型，1 平方米。整个系统由甲板控制单元和一个不锈钢框架组成，网袋通过拉链连接器连接在不锈钢框架的帆布部分上。

网袋的开启与关闭是通过一个电池驱动的马达单元来激发的，控制网袋开关的指令是通过甲板控制单元和水下单元之间的单芯与多芯电缆传输的。网袋可以适用于各种标准的和非标准的应用场合，对于常规的水平采样操作，推荐使用孔径为 300 微米（孔径从 100 微米至 500 微米都是可选的）的网袋；而对于垂直采样，网孔大小从 55 微米到 500 微米都是适用的。

主要功能特性：

（1）有 5 只网袋，可以在 5 个水层采集浮游生物

（2）不锈钢网框架，开口大小为 50 厘米×50 厘米

（3）既可以进行完全垂直采样（网口与水面平行），也可以进行完全水平采样（网口与水面垂直）

（4）一个带拉链结合器的帆布部分，可以保证网衣在主框架上实

现快速更换

（5）网衣材质：标准网孔大小为 300 微米（100—500 微米可选）

（6）5 个塑料网底管：直径 11 厘米，上面覆盖有筛绢，标准网孔大小为 300 微米（100—500 微米可选）

（7）通过不锈钢网底管固定器，将全部网底管固定在一起

（8）V-Fin 深度抑制器，22 千克，铝材质

（9）甲板控制单元由交流电源供电（86—260VAC），用于控制整个系统

（10）2 个电子网口流量计，一个位于网口内（测流量），一个位于网口外（测量堵塞效应），适用水流范围为 0.1 米/秒—9.9 米/秒

（11）动力单元采用步进马达，对动力输出进行精确控制

（12）压力传感器：范围为 0—6000dbar，精度不低于 ±0.1%F.S.

（13）电导率传感器：范围为 0—65 西门子/厘米，精度不低于 ±0.01 西门子/厘米

（14）温度传感器：范围为 -2℃—+32℃，精度不低于 ±0.005℃

（15）姿态传感器：范围为 +60°—-60°，精度不低于 ±1°

（16）浊度传感器：范围为 0—650FTU，精度不低于 ±2%

（17）叶绿素 a 传感器：范围为 0—150 微克/升，精度不低于 ±2%

（18）网袋的开启与闭合是通过电池驱动的马达单元来激发的，开启与闭合的动力由高强度弹簧提供

（19）马达单元、水下控制单元与电池仓密闭在钛合金外壳内

（20）离线组件在没有电缆时，对整个系统进行离线操作

（21）基于 Windows 的操作软件，用来控制整个系统的落网与起网状态和不同采样水层的样品

（三）大体积水样抽滤系统

大体积水样抽滤系统（WTS-LV）是一款单次大容量水体采样器（最高可连续过滤 45000 升水体），其可以连续抽取水体，让水体通过过滤器支架内的薄膜滤纸或吸附滤筒，从而收集水体中的悬浮和（或）溶解性颗粒物质。WTS-LV 采样器的主体由不锈钢及钛合金制成，最大可承受 5500 米水深的压力，能够在海洋、湖泊、河流、水库等多种水体下完成浮游生物样品采集、痕量金属样品采集、沉积物颗粒采集等采

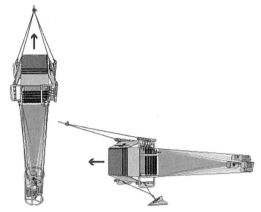

垂直操作状态　　　水平操作状态

浮游生物连续采集网状态示意图

浮游生物连续采集网采样示意图

样工作。通过控制水体的流速和抽取水的体积，WTS - LV 能够收集不同种类与大小的生物样品和沉积物，仪器将自动记录采样时间、体积、压力值及流量等数据。当 WTS - LV 被回收后，工作人员可以下载这些采样期间记录的水体数据，也可以将 CTD 仪器整合到仪器上，从而获取环境参数数据。使用者可以根据自己的采样需求，配置不同孔径的滤膜和不同功率的抽水泵，以决定采样的速度（标准水泵是 8 升/分钟）。通常情况下，采样速度越低，对样品的损害就越小，电池的持续工作时间也越长。WTS - LV 提供了 5 种不同功率的泵体，抽水速度允许在 1 升/分钟至 4 升/分钟及 25 升/分钟至 50 升/分钟的范围内进行选择。

WTS-LV 在船舷上很容易布放，可以单个布放，也可以多个采样器串联布放，用以同时采集不同深度的样品，以获得整个剖面的数据。使用者可以预先设定采样速度、采样时长、采样开始时间等参数。采样过程中，水体中的颗粒物样品堆积在直径为 142 毫米的单层滤膜上；用户也可以选配三层过滤架，并在不同过滤架上放置不同孔径的滤膜，以获得不同大小的样品；如果用户需要获取溶解性颗粒样品，那么也可以选配一个滤筒并放上合适的滤芯，这样溶解性样品就会附着在滤芯上。

WTS-LV 的主要技术特点包括：超大滤水容量（最高可达 45000 升）、超强耐压能力（最大可承受 5500 米水深的压力）、多种样品采集（浮游生物、痕量金属、沉积物等）、采样速度可调（减少对样品的损伤）等。

技术参数：

（1）工作水深：0—5500 米

（2）滤水速度：2—50 升/分钟

（3）滤水容量：1500—15000 升

（4）数据通讯：RS232

（5）电源供应：直流电（碱性电池）

（6）重量：50 千克

（7）尺寸：64 厘米（长）×36 厘米（宽）×68 厘米（高）

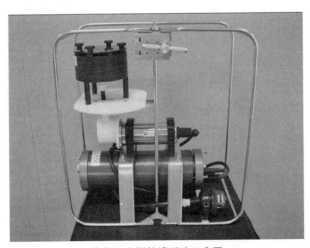

大体积水样抽滤系统示意图

（四）走航式表层温盐连续自动测量系统

走航式表层温盐连续自动测量系统能够实时监测表层海水的温度、盐度、浊度、CDOM、叶绿素、pH、CO_2、ORP、溶解氧、藻类种类、藻红蛋白、藻蓝蛋白、水中油等相关指标，其安装在海洋调查船的海水进水口。在航行的过程中，系统随时按预先设定的程序，自动测量表层海水的温度和电导率（盐度）等数据随时间与位置的变化规律。该系统除固有的温度传感器与电导率传感器外，还可以加装溶解氧、浊度、荧光、有色溶解有机物计（CDOM）等方面的传感器。

走航式表层温盐连续自动测量系统从固定水深提取水样，实现海洋水文、气象、化学和生物等项目的参数测量，其基于工业级 PC 运行，设计成熟、运转稳定，系统自动采集、自动存储、自动维护，选取经实践证明安全可靠的传感器，无需专业人员操作，最大限度地减少了操作和维护成本，降低了资料获取的投入成本。该系统的使用能够充分利用现有资源，扩展海洋调查数据空间的分布性和时间的连续性。走航式表层温盐连续自动测量系统除能够收集基本的表层海水温度、盐度、浊度、叶绿素、溶解氧、CDOM 数据外，更提供了一个开放式的数据采集器扩展通道，可以与世界上诸多的著名海洋传感器或分析器实现集成（如接入 CO2、CH4 等方面的传感器），最多扩展至 36 个传感器的同步监测。

走航式表层温盐连续自动测量系统示意图

（五）CTD 911 采样器

温盐深剖面探测系统（SBE－911plus CTD）是由美国 SEA－BIRD ELECTRONICS INC 生产的温、盐、深综合剖面测量系统，它由 SBE9plus 水下单元、SBE11plus 甲板单元和 SBE32 采水器等几个部分组成。SBE9plus 水下单元的外壳可以承受 10000PSI 的压力，约等于 6800 米水深的压力强度。CTD 911 采样器安装有电导率传感器、温度传感器和带温度补偿的数字石英压力传感器，还配有测量溶解氧与叶绿素（Fluorescence-seapoint）的探头，以及高度计探头。电导率传感器和温度传感器用 TC 导管连接在一起，水泵强迫水以恒定的速度通过温度传感器的感温元件，然后进入电导率池，这种设计极大地减小了船的升沉对测量的影响。由于通过传感器的水流速度是恒定的，因此通过温度传感器和电导率传感器之间的时间和空间关系，可以保证获取到同一微小水团的温度和电导率值。水下单元还有备用输入接头，以备安装其他的传感器（如溶解氧、pH 值、声呐高度计等方面的传感器）。

SBE11plus 的甲板单元包含 RS－232 与 IEEE－488 计算机接口、NMEA0183GPS 定位数据接口及一个 12 位模数转换（日照度传感器）通道。电源输入为 115/230VAC，可由用户选择。此外，系统还配有磁带数据备份接口。SBE11plus 由液晶发光二极管显示原始数据，并且还具有触底声音报警功能。

SBE11plus 提供远程压力数据输出（用于为拖体控制系统提供压力信号）及可编程 ASCII 码数据输出。系统的标定系数存储在 EEPROM 中，由一个微控制器将原始 CTD 数据转换为温度、深度与盐度。SBE11plus 的甲板单元还有一些其他的可选附件接口，如采水器控制按钮、状态显示灯等。SBE32 采水器采用了革新性的设计技术，它不用马达驱动释放，而是采用磁开关触发。每个采水器均有独立的磁触发开关，每个开关的释放只与磁场信号有关，因此不会因温度降低或压力增大而影响触发，从而确保了采水器的可靠性。

传感器	电导率(S/m)	温度(℃)	压力(PSI)
测量范围	0—7	−5—+35	10000
准确度	0.0003	0.001	0.015％FS
稳定度（每月）	0.0003	0.0002	0.0015％FS
分辨率	0.00004	0.0002	0.001％FS
响应时间	0.065s	0.065s	0.015s

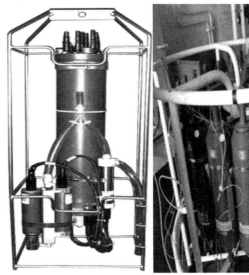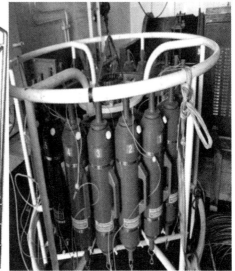

采样器示意图

七、辅助设备及甲板调查作业支持系统

（一）20吨A型吊架及液压动力单元

20吨A型吊架固定安装于船舶尾部，用于操控各种通过尾部来收放的调查设备，具有本地控制、无线遥控等功能，其配置了2台安全工作负载为5吨的辅助绞车，用于辅助设备的投放和回收，并且带有3个吊点滑轮，滑轮轮槽的直径满足缆绳的弯曲半径要求。该套设备由挪

威的 Triplex 公司供货。

20 吨 A 型吊架由液压驱动,其利用液体的不可压缩性来实现设备的功能。A 型吊架的运动速度由液压油的流量来控制,工作压力通过液压阀进行调节,动作的起停则通过液压阀的阀芯位置之改变予以实现。通过各个环节的配合,A 型吊架辅助科考设备作业的功能得以实现。

A 型架技术参数

静态负载	20 吨
动态负载	15 吨
净高	约 9 米
净宽	6.4 米
摆动时间	80 秒
最大舷外角度	50°
最大舷内角度	50°
液压油流量	250 升/分
工作压力	200 巴
估重	17000 千克

辅助绞车技术参数

数量	2 台
安全工作负载	5 吨
钢缆长度	70 米
钢缆直径	12 毫米

20 吨 A 型吊架的组成和配置

组成部件	数量	功能	制造商/国家	示例图片
钢结构	1 套	A 型吊架实现整体功能的载体	Triplex/挪威	

组成部件	数量	功能	制造商/国家	示例图片
吊点滑轮	3 个	用于缆绳的导向,滑轮可水平360°旋转	Triplex/挪威	
控制器	1 套	控制器用于控制 A 型吊架的动作,分为本地控制器与无线遥控	Triplex/挪威	
液压缸	1 组	用于 A 型吊架的摆动（带护套）	Triplex/挪威	
照明灯	2 只	夜间辅助作业	Triplex/挪威	
辅助绞车	2 台	用于辅助科考设备或其他设备的收放	Triplex/挪威	
辅助绞车滑轮	1 组	用于辅助绞车缆绳的导向	Triplex/挪威	
维修/工作平台	1 套	用于日常作业及维修保养	Triplex/挪威	
备品备件	1 批	用于补充设备正常使用而产生的损耗	Triplex/挪威	

（二）5 吨 A 型吊架

5 吨 A 型吊架用于对 1500 米绞车的缆束进行导向，其将水文仪器由船舷内送往船舷外，或由船舷外收回船舷内。折叠门架的横梁正中安装有 1 个可承载 10 吨卸扣的可回转孔板，用于悬挂导向滑轮，并使吊点始终处于垂直向下位置。为了使门架的用途更加多样化，门架两侧的构架采取折叠式结构，上下臂通过中间转轴的回转可以增加净高度。折叠门架可前后回转－27°—＋40°，折叠部分的角度范围为 79°—175°。门架没有自带的液压系统，与船尾 20 吨的 A 型吊架共用液源。

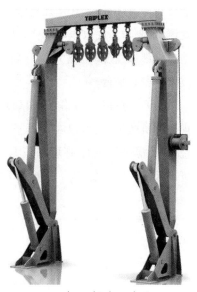

20 吨 A 型吊架示意图

5 吨 A 型吊架工作示意图

（三）水下机器人（ROV）

水下机器人（Remotely Operated Vehicle，简称 ROV）是海洋科学

综合考察船所配置的重要深海调查设备之一。针对海洋调查的任务，能够在深海区域，尤其是在复杂的海底情况下，准确、高效地完成综合观测、探测与海底取样等工作，从而为开展深海极端环境与生命过程、地球深部过程及动力学和海洋新资源等前沿领域的研究与探测提供了技术手段和平台。

ROV 为 600 米工作级（科研用），能够搭载多种探测传感器和不同规格的机械手，其可以在水下长时间、近距离地对海洋底质、生物、环境、资源等进行探测、抓取和采集，并实时反馈信息。此外，工作人员还可以根据不同需要，进一步扩展 ROV 的功能。

600 米水深多功能水下机器人系统

序号	名称	型号和规格	数量	原产地和制造商名称
1	Perseo ROV 本体	工作水深 600 米，带保护防撞框架、6 个大功能无刷电机推进器、2 个摄像头、2 个水下灯、预留 Didson 声呐接声呐安装底座口及	1	意大利 AGEOTEC
2	PSU 控制单元	航空箱集成内置控制和供电单元；抽拉式 17 英寸高亮度显示器；方向、深度、温度显示；1 个 RS485 与 4 个 RS232 通道；控制手柄；硬盘式视频 DVR；防护等级为 IP44	1	意大利 AGEOTEC
3	WH900 电动绞车	用于脐带缆的收放，防护等级为 IP66	1	意大利 AGEOTEC
4	PSFO/零浮力电缆	750 米水下零浮力电缆，含两端接插件	750 米	意大利 AGEOTEC
5	备品备件	密封件 1 套；紧固件 1 套；润滑油与油脂各 1 瓶；保险丝 1 套	1	意大利 AGEOTEC

水下机器人起放示意图

第八单元
海洋法

深海大洋是人类拓展生存空间的新领域，也是国际社会的新战场。关于国际海底资源开发和国家管辖范围以外的海洋生物多样性保护之规则，正处于谈判和形成的关键时点。在我国海洋管理体制大调整的背景下，我国海洋生物保护的管理体制及其如何与国际接轨、实践中的困境如何解决等重要问题逐渐成为国际社会的关注焦点。党的十九大明确指出，坚持陆海统筹，加快建设海洋强国。在新的时代背景下，如何维护国家海洋权益并深入参与全球海洋治理，成为目前我国落实海洋发展战略的重大命题。在加快建设海洋强国的过程中，我国如何借鉴西方海洋强国制定海洋政策、参与全球治理的先进经验，也成为现阶段的主要问题。

　　本单元旨在引入海洋法的基本概念，培养我国新青年对海洋的兴趣，增强他们维护海洋权益的意识，为国家海洋战略和政策的实施、海洋维权、海洋外交等领域贡献更多的青年才俊，为祖国实现海洋强国梦、发展海上丝绸之路添砖加瓦。

第一章　海洋法的发展史

第一节　国际海洋法的发展

在水手和渔民第一次进入海洋时，就有两个最基本的原则在支配着海洋法：一是沿海国有控制海岸边狭长水带的权利；二是在沿海区域外的公海中享有航行自由与捕鱼自由。人类出海航行意味着陆地统治者开始向广袤的大海发起挑战。有资料显示，古希腊人是最早探游地中海全域直至直布罗陀海峡的先民之一，因此希腊统治者成为了最先主张海洋统治权的人。在古希腊时期，航海自由权成为被罗德岛海商法认可的规则，罗德岛舰队则在与拜占庭皇帝的对抗中，成功捍卫了这一原则。

15世纪晚期，西班牙和葡萄牙迅速成为征服海洋的两股主要势力。西班牙宣告了对太平洋大部分海域及墨西哥湾的统治，葡萄牙则将大西洋和印度洋纳入自己的统治范围。1595年，荷兰探险家林索登出版了《航行指南》，首次将葡萄牙的东印度航海线路曝光。从此，荷兰和英格兰开始向西葡两国垄断海洋的野心提出了抗议。1609年，荷兰律师胡果·格劳秀斯匿名发表了《海洋自由论》，详细阐述并强化了公海学说。本书认为，任何人均不得对公海主张统治权，包括渔业及航行的专属权。海洋为所有国家共有，不容一国独有，海洋的利用权同样也为所有人共有,任何法令、法规或惯例均无法为独占海洋赋予正当性。1613 年,英国的王位继承人詹姆斯一世命威尔伍德对已发表的《苏格兰海洋法》进行修订。随后,《海洋法概览》一书出现在人们的视野中。该书强调的是,海洋可以属于任何一个独立的人,因此海洋的所有权可以归属于那些离海洋最近的土地上的人。这是一部基于渔业征税而诞生的著作,它反对渔业自由,认为海洋为人类所占据,为国王所支配,国王具有支配在其水域中的渔业活动之权力。

詹姆斯一世　　　　　　　　　胡果·格劳秀斯

由于英国与荷兰就北海渔业的纷争愈演愈烈,荷兰方面以《海洋自由论》为支点,与英国展开了争论,而英国政府则委派了塞尔登就这一问题进行立论反驳。1619 年,塞尔登完成了《海洋封闭论》的手稿,但是此书直至 1635 年才得以发表。《海洋封闭论》分为两卷,第一卷指出了海洋并不为所有人共有,而是与陆地一样可以私有,这一观点与自然法或万国法是一致的;第二卷则是以英国王室的政治野心为基础,主张海洋主权为英国所有。

无论是领海说还是公海说,都不能完全得到独立适用,二者需要一种平衡,而这种平衡最初建立于 17 世纪。当时,各沿海国的海上管辖权及其他国家权力的行使均需被限制在临近海岸线的一定区域内,通常为 3 海里以内(参照"大炮射程规则"),这在本质上将国家的权力限制在最小,而将公海及其自由扩展至最大。

进入 20 世纪后,国家权力在世界范围内的崛起缩减了公海的范围及国家在公海内的自由,公海学说也受到了相应的挑战。这主要是由于随着科学技术的发展和进步,人们对海洋的认识愈发深刻,海洋里的丰富资源和巨大经济潜力诱惑着人们想要逐步扩展活动范围。同时,沿海国也逐渐开始担忧远洋捕捞渔船对本国周边渔业资源的消耗,并意识到船舶运输和装载有害物品的油轮所带来的污染与废水排放会对沿岸居民及一切海洋生命构成威胁。在这种背景下,各国均采取行动,开始了对海洋法的重新定义。

1945 年,美国总统杜鲁门发表声明,单方面主张将美国的国家管辖权扩张至该国大陆架上的一切资源。一年后,阿根廷提出了对陆缘海的主权,主张其主权不仅覆盖大陆架,还延及其上所覆的水体。随后,各国陆续宣告了对所属大陆架及其上所覆水体的主权。这类行动的主要动因是沿海各国居民日益增长的营养需求和能源需求,以及沿海国家捍卫国家安全、拓展国家资源的需求。这种趋势促成了大陆架制度的建立,以及沿海国家单方面的领海扩张和对专属渔区或经济区的主张。

1956 年,推进国际法发展和条文汇编的国家法委会向联合国大会提交了一份公约草案。草案指出,国际实践对领海宽度尚无统一规定,国际法对超过 12 海里的领海宽度也没有规定。因此,委员会建议召开国际大会来确定领海宽度。1958 年和 1960 年的第一次与第二次联合国海洋法会议都试图解决"沿海国控制下的领海宽度"问题,但均未取得成功。20 世纪 60 年代后期,各国间的海权斗争更加激烈,发达国家与发展中国家、沿海国与内陆国、大小海上强国间都出现了不同的观点,急需一部关于海洋的国际法典来平息各国间的矛盾与纷争。因此,第三次联合国海洋法会议召开,并历时 9 年制定了一部关于海洋的国际法典——《联合国海洋法公约》。这部法典包含了 15 个主要议题,约400 个条款,涵盖了地球表面 70％以上的巨大地理区域。在最终的利益分配中,沿海国得以对大约 1/3 的海洋区域内的资源进行使用与管辖。《联合国海洋法公约》的内容涉及内水、领海、毗连区、专属经济区、大陆架等,还包括群岛国及靠近海峡两岸的沿海国之权利和义务,确立了一套管理国家管辖范围外的海床和底土中的矿产资源之法律制度。此外，《联合海洋法公约》还就各种海洋区的发展制定了许多新规则，从而能更精确地来管制航海、捕鱼及其他海洋资源的开发，以保护海洋环境免受污染。

第二节　中国海洋法的发展

智慧的中国先民早在远古时代就开始了对海洋的利用和探索。殷商的甲骨文就已经有了关于舟船和海贝的记载，而精卫填海的故事则更显示出海洋对中国古人的影响。中国古人对海洋的利用与开发活动主要集中在海洋渔业、海洋盐业、海洋航运和海上贸易领域。

伴随着海上活动的日益频繁，政府逐渐了加强对海上活动的控制和管理，形成了一些独具特色的海洋管理制度，还出现了少量涉海的成文法令。中国古代的政府对海上活动采取的是分散式的管理方式，分别通过盐监、河伯所、市舶司等不同机构发布管控命令，以管理海洋盐业、渔业和贸易活动。这些管理制度的实施，为后来中国海洋法律制度的出现奠定了基础。

早在西汉时期，朝廷就开始在产盐区设置官员来专门管理盐的生产，对盐实行官收、官运、官销。为了加强对海上贸易的管理，唐朝的中央政府设置了市舶使，派他们赴广州等地"向海外蕃商采买舶货"。宋元时期，有关市舶的法律制度被总称为市舶条法或条约，宋神宗元丰三年颁布的《广州市舶条法》是宋代市舶条法的集大成者。明清时期，中央政府通过澳甲制和船甲制来管理沿海渔民的户籍，不但严格实施渔民编籍，还对渔船进行编籍管理，从而使得渔民的居住和生产都被纳入严格的管控之中。清光绪年间制定的《大清商律草案》已经有了关于海洋事务的规定。此外，晚清政府还加入了一些涉海国际条约，如1896年加入《航海避碰章程》、1909年加入《关于战时海军轰击公约》和《关于海战时中立国权利义务公约》等。中华民国时期，中国法律逐渐完成了近代化转型，现代法律体系开始建立。1929年，中华民国政府颁布了中国历史上的第一部《渔业法》,随后又颁布了《渔业法实施细则》。针对日本频繁挑起的侵渔事件,中华民国政府于1931年颁布了《领海范围定为三海里令》,首次明确了中国领海的宽度。

中华人民共和国成立以后,中国政府发布了《中华人民共和国政府关于领海的声明》(以下简称《领海声明》),确立了中国领海的基本制度,为捍卫国家领土主权提供了法律武器。《领海声明》宣布,中国的领海宽度为12海里,此项规定适用于中华人民共和国的一切领土,包括中国大陆及其沿海岛屿,以及同大陆及沿海岛屿隔有公海的台湾及其周围各岛。为全面履行《联合国海洋法公约》赋予沿海国的权利和义务,构建领海、毗连区、专属经济区和大陆架等方面的基本法律制度,中国分别于1992年和1998年颁布了《领海及毗连区法》与《专属经济区和大陆架法》,对不同海域所享有的权益进行了规定,为维护中国的海洋权益提供了法律保障。在海上交通和港口监管方面,中国于1983年颁布实施了《海上交通安全法》,随后又颁布了《海上国际集装箱运输管理规定》《航道管理条例》《海上交通事故调查处理条例》等一系列有关船舶检验登记管理、航标航道管理、船员管理的法律法规,保障了海上交通安全和航行秩序。在海洋渔业资源保护和利用方面,中国颁布了《渔政管理工作暂行条例》《渔业法》《渔业法实施细则》,并在之后对《渔业法》进行了两次修改,鼓励养殖业和捕捞业的发展。为引进外国资金和技术来开采海洋油气资源,中国于1982年颁布了《对外合作开采海洋石油资源条例》。在海洋环境保护方面,中国建立了较为全面的海洋环境保护法律体系,相继通过了《海洋环境保护法》《海洋功能区划》《近岸海域环境功能区划》等相关法律法规。在海域和海岛的使用管理方面,《海域使用管理法》于2001年的颁布,正式确立了中国的海域使用管理制度。之后,中国又相继颁布了《海域使用权管理规定》《海域使用权登记办法》《海岛保护法》等法律法规,从而为进一步完善海域使用制度和海岛管理制度提供了理论依据。

第二章　现代海洋法中的概念

第一节　现代海洋法的由来

现代海洋法是一个历史性的概念，是指第二次世界大战结束以后逐步形成的海洋法。在近七十年的历史进程中，海洋法得到了快速的发展，取得了前所未有的成果，这一方面是由于科学技术和国际交流的飞速发展，另一方面则是得益于联合国的成立。联合国成立于1945年，而现代海洋法也在彼时开始萌芽。联合国是世界上最大的政府间国际组织，其章程、条约和制度在世界范围内都有重大意义。很多国际条约都是由联合国组织各国编纂完成的，联合国大会的法律委员会和国际法委员会不断提出草案、召开会议，通过了众多国际性法律文件。所以，联合国推动了整个现代国际法的发展，促进了现代海洋法的完善。

所谓现代海洋法的发展，就是指海洋法在近七十年的历史进程中，不断进化、变革、更新的发展过程。联合国的第一次至第三次海洋法会议具有重要的历史意义，每一次会议都取得了重大的成果，特别是第三次海洋法会议通过了《联合国海洋法公约》，这是国际海洋法发展史上的里程碑。

现代海洋法主要建立在1982年的《联合国海洋法公约》之基础上，

这部公约可以说是现代海洋法的代名词。传统海洋法是指第二次世界大战以前形成的海洋法,其典型代表不仅有 1930 年的海牙国际法编纂会议通过的海洋性法律,还有第一次联合国海洋法会议通过的《日内瓦海洋法公约》。第一次联合国海洋法会议召开于 1958 年,起源于联合国的国际法委员会于 1949 年召开的第一届会议所确定的海洋法编纂课题。当时,联合国刚成立不久,仍处于起步阶段,很多观念和原则较为传统与落后,会议的程序也不规范。那时,只有 86 个国家出席了会议,很多尚未独立的亚非国家没有参会,于是会议为海洋大国所操纵。所以,《日内瓦海洋法公约》仍旧属于传统海洋法,仍然是以传统的海洋自由和领海主权的相互关系为基点的,主要维护的是传统海洋大国的利益,被视为传统海洋法的"高潮"或"顶点"。因为《日内瓦海洋法公约》诞生于 1945 年以后,所以在时间上看属于现代海洋法。联合国于 1945 年的成立是人类历史上的大事件,其为人类的和平、合作与发展开辟了新纪元。1947 年,联合国国际法委员会成立,其促进了国际法的逐步发展和编纂,为国际海洋法的编纂工作提供了新方法、新机构、新程序,联合众多国家举行海洋法会议,制定海洋法公约。《日内瓦海洋法公约》就是在这种现代化的新体系下获得通过的。虽然联合国的第一次和第二次海洋法会议有着种种缺陷和不足,但是新的立法制度一直延续至今。正是在这种新体系的组织下,联合国的第三次海洋法会议成功举办。

联合国的第一次联合国海洋法会议虽然不完善,存在许多问题,但是在实体法层面也取得了一些突破。《日内瓦海洋法公约》总结了过去的传统海洋法习惯,第一次对一些海洋问题进行了明确的定义(如领海、公海、毗连区、无害通过权等),确定了领海基线的划定方法,加入了一些新内容(如大陆架制度),并且列明了公海中的四大自由。基于核技术的发展,《公海公约》第 25 条设置了防止放射材料污染海洋的制度,并且第 14 条至第 17 条第一次对海盗行为进行了规定。但是,总的来看,第一次联合国海洋法会议的成果还是不尽如人意,领海宽度、群岛、历史性海湾等问题的解决没有取得实质性进展,许多规定(如大陆架的划界制度)明显偏向传统的海洋发达国家。其中,最大的问题是,许多的发展中国家没有参加会议,从而使得这次会议既不公正也不全面。

第一次联合国海洋法会议的新发展主要体现在海洋法的编纂机构和编纂程序方面,其开启了联合国主导下的海洋法发展之新时代。海洋法的立法体系之发展与实体法之发展同样重要,都是海洋法体系的重要组成部分,因此可以说,第一次联合国海洋法会议是现代海洋法的开端。

第三次联合国海洋法会议从 1973 年一直延续到 1982 年,九年间共举行了十一次会议。1982 年 12 月 10 日,《联合国海洋法公约》开始向世界各国开放签字。从第二次联合国海洋法会议的无果而终到《联合国海洋法公约》的诞生,其间只经过了短短二十二年,但是这却是海洋法在历史上发展最快的一段时间。在此期间,国际格局发生了巨大的变化:首先,海洋科技快速发展,以前对海洋的利用主要聚焦于航海和渔业,而如今人类已经有能力开发深海底部的石油、锰结核等矿产资源;其次,国际非殖民化运动的发展及第三世界国家的兴起,使大量的发展中国家参与到了联合国的会议中。1970 年,联合国通过了《关于各国管辖范围以外海洋底床与下层土壤之原则宣言》,宣布国际海底区域为人类的共同继承财产,这一方面体现了科技的进步,另一方面也体现了广大发展中国家对公正的国际秩序之追求,传统的海洋大国控制海洋法的历史将一去不复返。《联合国海洋法公约》基本反映了大多数国家的海洋利益,是广大发展中国家通过长期的努力斗争所取得的成果。

《联合国海洋法公约》和《日内瓦海洋法公约》都是现代海洋法的组成部分,均体现了海洋自由原则与海洋主权原则的基本矛盾,展现了发展中国家与海洋大国在争取海洋权益方面的冲突。从传统海洋法到《联合国海洋法公约》,发展中国家终于争取到了属于自己的公正利益。现代海洋法的发展与其他近现代国际法的发展一样,都是逐渐走向公平合理,尽量为所有国家的利益着想,并试图建立国际新秩序。《联合国海洋法公约》虽然看似详细,但是依然有许多问题与缺陷,甚至与传统海洋法相比还产生了很多新问题。所以,实践中,各国在解决海洋争议时,应具体问题具体分析,不能将《联合国海洋法公约》作为唯一依据。比如,中国与周边存在海洋争议的国家多利用双边条约、习惯法和协商手段来解决问题,可能会取得更好的效果。

第二节 领海基线

在决定一国的领海和其他管辖海域之范围时,首先要解决的一个问题是,领海外部界限或其他海域的外部界限从什么地方开始测算。这就需要有一条测定这些区域宽度的起算线,这条线通常被称为领海基线。领海基线是一条划定沿海国的领海和其他海域(如毗连区、专属经济区)外部界限的一条起算线。领海基线向内陆一面的海域为内海,距海面一定宽度的海水带为领海。因此,领海基线也构成了内海和领海的分界线。

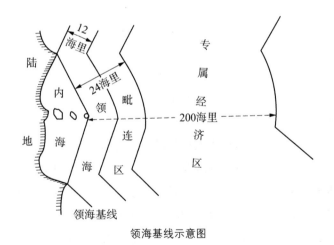

领海基线示意图

领海基线分为正常基线、直线基线、混合基线、特定基线、特殊地理情况下的领海基线等。

根据《联合国海洋法公约》第 5 条和《领海与毗连区公约》第 3 条的规定,"测算领海宽度的正常基线是沿海国官方承认的大比例尺海图标明额沿岸低潮线"。在很多内水与沿海国领海相邻的地形中,内水和领海的分界线构成了测算管辖海域的基线。目前,多数国家的领海基线采用的是正常基线。

直线基线适用于海岸极为曲折,且海岸附近的岛屿、礁石众多而复杂之情况。使用直线基线法测算领海的宽度,一般能比较准确地划出领海的外部边缘,从而便于确定领海和其他海洋区域的外部界限。

如果沿海国海岸线漫长、地形复杂、情况变化较大,那么可以根据不同情况,分别在不同的地方采用正常基线和直线基线来确定领海基线。《联合国海洋法公约》第 14 条明确规定,沿海国为适应不同情况,可以交替使用确定基线的任何方法来确定基线。

除了上述基线,有些国家还会采用特定基线,作为领海外部界限的起算线。例如,孟加拉国以 60 英尺等深线作为领海基线。在一些特殊的地理情况下,我们还可以采用特殊的基线划法,如河口、海湾、港口、低潮高地、岛屿、环礁等。

第三节　内海

内海是指位于测算领海宽度和其他海洋区域宽度的基线向陆地一侧的海域,主要包括内海湾、内海峡、海港、河口湾、领海基线所包围的全部水域及内陆海。群岛国连接其最外缘岛屿的基线所包围的水域,在国际法上有其特殊的法律地位,但群岛国可以按照划定内海的一般原则来划定基线,以使其海港、海湾等成为内海。内海属于内水的一个部分,国家的内水包括江、河、湖泊、运河、水库、内陆海和领海基线内的全部水域。内陆海是内海的一个具体组成部分,一般指那些被一国领土环绕的海域,其法律制度由国内法决定,而不是由海洋法规则详细规定。国家对内海享有完全的领土主权,这种主权是完全排他性的。

由于国家对内海享有完全的主权,因此外国船舶未经许可不得进入,更不能从事捕鱼和其他海洋活动。但是,在实践中,遇难、遇险船舶可以未经许可进入内海,以履行条约义务为目的之船舶也可以按照条约规定进入内海。外国船舶在内海中没有无害通过权,但《联合国海洋法公约》和《领海和毗连区公约》都规定,如果按照直线基线法来确定直线基线,从而使原来并未认为是内水的区域被包围在内成为内水,那么外国船舶在此种水域内应有无害通过权。

第四节　海湾

现代海洋法对海湾的定义是,海湾是明显的水曲,其凹入程度和曲口宽度的比例使其有被陆地环抱的水域,该水曲的面积应大于或等于以横越曲口所划的直线为直径的半圆面积。海湾可以分为三种类型,即沿岸属一国领土的海湾、沿岸属于两个或两个以上国家领土的海湾和历史性海湾。

《联合国海洋法公约》和《领海和毗连区公约》都规定了判定海湾的标准:首先,在水曲的天然入口处两端的低潮线之间划一条横越曲口的封口线;其次,以封口线为直径,划出一个半圆;最后,测量出封口线与水曲低潮线之间的水域面积。如果水曲面积大于半圆面积,那么该水曲为海湾;反之,该水曲就不是海湾。

第五节　海港

海港是滨海港口的通称。海洋法上的海港是指,利用自然屏障或人工建筑开辟的,具有码头、锚地等设备条件,便于船舶停泊、上下客货、补给、避风或办理有关业务的滨海港湾。

港口是国家的内水,受国家主权的排他性管辖。外国船舶未经允许,不得进入一国的港口。在实践中,沿海国有权选择将一些港口对外国船舶开放,也有权关闭一些用于国际航运贸易的港口,并且可以制定进出其港口的外国船舶所必须满足的条件和必须遵守的制度。港口的具体制度由国内立法设定,但是为了便于国际交往和国际贸易,各国在制定港口制定时,都会尽可能地参照有关的国际条约和国际习惯。

《联合国海洋法公约》第 11 条对港口的界限进行了规定:"为了划定领海,构成海港体系主要部分的最外部永久海港工程被视为海岸的一部分。近岸设施和人工岛屿不应被视为永久海港工程。"

第六节　领海

领海是国家领土的组成部分,国家对领海享有主权,对领海之上的空间也享有主权。1958 年,第一次联合国海洋法会议就国家对领海的主权和领海主权扩展至领海的上空并无异议,会议通过的《领海和毗连区公约》将领海定义为:"国家主权及于其陆地领土及其内水以外邻接其海岸的一带海水称为领海……沿海国的主权及于领海上空及其海床和底土。"第三次联合国海洋法会议通过的《联合国海洋法公约》根据海洋法的发展情况,就领海给出了进一步的规定,领海被定义为"沿海国的主权及于其陆地领土及其内水以外邻接的一带海域,在群岛国的情况下则及于群岛水域以外邻接的一带海域……此项主权及于领海的上空及其海床和底土。对于领海的主权的行使受本公约的规定和其他国际法规则的限制"。

领海和公海有着明显的区别,但是仍然有两个问题没有得到解决:其一,领海的宽度;其二,沿海国对所领海享有权利的法律属性。有些学者认为,沿海国对其领海享有所有权,或者至少享有主权或者无限的管辖权。在实践中,很多国家支持以上这种观点。

在领海宽度的划定上,一直存在着争议。从早期模糊的标准(大炮射程规则),到目前大多数国家认可的明确里程(不超过 12 海里),其间经历了诸多变迁。《联合国海洋法公约》规定,领海的最大宽度为 12 海里,缔约国及其他承认 12 海里领海宽度界限的国家皆承认并主张 12 海里领海的合法性,因此 12 海里的领海宽度将会是很多国家的选择。若某一国家主张超过 12 海里的领海宽度,则其主张将不会被其他国家承认,除非某几个国家相互承认彼此超过 12 海里的主张。例如,厄瓜多尔和索马里同时主张 200 海里领海,则这个主张将在厄瓜多尔和索马里之间生效,但对于承认 12 海里领海的印度而言便没有效力。12海里的领海宽度已基本被国际法确认,且大多数的国家也接受了 12 海里领海宽度的限制,尽管各国并非都在国内法层面进行了立法。

沿海国对领海及领海的上空、海床和底土均享有主权。但是,领海在法律上的地位又与领土不同,国家对领海的主权受国际法规则的限制,具体表现为外国非军用船舶在领海内享有无害通过权。除此之外,沿海国可以对领海行使一切主权权利。

第七节　海峡

通常情况下,海峡被认为是连接两片较大水域的狭长天然水道。海峡应具备以下基本特征:

(1) 是出于两块陆地之间狭长的水域;

(2) 是两端连接两个海域或连接大洋与海或连接两个大洋;

(3) 是天然形成的水道。

全球符合以上这些要求的海峡有很多,按照不同的分类方法,主要分为以下几种类型:

第一,按地理特征分:

(1) 两块大陆间的海峡,如直布罗陀海峡、曼德海峡、白令海峡等;

(2) 大陆与岛屿间的海峡,如松德海峡、多佛尔海峡、朝鲜海峡等;

(3) 岛屿与岛屿间的海峡,如津轻海峡、印度尼西亚群岛间的海峡等。

第二,按海峡与海峡沿岸国的关系分:

(1) 内海海峡,指处于沿岸国内海范围内的海峡,如我国的琼州海峡;

(2) 领海海峡,即宽度小于两岸领海宽度的海峡,这类海峡属于海峡沿岸国的领海;

(3) 非领海海峡,即宽度超过两岸领海宽度的海峡,如台湾海峡。

第三,按航行意义来分:

(1)具有一般航行价值的海峡;

(2)用于国际航行的海峡。

与海峡相关的沿海国和船旗国的权益,取决于海峡所在海域的法律地位及其在国际航行中的作用,而不取决于海峡本身的定义。

根据1958年以前的国际习惯法及《领海及毗连区公约》的规定,海峡的通行权主要取决于海域的位置,以及有关海域属于公海还是领海。对于公海上的海峡,外国船舶享有与在公海其他水域同等的自由航行权,不受沿海国的管辖或控制。若海峡由一个或多个国家的领海构成,外国船舶在该海峡所享有的则是无害通过权。原则上,出于保障本国安全的目的,沿海国可以暂时中止外国船舶的无害通过。国际法院确立了两条标准来判定通过的权利是否适用于特定的海峡,即该海峡须连接公海的一部分与另一部分,以及必须有利用该海域作为国际航行的一些惯例。

在关于《联合国海洋法公约》的谈判中,包括美国在内的许多海洋国家都极其担心领海扩展至12海里的提议将使100条以上宽度不足24海里的国际海峡落入海峡沿岸国的领海之中。这些国家不愿意在没有畅通无阻地穿越国际海峡保障之情况下,接受将领海宽度扩展至12海里。为了解决这些问题,《联合国海洋法公约》建立了一套适用于海峡过境通行的综合制度。过境通行是指通过公海或专属经济区的一部分与公海或专属经济区的另一部分之间的海峡的航行或飞越。过境通行甚至适用于完全位于海峡沿岸国领海内的海峡。在行使过境通行权时,船舶与飞机必须毫不迟疑,并且除不可抗力或遇难等原因外,不从事以通常方式通过所附带发生活动以外的任何活动。

《联合国海洋法公约》将几类海峡排除在过境通行制度之外,其中一种例外适用于如下海峡:位于沿岸国的一个岛屿和该国大陆间的海峡,而且该岛向海一面有在航行和水文特征方面同样方便的一条穿过公海或专属经济区的航道,如位于意大利和西西里岛之间的墨西拿海峡。另一种例外适用于如下海峡:起始于公海或专属经济区,终于沿海国领海的海峡。以上两类海峡于适用无害通过制度而非过境通行,并且附带有一条限制,即沿岸国不得停止无害通过。

《联合国海洋法公约》要求海峡沿岸国与使用海峡的国家,在建立并维持通过海峡的航行安全,以及防止海峡内的船舶污染方面实现合作。如果船舶在行使过境通行权时,违反了关于环境的法律与规章,对海洋环境造成重大损害或有造成重大损害的威胁,那么海峡沿岸国可以采取适当的执行措施。

第八节　专属经济区

专属经济区是现代国际海洋法的一个新概念,是从领海基线向外延伸最多到 200 海里的区域,沿海国在此区域内享有对自然资源的专属权利和相关的管辖权,而其他国家则享有航行、航空器飞越、铺设管道和电缆的自由。无论是沿海国还是其他国家,在专属经济区内所享有的权利和自由均受有关规定的限制。

专属经济区制度反映了发展中国家发展经济的愿望和对其沿海自然资源获得更多控制的要求,尤其是在诸多情形下,大部分渔业产品都被发达国家的远洋船队捕捞。第三次联合国海洋法会议曾对此展开激烈的讨论,并最终在《联合国海洋法公约》的第五部分对专属经济区制度进行了详细规定。按照《联合国海洋法公约》的有关规定,专属经济区显然不同于公海和领海,其位于二者之间,自成一类,是实行特定法律制度的国家管辖区。

(1)《联合国海洋法公约》赋予沿海国在专属经济区内享有较为广泛的权利并承担一定的义务。

(2)《联合国海洋法公约》赋予其他国家在专属经济区内享有一定的权利并承担一定的义务。

(3) 对于没有明确规定归属的权利,既不能适用公海制度,也不能适用领海制度,而是必须在公平的基础上参照一切有关情况,考虑到所涉及利益对有关各方和整个国际社会的重要性,妥善加以解决。

沿海国在专属经济区内所享有的主权权利,主要限定于自然资源和其他经济活动。按照《联合国海洋法公约》的规定,沿海国在专属经济区内享有以勘探和开发、养护和管理海床和底土及其上覆水域的自然资源为目的的主权权利。这种主权权利涉及生物和非生物资源。沿海国在专属经济区内也享有在该区域内从事其他经济性开发的主权权利,这些经济性开发包括利用海水、海流和风力生产能源等载体的活动。

沿海国在专属经济区内所享有的管辖权,与上述的主权权利在内容和范围上密切相关,主要限于与开发和管理自然资源及其他经济活动密切相关的活动。按照《联合国海洋法公约》第56条的规定,沿海国在专属经济区内享有对人工岛屿、设施和结构的建造和使用之管辖权。

沿海国在专属经济区内享有对海洋科学研究的管辖权。按照《联合国海洋法公约》第246条的规定,沿海国在行使管辖权时,有规定、授权和进行在其专属经济区内的海洋科学研究的权利。其他国家在专属经济区内进行海洋科学研究,应经过沿海国同意。

沿海国在专属经济区内还享有对海洋环境的保护和保全事项的管辖权。按照《联合国海洋法公约》第十二部分的规定,在专属经济区内,沿海国对倾倒的垃圾、其他船舶污染源和海底开发所造成的污染行使立法权和执法权。

除了上述主权权利和管辖权外,沿海国在专属经济区内还享有《联合国海洋法公约》所规定的其他权利和义务,包括:在专属经济区与毗连区重叠的12海里区域中,沿海国享有公约所赋予的有关毗连区的管制权;在专属经济区内,若其他国家违返沿海国有关专属经济区的法律、规章,则沿海国可以行使紧追权。

在行使主权权利和管辖权时,沿海国也必须同时承担一定的义务。此外,沿海国在专属经济区内行使其权利和履行其义务时,还应适当顾及其他国家的权利和义务,并应以符合公约的方式行事。

其他国家在专属经济区内所享有的权利和义务,主要限于与国际交流或交往有密切联系的诸多活动,即航行自由、航空器飞越、铺设海底电缆管道等活动。按照《联合国海洋法公约》第58条的规定,在专属经济区内,所有国家均享有航行自由、飞越自由和铺设海底电缆及管道的自由,并且各国可以开展与以上这些自由有关的其他合法活动,诸如同船舶和飞机的操作及海底电缆和管道的使用有关的并符合公约规定的活动。

其他国家在专属经济区内还享有一些其他权利。按照公约的规定,适用于公海的一般规定以及其他国际法的有关规则,只要与有关专属经济区的规定不相抵触,就均可以适用于专属经济区。经沿海国同意,其他国家也有在专属经济区内进行科学研究的权利。但是,各国在专属经济区内行使其权利时,应适当顾及沿海国的权利,并应遵守沿海国按照公约的规定和其他国际法规则所制定的与专属经济区的规定不相抵触的法律和规章。

《联合国海洋法公约》分配给沿海国和其他国家的权利,涵盖了大多数比较常见的对专属经济区的利用活动,但是仍然可能存在某些使用权既未归于沿海国,也未归于其他国家,如历史残骸的收回和用于纯科学研究目的的浮筒的管辖。对此,《联合国海洋法公约》并未给出准确的答案,其第 59 条规定:"在本公约未将在专属经济区内的权利或管辖权授予沿海国或其他国家,而沿海国和任何其他一国或数国之间的利益发生冲突的情形下,这种冲突的解决应在公平的基础上参照一切有关情况,并考虑到所涉及利益分别对各方和整个国际社会的重要性。"

对于未分配的权利,《联合国海洋法公约》第 59 条并没有假设其属于沿海国或者其他国家。若出现这种情况,则必须基于第 59 条的规定,并按照权利本身的属性来处理。至于解决这类问题的机制,则要依据公约中关于争议解决的规定来确定。这实质上意味着必须首先按照双方同意的方式来解决争议,如果不能达成一致,那么必须提交《联合国海洋法公约》第 287 条列明的司法机构之一来解决,除非是军事争议,或者争议一方依据第 298 条强制性地排除通过第三方来解决此类争议。

通过专属经济区制度,沿海国的管辖权从此前狭窄而有限的海域扩张到包含以前属于公海范围的水域。这些水域含有丰富的海洋自然资源,且是大多数海洋活动的主要开展水域。这种扩张代表了海洋活动及其管理规则的变化,意味着原本开放的海洋资源和主要由船旗国管辖的活动,转变为几乎为沿岸国所专属。关于专属经济区是否导致了重要的海洋资源的再分配,许多发展中国家认为这是必然的。首先,似乎只有极少数发展中国家是专属经济区制度的主要受益国。只有大约30个国家在海域面积方面从专属经济区制度中显著获益,这些国家均位于世界大洋沿岸,而且这些国家大多数是发达国家。非洲、加勒比海和地中海国家不在获益国家的名单中,从中获益的发展中国家主要是中国、拉丁美洲国家和太平洋岛国。

其次,或许有人认为,专属经济区和专属捕鱼区的广泛引入,已经导致远洋捕鱼国家捕捞量的减少和近海捕鱼国家捕捞量的增加。但是,捕捞量的减少并不完全发生在远洋捕捞国家,有些国家(如韩国、西班牙和泰国)在获取远洋捕捞机会方面比其他国家更为成功。日本和俄罗斯这两个主要的远洋捕捞国家,已经在本国广阔的专属经济区内增加了捕捞量。在通过引入专属经济区而成功地减少了外国在本国沿海的捕捞活动的国家中,许多都已经显著地增加了自身的捕捞量。即使没有减少外国在其近海中的捕捞,而仅仅是通过向在其专属经济区内捕鱼的外国渔船征收许可费,发展中国家也可能已经从200海里专属经济区的建立中获益。

因此,从总体上看,专属经济区和专属捕鱼区的建立,在一定程度上导致了渔业资源的重新分配。这种重新分配主要是渔业资源由远海捕鱼国家流向近海捕鱼国家,但是前者几乎全部是发达国家,而后者绝不仅限于发展中国家。至于近海石油、天然气等资源,专属经济区的引入并没有导致再分配的发生,因为专属经济区的海底部分就是大陆架,而依据大陆架规则,这里的任何石油和天然气资源已经属于沿海国所有。因此,专属经济区的引入并没有给发展中国家带来最初的支持者所设想的那么多物质利益。然而,作为一国对其自然资源进行控制的象征,专属经济区的引入和接受是发展中国家一笔可观的精神收获。

第九节　大陆架

大陆架是构成沿海国自然延伸部分的水下近海海床和底土,已成为石油与天然气的重要来源。如今已有开发项目位于水深超过 8000 英尺的水域,探井已钻至水下超过 10000 英尺,对石油与天然气的勘探也已在离岸 200 海里外进行。大陆架还被用于开发其他的矿产资源以及定居性渔业资源。丰富多样的宝贵资源使大陆架的法律地位成为一个重要的实践问题。

《联合国海洋法公约》第 76 条规定:"沿海国的大陆架包括其领海以外依其领土的全部自然延伸,扩展到大陆边外缘的海底区域的海床和底土,如果从测算领海宽度的基线量起到大陆边外缘的距离不到 200 海里,则扩展到 200 海里的距离。"

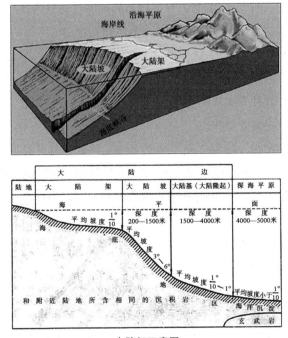

大陆架示意图

大陆架本身是隶属于公海海底的一个区域,因此沿海国在该区域的权利必然也应当是有限的。但是,专属经济区制度的出现改变了这种状态,所以在考虑沿海国的大陆架权利时,需以200海里为界来区分对待。在200海里范围内,大陆架制度与专属经济区制度共存;在200海里范围外,只适用大陆架制度,沿海国不得主张该区域为本国的专属经济区。

《联合国海洋法公约》第77条规定,沿海国为勘探大陆架和开发其自然资源,可以行使主权权利。这种主权权利是专属性的,即如果沿海国不勘探大陆架或开发其自然资源,任何人未经沿海国明确同意,不得从事相关活动。这种主权权利是固有的,并不取决于有效或象征性的占领或任何明文公告。

沿海国在大陆架开发的自然资源包括"海底和底土的矿物和其他非生物资源,以及属于定居种的生物,即在可捕捞阶段在海床上或海床下不能移动或其躯体须与海床或底土保持接触才能移动的生物"。

根据公约的规定,沿海国有授权和管理为任何目的而在大陆架上进行钻探活动的权利。另外,有关专属经济区内的人工岛屿、设施和结构的建造和使用之规定,比照适用于大陆架。也就是说,在勘探和开发大陆架的自然资源时,沿海国有权建造人工岛屿及必要的设施和装置,而且可以在这种人工岛屿和设施周围建立宽度为500米的安全区,并对它们拥有专属管辖权。

其他国家在大陆架上所享有的权利,主要是铺设海底电缆和管道。《联合国海洋法公约》第79条规定:"所有国家按照本条约的规定都有在大陆架上铺设海底电缆和管道的权利。"沿海国除了能够勘探大陆架、开发其自然资源,以及在防止、减少和控制管道所造成的污染时有权采取合理措施外,对于铺设或维持这种海底电缆或者管道的行为不得加以干扰。

但是,其他国家享有的这种权利受相关规定的限制。首先,在大陆架上铺设海底电缆或管道,其路线的划定须经沿海国同意。其次,在铺设海底电缆和管道时,各国应适当顾及已经铺设的电缆和管道。最后,其他国家所享有的这种权利不影响沿海国就进入其领土或领海的电缆或管道订立条约的权利,也不影响沿海国对因勘探其大陆架、开发其资源或经营在其管辖下的人工岛屿、设施和结构而建造或使用的电缆和管道的管辖权。

大陆架制度主要涉及领海外界至大陆边外缘海底区域的海床和底土,沿海国的大陆架权利不影响上覆水域和上空的法律地位。专属经济区制度建立后,大陆架的上覆水域出现了以下两种不同的情形:200海里范围之内,上覆水域为专属经济区,沿海国享有开发和管理自然资源的主权权利与一定的管辖权,其他国家则享有航行和在其上空飞越的权利;200海里范围外,上覆水域为公海,适用公海自由原则。

第十节 公海

一、公海的概念

公海是国际公共空间,所有国家及其公民均可合法利用,任何国家不得对公海的任何部分进行占用或行使主权。公海自由是习惯法的一条规则,也是公海区别于其他海域的最本质特征。1958年的《公海公约》对公海的定义是,"除了沿海国领海和内水外的其他所有海域"。随着专属经济区和群岛水域概念的出现,公海的概念有必要予以修改。《联合国海洋法公约》没有明确定义公海,但其肯定包括国家管辖范围以外的任何水体。公海不仅包含水体,还包括其上的空间及海床和底土。

公海的概念决定了任何国家不得对公海的任何部分主张主权,实际上就是不得对公海主张管辖权,即任何国家无权在公海的任何部分对他国船舶行使立法、行政或执法的权利。公海属于国际水域,任何人都可以按照自己的意愿来使用,但是这种使用公海的权利和自由,本质上又受到国际法的一般原则和规则之调整与制约。

二、公海自由原则

所有国家,无论是沿海国还是内陆国,都均循公海自由原则。公海自由既是公海活动的基本原则,也是公海制度的核心内容。公海自由是指公海对所有国家开放,不论是沿海国还是内陆国,都有利用公海的权利。在国际法规则下,各国在公海的权利一律平等,侵犯公海自由原则是违反国际法的行为。这里所说的公海自由包括:

(1)航行自由;

(2)飞越自由;

(3)捕鱼自由;

(4)铺设海底电缆和管道的自由;

(5)建造人工岛屿、设施、装置的自由;

(6)科学研究的自由。

公海自由并不是进行战争、耗竭生物资源、污染环境或不合理地干涉他国船舶合法使用公海的许可证。享有公海自由是各国的一项基本权利,但是任何一项自由都不是绝对的,公海自由也不例外,公海自由的享有必须受到一定的限制。1958年的《公海公约》声明:"所有国家在行使这些自由及国际法的一般原则所承认的其他自由时,都应适当顾及其他国家行使公海自由的利益。"1982年的《联合国海洋法公约》对公海自由设置了原则性的限制规定:

(1)公海自由是在《联合国海洋法公约》和其他国际法规则规定的条件下行使的;

(2)公海自由应由所有国家行使,但须适当顾及其他国家行使公海自由的利益,并适当考虑《联合国海洋法公约》规定的同国际海底区域活动有关的权利;

(3)公海自由只适用于和平的目的。

三、公海航行自由

公海航行自由是指在公海上航行的船舶享有与保障航行安全、保护海上人身安全,以及预防、减少和控制海洋环境污染有关的自由,这些自由包括:

(1) 所有国家的所有船舶在公海的任何部分均享有航行自由,不受其他国家的阻碍;

(2) 各国的船舶在公海航行时均有权且必须按照规定的条件悬挂该国的国旗;

(3) 一般情况下,在公海航行的船舶受船旗国的专属管辖和国际法规则的约束,不受其他国家的支配和管辖。

四、公海救助义务

每个国家都有义务责成悬挂该国旗帜航行的船舶的船长,在不严重危及其船舶、船员或乘客的情况下,救助公海上的遇难者。救助的义务已经被纳入诸多海事条约,无论处于危险之中的人是何种国籍或身份均能够适用。《联合国海洋法公约》第98条已经明确了救助义务的内容:

(1) 救助在海上遇到的任何有生命危险的人;

(2) 前往拯救,以响应合理地期待其采取行动的求救信号;

(3) 在碰撞后,对另一船舶及其船员和乘客给予救助,并在可能的情况下,将营救船舶的名称、船籍和将停泊的最近港口告知遇难船舶。

五、公海捕鱼自由

公海捕鱼自由是公海自由中的一项传统内容。所有国家都有权在公海捕鱼,但受到条约义务和沿海国的权利与义务之限制,任何国家在公海的捕鱼活动都受到国际法有关规则的制约。任何国家在行使公海捕鱼权利的时候,必须承担养护公海生物资源的义务,这也是国际习惯法中的一项规则。对公海捕鱼活动的限制,本质上是由公海的性质所决定的。公海不属于任何国家,公海资源属于全人类,因此每一个捕鱼国都要承担保护公海资源的义务。对公海捕鱼活动进行限制的根本原因在于,公海的渔业资源状况不佳,某些特定的公海捕鱼活动严重影响了公海生态环境,并妨碍了公海的其他自由。

六、公海上的管辖权

根据《联合国海洋法公约》第 92 条,在公海上航行的船舶受船旗国的专属管辖,但船旗国可以允许其他国家根据国际条约来行使管辖权。这种管辖包括行政、技术及社会事项的管理与控制。对公海的管辖是为了维护公海的航行制度和正常法律秩序,打击违反人类利益的国际罪行以及某些违反国际法的行为。其中,普遍性管辖的对象主要包括海盗行为、贩运奴隶行为、贩运毒品行为和公海上的非法广播。

根据《联合国海洋法公约》的规定,在有合理根据认为嫌疑船舶犯有国际罪行或其他违反国际法行为的情况下,船旗国可以登临嫌疑船舶。行使登临权时,船旗国应遵守国际公约的有关规定和国际习惯法规则。首先,被登临的船舶必须是享有豁免权的船舶以外的船舶,军舰和国家公务船舶不得登临;其次,行使登临权必须有合理的根据,如果理由不充分,而且被登临的船舶并未从事任何违反国际法的行为,那么船旗国对该船舶所遭受的任何损失或损害应予赔偿;最后,登临时应遵循规定的方式,先派一艘由一名军官指挥的小艇登临嫌疑船舶,若检验船舶文件后仍有嫌疑,则再开展进一步检查。

沿海国对违反该国法律并从该国管辖范围内的水域驶向公海的外国船舶进行追赶,在公海上将其拘留或扣押的权利,被称为紧追权。紧追权只能由军舰、军用飞机,或者其他有清楚标志可以识别的为政府服务并被授权紧追的船舶或飞机行使。紧追必须是连续且未曾中断的,才可以在领海或毗连区、专属经济区和大陆架以外继续进行。紧追一经中断,便告失效。在被追逐者进入其本国或第三国领海时,紧追立即终止。

军舰及由一国所有或经营并专用于政府非商业性服务的船舶,在公海上不受船旗国以外任何其他国家的管辖,任何其他国家不得在公海上对其进行登临检查、追逐、扣押以及诉诸其他法律程序。

七、渔业管辖权

国家管辖范围以外的海洋地区几乎占地球表层面积的一半,并且蕴含着很大一部分的生物物种资源。公海海域地处偏远,缺乏科学知识的前人无法到达,但技术进步、科学发展以及对生物和矿物资源日益增长的需求正在推动对公海的勘探和开发。人类活动对自然界的影响也加剧了对有用的基因资源之搜索,这些行为包括海洋生物资源的过度开发、栖息地的破坏、海洋气候的变化和海洋酸化的影响、海洋环境污染与深海采矿以及地球工程的影响。自 2006 年以来,国际社会一直在讨论公海保护和可持续利用海洋生物资源多样性的方案。2015 年,各国达成了历史性的决定,即在《联合国海洋法公约》的框架下,制定一项关于公海区域养护和可持续利用海洋生物多样性的国际法条文。

无论是在决定的审议过程中,还是在 2016 年 3 月至 4 月的第一次筹备工作会议上,许多国家和地区的利益相关者都强调,捕鱼是当前对公海生物多样性影响最大的活动。尽管这一观点得到广泛的承认,但是仍有一些代表团对是否将渔业纳入新的《国际渔业条例》表示犹豫。

第三章 海域划界及管理

地理位置上的接近，造成许多国家的管辖海域或多或少有些重叠，因此有必要划定彼此间的海洋边界，以避免争端和在行使主权权利及管辖权来开发资源等问题上的不确定性。当各国的管辖海域只局限于领海时，海域划界的需要仅仅涉及海岸线彼此相邻的国家。从1945年开始，沿海国的管辖区域大幅扩张，大陆架和专属经济区概念的引入更是使得海域划界的必要性大大增加，不仅是海岸线相互毗邻的国家，甚至海岸相向的国家之间也有了海域划界的需要。

海域划界一般会涉及两个国家，有时甚至涉及三个国家，许多情况会援引有关划界的双边条约。1958年的《大陆架公约》和1982年的《联合国海洋法公约》试图构建指导国际海域划界的一般性规则和原则。然而，由于海岸地貌的复杂性，形成统一的规则实际上是很困难的任务。从理论上讲，各种海域都需要通过单独划界来确定领海、专属经济区、专属渔区及大陆架的界限。然而，在实践中，包括提交司法程序和签订双边协定在内的争端解决方式都趋于统一划界，即划定统一的边界而不区分不同的海域。尽管当前各种不同海域划界的原则有统一的趋势，但是为了更清晰地呈现各种不同的划界原则，本章拟分别进行讨论。

第一节 领海划界

在两个隔海相望国家的领海划分中,最为普遍的实践是采用中间线,即距离相向两国的领海基线等距离的一条线。1932 年,丹麦与瑞典关于桑德海域争端的解决采纳了中间线规则。有些国家也会采用相向国家间的深水航道之中间线作为海域划界依据,典型案例如 1928 年的英国与苏丹柔佛关于柔佛海峡的划界。

实践中,相邻国家的领海划界方法有很多种,最常见的是等距离原则,即从相邻海岸向外划出中间线作为边界,1976 年的哥伦比亚与巴拿马划界就是一例。1909 年,由常设仲裁法院审理的格里巴斯丹案采纳了沿海岸划垂直线的方法,以一条垂直于海岸一般方向的线作为领海分界线。海岸垂直线原则始于挪威与瑞典于 1661 年签订的一项条约。在 1958 年的波兰与苏联划界及 1972 年的巴西与乌拉圭划界中,海岸垂直线原则也同样被引用。除此之外,有的海域划界以相关国家所相邻海岸的纬度作为领海的划分依据,如 1975 年的哥伦比亚与厄瓜多尔划界。

第二节 大陆架和专属经济区的划界

早期的大陆架划界并没有明确的原则,直到 20 世纪 50 年代才出现了具体的原则,国际法委员会通过的相关条款中采纳了等距离规则,这一规则的优点在于简单明确。然而,僵化地、一成不变地使用等距离规则会导致诸多弊端。例如,由于一些岛屿可以产生自身的大陆架,而一个单独的离岸小岛也可能产生与大陆海岸线不成比例的大陆架,因此依据等距离规则来划界可能会引发不公平的结果。典型案例如 1969 年的北海大陆架案,即在划分西德、丹麦及荷兰的海域时,西德海岸的特殊形状(呈凹形)使其海岸线的向内弯曲度较大,如果按照等距离规则来划分,那么结果将对西德很不利,其只能获得较为狭窄的大陆架区域。等距离规则无法在国际上得到普遍适用,这也体现在其他一些特殊情况中。在类似情况下,该规则应当有保留地适用。正因如此,1958年的《大陆架公约》规定,大陆架的划分应该由相关国家通过协定来决定。然而,"在无协定的情形下,除根据特殊情况另定疆界线外,疆界是一条其每一点与各国领海基线的最近点距离相等的中间线"。

因此,国家的大陆架疆界的确定是有顺序的。首先,应由相关国家之间的协定予以确定;若不存在协定,则除特殊情形外,由一条其每一点与各国领海宽度的基线之最近点距离相等的中间线来确定界线。

1958年的《大陆架公约》第6条规定,若不能通过国家间的协定来确定界线,则应依照等距离规则与特殊情形规则加以确定。当时,西德并未加入1958年的《大陆架公约》,所以这一条款无法在北海大陆架案中得到适用。早先的部分划界案所涉及的一些国家也并非1958年《大陆架公约》的缔约国,然而国际法院和仲裁庭却将公约的规定适用于这些案件。日积月累,国际法院和仲裁庭在考虑等距离原规时,有时不再依据公约的规定,也不再去检视各国在实践中的做法是否具有一致性。相反地,国际法院和仲裁庭只是简单地声明某种做法就是习惯法,这实质上是法官造法的表现。实际上,国际法院和仲裁庭承担了一个不可能完成的任务,即妄图将概括的原则适用在具体的个案中,以力求简明精确地解决各类复杂地貌背景下的划界争端。显而易见,国际法院和仲裁庭并没有很好地完成这个任务,所谓的习惯法是概括和不精确的,很难适用于特殊情形下的划界。

在北海大陆架案中,法院经过调查未发现可以适用于该案件的强制性规则,于是基于习惯法作出判决:

"涉案国家需通过签订协定来解决争端。协定的签订应按照公平原则,并综合考虑相关情况,以使每一个涉案国家尽可能多地得到构成其陆地领土自然延伸的大陆架所有部分,同时不得侵占另一国陆地领土的自然延伸。"

国际法院在作出判决后,西德、丹麦和荷兰经过谈判,签订了一系列协定。在北海大陆架案中,国际法院仅被要求提出划界原则,而不是决定实际上的界线,如此做法比适用等距离规则让西德得到了更多的大陆架。

国际法院在北海大陆架案的判决中提出按公平原则来划分大陆架,并考虑了相关因素,从而在大陆架划界的发展历史上产生了重要的作用。另外,正如国际法院在突尼斯与利比亚案的判决中所强调的,划界过程追求公平,但最终的解决方法不一定公平。

第三次联合国海洋法会议发现,很难找到可接受的条款作为划分大陆架和专属经济区的规则。与会者分为两方,一方支持等距离规则(以特殊情形为例外),另一方支持公平原则。经过冗长的讨论而达成的妥协却几乎毫无意义,具体体现为《联合国海洋法公约》的第83条第1款:"海岸相向或相邻国家间大陆架的界限,应在《国际法院规约》第38条所指国际法的基础上以协定划定,以便得到公平解决。"

可以看出,以上条款既没有提及等距离规则,也没有提及公平原则。严格地说,该条款仅提及了通过协定来解决划界问题。通过协定来解决划界问题在北海大陆架案中也有所提及,即法官赞成当事方基于相互信任来协商解决争端。尽管《联合国海洋法公约》第83条第1款规定以符合国际法的协定方式来解决争端,但事实上为达成公平解决的结果,以上规则有可能被摒弃。而且,在当事方无法达成协定时,《联合国海洋法公约》第83条第1款几乎不起任何作用,更不用说想利用原则和规则来积极解决争端的国际法庭和裁判庭。但是,《联合国海洋法公约》第83条阐述了当无法达成一致时所应采纳的措施,即有关国家若在合理期间内未能达成任何协定,则应诉诸第十五部分所规定的程序。如果有关国家间存在关于划定大陆架界限问题的现行有效之协定,那么应按照该协定的规定来决定。除非当事方达成协定,否则必须接受法庭的裁决。

为了解决划界争端,国际法庭援引了《联合国海洋法公约》第83条第3款,即在达成第1款所规定的协定以前,有关各国应基于谅解和合作的精神,尽一切努力作出实际性的临时安排,并在此过渡期间内不危害或阻碍最后协定的达成。这种安排不应妨害最后界限的划定。相关案例有1985年的法国与图瓦卢之间的协定,其以等距离线作为临时划界的界线。也就是说,在正式达成协定前,各方不得实施危及和阻碍协定的最后达成之行为,而这一规则也存在于国际习惯法中。

第三节 合作开发协定

划定大陆架和专属经济区的重叠区域之方式并非只能借助界线,当事国还可以通过协定,就大陆架和专属经济区的矿产及渔业资源进行合作开发与管理。在实践中,可以区分四种形式的合作协定:第一,关于海床资源及渔业资源的开发管理合作协定;第二,建立跨界海床资源及渔业资源合作开发管理区;第三,关于跨界的石油及天然气的合作开发安排;第四,合作安排以促进管理跨界的渔业资源。

首先,在当事国无法就划定边界达成协定的情况下(如上文所述,原则的概括性和模糊性无助于争端解决),他们可以就合作开发海床资源及渔业资源达成临时或者长期的合作协定。这样做的好处是,各方可以开发未达成划界协定的海域之资源。因为开发投资方和石油公司不愿意介入争议海域,因此国际法规则也禁止单方开发这些争议海域。迄今为止,除了《联合国海洋法公约》第 74 条第 3 款的规定外,还没有相应的条款来制止单方开发渔业资源,因此这种开发无法获得适当的管理,容易导致过度捕捞。

在海床矿产资源开发方面,存在六个合作开发协定,最典型的例子是 1974 年的韩日协定。针对大陆架的重叠部分,韩日两国就北部边界达成了共识,但就南部边界无法达成共识。为弥补此弊端,两国在 1974 年就合作开发南部毗邻大陆架达成了协定。此协定的有效期为 50 年,且适用于 24000 平方海里的海域,两国在此海域内共同管理、共同开发,并成立了一个联合委员会来专门监管这一区域的开发活动。在合作开发渔业资源方面,也有几个很好的范例,如苏联和挪威于 1978 年就联合开发巴伦支海所达成的合作协定,该协定涉及 67000 平方公里的两国专属经济区之重叠区域,由一个渔业委员会来管理。虽然当时两国对此协定的定性为仅生效一年的临时协定,但是他们却每

年重新签订此协定,直到双方划定正式的大陆架和专属经济区边界时
才终止。还有一些案例中,当事方确定了一个共同管理与开发生物及
非生物资源的区域,如 1993 年的哥伦比亚与牙买加海域划界协定。

第二种合作管理模式是考虑以合作安排来部分地划定疆界。这种
做法有助于最后达成划定海域的协定,因为通过合作和共享来代替诉
诸于国际法庭,可以提升达成妥协的可能性。其中一个案例是法国与
西班牙签订的《大陆架疆界条约》,其适用于横跨两国的比斯开湾内的
814 平方海里的区域。这个协定的目的是通过划分使两国公平地获得
资源,并鼓励两国的企业在公平的基础上对资源进行开发与利用。此
外,阿根廷和乌拉圭为合作开发和共管渔业资源,也拟定了类似的跨界
区域协定。

第三种形式是合作管理与开发已经划定边界的跨界石油天然气资
源。在北海有许多这样的案例,诸多双边条约被签订,包括英国和挪威
之间关于开发跨界石油与天然气资源的协定。许多当事国就开发跨界
矿产资源达成协定,以行政合作的方式共同管理,如 1976 年的英国和
挪威之间协定开发弗瑞戈油田就是一例。还有一例是 1969 年,阿布扎
比与卡塔尔达成了关于跨越双方大陆架开发石油的协定,即由阿布扎
比的一个特许经营法人开发跨界的阿布达克油田,而收益由双方共同
享有。这种跨界协定采取了双方达成共识的模式,但当双方无法达成
协定时该如何处理? 尽管有些人建议,总的解决方案应该基于法律的
基本规定、先前的条约实践和便利的原则,但是习惯国际法中并没有任
何精明的条款可以适用。

综上所述,在划界谈判中,当事国还可能达成有关渔业资源的共同
管理与开发之协定。

第四节 海域管理

关于海域,最直接的解释就是海洋中的区域性立体空间。但是,随
着社会生产力的发展与科学技术的进步,人类开发利用海洋的深度和

广度得到进一步拓展,对海域的认识和理解也不断深入。从地理意义上来理解,海域是指一定界限内的海洋区域(包括水上和水下),其是海洋的组成部分,并且有一定的空间范围。因此,地理意义上的海域概念往往结合地名或方位来使用,以确定所描述的大致方位和范围。按照《联合国海洋法公约》的规定,海洋可以划分为内海、领海、毗连区、群岛水域、专属经济区、大陆架、公海、国际海底区域、用于国际航行的海峡等海域。

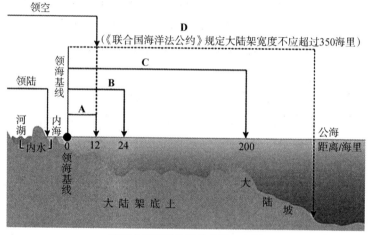

我国主张管辖的海域空间示意图

海域管理是国家行使海上管辖权的重要体现,主要指国家综合运用行政、经济、法律和技术手段,对该国所管辖海域的开发利用活动所及由此产生的各种关系进行统筹、协调、计划、组织、监督和控制的过程。

第二次世界大战以后,随着世界经济的恢复和发展,人类对海洋资源的需求不断增加,海洋开发利用的深度和广度得到提升。1982年通过的《联合国海洋法公约》明确提出,"各海洋区域的种种问题都是彼此密切相关的,有必要作为一个整体来加以考虑"。世界各国纷纷意识到,海洋是人类经济社会可持续发展的宝贵财富和最后空间,沿海国家积极调整海洋政策与发展战略,颁布海洋法律法规,调整和改革海洋管理体制,加强海洋综合管理。例如,美国先后出台了《水下土地法》《外大陆架土地法》《海岸带管理法》《海洋法令》《21世纪海洋蓝图》等法律法规；英国相继出台了《皇室地产法》《大陆架石油规则》等法律法规；韩国先后出台了《公有水面埋立法》《海底矿产资源开发法》《海洋开发基本法》等法律法规；日本在出台《公有水面填埋法》后，又连续出台《海洋基本法》与《海洋构筑物安全水域设定法》。

顺应世界的海洋管理潮流，从海洋开发和管理实际出发，我国于1993年颁布了《国家海域使用管理暂行规定》，从此海域使用管理进入了有章可循的阶段。2002年，我国实施了《海域使用管理法》，海域使用管理进入了有法可依的阶段。《海域使用管理法》设立了海洋功能区划、海域权属管理、海域有偿使用三项基本制度，明确规定海域属于国家所有，单位和个人持续使用特定海域3个月以上的排他性用海活动，都必须依法取得海域使用权（不含航行、捕捞等）。2007年，我国颁布了《物权法》，从而使得海域管理进入了物权管理的阶段。

海域管理是一种法定的行政行为，必须依法执行。根据《海域使用管理法》，海域管理的宗旨是维护国家海域所有权人和使用权人的合法权益，促进海域的合理开发和可持续利用。海域的开发和利用要与生态环境保护相结合，实现海域开发利用与生态保护的可持续发展，坚持规划用海、集约用海、生态用海、科技用海、依法用海。

第四章 海洋上的五星红旗

《联合国海洋法公约》就世界海洋权益进行了重新安排,将海洋划分为领海、毗连区、专属经济区、大陆架、公海、国际海底区域等不同的部分,沿海国在不同区域内享有不同的权益。

为有效维护海洋主权,并充分行使《联合国海洋法公约》所赋予的权利,中国制定了与海洋权益相关的法律法规,包括 1992 年的《中华人民共和国领海及毗连区法》、1996 年的《关于中华人民共和国领海基线的声明》、1998 年的《中华人民共和国专属经济区和大陆架法》、2012 年的《关于钓鱼岛及其附属岛屿领海基线的声明》等。

以上这些法律法规正式确定了中国的领海、专属经济区和大陆架的范围,相关海域的权利和主张,以及专属经济区和大陆架的划界原则等重要问题,为维护中国的领土主权和海洋权益提供了有力保障。

海洋权益是一个国家根据《联合国海洋法公约》和相关国际法以及国内立法,在不同法律地位的海域内所享有的权益之总称。海洋权益是一个动态的概念,人类认识和开发利用海洋能力的提高,为国家获取海洋利益提供了更为广阔的空间。

国家的海洋权益既包括在管辖海域内依据相关国际法和国内法在海洋上所享有的各项权益,还包括在管辖海域外的合理和正当之海洋权益与需求。

从内涵上讲,海洋权益包含两项内容:一是国家在海洋上可以行使的权利,二是通过行使权利可以获得且需要维护的利益。从范畴上讲,海洋权益既包括管辖海域内的海洋权益,如内水与领海的主权、毗连区的管制权、专属经济区和大陆架的主权与管辖权以及历史性权利等,还包括管辖海域外的权益,如中国在公海、国际海底区域、极地以及其他海域所享有的海洋权益。

随着对能源的需求日益增长,世界各国均加大了开发利用海洋的力度。当然,我国也不例外,正在极力推进海洋开发战略。由于周边海域的状况十分复杂,因此我国面临的形势相当严峻。我国不仅与他国存在岛屿归属争议,而且还常常陷入海域划界争端,涉及的国家众多,此境况严重阻碍了我国海洋开发政策的实施与海洋开发利用的进度。

长期以来,中国深受周边海洋争端的困扰。21世纪是海洋的世纪,海洋权益日趋重要,中国周边的海洋斗争形势也日益严峻复杂。

岛礁是陆地领土的组成部分,与陆地领土具有同等的主权地位。1958年的《中华人民共和国政府关于领海的声明》明确规定:"中华人民共和国的一切领土,包括中国大陆及其沿海岛屿,和同大陆及其沿海岛屿隔有公海的台湾及其周围各岛、澎湖列岛、东沙群岛、西沙群岛、中沙群岛、南沙群岛以及其他属于中国的岛屿。"《领海及毗连区法》再次重申:"中华人民共和国的陆地领土包括中华人民共和国大陆及其沿海岛屿、台湾及其包括钓鱼岛在内的附属各岛、澎湖列岛、东沙群岛、西沙群岛、中沙群岛、南沙群岛以及其他切属于中华人民共和国的岛屿。"中国与日本、菲律宾、越南、马来西亚和文莱都存在着不同程度的岛屿争端。

渔业是资源性产业,也是国际化与市场化程度较高的产业。在世界范围内,水产品为全人类提供了至少20%的人均动物蛋白摄入量,渔业在保证全球粮食安全方面发挥着重要作用。

由于鱼类的洄游特征,一个国家不可能做到对鱼类资源的完全管理。自1945年以来,世界范围内建立了近30个渔业管理组织或管理机制以及许多论坛性质的渔业组织。联合国的一些专门机构及许多全球性的多边组织,也或多或少地涉及渔业问题。

随着全球经济一体化和国际海洋法律制度的发展,我国渔业参与国际事务的广度和深度也不断拓展。多年来,我国积极参与国际渔业资源的养护、管理和合作开发,不断发展远洋渔业。

目前,我国参与或加入的重要国际渔业组织有中西太平洋金枪鱼委员会(Western and Central Pacific Fisheries Commission,WCPFC)、美洲间热带金枪鱼委员会(Inter-American Tropical Tuna Commission,IATTC)、养护大西洋金枪鱼国际委员会(International Commission for the Conservation of Atlantic Tunas is responsible for the conservation of tunas and tuna-like species in the Atlantic Ocean and adjacent seas,ICCAT)、印度洋金枪鱼委员会(The Indian Ocean Tuna Commission,IOTC)、北太平渔业委员会(The North Pacific Fisheries Commission,NPFC)、南太平洋渔业委员会(The South Pacific Regional Fisheries Management Organization,SPRFMO)、南极海洋生物资源养护委员会(Commission for the Conservation of Antarctic Marine Living Resources,CCAMLR)等,并且中国政府正积极参与谈判中的北极渔业之管理。

一、中西部太平洋渔业委员会(WCPFC)

根据《执行1982年12月10日〈联合国海洋法公约〉有关养护和管理跨界鱼类种群与高度洄游鱼类种群的规定的协定》的有关条款,中西太平洋区域渔业国家和地区于1994年12月在所罗门群岛召开第一届中西太平洋高度洄游鱼群养护和管理高级别议(MHLC)。经过七轮谈判,与会国于2000年9月4日在美国夏威夷以表决方式通过了《中西部太平洋高度洄游鱼类种群养护和管理公约》,该公约于2004年6月19日生效。其后,经过七次筹备会议的讨论,中西太平洋渔业委员会于2004年成立。中国于2004年11月2日交存了加入书,并且声明该公约适用于澳门特别行政区,但不适用于香港特别行政区。该公约于2004年12月2日对我国生效。

中西部太平洋渔业委员会的宗旨是通过有效管理,确保中西部太平洋高度洄游鱼类种群的长期养护和可持续利用。2004年至今,委员会先后共通过了40多个决议,主要涉及金枪鱼种类(大眼金枪鱼、黄鳍金枪鱼、长鳍金枪鱼)的养护措施、兼捕种类的保护措施(鲨鱼、海龟和海鸟),以及金枪鱼渔业的捕捞能力控制与船舶监测和登记。

WCPFC 现共有 26 个缔约方,参加的海外领地和属地有 8 个。领地和属地无表决权,拥有合作非成员地位的有伯里兹和印度尼西亚。

委员会管理着世界上最大的金枪鱼渔业,目前的金枪鱼年产量为 200 多万吨,产值在 30 亿美元左右。中西太平洋是我国金枪鱼渔业的重要渔场,作业船只近 400 艘,产量近 5 万吨。

二、美洲间热带金枪鱼委员会(IATTC)

1949 年 5 月 31 日,美利坚合众国和哥斯达黎加共和国签署《关于建立美洲间热带金枪鱼委员会的公约》(以下简称《49 年公约》),适用于西经 150°、南北纬 40°和美洲大陆西海岸所围的东太平洋海域。该公约于 1950 年生效,并规定成立美洲间热带金枪鱼委员会。委员会的秘书处设在美国加利福尼亚的圣迭戈。随着时间的推移,公约区域的渔业活动与《49 年公约》所提及的内容有了很大变化,因此 IATTC 于 1998 年通过决议,决定成立修改《49 年公约》工作组。修约工作组此后召开了 11 次会议,对公约文本进行了修改,并于 2003 年 6 月将修订后的公约文本提交于危地马拉安提瓜举行的 IATTC 第 70 次会议。新公约的名称为《关于加强美利坚合众国与哥斯达黎加共和国 1949 年公约建立的美洲间热带金枪鱼委员会的公约》,也称作《安提瓜公约》。我国政府于 2004 年 3 月 3 日签署该公约。

截至目前,IATTC 共有 21 个成员国。该组织管辖的鱼种为热带金枪鱼(黄鳍金枪鱼、鲣鱼和大目金枪鱼等)、长鳍金枪鱼以及金枪鱼渔船捕捞的其他物种。目前,该组织管辖的渔业年产量为 60 万吨,产值 3 亿美元。在 IATTC 的管辖范围内,我国的金枪鱼作业渔船超过 200 艘,产量近 3 万吨。

三、养护大西洋金枪鱼国际委员会(ICCAT)

1965 年 11 月,联合国粮农组织第十三届会议和总干事呼吁成立一个全权代表大会,为签订建立养护大西洋金枪鱼国际委员会的公约做准备。1966 年 5 月,在巴西里约热内卢召开的关于养护大西洋金枪鱼类的全权代表大会上,阿根廷等 17 个国家的全权代表制定了《养护大西洋金枪鱼国际公约》。1969 年,该公约正式生效,养护大西洋金枪鱼国际委员会(ICCAT)也正式成立,委员会负责大西洋及其毗邻区的金枪鱼及类金枪鱼类的养护和管理。

截至目前,该委员会有 52 个正式成员,5 个合作非缔约方。我国于 1996 年 10 月 24 日加入该公约,成为委员会的正式成员。ICCAT 的总部设在西班牙马德里,英语、法语和西班牙语为官方语言。

ICCAT 的管辖海域包括领海在内的大西洋所有水域,以北纬 5°为界,分为南部大西洋和北部大西洋;以西经 30°为界,分为东部大西洋和西部大西洋。

ICCAT 的管理鱼种为金枪鱼及类金枪鱼,但不包括带鱼科、蛇鲭科和鲭属种类。目前,该委员会管理的渔业年产量近 50 万吨,产值 20 多亿美元。其中,大西洋蓝鳍金枪鱼的产量达 4 万多吨,产值近 10 亿美元;大目金枪鱼的产量近 7 万吨,产值 5 亿美元。我国于 1993 年开始发展大西洋金枪鱼延绳钓渔业,并于 1996 年加入 ICCAT。ICCAT 是我国政府加入的第一个区域性金枪鱼渔业管理组织。

目前,我国在 ICCAT 的正式注册渔船为 60 艘,实际作业渔船为 37 艘,全部为超低温延绳钓渔船,年渔获量在 1 万吨左右。我国大陆金枪鱼船队的作业海域主要在热带大西洋公海,渔获物以大目金枪鱼和黄鳍金枪鱼为主。此外,我国还有 4 艘渔船可以在北纬高纬度海域捕捞少量的蓝鳍金枪鱼。

四、印度洋金枪鱼委员会(IOTC)

IOTC 是按照联合国粮农组织的宪章第 14 条,依据粮农组织理事会于 1993 年 11 月 25 日通过的《建立印度洋金枪鱼委员会协定》建立的。该协定于 1996 年 3 月生效。IOTC 是联合国粮农组织下属的政府间组织,授权管理印度洋以及邻近海域的金枪鱼及类金枪鱼资源。

印度洋金枪鱼委员会向联合国粮农组织（FAO）的成员国或准成员国开放。若有 2/3 的多数会员国同意，则可以接受不是 FAO 成员国，但为联合国或任何其专属机构或国际原子能组织等机构的成员的国家成为该组织的成员国。截至目前，IOTC 的成员国有 33 个，合作非缔约方有 3 个。我国于 1998 年 10 月 14 日加入该协定，成为 IOTC 的成员国。委员会的秘书处设在塞舌尔共和国。

IOTC 的管辖海域为印度洋及其相邻的海域，也包括为养护和管理洄游进出印度洋的有关种群所必需的范围。IOTC 的管辖鱼类为金枪鱼和剑旗鱼类，包括 16 个种类。此外，秘书处还收集有关金枪鱼生产的非目标种类、关联种类和依附种类的数据。

近几年，印度洋金枪鱼及类金枪鱼的产量为 100 万吨。印度洋的金枪鱼渔业大致可以分为印度、斯里兰卡、巴基斯坦等国的沿海渔业，法国、西班牙、日本的大型围网渔业，以及日本、韩国、中国的金枪鱼延绳钓渔业。我国于 1995 年开始发展印度洋金枪鱼渔业。2005 年以来，我国在印度洋的渔船数量保持在 60—70 艘之间，全部为延绳钓渔船，其中包括超低温延绳钓渔船 40 余艘，年渔获量超过 1 万吨，渔获物以大眼金枪鱼和黄鳍金枪鱼为主。

五、北太平洋渔业委员会（NPFC）

鉴于对北太平洋海域的海山拖网渔业、秋刀鱼渔业等领域的关注，2006 年，日本、俄罗斯、韩国等国开始讨论北太平洋海洋生物资源管理的问题。后来，加拿大、美国等国陆续加入多边谈判。2010 年，中国大陆第一次参加 NPFC 多边谈判。2012 年 2 月，各成员就《北太平洋公海渔业资源养护和管理公约》达成一致，该公约于 2015 年 7 月 19 日正式生效。北太平洋渔业委员会（NPFC）是依据公约而成立的区域性渔业管理组织（政府间组织），其主要成员为中国、俄罗斯、日本、韩国、加拿大、美国、瓦努阿图等。NPFC 下设三个机构，分别是财务与行政分委会（FAC）、科学分委会（SC）和执法分委会（TCC），秘书处设在日本东京。

NPFC 主要管辖北太平洋公海水域的所有渔业种类(其他组织管理的种类除外)及其生态系统。目前,已通过临时管理措施(CMM)的渔业包括海山拖网渔业、秋刀鱼渔业及鲐鱼渔业。

海山拖网的主要捕捞国家有日本、俄罗斯和韩国,主要捕捞品种为五棘鲷(North Pacific armorhead)和金目鲷(Splendid alfonsin)。2012 年至 2016 年,海山拖网捕捞的最高年产量约 3 万吨,2016 年的产量约 0.5 万吨。

2012 年至 2016 年,秋刀鱼的最高年产量约 62 万吨,2016 年的产量约 35.4 万吨。其中,日本 11.4 万吨,中国大陆 6.3 万吨,韩国 1.7 万吨,俄罗斯 1.5 万吨。

六、南太平洋渔业委员会(SPRFMO)

上世纪八十年代,苏联船队在东南太平洋公海捕捞竹荚鱼的产量达到 100 万吨以上。从 2000 年开始,我国的大型拖网加工船进入该海域捕捞竹荚鱼。随后,从 2005 年开始,欧盟船队进入该海域进行生产。2006 年 2 月,应澳大利亚、智利和新西兰的邀请,有关国家开始了就建立南太平洋区域渔业管理组织的谈判。2009 年底,各国就《建立南太平洋区域渔业管理组织的公约》达成一致,并开放给成员国签字。公约于 2012 年正式生效。南太平洋区域渔业管理组织(SPRFMO)是根据 2012 年 8 月 24 日生效的《养护和管理南太平洋公海渔业资源公约》而成立的政府间国际组织,其致力于确保南太平洋渔业资源的可持续利用,保护南太平洋的海洋生态系统。SPRFMO 的管理对象为南太平洋非高度洄游的渔业资源。

目前,SPRFMO 有 15 个成员国,我国是该组织的正式成员。我国是南太平洋上的重要捕鱼国,主要捕捞对象为竹筴鱼和鱿鱼,近两年的产量均超过 30 万吨。

七、南极海洋生物资源养护委员会(CCAMLR)

鉴于对苏联、日本等国家在南极海域利用磷虾、南极鱼、冰鱼等资源之行为的关注,各国在《南极条约》的框架下开始讨论南极海洋生物资源的养护问题。1980 年 5 月 7 日至 20 日,15 个国家在澳大利亚的堪培拉召开外交大会,欧共体、FAO 等应邀作为观察员参会,会议最后通过了《南极海洋生物资源养护公约》。该公约于 1982 年 4 月 7 日生效,南极海洋生物资源养护委员会(CCAMLR)和科学委员会(SC - CAMLR)同时成立,秘书处设在澳大利亚塔斯马尼亚州的首府霍巴特。我国于 2006 年 10 月 19 日加入该公约(但不适用于香港特别行政区),并于 2017 年 10 月 2 日成为委员会的成员国。截至 2016 年 9 月,该委员会共有 24 个成员国,另有 11 个公约加入国,其中有 13 个国家从事捕捞活动。2018 年,荷兰成为该委员会的成员国,故委员会的成员国增长为 25 个国家。

委员会的主要管理鱼种为南极犬牙鱼、冰鱼、磷虾等。2017 年,南极磷虾的总产量为 23.7 万吨,主要捕捞国家是挪威,产量为 15.7 万吨,占总产量的 66%。小鳞犬牙鱼(Dissostichus eleginoides)的总产量约 8700 吨,主要捕捞国家是法国和澳大利亚,产量分别是 3942 吨和 2133 吨,两国产量占总产量的 70%。南极犬牙鱼(Dissostichus mawsoni)的总产量约 4341 吨,主要捕捞国家是韩国,产量为 1239 吨,占总产量的 29%。南极冰鱼的产量约 589 吨,主要捕捞国家是澳大利亚,产量为 523 吨,占总产量的 88.8%。

我国只有磷虾渔业。2017 年,我国申报的作业渔船数为 7 艘,实际投入生产的渔船数为 3 艘,产量 3.8 万吨,占总产量的 16%。与 2016 年的 6.5 万吨相比,2017 年的产量减少了 2.7 万吨。

八、北冰洋渔业

和南极磷虾资源一样,北冰洋的渔业管理也是科学与法律密切交叉的,法律以科学为基础,用科学的语言来表达国家的政治主张。北冰洋的渔业管理不仅受气候变暖的影响,而且受北冰洋沿海五国政治的驱动。

2008 年 6 月 3 日,美国的参议院和众议院联合决议,要求美国与其他北极国家启动北冰洋跨界鱼类种群协定的谈判,制定管理北冰洋跨界鱼类种群和建立一个或多个国际渔业管理组织的一个或多个协定(the agreement or agreements)。

在此背景下,美国邀请其他四个北冰洋沿海国分别于 2010 年 6 月在奥斯陆、2013 年 4—5 月在华盛顿和 2014 年 2 月在格陵兰岛努克召开了三次北冰洋渔业的高官会议。在努克会议上,沿海五国基本就未来在中北冰洋公海建立临时措施、禁止在建立区域性渔业组织之前开展商业捕捞等原则问题达成了共识。会议明确提出了未来的工作计划,即于 2014 年通过一项部长级宣言,并进一步邀请其他国家根据沿海五国的部长级宣言给出承诺,制定国际协定。同期,美国和挪威还分别于 2011 年 6 月在阿拉斯加、2013 年 10 月在特罗姆瑟和 2015 年 4 月在西雅图共同主持召开了三次北冰洋渔业科学家会议。最终,北冰洋沿海五国于 2015 年 7 月 16 日在奥斯陆发布了联合宣言,即《关于预防中北冰洋公海不管制渔业的宣言》(简称《奥斯陆宣言》,但其并非部长级宣言)。宣言承认,随着气候变化,北冰洋的部分区域在未来可能具备开展商业性捕捞的条件,但在北冰洋成立相应的区域性渔业管理组织前要禁止商业性渔业活动。同时,宣言表示,近期没有建立区域性渔业组织的需要。《奥斯陆宣言》是政治承诺,不具有法律拘束力,它承认现在的很多国际法律制度可以适用于北冰洋。为落实宣言中所提到的相关措施,沿海五国将与其他国家合作,确保其他国家约束其渔船遵守该临时措施。

为此,2015 年 12 月 1 日至 3 日,美国在华盛顿召集了北冰洋公海渔业第一次政府间磋商会议,北冰洋沿海五国(美国、加拿大、俄罗斯、挪威和丹麦)以及中国、日本、韩国、冰岛、欧盟等 10 个代表团参加,该会议也称 5 + 5 进程。此后,该进程分别于 2016 年 4 月在华盛顿、2016 年 7 月在伊卡卢伊特、2016 年 11 月在法罗群岛、2017 年 3 月在雷克雅未克和 2017 年 11 月在华盛顿又召开了五轮。最终,历经 2 年,与会国完成了对《关于预防中北冰洋不管制公海渔业的协定》的磋商。该协定的有效期为 16 年。

2018 年 1 月 26 日,国务院新闻办公室发布了《中国北极的政策》,

明确我国对北冰洋海洋生物资源的政策立场,其中包括"中国在北冰洋公海渔业问题上一贯坚持科学养护、合理利用的立场,主张各国依法享有在北冰洋公海从事渔业资源研究和开发利用活动的权利,同时承担养护渔业资源和保护生态系统的义务。……中国致力于加强对北冰洋公海渔业资源的调查与研究,适时开展探捕活动,建设性地参与北冰洋公海渔业治理"。

图书在版编目(CIP)数据

新时代海洋强国论/江卫平编著.—上海：上海三联书店，
2023.3
ISBN 978－7－5426－7244－5

Ⅰ.①新… Ⅱ.①江… Ⅲ.①海洋战略－研究－中国
Ⅳ.①P74

中国版本图书馆 CIP 数据核字(2020)第 217130 号

新时代海洋强国论

编　　著 / 江卫平

责任编辑 / 宋寅悦
装帧设计 / 一本好书
监　　制 / 姚　军
责任校对 / 王凌霄

出版发行 / 上海三联书店
　　　　　(200030)中国上海市漕溪北路 331 号 A 座 6 楼
邮　　箱 / sdxsanlian@sina.com
邮购电话 / 021－22895540
印　　刷 / 上海惠敦印务科技有限公司

版　　次 / 2023 年 3 月第 1 版
印　　次 / 2023 年 3 月第 1 次印刷
开　　本 / 640mm×960mm　1/16
字　　数 / 430 千字
印　　张 / 29.75
书　　号 / ISBN 978－7－5426－7244－5/P·6
定　　价 / 108.00 元

敬启读者,如发现本书有印装质量问题,请与印刷厂联系 021－63779028